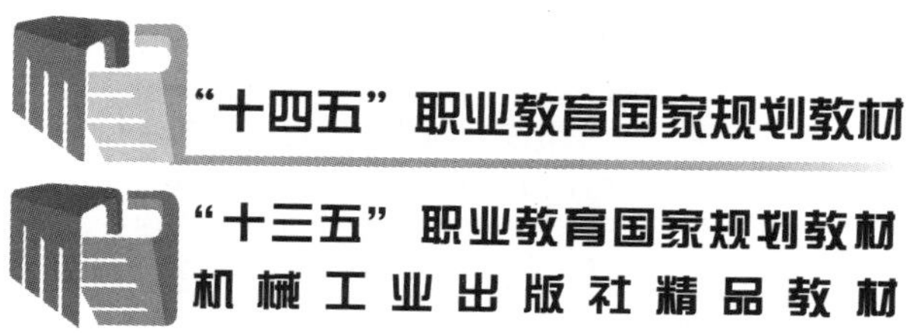

公差配合与测量技术

第 4 版

主　编　黄云清
副主编　张远平　唐　健
参　编　高　峰　程惠清
主　审　王化培

机械工业出版社

本书为体现普通高等教育人才培养的特色，紧密结合生产实际，着重突出了几何公差在图样上的标注与检测的基本知识。

全书内容包括：绪论，光滑圆柱的公差与配合，测量技术基础，光滑极限量规，几何公差及其检测，滚动轴承的公差与配合，表面结构，圆锥的公差配合与检测，平键、花键联接的公差与检测，普通螺纹联接的公差与检测，渐开线直齿圆柱齿轮的公差与检测。

本书是机电类专业的必修课程教材，实用性强。全书采用现行国家标准，表述新颖，实例丰富，通俗易懂，方便自学。在第4版教材修订中，特别注重“以人为本”，为了方便教师教学、学生自学，专门配套了“电子教学包”（含电子教案、各章习题答案、试题规范、电子动画课件和检测实训指南），并加大了对电子课件的制作投入，使全书插图基本实现动画效果，便于教师与学生的互动，提高课堂教学效果；同时，学生还可通过扫描书中的二维码，很快找到所学内容的有关知识点的动画演示与简要文字说明，进行自主学习。为提高阅读效果，本书采用双色印刷。

本书为“十四五”和“十三五”职业教育国家规划教材，可作为应用型本科院校和高职高专院校教材，也可作为职工大学、业余大学、函授大学、电视大学教材，还可供从事机电设计与制造的工程技术人员参考。

本书的授课时数为55~60学时。

凡选用本书作为教材的教师可登录机械工业出版社教育服务网（http://www.cmpedu.com），注册后免费下载相关配套教学资源。咨询电话：010-88379375。

图书在版编目（CIP）数据

公差配合与测量技术/黄云清主编. —4版. —北京：机械工业出版社，2019.5（2025.1重印）

普通高等教育“十一五”国家级规划教材（修订版） 机械工业出版社精品教材

ISBN 978-7-111-62621-3

Ⅰ.①公… Ⅱ.①黄… Ⅲ.①公差-配合-高等学校-教材②技术测量-高等学校-教材 Ⅳ.①TG801

中国版本图书馆CIP数据核字（2019）第080840号

机械工业出版社（北京市百万庄大街22号 邮政编码100037）
策划编辑：王英杰 责任编辑：王英杰 于奇慧
责任校对：陈 越 封面设计：鞠 杨
责任印制：郜 敏
天津嘉恒印务有限公司印刷
2025年1月第4版第20次印刷
184mm×260mm · 15.75印张 · 390千字
标准书号：ISBN 978-7-111-62621-3
定价：50.00元

电话服务	网络服务
客服电话：010-88361066	机 工 官 网：www.cmpbook.com
010-88379833	机 工 官 博：weibo.com/cmp1952
010-68326294	金 书 网：www.golden-book.com
封底无防伪标均为盗版	机工教育服务网：www.cmpedu.com

关于“十四五”职业教育国家规划教材的出版说明

为贯彻落实《中共中央关于认真学习宣传贯彻党的二十大精神的决定》《习近平新时代中国特色社会主义思想进课程教材指南》《职业院校教材管理办法》等文件精神，机械工业出版社与教材编写团队一道，认真执行思政内容进教材、进课堂、进头脑要求，尊重教育规律，遵循学科特点，对教材内容进行了更新，着力落实以下要求：

1. 提升教材铸魂育人功能，培育、践行社会主义核心价值观，教育引导学生树立共产主义远大理想和中国特色社会主义共同理想，坚定“四个自信”，厚植爱国主义情怀，把爱国情、强国志、报国行自觉融入建设社会主义现代化强国、实现中华民族伟大复兴的奋斗之中。同时，弘扬中华优秀传统文化，深入开展宪法法治教育。

2. 注重科学思维方法训练和科学伦理教育，培养学生探索未知、追求真理、勇攀科学高峰的责任感和使命感；强化学生工程伦理教育，培养学生精益求精的大国工匠精神，激发学生科技报国的家国情怀和使命担当。加快构建中国特色哲学社会科学学科体系、学术体系、话语体系。帮助学生了解相关专业和行业领域的国家战略、法律法规和相关政策，引导学生深入社会实践、关注现实问题，培育学生经世济民、诚信服务、德法兼修的职业素养。

3. 教育引导学生深刻理解并自觉实践各行业的职业精神、职业规范，增强职业责任感，培养遵纪守法、爱岗敬业、无私奉献、诚实守信、公道办事、开拓创新的职业品格和行为习惯。

在此基础上，及时更新教材知识内容，体现产业发展的新技术、新工艺、新规范、新标准。加强教材数字化建设，丰富配套资源，形成可听、可视、可练、可互动的融媒体教材。

教材建设需要各方的共同努力，也欢迎相关教材使用院校的师生及时反馈意见和建议，我们将认真组织力量进行研究，在后续重印及再版时吸纳改进，不断推动高质量教材出版。

机械工业出版社

第4版前言

FOREWORD

近年来，机械制造行业面临着极大的挑战，其中如何提高产品质量已成为首要问题。质量是根本保障，也是企业的生命。本课程的基本任务就是从技术的角度，研究如何保证产品的质量，因为本课程要根据产品使用的功能要求，设计产品零件的几何精度，还要研究在生产中使用什么手段和方法，检测产品零件加工是否达到所设计的技术要求，最后再正确判断产品零件的质量，得出适用性结论，特别是面对新科学技术的发展，提高检测技术水平已刻不容缓。因此，本课程与生产实践有着直接的联系。本课程所研究的几何精度直接与国家标准相关。近几年来，国家先后正式颁布了产品几何技术规范（GPS）的标准；线性尺寸公差ISO代号体系（2020）、光滑工件尺寸的检验（2009）、公差要求（2018）、圆柱齿轮精度与检验实施规范（2008）、滚动轴承公差配合（2017）、普通螺纹公差（2018）等。为了适应生产需要，对《公差配合与测量技术》第3版有必要再次进行修订，同时为了减少学生的负担，对原教材内容做了新的调整和精简。

在第4版教材修订中，为贯彻党的二十大精神，推进教育数字化，方便教师教学、学生自学，专门配套了“电子教学包”（含电子教案、各章习题答案、试题规范、电子动画课件和检测实训指南），并加大了对电子课件的制作投入，使全书插图基本实现动画效果，便于教师与学生的互动，提高课堂教学效果；同时，学生还可通过扫描书中的二维码，很快地找到所学内容的有关知识点的动画插图和文字解释，进行自主学习。

本书由重庆工业职业技术学院黄云清任主编并总纂、定稿，由西安理工大学张远平、重庆工业职业技术学院唐健任副主编，参加编写的还有广东技术师范学院高峰、重庆工业职业技术学院程惠清。重庆理工大学王化培任主审。本书绪论、第一章、第二章、第四章、第五章、第七章、第十章由黄云清编写，第三章、第九章由张远平编写，第六章由唐健、程惠清编写，第八章由高峰编写。

本书附赠的“电子教学包”中，电子教案、习题答案、检测实训指南以及试题规范部分由黄云清编写。电子动画课件由唐健策划、文字编写、审校，重庆工业职业技术学院刘均为各章动画插图总制作。二维码资源文件由唐健制作。

在本书编写过程中，得到了中国兵器工业第五九研究所高级工程师洪奕、重庆市机电设计研究院高级工程师管维柱的大力支持和帮助，在此表示感谢。

由于编者水平有限，书中疏漏之处在所难免，恳请广大读者不吝批评指正。

编　者

随着改革开放的深入发展，近年来国民经济得到了持续增长，在这大好形势下，机械制造行业面临着新的挑战，其中如何提高产品质量已成为首要问题，质量是企业的生命。本课程的基本任务就是从技术的角度，研究如何保证产品的质量，因为本课程要根据产品使用功能的要求，设计产品零件的几何精度，还要研究在生产中使用什么手段和方法，检测产品零件加工是否达到所设计的技术要求，最后再正确判断产品零件的质量，得出适用性结论。所以本课程与生产实践有着直接的联系。本课程所研究的几何精度直接与国家标准相关。近两年，国家先后正式颁布了产品几何技术规范（GPS）的标准：极限与配合（2009）、光滑工件尺寸的检验（2009）、公差原则（2009）以及圆柱齿轮精度与检验实施规范（2008）等。为了适应生产需要，对《公差配合与测量技术》第2版有必要再次进行修订，同时为了减少学生的负担，对原教材内容做了适当调整和精简。

在这次教材修订中，还特别注意了“以人为本”，为了方便教师教学，专门组织编写了本书免费附赠的“电子教学包”，该文件包含五方面内容：①电子教案（按55学时编写）；②各章习题答案（全书86道题）；③试题规范（含拟题原则、样卷、评分细则及答案）；④电子课件（全书插图共284幅，有动画演示效果）；⑤检测实验、实训指南。显然，随书附赠的“电子教学包”无疑将为采用本书的教师带来极大的方便，同时还减少了教师的备课时间。

本书由黄云清主编并总纂、定稿，张远平、屈波为副主编，参加编写的还有高峰、程惠清。王化培任主审。本书绪论、第一章、第二章、第四章、第五章、第七章、第十章由黄云清编写，第三章、第九章由张远平编写，第六章由程惠清编写，第八章由高峰编写。

本书附赠的“电子教学包”中，黄云清编写教案部分、习题答案、检测实训指南以及试题规范部分，电子课件部分由屈波策划、审校，刘均制作。凡使用本书做教材的教师，可登录机械工业出版社教育服务网（http://www.cmpedu.com）下载“电子教学包”，或发送电子邮件至cmpgaozhi@sina.com索取。咨询电话：010-88379375。

由于编者水平有限，书中错误之处在所难免，恳请广大读者不吝批评指正。

编　者

第2版前言

FOREWORD

随着社会经济建设和科学技术的发展，社会劳动力市场对高技能人才的需求数量越来越大。为适应这种新的发展形势，普通高等教育的机电类专业也应根据生产的需要来设置课程。“公差配合与测量技术”正是从这个角度出发所设置的一门课程。对于机电类专业，“公差配合与测量技术”课程和“机械零件”课程及“机械制图”课程虽同属技术基础类课程，但它们彼此的任务却根本不同，“机械零件”课程主要是研究机械零件结构的设计，“机械制图”课程则主要是研究机械及结构的表达，而“公差配合与测量技术”课程的任务主要是研究机械几何精度的设计与检测。

以机械中的一个零件——传动轴为例：传动轴的结构形状和尺寸的确定是“机械零件”课程所要解决的问题；如何用机械图样来正确表达传动轴的结构形状和尺寸则是“机械制图”课程所要研究的主要问题；如何根据传动轴的功能要求确定其结构形状、位置和尺寸的技术要求（公差）以及使用什么手段和方法检测的技术要求，这就是“公差配合与测量技术”课程的主要研究任务。所以本课程与生产实践有着直接的联系。

在这次修订过程中，本书的理论遵循以应用为主的原则，围绕生产图样的技术要求，着重介绍了各种几何参数的精度确定和应用；围绕产品零件的生产质量，着重介绍了车间常用量具与量仪的使用和数据处理，并通过与实验及专用实训周的配合，培养学生的检测技能。本书在编写中，还注意体现加强基础、突出应用的特色。从第一章光滑圆柱的公差与配合至第六章表面粗糙度及其检测为通用基础内容，从第七章圆锥公差配合与检测至第十章渐开线直齿圆柱齿轮的公差与检测为复杂几何参数的应用内容。

新编写的教材在安排课程的系统性时，还特别注意遵循了由浅入深、由简到繁、循序渐进的原则，如先介绍圆柱（单参数），再依次介绍圆锥（二参数）、花键（三参数）、螺纹（五参数）、齿轮（多参数）。在介绍每种参数的公差配合后，联系生产车间实际，接着安排介绍车间常用的检测方法和手段，内容紧扣，目的明确，易于理解。

全书采用现行的国家标准解读生产图样，并力求表达通俗易懂，以方便读者自学。

本书为普通高等教育“十一五”国家级规划教材，也可供一般从事机械制造的工人、工艺人员学习参考。

本书由黄云清主编并总纂、定稿，张远平为副主编，参加编写的还有高峰、程惠清，王化培任主审。本书绪论、第一章、第二章、第四章、第七章由黄云清编写，第三章、第五章、第九章由张远平编写，第六章由程惠清编写，第八章由高峰编写，第十章由黄云清、高峰编写。

本书配有专门的电子教学文件，内容包括教案、习题答案与教学用图。为了方便教学，将教案与教学用图合二为一（.ppt 格式文件）。按教学进程，电子教案共分为 20 个教学课题（每个课题 2 或 4 学时），简要介绍了教学目的、教学重点、教学难点、教学时数、使用图号以及教学提示，每个课题后按顺序紧接教学用图。本书电子教学文件中的教学用图（.ppt 格式文件）由唐健、杨声勇、刘均共同制作。

凡使用本书的教师，可发送电子邮件至 cmpgaozhi@sina.com 索取电子教学文件，咨询电话：010-88379375。

由于编者水平有限，书中难免有错漏之处，恳请广大读者不吝批评指正。

编　者

根据普通高等教育培养技术含量较高的生产第一线实用型和技能型的专业技术人员要求，机电类专业设置课程应以生产的要求为基础，以体现其显著的职业特点。“公差配合与测量技术”正是从这样的角度出发所设置的一门技术基础课程。机械图样是生产中设计人员、工艺人员、工人的技术语言，随着现代工业的发展及产品性能与质量要求的提高，机械图样上所标注的技术要求也相应变得复杂，而这些技术要求在实际生产中通过何种检测手段进行控制又至关重要。所以“公差”与“检测”内容既紧密相关又不可分割。

本书针对普通高等院校机电类专业的培养目标和对毕业生的基本要求，在编写中遵循了理论教学以应用为主的原则，本着理论以必需、够用为度，注意加强了实用性内容，突出了常见几何参数公差要求的标注、查表、解释以及对几何量的一般常见检测方法和数据处理的内容，全书采用了新的国家标准，内容尽可能做到少而精，表述上力求通俗、新颖，方便读者自学。

本书由黄云清主编，张远平、高峰参编，符锡琦主审。本书第一、二、三、四章由黄云清编写，第六、七、九、十一章由张远平编写，第五、八、十章由高峰编写。

参加本书讨论、审稿及资料整理工作的还有：陈泽民、邢闽芳、秦元训、林从滋、朱志恒、李文彬、贾玉容、赵雪花、赵辉、张尉波、陈舒拉和夏小玲等，特别值得一提的是屈波老师，他在修稿与绘图中做了不少工作，在此一并表示衷心感谢。

限于编者水平，书中难免有谬误与错漏之处，恳切希望广大读者批评指正。

编　者

绪　论

第一节　技术要求与机械图

现代科学技术与生产的发展对产品与零件的性能要求越来越高，而这些性能要求往往通过技术要求表达在零件图与装配图中。

为了适应我国改革开放的大好形势和现代科学技术的发展，有利于我国同世界各发达国家的技术交流、技术协作和贸易往来，我国已对影响产品与零件性能的各种几何参数颁布了相应的公差配合标准，并逐步与国际标准（ISO 标准）接轨，而这些公差配合标准将直接出现在机械图中。

机械图是表达产品与零部件制造的技术语言，作为现代工程技术人员和工人，不仅要能看懂机械图所表达的结构，更重要的是能识别在机械图上所表达的各种技术要求，并能初步掌握对这些技术要求如何进行检测，从而能正确判断产品与零部件的加工质量。

第二节　互换性、公差与高质量产品

一、市场竞争机制的发展

随着我国科学技术的发展和社会需求的逐渐多样化，在市场经济的激烈竞争中，要求企业的产品要不断地更新换代，这就必然促使企业要增加产品的品种，减小产品生产的批量。目前，我国进行多品种、中小批量生产的企业已越来越多，据不完全统计，已达到 80%左右，并正呈上升的趋势。

二、现代机械产品的基本要求——互换性

互换性是指机械产品在装配时，同一规格的零件或部件不经选择、不经调整、不经修配，就能保证机械产品使用性能要求的一种特性。机械产品实现了互换性，如果有的零件坏了，可以以新换旧，方便维修，延长机器的使用寿命。从制造来看，互换性可以使企业提高生产率、保证产品的质量和降低制造成本；从设计来看，可以缩短新产品的设计周期，及时满足市场用户的需要。例如，在开发手表新品种时，如果使用具有互换性的统一机芯，不同品种只需进行外观的造型设计。机械产品如何具有互换性的内容将在下面介绍。

三、公差的概念

任何一台机器，无论简单或复杂，都不外乎是由若干最基本的零件所构成。这些具有一定尺寸、形状和相互位置几何参数的零件，可以通过各种不同的联接形式而装配成为一个整体。

如图 0-1 所示，齿轮液压泵的各个零件便是通过光滑圆柱配合（ϕ15H7/f6、ϕ34.42H8/f7 等部位）、圆锥配合、键联接、螺纹联接（M22×1.5 部位）、齿轮传动等各种形式联接成为一个整体的。显然，要满足齿轮液压泵的使用功能，保证装配质量，首先必须控制零件的制造质量。

由于任何零件都要经过加工的过程，无论设备的精度和操作工人的技术水平多么高，要将零件的尺寸、形状和位置做得绝对准确是不可能的，也是没有必要的。只要将零件加工后的各几何参数（尺寸、形状和位置）的误差控制在一定的范围内，就可以保证零件的使用功能，同时这样的零件也具有了互换性。零件几何参数的这种允许的变动量称为公差，它包括尺寸公差、形状公差和位置公差等。

以零件的尺寸公差为例，图 0-1 中齿轮轴 4 的两端轴颈与两端泵盖（1、6）的孔为间隙配合，由于轴颈要求在泵盖孔中做中速运转，因此配合间隙既不能过大，也不能过小（设计间隙允许范围为+0.016～+0.045mm），为此，对两轴颈和两端泵盖的孔分别规定了实际尺寸的变动范围。例如，轴颈实际尺寸允许在 ϕ14.973～ϕ14.984mm 范围内变化；泵盖孔的实际尺寸允许在 ϕ15.0～ϕ15.018mm 范围内变化。只要制造时将轴颈与泵盖孔的尺寸误差严格控制在各自的公差范围内（轴颈的公差等于 0.011mm，泵盖孔的公差等于 0.018mm），就能使配合后的间隙在规定的范围内变化，轴颈与泵盖孔就能在装配时具有互换性。

由于轴颈与泵盖孔加工时，实际尺寸可以在各自的公差范围内变化，因此装配后所得到的间隙也是变化的。从上例可看出，轴颈与泵盖孔的配合间隙变化范围为+0.016～+0.045mm。显然，轴颈与泵盖孔配合间隙处于最大间隙（+0.045mm）和处于最小间隙（+0.016mm）时，工作情况是不一样的。最大间隙时虽然润滑好、发热小，但定心精度相对差些；最小间隙时虽然定心精度高，但润滑差、发热相对要大些。如果轴颈与泵盖孔的配合间隙处于中间值（即为+0.0305mm），显然配合的工作性能就比较好，兼顾了定心精度和润滑。所以，随着现代机械产品性能的提高，不但要求产品零件具有互换性，而且要求“平均盈隙性”要好。所谓“平均盈隙性”是指制造的一批零件，任取一件齿轮轴的轴颈与任取的一件泵盖孔相配合时，均能获得接近平均间隙的间隙值。如果产品上的所有的结合零件副都能实现“平均盈隙”的互换性装配，便可大大地提高产品的质量，而且可以稳定地进行生产。

要实现一批产品零件的“平均盈隙”装配，唯一的办法就是在制造时，设备和工装能够按照齿轮轴轴颈与泵盖孔各自公差所确定的平均尺寸进行快速、可靠的调整和自动控制。

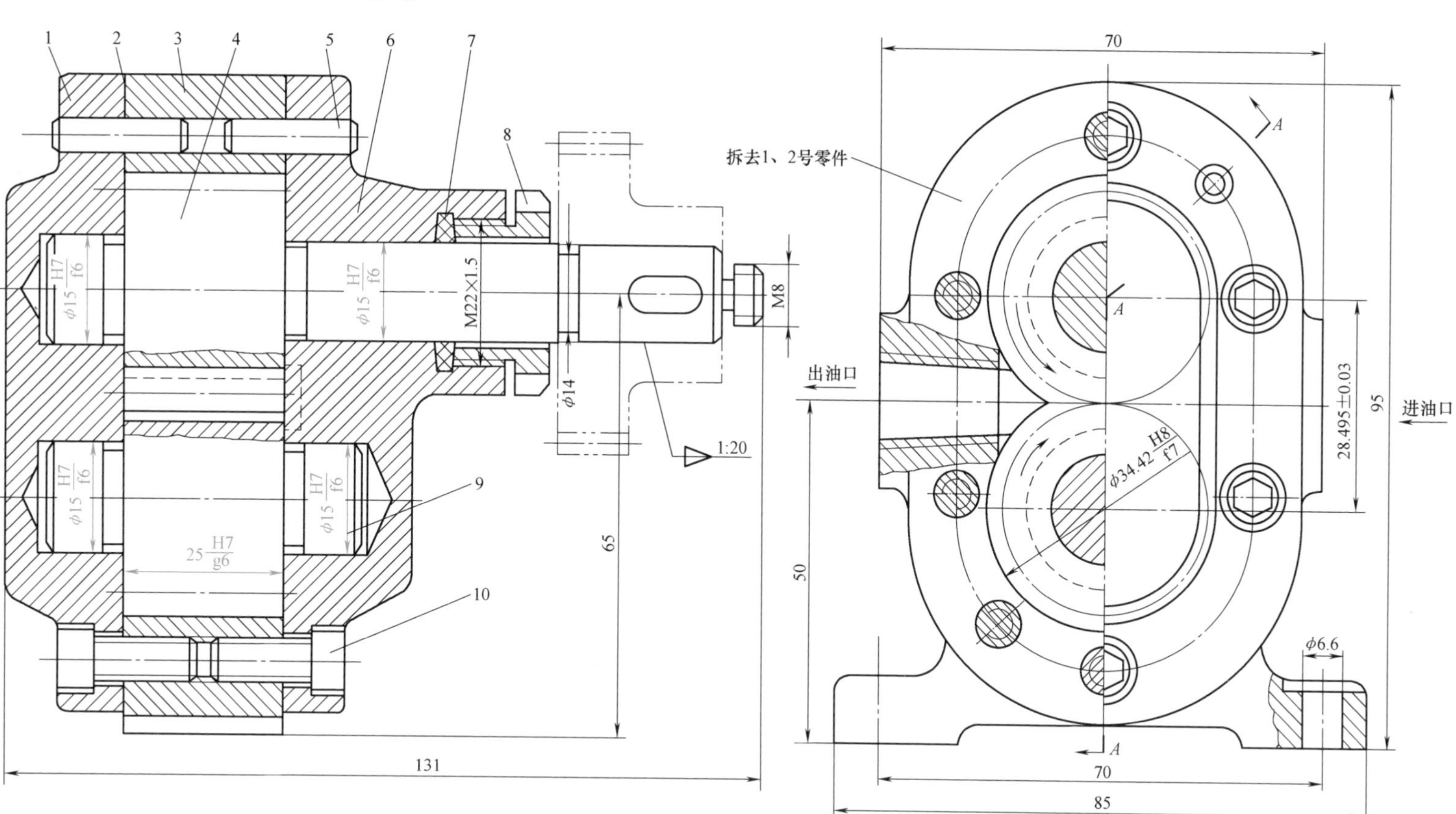

图 0-1　齿轮液压泵

1、6—泵盖　2—纸垫　3—泵体　4、9—齿轮轴　5—销　7—毡圈　8—螺塞　10—螺钉

第三节　互换性生产的实现

一、不同生产方式及其采用的加工手段

互换性生产的实现，首先取决于不同的生产方式下所采用的加工手段。

1. 大批大量生产方式及其加工手段

大批大量生产零件通常是在固定不变的流水线、生产线或自动线上进行加工的，在这些线上的设备和所使用的工艺装备（指夹具、刀具、量具等的总称），一般采用专用性很强的组合机床、自动机床或高效专用机床，以及专用的夹具、刀具、量具、辅具等。加工零件时多采用调整法，根据零件公差范围所确定的平均尺寸反复进行调整。因此，这类生产方式所加工的零件质量基本上不受人为操作因素的影响，质量稳定，互换性高，生产率高，“平均盈隙性”较好，但是由于它的专用性很强，因此不能更换产品，加之受设备精度的限制，当零件加工精度要求很高时，往往难以保证。故此种生产类型及其加工手段只适用于那些产品更新换代时间较长（如一汽生产的第一代解放牌汽车，国防企业生产的轻、重武器等）以及一般精度的机械产品。目前，在我国制造业中，属于这类生产的企业所占的比例不大。

2. 中小批量生产方式及其加工手段

在机械制造业中，中小批量生产的企业完全采用传统方式进行加工的目前已不多见。所谓传统生产方式是指采用通用设备和通用工装的生产。就目前较多的中小批量生产企业而言，采用较多的加工手段是通用机床（也有部分专机）加专用夹具、刀具、量具等工装，虽然所生产的产品也具有互换性，也可以实现多品种的加工（通过更换工装），但仍存在加工精度不高、产品质量不稳定、更换产品时调整费时等弊端。随着现代科学的发展，制造业的加工技术发生了翻天覆地的变化，以数控（CNC）机床、加工中心（MC）、柔性制造系统（FMS）以及计算机集成制造系统（CIMS）为代表的最新机械加工技术的问世，为多品种、中小批量生产的发展才真正创造了条件。由于这类设备调整方便、快速、自动化程度高、精度高、柔性好（即可变性好），所以特别适用于多品种、高精度、高质量机械产品的加工。

综上所述，要实现多品种、中小批量产品的高质量互换性，必须采用先进的现代加工手段。

二、公差的标准化

标准化是以制订标准和贯彻标准为主要内容的全部活动过程。

标准大多是指技术标准，它是指为产品和工程的技术质量、规格及其检验方法等方面所做的技术规定，是从事生产、建设工作的一种共同技术依据。

标准分为国家标准、行业标准、地方标准和企业标准。

在现代化生产中，标准化是一项重要的技术措施。因为一种机械产品的制造往往涉及许多部门和企业，为了适应生产上相互联系的各个部门与企业之间在技术上相互协调的要求，必须有一个共同的技术标准，使独立的、分散的部门和企业之间保持必要的技术统一，使相互联系的生产过程成为一个有机的整体，以达到实现互换性生产的目的。为此，首先必须建

立那些在生产技术活动中最基本的具有广泛指导意义的标准。由于高质量产品与公差的密切关系，所以要实现互换性生产必须建立公差与配合标准、几何公差标准、表面粗糙度等标准。

三、检测与计量

先进的公差标准是实现互换性的基础。但是，仅有公差标准而无相应的检测措施不足以保证实现互换性。必要的检测是保证互换性生产的手段。通过检测，几何参数的误差被控制在规定的公差范围内，零件就合格，就能满足互换性要求。反之，零件就不合格，也就不能达到互换性的目的。

检测的目的，不仅在于仲裁零件是否合格，还要根据检测的结果，分析产生废品的原因，以便设法减少废品，进而消除废品。

随着生产和科学技术的发展，对几何参数的检测精度和检测效率提出了越来越高的要求。要进行检测，就必须从计量上保证长度计量单位的统一，在全国范围内规定严格的量值传递系统及采用相应的测量方法和测量工具，以保证必要的检测精度。

第四节　本课程的任务

本课程从保证产品的高质量和如何实现互换性的角度出发，围绕误差与公差这两个基本概念，讨论如何解决图样要求与制造要求的矛盾。

学生在学习本课程之前，应具有一定的理论知识和初步的生产知识，能读图并懂得图样的标注方法。学生学完本课程后，初步达到：

1）建立互换性、公差与高质量产品的概念。

2）了解各种几何参数有关公差标准的基本内容和主要规定。

3）能正确识读、标注常用的公差配合要求，并能查用有关表格。

4）会正确选择和使用生产现场的常用量具和仪器，能对一般几何量进行综合检测。

5）会设计光滑极限量规。

本课程除课堂教学要讲授检测知识外，为了强化学生的检测技能，建议可考虑安排专用实验周以培养学生的综合检测能力。

习　题

0-1　什么是互换性？

0-2　零件为什么要规定公差？

0-3　什么是“平均盈隙性”？

0-4　大批量生产方式及其采用的加工手段有何优缺点？

0-5　多品种、中小批量的生产为什么必须采用先进的加工技术才有出路？

0-6　什么是标准化？

第一章 光滑圆柱面的公差与配合

圆柱连接为众多连接形式中最基本的形式（如图 0-1 所示的齿轮泵的轴颈直径 ϕ15mm），在机械中的应用最为广泛。GB/T 1800. 1—2020 与 GB/T 1800. 2—2020 所规定的公差与配合的国家标准，也适用于两相对平行面（如图 0-1 所示的齿轮泵的两泵盖线性尺寸 25mm）。

第一节 圆柱面线性尺寸公差、偏差和配合的基础

一、圆柱面的理想要素与非理想要素

圆柱面是由轴线与直径尺寸构成的公称组成要素，其轴向截面为一对平行的直线，横截面为等半径的圆。圆柱面的理想要素是由设计者在产品技术文件（图样）中所定义的；但是任何工件加工后，都不可避免地要产生制造误差，不可能得到理想的形状和尺寸。

例如：图 1-1 中通过检测提取所得到的工件，形状产生了弯曲变形（粗虚线 1）；同

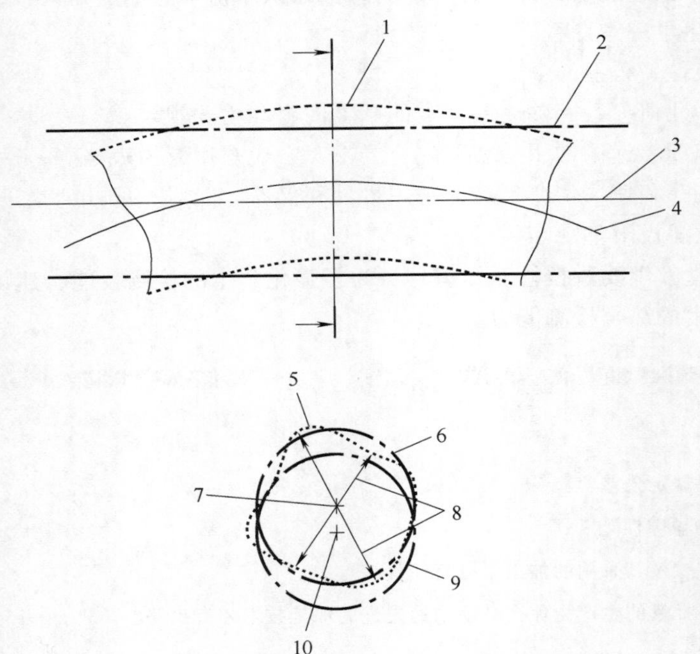

图 1-1 圆柱面加工后的误差

1—提取表面 2、9—拟合圆柱面 3、10—拟合圆柱面轴线 4—提取轴线 5—提取线 6—拟合圆
7—拟合圆圆心 8—提取要素的局部直径

样在横截面中，通过两点法测量提取局部尺寸，得到的工件形状为不规则的圆（粗虚线 5）。

尽管工件制造要产生误差，只要控制得当，不影响产品的使用功能，还是允许的。为了进行工件误差的评定，使用拟合操作手段，得到如图 1-1 中的拟合圆柱面 2 与拟合圆 6（点画线），它们虽然也具有与公称模型相似的形状和尺寸（逼近），但只是替代，属于理想要素，而加工后工件的实际要素仍属于非理想要素。

二、圆柱面线性尺寸典型配合要素

1. 孔与基准孔

孔是工件的内尺寸要素，包括非圆柱面形的内尺寸要素（两平行平面或切面形成的包容面）。

基准孔是指在基孔制配合中选作基准的孔。

2. 轴与基准轴

轴是工件的外尺寸要素，包括非圆柱面形的外尺寸要素（两平行平面或切面形成的包容面）。

基准轴是指在基轴制配合中选作基准的轴。

三、公差和偏差的相关术语

1. 线性尺寸

用特定单位表示线性值的数值称为尺寸。在机械制图中，图样上的尺寸通常以 mm（毫米）为单位，在标注时常常将单位省略，仅标注数值。当以其他单位表示时，则应注明相应的长度单位。

2. 公称尺寸

由图样规范定义的理想形状要素的尺寸（孔径 D、轴径 d）称为公称尺寸，旧称基本尺寸。公称尺寸可以定义工件为不同物理部位的模型。通过它应用上、下极限偏差可计算出极限尺寸。

在图样上，公称尺寸用一条水平直线表示，以这条线为基准，确定偏差和公差，正偏差位于其上，负偏差位于其下。图 1-2 以孔为例，对公称尺寸、上极限尺寸及下极限尺寸、上极限偏差及下极限偏差和公差的符号，均做了约定指示，但只适用于本图。

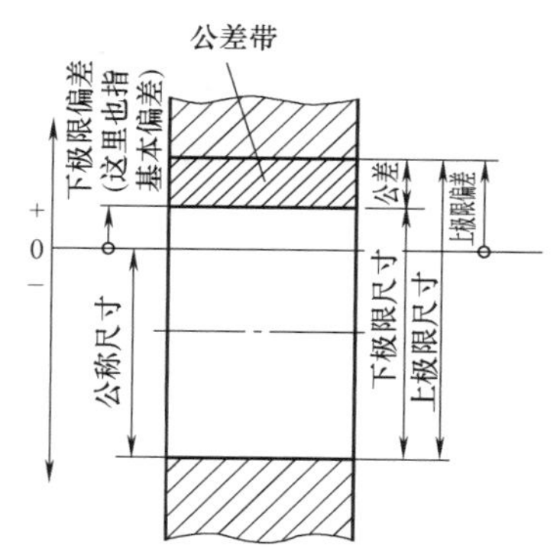

图 1-2　有关尺寸、偏差的定义说明（以孔为例）

3. 实际尺寸

拟合组成要素的尺寸，一般通过测量得到，如图 1-1 所示 2、6、9 的直径尺寸。

4. 极限尺寸

是指尺寸要素的尺寸所允许的极限值。为了满足要求，实际尺寸应位于上、下极限尺寸之间，含极限尺寸。

1）上极限尺寸 D_{max}（孔），d_{max}（轴）　如图 1-2 所示，尺寸要素允许的最大尺寸。

2）下极限尺寸 D_{min}（孔），d_{min}（轴）　如图 1-2 所示，尺寸要素允许的最小尺寸。

重要提示：

D_{min}为允许工件加工后所具有材料为最多的尺寸，又被称为最大实体尺寸；而D_{max}则为允许工件加工后具有材料为最少的尺寸，被称为最小实体尺寸。

d_{max}为允许工件加工后具有材料为最多的尺寸，又被称为最大实体尺寸；而d_{min}为允许工件加工后具有材料为最少的尺寸，则称为最小实体尺寸。

5. 极限偏差

指相对于公称尺寸的上极限偏差（*ES*用于内尺寸要素，*es*用于外尺寸要素）和下极限偏差（*EI*用于内尺寸要素，*ei*用于外尺寸要素）。

1）上极限偏差：上极限尺寸减其公称尺寸所得的代数差。

孔：$$ES=D_{max}-D$$

轴：$$es=d_{max}-d$$

2）下极限偏差：下极限尺寸减其公称尺寸所得的代数差。

孔：$$EI=D_{min}-D$$

轴：$$ei=d_{min}-d$$

轴和孔配合时，公称尺寸应相同，即*D*与*d*数值相同。孔或轴的上极限偏差与下极限偏差都是一个带符号的值；其可以是负值、零值或正值。同一公称尺寸的上极限偏差始终大于下极限偏差，即孔：*ES*>*EI*；轴：*es*>*ei*。由于在图样上采用公称尺寸带上、下极限偏差的标注，可以直观地表示出公差和上、下极限尺寸的大小，加之对公称尺寸相同的孔和轴，使用上、下极限偏差来计算它们之间的关系比使用上、下极限尺寸更为简便。因此，在实际生产中，上、下极限偏差应用较为广泛。

公称尺寸、极限尺寸与极限偏差如图1-3所示。

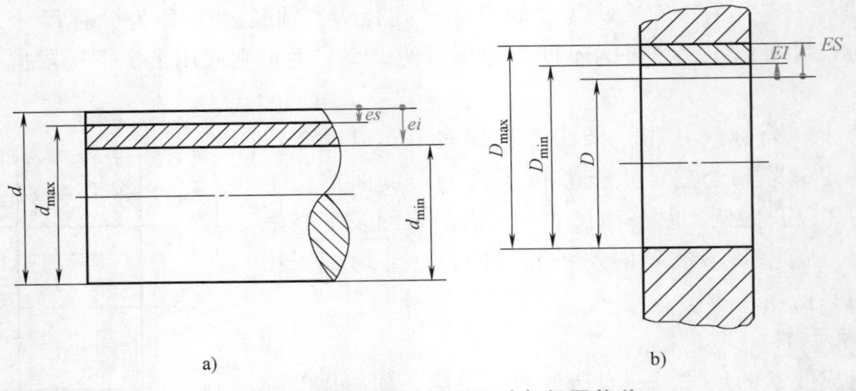

图1-3　公称尺寸、极限尺寸与极限偏差

6. 偏差

某值与其参考值之差。对于尺寸偏差，某值是指实际尺寸，参考值是指公称尺寸。

7. 基本偏差

基本偏差是指确定公差带相对公称尺寸位置的那个极限偏差。它是最接近公称尺寸的那个极限偏差（图1-4），内尺寸要素用大写字母表示（如B），外尺寸要素用小写字母表示（如b）。

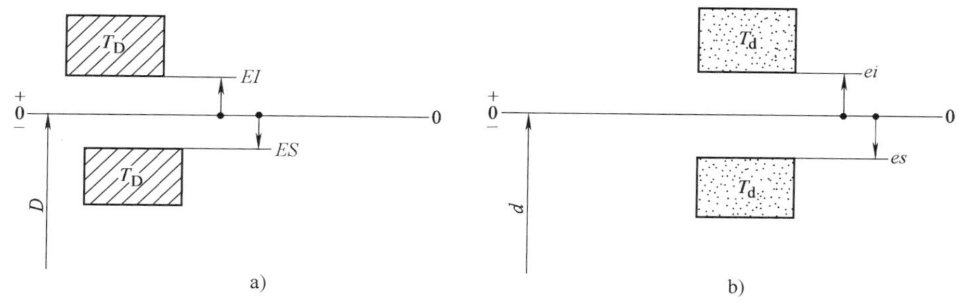

图 1-4 用"简化画法"表示孔与轴的基本偏差

8. Δ 值

为得到内尺寸要素（孔）的基本偏差，给一定值增加的变动值。

给出Δ值主要考虑到在高精度公差等级（≤7 级）的内尺寸加工比外尺寸加工困难，给予相同的内尺寸的公差增大一个补偿值，以实现孔、轴加工的工艺等价。

9. 公差与公差极限

1）公差：公差是上极限尺寸与下极限尺寸之差；也可以是上极限偏差与下极限偏差之差。公差是一个没有符号的绝对值。

孔：
$$T_D = |D_{max} - D_{min}| = |ES - EI| \tag{1-1}$$

轴：
$$T_d = |d_{max} - d_{min}| = |es - ei| \tag{1-2}$$

2）公差极限：是指一个空间或一个区域中的公差，即确定允许值上界限和/或下界限的特定值，即可能是单边分布，或对称于代表公称尺寸的"0"线分布。

10. 标准公差（IT）

指线性尺寸公差 ISO 代号体系中的任一公差。缩略语字母"IT"代表"国际公差"。

11. 标准公差等级

用常用标示符表征的线性尺寸公差组。

在线性尺寸公差代号体系中，标准公差等级标示符由 IT 及其之后的数字组成（如 IT7）。同一公差等级对所有公称尺寸的一组公差被认为具有同等精确程度。

12. 公差带

公差带是指公差极限之间（包括公差极限）的尺寸变动值。

由于公称尺寸与公差值的大小相差较大，不便用同一比例在图上表示，为了分析问题方便，以一条线表示公称尺寸（如图 1-5 所示的左端标号"0"所画的水平线），相对于此线画出上、下极限偏差，以表示孔或轴的公差带，这种画法称为公差带"简化画法"图。在简化画法图中，标"0"的线就是代表公称尺寸用来确定极限偏差的一条基准线。公差极限可以是双边的（两个值位于"0"线两侧），也可以是单边的（两个值位于"0"线一侧），当一个公差极限位于"0"线一侧，而另一个公差极限为零时，是单边标示的特例，所以，公差带不是必须包含公

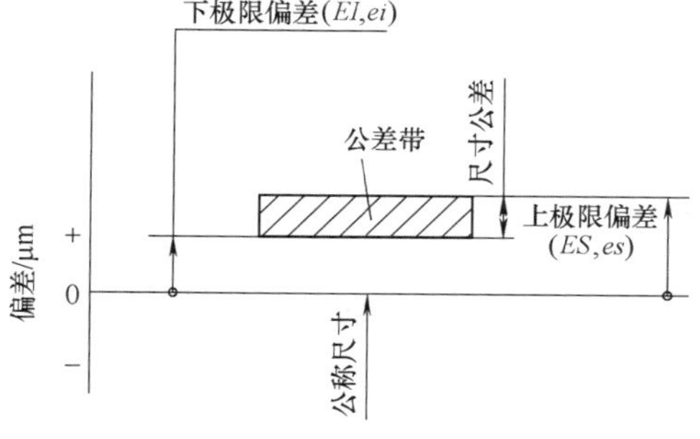

图 1-5 公差带"简化画法"图

称尺寸的。

必须指出：公差和极限偏差是两个不同的概念，公差的大小决定了允许尺寸变动范围的大小，若公差值大，则允许尺寸变动范围大，因而要求的加工精度低；反之，公差值小，则允许尺寸变动范围小，因而要求加工精度高。而极限偏差中的基本偏差则是决定公差带相对于公称尺寸的位置要素。

13. 公差带代号

基本偏差和标准公差等级的组合。

在线性尺寸公差 ISO 代号体系中，公差带代号由基本偏差标示符与公差等级组成（如 D13，h9 等）。

四、配合相关术语

配合是指类型相同且待装配的外尺寸要素（轴）和内尺寸要素（孔）之间的关系。

在同一公称尺寸的前提下，孔与轴配合的关系不外乎存在三种状况：一种是产生间隙，轴与孔可以做相对运动；第二种是产生过盈，轴与孔不能做相对运动，且不能拆卸，主要用于传递转矩；另一种则是既可能产生间隙也可能产生过盈，但都很小，主要用于轴、孔对中性要求高且要求拆卸的配合。下面简介各种配合的基本情况：

1. 间隙配合

当轴的直径小于孔的直径时，孔和轴的尺寸之差，称为间隙。孔和轴装配时总是存在间隙的配合，称为间隙配合。间隙配合中，孔的下极限尺寸大于或在极端情况下等于轴的上极限尺寸，如图 1-6 所示。

1）最小间隙：在间隙配合中，孔的下极限尺寸与轴的上极限尺寸之差，其值为正或为零，如图 1-6 所示，即

$$X_{\min}=D_{\min}-d_{\max}=EI-es$$

2）最大间隙：在间隙配合中，孔的上极限尺寸与轴的下极限尺寸之差，其值为正，如图 1-6 所示，即

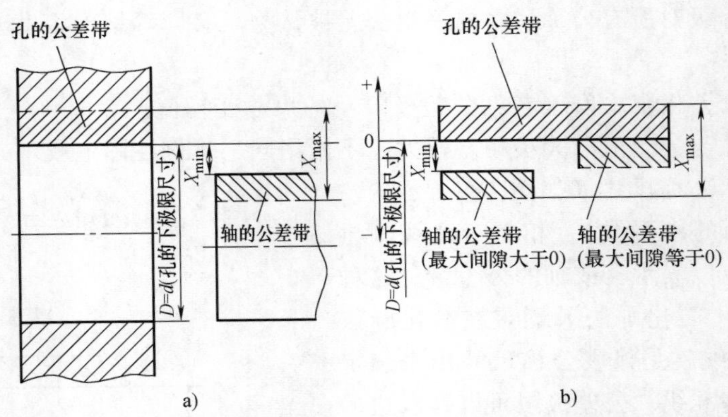

注：限制公差带的水平粗实线表示基本偏差，限制公差带的虚线代表另一个极限偏差（图 1-6~图 1-10 同此）。

图 1-6 间隙配合定义说明

a）详细画法 b）简化画法

$$X_{max}=D_{max}-d_{min}=ES-ei$$

3）平均间隙：最大间隙与最小间隙的平均值，表示间隙配合的松紧程度，即

$$X_{av}=\frac{1}{2}(X_{max}+X_{min})$$

2. 过盈配合

当轴的直径大于孔的直径时，相配孔和轴的尺寸之差，称为过盈。孔和轴装配时总是存在过盈的配合，称为过盈配合。过盈配合中，孔的上极限尺寸小于或在极端情况下等于轴的下极限尺寸。

1）最小过盈：过盈配合中，孔的上极限尺寸与轴的下极限尺寸之差，其值为负或为零如图 1-7 所示，即。

$$Y_{min}=D_{max}-d_{min}=ES-ei$$

2）最大过盈：过盈配合或过渡配合中，孔的下极限尺寸与轴的上极限尺寸之差，其值为负，如图 1-7 所示，即

$$Y_{max}=D_{min}-d_{max}=EI-es$$

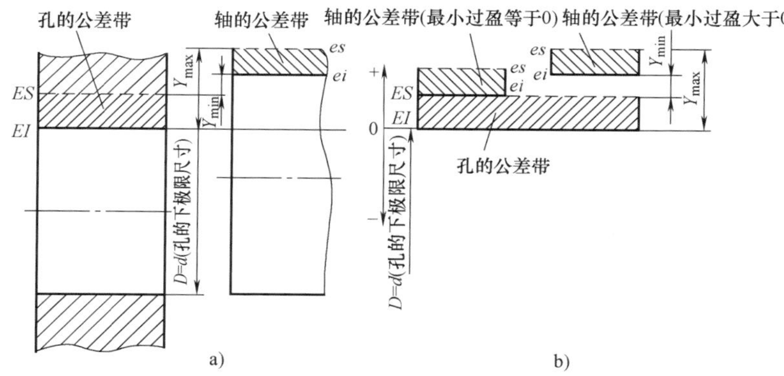

图 1-7　过盈配合定义说明

a）详细画法　b）简化画法

3）平均过盈：最大过盈与最小过盈的平均值，即

$$Y_{av}=\frac{1}{2}(Y_{max}+Y_{min})$$

3. 过渡配合

孔和轴装配时可能具有间隙或过盈的配合，如图 1-8 所示。

4. 配合公差

配合公差是组成配合的两个尺寸要素的尺寸公差之和，即指配合间隙或过盈允许的变动量，配合公差是一个没有符号的绝对值。用公式表达如下（依据定义，间隙的计算结果是正值，过盈的计算结果是负值，在对计算结果解释后，取绝对值传达和描述间隙和过盈）：

间隙配合公差等于最大间隙与最小间隙之差

$$T_f=|X_{max}|-|X_{min}| \tag{1-3}$$

过盈配合公差等于最大过盈与最小过盈之差

$$T_f=|Y_{max}|-|Y_{min}| \tag{1-4}$$

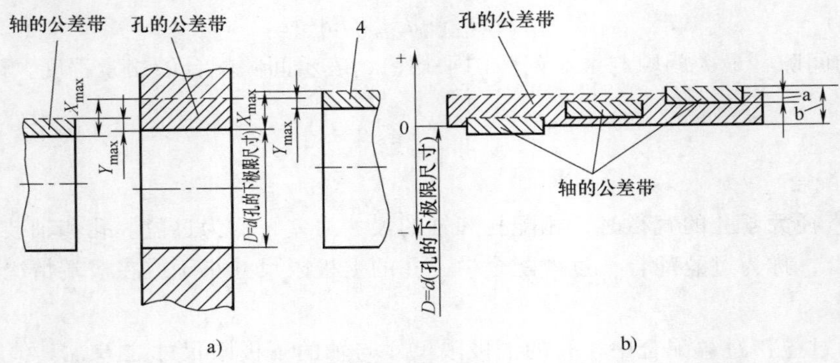

图 1-8　过渡配合定义说明

a）详细画法　b）简化画法

过渡配合公差等于最大间隙与最大过盈之和

$$T_f = |X_{max}| + |Y_{max}| \tag{1-5}$$

上述三类配合的配合公差也等于孔公差与轴公差之和

即
$$T_f = T_D + T_d \tag{1-6}$$

$$X_{av}(Y_{av}) = \frac{1}{2}[X_{max}(Y_{max}) + X_{min}(Y_{min})] \tag{1-7}$$

注：平均间隙与平均过盈

重要提示：

前面介绍的三大类配合，可以从公差带的“简化画法”图中以轴、孔公差带的相对位置进行判断，凡是孔的公差带在轴的公差带之上方且不重叠的，一定是间隙配合（图 1-6）；凡是孔的公差带在轴的公差带之下方且不重叠的（图 1-7），一定是过盈配合；凡孔与轴的公差带重叠的（图 1-8），就一定为过渡配合。

五、ISO 配合制相关术语

1. ISO 配合制

由线性尺寸公差 ISO 代号体系确定公差的孔和轴组成的一种配合制度，其前提条件是孔和轴的公称尺寸相同。

（1）基孔制配合　孔的基本偏差为零的配合，即孔的下极限偏差等于零，如图 1-9 所示。基孔制配合是孔的下极限尺寸与公称尺寸相同的配合制，所要求的间隙或过盈由不同公差带代号的轴与一基本偏差为零的公差带代号的基准孔相配合得到。

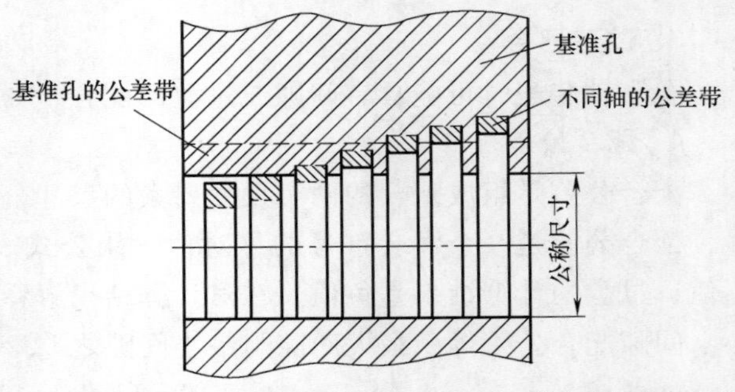

本图所示为基准孔与不同轴之间可能的组合，其与它们的标准公差等级有关。基孔制配合的可能示例：H7/h6，H6/k5，H6/p4。

图 1-9　基孔制配合

（2）基轴制配合　基轴制配合是轴的基本偏差为零的配合，即轴的上极限偏差等于零，如图 1-10 所示。轴的上极限尺寸与公称尺寸相同的配合制，所要求的间隙或过盈由不同公差带代号的孔与一基本偏差为零的公差带代号的基准轴相配合得到。

2. 配合基准制的选择

1）优先选用基孔制。采用基孔制可以减少定值刀具、量具的规格数目，有利于刀具、量具的标准化、系列化，因而经济合理，使用方便。

2）有明显经济效益时选用基轴制。例如用冷拉钢材料制作轴时，由于本身的公差（可达 IT8）已能满足设计要求，故不再加工。又如在同一公称尺寸的轴上需要装配几个具有不同配合的零件时，可选用基轴制，否则，将会造成轴加工困难，甚至无法加工。如图 1-11 所示，活塞销与活塞（过渡配合）和连杆衬套孔（间隙配合）的配合就宜采用基轴制。

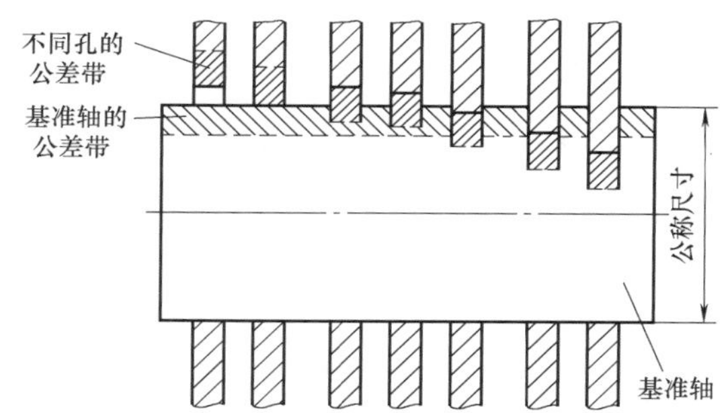

本图所示为基准轴与不同孔之间可能的组合，其与它们的标准公差等级有关。基轴制配合的可能示例：G7/h6，H6/h6，M6/h6。

图 1-10　基轴制配合

3）根据标准件选择基准制。当设计的零件与标准件相配时，基准制的选择应依标准件而定。例如，与滚动轴承内圈相配的轴应选用基孔制，而与滚动轴承外圈配合的孔应选用基轴制。

4）特殊情况下可采用混合配合。为了满足配合的特殊要求，允许采用任一孔、轴公差带组成配合。例如，图 1-12 所示的零部件为 C616 型车床主轴箱的一部分，其所采用的配合为非基准制混合配合。由于齿轮轴筒 3 与两个轴承孔相配合，已选定为 ϕ60js6，隔套 1 只起隔离两个轴承的作用，松套在齿轮轴筒上，定心精度要求不高因而选用 ϕ60D10 与齿轮轴筒相配。

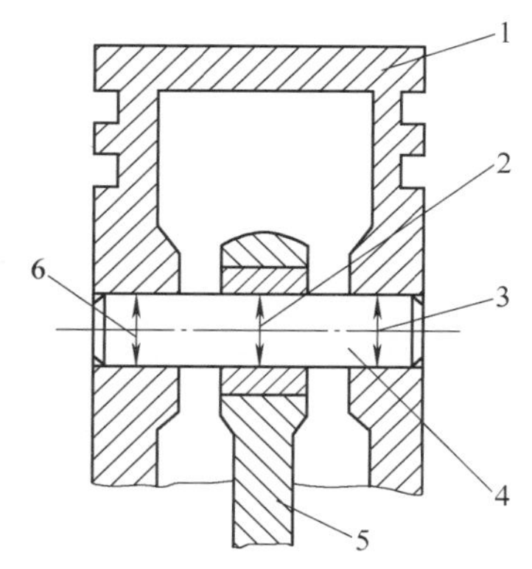

图 1-11　活塞销、活塞和连杆衬套孔的配合

1—活塞　2—间隙配合　3、6—过渡配合　4—活塞销　5—连杆

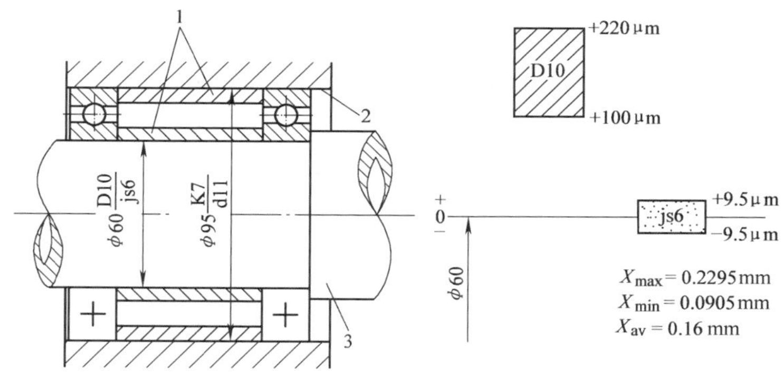

图 1-12　非基准制混合配合

1—隔套　2—主轴箱孔　3—齿轮轴筒

第二节　线性尺寸公差 ISO 代号体系

一、尺寸要素的标注方法

1. 标注示例 1

32^{x}_{y} 或 32 “代号” 均可，两者是等同的。

其中：

32——公称尺寸，单位为毫米（mm）；

x——上公差极限（x 可以是正值、零值或负值）；

y——下公差极限（y 可以是正值、零值或负值）；

“代号”——确定的公差带代号，如 50h7、40D 等

2. 标注示例 2

32^{x}_{y}Ⓔ与 32 “代号” Ⓔ等同。

二、公差带代号表示

公差带代号包含公差大小和相对于尺寸要素的公称尺寸的公差带位置的信息。

1. 公差大小

公差带代号示出了公差大小。公差大小是一个标准公差等级与被测要素的公称尺寸的函数。

2. 标准公差等级及选择

（1）等级的表示与划分　标准公差等级用字符 IT 和等级数字表示，如 IT7。

公称尺寸至 500mm 的标准公差值见表 1-1，给出了 IT01～IT18 间任一个标准公差等级的公差值，表中的每一行对应一个尺寸范围，第一列对尺寸范围进行了限定。

当标准公差等级与代表基本偏差的字母组合形成公差代号时，IT 省略，如 H7。

从 IT6～IT18，标准公差是每 5 级乘以因子 10，该规则应用于所有标准公差，还可用于表 1-1 没有给出的 IT 等级的外插值。例如：对于公称尺寸大于 120～180mm，IT20 的值为：IT20＝IT15×10＝1.6mm×10＝16mm。

表 1-1　公称尺寸至 500mm 的标准公差数值

公称尺寸 mm		标准公差等级																			
		IT01	IT0	IT1	IT2	IT3	IT4	IT5	IT6	IT7	IT8	IT9	IT10	IT11	IT12	IT13	IT14	IT15	IT16	IT17	IT18
大于	至	标准公差数值																			
		μm													mm						
—	3	0.3	0.5	0.8	1.2	2	3	4	6	10	14	25	40	60	0.1	0.14	0.25	0.4	0.6	1	1.4
3	6	0.4	0.6	1	1.5	2.5	4	5	8	12	18	30	48	75	0.12	0.18	0.3	0.48	0.75	1.2	1.8
6	10	0.4	0.6	1	1.5	2.5	4	6	9	15	22	36	58	90	0.15	0.22	0.36	0.58	0.9	1.5	2.2
10	18	0.5	0.8	1.2	2	3	5	8	11	18	27	43	70	110	0.18	0.27	0.43	0.7	1.1	1.8	2.7
18	30	0.6	1	1.5	2.5	4	6	9	13	21	33	52	84	130	0.21	0.33	0.52	0.84	1.3	2.1	3.3

（续）

公称尺寸 mm		标准公差等级																			
		IT01	IT0	IT1	IT2	IT3	IT4	IT5	IT6	IT7	IT8	IT9	IT10	IT11	IT12	IT13	IT14	IT15	IT16	IT17	IT18
大于	至	标准公差数值																			
		μm													mm						
30	50	0.6	1	1.5	2.5	4	7	11	16	25	39	62	100	160	0.25	0.39	0.62	1	1.6	2.5	3.9
50	80	0.8	1.2	2	3	5	8	13	19	30	46	74	120	190	0.3	0.46	0.74	1.2	1.9	3	4.6
80	120	1	1.5	2.5	4	6	10	15	22	35	54	87	140	200	0.35	0.54	0.87	1.4	2.2	3.5	5.4
120	180	1.2	2	3.5	5	8	12	18	25	40	63	100	160	250	0.4	0.63	1	1.6	2.5	4	6.3
180	250	2	3	4.5	7	10	14	20	29	46	72	115	185	290	0.46	0.72	1.15	1.85	2.9	4.6	7.2
250	315	2.5	4	6	8	12	16	23	32	52	81	130	210	320	0.52	0.81	1.3	2.1	3.2	5.2	8.1
315	400	3	5	7	9	13	18	25	36	57	89	140	230	360	0.57	0.89	1.4	2.3	3.6	5.7	8.9
400	500	4	6	8	10	15	20	27	40	63	97	155	250	400	0.63	0.97	1.55	2.5	4	6.3	9.7

（2）标准公差等级的选择

公差等级可用类比法选择，也就是参考从生产实践中总结出来的经验资料，进行比较选择。

用类比法选择公差等级时，应掌握各个公差等级的应用范围和各种加工方法所能达到的公差等级，以便有所依据。表 1-2 为公差等级的应用，表 1-3 为各种加工方法可能达到的公差等级，表 1-4 为各公差等级的主要应用范围，表 1-5 为按工艺等价性选择轴的公差等级。

表 1-2 公差等级的应用

应用	公差等级（IT）																			
	01	0	1	2	3	4	5	6	7	8	9	10	11	12	13	14	15	16	17	18
量块	—	—	—																	
量规			—	—	—	—	—	—	—											
配合尺寸							—	—	—	—	—	—	—	—	—					
特别精密的配合				—	—	—	—													
非配合尺寸														—	—	—	—	—	—	—
原材料尺寸											—	—	—	—	—	—				

注：“—”表示应用的公差等级。

表 1-3 各种加工方法可能达到的公差等级

加工方法	公差等级（IT）																			
	01	0	1	2	3	4	5	6	7	8	9	10	11	12	13	14	15	16	17	18
研磨	—	—	—	—	—	—	—													
珩						—	—	—	—											
圆磨							—	—	—	—										
平磨							—	—	—	—										
金刚石车							—	—	—											
金刚石镗							—	—	—											

（续）

加工方法	公差等级（IT）																			
	01	0	1	2	3	4	5	6	7	8	9	10	11	12	13	14	15	16	17	18
拉削							—	—	—	—										
铰孔								—	—	—	—	—								
车									—	—	—	—	—							
镗									—	—	—	—	—							
铣										—	—	—	—							
刨、插												—	—							
钻												—	—	—	—					
滚压、挤压												—	—							
冲压												—	—	—	—	—				
压铸													—	—	—	—				
粉末冶金成形								—	—	—										
粉末冶金烧结									—	—	—	—								
砂型铸造、气割																		—	—	—
锻造																	—	—		

注：“—”表示可达到的公差等级。

表 1-4　各公差等级的主要应用范围

公差等级	主要应用范围
IT01、IT0、IT1	一般用于精密标准量块。IT1也用于检验IT6、IT7级轴用量规的校对量规
IT2～IT7	用于检验IT5～IT16级工件的量规的尺寸公差
IT3～IT5（孔的IT6）	用于精度要求很高的重要配合，如机床主轴与精密滚动轴承的配合，发动机活塞销与连杆孔、活塞孔的配合 配合公差很小，对加工要求很高，应用较少
IT6（孔的IT7）	用于机床、发动机和仪表中的重要配合，如机床传动机构中的齿轮与轴的配合，轴与轴承的配合，发动机中活塞与气缸、曲轴与轴承、气门杆与导套等的配合 配合公差较小，一般精密加工能够实现，在精密机械中广泛应用
IT7、IT8	用于机床和发动机中的次要配合，也用于重型机械、农业机械、纺织机械、机车车辆等的重要配合，如机床上操纵杆的支承配合，发动机中活塞环与活塞环槽的配合，农业机械中齿轮与轴的配合等 配合公差中等，加工易于实现，在一般机械中广泛应用
IT9、IT10	用于一般要求，或长度精度要求较高的配合。某些非配合尺寸的特殊要求，如飞机机身的外壳尺寸，由于重量限制，要求达到IT9或IT10
IT11、IT12	用于不重要的配合处，多用于各种没有严格要求，只要求便于连接的配合，如螺栓和螺孔、铆钉和孔等的配合
IT12～IT18	用于未注公差的尺寸和粗加工的工序尺寸，如手柄的直径、壳体的外形、壁厚尺寸、端面之间的距离等

表 1-5　按工艺等价性选择轴的公差等级

要求配合	条件：孔的公差等级	轴应选的公差等级	实例
间隙配合 过渡配合	≤IT8 >IT8	轴比孔高一级 轴与孔同级	H7/f6 H9/d9
过盈配合	≤IT7 >IT7	轴比孔高一级 轴与孔同级	H7/p6 H8/s8

3. 公差带的位置

公差带是上极限尺寸和下极限尺寸间的变动值，公差带代号用基本偏差表示公差带相对于公称尺寸的位置。关于公差带的位置，即，基本偏差的信息由一个或多个字母标示，称为基本偏差指示符。

公差带相对于公称尺寸的位置与孔和轴的基本偏差（+或-）符号如图 1-13 所示。根据约定，基本偏差是指最接近公称尺寸的那个极限偏差，另一个极限偏差（上或下）由基本偏差和标准公差确定（图 1-14、图 1-15）。关于 J/j、K/k、M/m、N/n 的基本偏差，如图 1-14、图 1-15 所示。

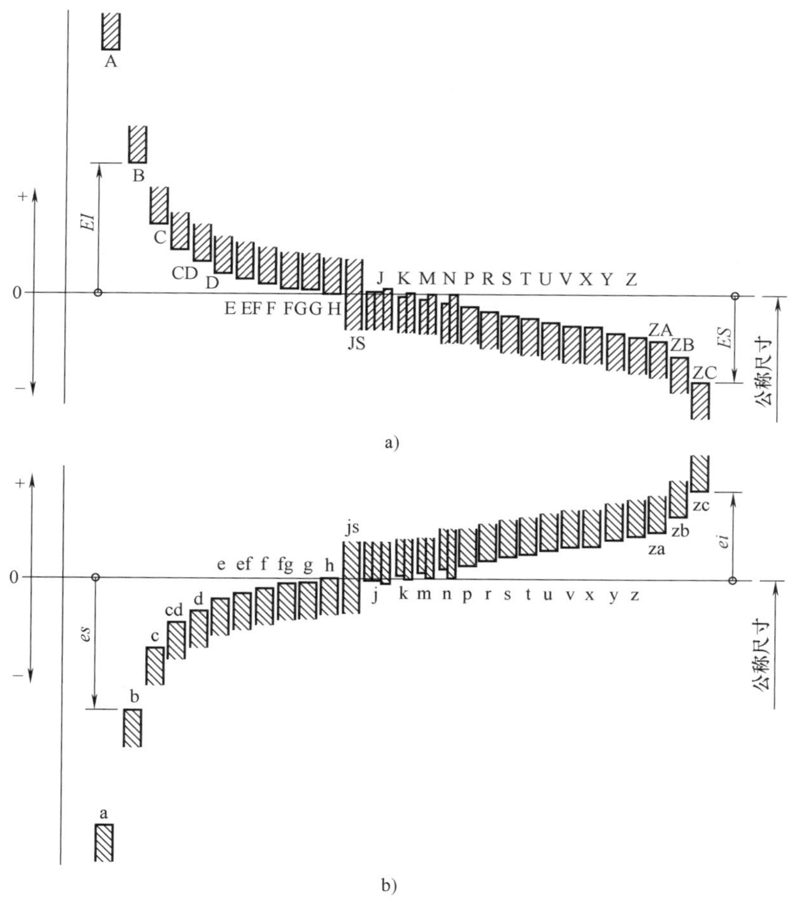

图 1-13 公差带（基本偏差）相对公称尺寸位置的示意说明

a）孔（内尺寸要素） b）轴（外尺寸要素）

重要提示：

在图 1-13 中，只表示了基本偏差，另一个极限偏差未表示出来（公差带断开未封口）；在图 1-14 与图 1-15 中，各种基本偏差都画出了公差带简图（见各小图），并注出了如何查表与计算上、下极限偏差。

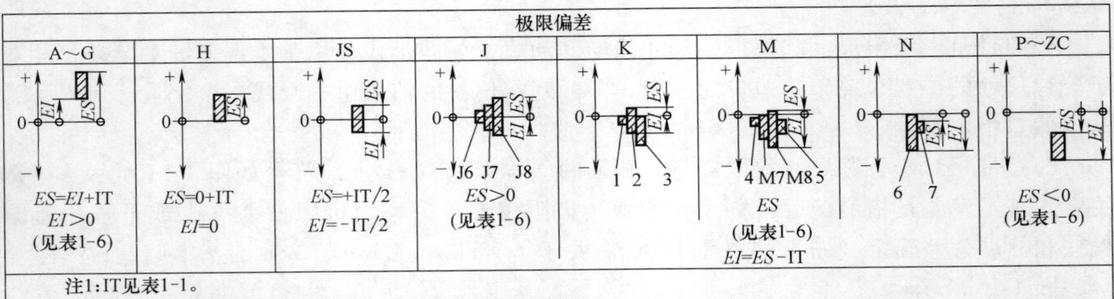

注1：IT见表1-1。

注2：所代表的公差带近似对应于公称尺寸大于10至18mm的范围。

说明：1—公称尺寸≤3mm时，K1~K3，K4~K8；
2—3mm<公称尺寸≤500mm时，K4~K8；
3—K9~K18；公称尺寸>500mm时，K4~K8；
4—M1~M6；
5—M9~K18；公称尺寸>500mm时，M7~M8；
6—1mm<公称尺寸≤3mm或公称尺寸>500mm时，N1~N8，N9~N18；
7—3mm<公称尺寸≤500mm时，N9~N18。

图 1-14　孔的极限偏差

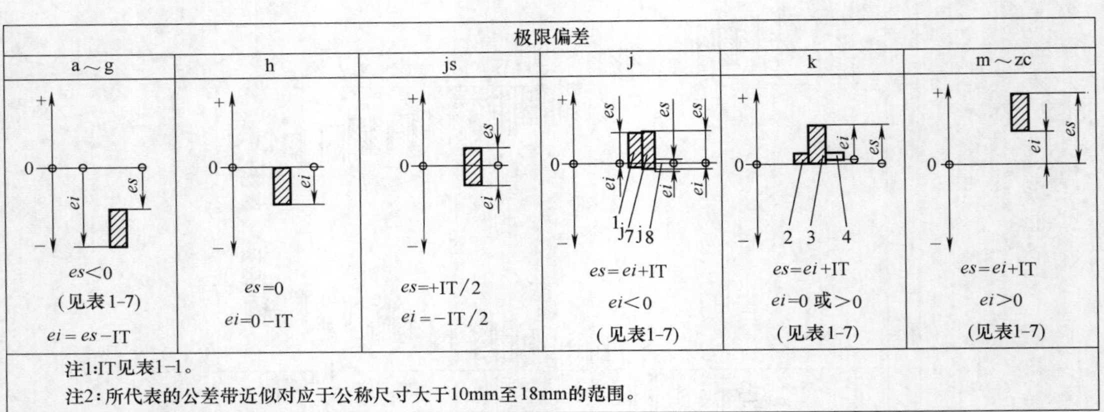

注1:IT见表1-1。

注2：所代表的公差带近似对应于公称尺寸大于10mm至18mm的范围。

说明：1—j5；j6；
2—k1~k3；公称尺寸≤3mm时，k4~k7；
3—3mm<公称尺寸≤500mm时，k4~k7；
4—k5~k18；公称尺寸>500mm时，k4~k7。

图 1-15　轴的极限偏差

4. 基本偏差

（1）基本偏差的作用　基本偏差主要控制孔与轴的最大实体尺寸（D_{min}、d_{max}），保证实现不同的配合性质。

（2）基本偏差的识别与控制

对孔：用大写字母（A，…，ZC），见表 1-6。

对轴：用小写字母（a，…，zc　），见表 1-7。

为避免混淆，不能使用下列字母：I/i、L/l、O/o、Q/q、W/w。

除了表 1-6、表 1-7 中的公称尺寸给出了基本偏差外，不对每个特定公称尺寸给出基本偏差。以 mm 为单位的基本偏差是标示符（字母）和被测要素的公称尺寸的函数。

（3）基本偏差的查表时注意事项

1）首先注意轴和孔不要弄错。

2）基本偏差是正值还是负值，是上偏差还是下偏差，必须记住。

3）尺寸范围不要搞错，特别要注意左边第一列。

4）表中只能查基本偏差，另外一个偏差可通过表 1-1 查出的标准公差计算出。

5）基本偏差的概念不适用于 JS 和 js，它们的公称极限相对于公称尺寸是对称分布的（图 1-13）。

6）在很多情况下，表 1-6～表 1-7 中的尺寸范围是表 1-1 主尺寸范围细分。

（4）基本偏差查表中 Δ 值的处理　表 1-6 右边的最后六列给出了单独的 Δ 值表，Δ 是被测要素的公差等级和公称尺寸的函数，该值仅与公差等级 IT3～IT7/IT8 的偏差 K～ZC 有关。每当示出+Δ 时，Δ 值将增加到主表给出的固定值上，以得到基本偏差的正确值。

三、公差带代号标示

对于孔和轴，公差带代号分别由代表孔的基本偏差的大写字母和轴的基本偏差的小写字母与代表标准公差等级的数字的组合标示。

（1）尺寸及其公差　有下面两种等同的标示

1）用公称尺寸与公差带代号标示，如 32H7、80js15、100g6

2）用公称尺寸及+和/或-极限偏差标示，$32^{+0.025}_{0}$、80±0.6、$100^{-0.012}_{-0.034}$

（2）公差带代号可以表示出以下内容　公称尺寸、基准制、公差等级，例如：100g6 表示公称尺寸为 100、基孔制的轴、基本偏差为 g、公差等级为 6 级。）

四、公差带代号的选取

公差带代号应尽可能从图 1-16 和图 1-17 分别给出的孔和轴相应的公差带代号中选取。框中所示的公差带代号应优先选取。

重要提示：

极限与配合公差制给出了多种公差带代号（表 1-6～表 1-7）即使这种选取受限于 GB/T 1800.2 所示的那些公差带代号，其可选性也非常高。通过对公差带选取的限制，可以避免工具和量具不必要的多样化。

图 1-16 和图 1-17 中的公差带代号仅应用于不需要对公差带代号进行特定选取的的一般性用途。例如，键槽需要特定选取。

在特定应用中若有必要，偏差 js 和 JS 可被相应的偏差 j 和 J 替代。

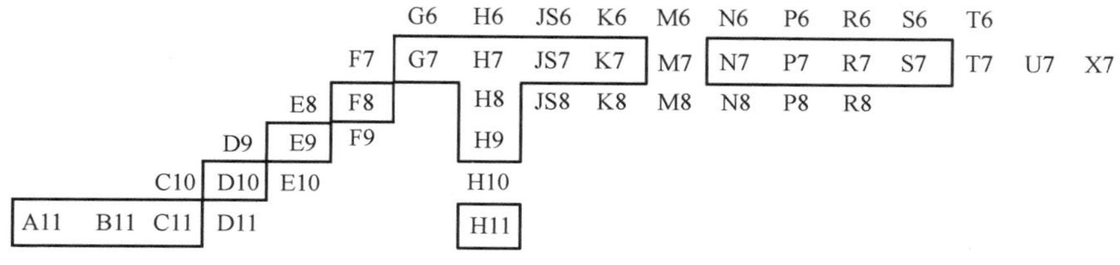

图 1-16　孔的公差带代号

表 1-6 公称尺寸至 500mm 孔的

公称尺寸/mm		基 本 偏																		
		下极限偏差，*EI*																		
		所有标准公差等级												IT6	IT7	IT8	≤IT8	>IT8	≤IT8	>IT8
大于	至	A	B	C	CD	D	E	EF	F	FG	G	H	JS	J			K		M	
—	3	+270	+140	+60	+34	+20	+14	+10	+6	+4	+2	0	极限偏差=±IT*n*/2，式中 *n* 为标准公差等级数	+2	+4	+6	0	0	−2	−2
3	6	+270	+140	+70	+46	+30	+20	+14	+10	+6	+4	0		+5	+6	+10	−1+Δ	—	−4+Δ	−4
6	10	+280	+150	+80	+56	+40	+25	+18	+13	+8	+5	0		+5	+8	+12	−1+Δ	—	−6+Δ	−6
10	14	+290	+150	+95	+70	+50	+32	+23	+16	+10	+6	0		+6	+10	+15	−1+Δ	—	−7+Δ	−7
14	18																			
18	24	+300	+160	+110	+85	+65	+40	+28	+20	+12	+7	0		+8	+12	+20	−2+Δ	—	−8+Δ	−8
24	30																			
30	40	+310	+170	+120	+100	+80	+50	+35	+25	+15	+9	0		+10	+14	+24	−2+Δ	—	−9+Δ	−9
40	50	+320	+180	+130																
50	65	+340	+190	+140	—	+100	+60	—	+30	—	+10	0		+13	+18	+28	−2+Δ	—	−11+Δ	−11
65	80	+360	+200	+150																
80	100	+380	+220	+170	—	+120	+72	—	+36	—	+12	0		+16	+22	+34	−3+Δ	—	−13+Δ	−13
100	120	+410	+240	+180																
120	140	+460	+260	+200																
140	160	+520	+280	+210	—	+145	+85	—	+43	—	+14	0		+18	+26	+41	−3+Δ	—	−15+Δ	−15
160	180	+580	+310	+230																
180	200	+660	+340	+240																
200	225	+740	+380	+260	—	+170	+100	—	+50	—	+15	0		+22	+30	+47	−4+Δ	—	−17+Δ	−17
225	250	+820	+420	+280																
250	280	+920	+480	+300	—	+190	+110	—	+56	—	+17	0		+25	+36	+55	−4+Δ	—	−20+Δ	−20
280	315	+1050	+540	+330																
315	355	+1200	+600	+360	—	+210	+125	—	+62	—	+18	0		+29	+39	+60	−4+Δ	—	−21+Δ	−21
355	400	+1350	+680	+400																
400	450	+1500	+760	+440	—	+230	+135	—	+68	—	+20	0		+33	+43	+66	−5+Δ	—	−23+Δ	−23
450	500	+1650	+840	+480																

基本偏差数值（摘自 GB/T 1800.1—2020）

（单位：μm）

差数值															Δ值					
上极限偏差，*ES*																				
≤IT8	>IT8	≤IT7	>IT7的标准公差等级												标准公差等级					
N		P至ZC	P	R	S	T	U	V	X	Y	Z	ZA	ZB	ZC	IT3	IT4	IT5	IT6	IT7	IT8
-4	-4	在大于IT7的标准公差等级的基本偏差数值上增加一个Δ值	-6	-10	-14	—	-18	—	-20	—	-26	-32	-40	-60	0	0	0	0	0	0
-8+Δ	0		-12	-15	-19	—	-23	—	-28	—	-35	-42	-50	-80	1	1.5	1	3	4	6
-10+Δ	0		-15	-19	-23	—	-28	—	-34	—	-42	-52	-67	-97	1	1.5	2	3	6	7
-12+Δ	0		-18	-23	-28	—	-33	—	-40	—	-50	-64	-90	-130	1	2	3	3	7	9
								-39	-45	—	-60	-77	-108	-150						
-15+Δ	0		-22	-28	-35	—	-41	-47	-54	-63	-73	-98	-136	-188	1.5	2	3	4	8	12
						-41	-48	-55	-64	-75	-88	-118	-160	-218						
-17+Δ	0		-26	-34	-43	-48	-60	-68	-80	-94	-112	-148	-200	-274	1.5	3	4	5	9	14
						-54	-70	-81	-97	-114	-136	-180	-242	-325						
-20+Δ	0		-32	-41	-53	-66	-87	-102	-122	-144	-172	-226	-300	-405	2	3	5	6	11	16
				-43	-59	-75	-102	-120	-146	-174	-210	-274	-360	-480						
-23+Δ	0		-37	-51	-71	-91	-124	-146	-178	-214	-258	-335	-445	-585	2	4	5	7	13	19
				-54	-79	-104	-144	-172	-210	-254	-310	-400	-525	-690						
-27+Δ	0		-43	-63	-92	-122	-170	-202	-248	-300	-365	-470	-620	-800	3	4	6	7	15	23
				-65	-100	-134	-190	-228	-280	-340	-415	-535	-700	-900						
				-68	-108	-146	-210	-252	-310	-380	-465	-600	-780	-1000						
-31+Δ	0		-50	-77	-122	-166	-236	-284	-350	-425	-520	-670	-880	-1150	3	4	6	9	17	26
				-80	-130	-180	-258	-310	-385	-470	-575	-740	-960	-1250						
				-84	-140	-196	-284	-340	-425	-520	-640	-820	-1050	-1350						
-34+Δ	0		-56	-94	-158	-218	-315	-385	-475	-580	-710	-920	-1200	-1550	4	4	7	9	20	29
				-98	-170	-240	-350	-425	-525	-650	-790	-1000	-1300	-1700						
-37+Δ	0		-62	-108	-190	-268	-390	-475	-590	-730	-900	-1150	-1500	-1900	4	5	7	11	21	32
				-114	-208	-294	-435	-530	-660	-820	-1000	-1300	-1650	-2100						
-40+Δ	0		-68	-126	-232	-330	-490	-595	-740	-920	-1100	-1450	-1850	-2400	5	5	7	13	23	34
				-132	-252	-360	-540	-660	-820	-1000	-1250	-1600	-2100	-2600						

表 1-7　公称尺寸至 500mm 轴的

公称尺寸/mm		基本偏														
		上极限偏差，*es*														
		所有标准公差等级												IT5 和 IT6	IT7	IT8
大于	至	a	b	c	cd	d	e	ef	f	fg	g	h	js	j		
—	3	-270	-140	-60	-34	-20	-14	-10	-6	-4	-2	0	极限偏差=±IT*n*/2，式中 *n* 是标准公差等级数	-2	-4	-6
3	6	-270	-140	-70	-46	-30	-20	-14	-10	-6	-4	0		-2	-4	—
6	10	-280	-150	-80	-56	-40	-25	-18	-13	-8	-5	0		-2	-5	—
10	14	-290	-150	-95	-70	-50	-32	-23	-16	-10	-6	0		-3	-6	—
14	18															
18	24	-300	-160	-110	-85	-65	-40	-25	-20	-12	-7	0		-4	-8	—
24	30															
30	40	-310	-170	-120	-100	-80	-50	-35	-25	-15	-9	0		-5	-10	—
40	50	-320	-180	-130												
50	65	-340	-190	-140	—	-100	-60	—	-30	—	-10	0		-7	-12	—
65	80	-360	-200	-150												
80	100	-380	-220	-170	—	-120	-72	—	-36	—	-12	0		-9	-15	—
100	120	-410	-240	-180												
120	140	-460	-260	-200	—	-145	-85	—	-43	—	-14	0		-11	-18	—
140	160	-520	-280	-210												
160	180	-580	-310	-230												
180	200	-660	-340	-240	—	-170	-100	—	-50	—	-15	0		-13	-21	—
200	225	-740	-380	-260												
225	250	-820	-420	-280												
250	280	-920	-480	-300	—	-190	-110	—	-56	—	-17	0		-16	-26	—
280	315	-1050	-540	-330												
315	355	-1200	-600	-360	—	-210	-125	—	-62	—	-18	0		-18	-28	—
355	400	-1350	-680	-400												
400	450	-1500	-760	-440	—	-230	-135	—	-68	—	-20	0		-20	-32	—
450	500	-1650	-840	-480												

注：公称尺寸≤1mm时，不使用基本偏差a和b。

基本偏差数值（摘自 GB/T 1800.1—2020）　　（单位：μm）

差数值															
下极限偏差，*ei*															
IT4 至 IT7	≤IT3 >IT7	所有标准公差等级													
k		m	n	p	r	s	t	u	v	x	y	z	za	zb	zc
0	0	+2	+4	+6	+10	+14	—	+18	—	+20	—	+26	+32	+40	+60
+1	0	+4	+8	+12	+15	+19	—	+23	—	+28	—	+35	+42	+50	+80
+1	0	+6	+10	+15	+19	+23	—	+28	—	+34	—	+42	+52	+67	+97
+1	0	+7	+12	+18	+23	+28	—	+33	—	+40	—	+50	+64	+90	+130
									+39	+45	—	+60	+77	+108	+150
+2	0	+8	+15	+22	+28	+35	—	+41	+47	+54	+63	+73	+98	+136	+188
							+41	+48	+55	+64	+75	+88	+118	+160	+218
+2	0	+9	+17	+26	+34	+43	+48	+60	+68	+80	+94	+112	+148	+200	+274
							+54	+70	+81	+97	+114	+136	+180	+242	+325
+2	0	+11	+20	+32	+41	+53	+66	+87	+102	+122	+144	+172	+226	+300	+405
					+43	+59	+75	+102	+120	+146	+174	+210	+274	+360	+480
+3	0	+13	+23	+37	+51	+71	+91	+124	+146	+178	+214	+258	+335	+445	+585
					+54	+79	+104	+144	+172	+210	+254	+310	+400	+525	+690
+3	0	+15	+27	+43	+63	+92	+122	+170	+202	+248	+300	+365	+470	+620	+800
					+65	+100	+134	+190	+228	+280	+340	+415	+535	+700	+900
					+68	+108	+146	+210	+252	+310	+380	+465	+600	+780	+1000
+4	0	+17	+31	+50	+77	+122	+166	+236	+284	+350	+425	+520	+670	+880	+1150
					+80	+130	+180	+258	+310	+385	+470	+575	+740	+960	+1250
					+84	+140	+196	+284	+340	+425	+520	+640	+820	+1050	+1350
+4	0	+20	+34	+56	+94	+158	+218	+315	+385	+475	+580	+710	+920	+1200	+1550
					+98	+170	+240	+350	+425	+525	+650	+790	+1000	+1300	+1700
+4	0	+21	+37	+62	+108	+190	+268	+390	+475	+590	+730	+900	+1150	+1500	+1900
					+114	+208	+294	+435	+530	+660	+820	+1000	+1300	+1650	+2100
+5	0	+23	+40	+68	+126	+232	+330	+490	+595	+740	+920	+1100	+1450	+1850	+2400
					+132	+252	+360	+540	+660	+820	+1000	+1250	+1600	+2100	+2600

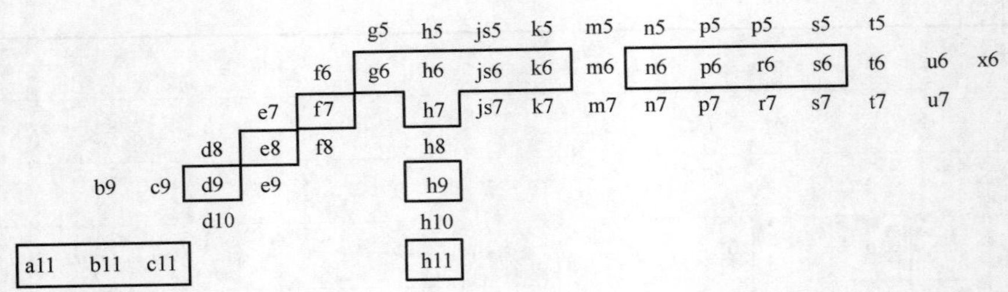

图 1-17　轴的公差带代号

五、配合的选择

1. 配合的标注

相配要素间的配合由下列元素标示：相同的公称尺寸、孔的公差带代号、轴的公差带代号。例如：52H7/g6 或 52 $\frac{H7}{g6}$

2. 基本偏差与极限偏差的作用

影响出现前述三种不同配合的关键，取决于孔与轴的最大实体尺寸（即 d_{max}、D_{min}），规定轴、孔的基本偏差就是为了限制最大实体尺寸，另外一个极限偏差则用以控制最小实体尺寸，这个最小实体尺寸虽然不影响配合的实现，但却影响工件配合后的寿命和强度，特别是随着产品精度的提高，对实现平均间隙和平均过盈的装配影响极大，因此也必须加以控制。

3. 依据经验确定特定配合

设计时，通常多采用类比法选择配合种类，为此，首先必须掌握各种基本偏差的特点，并了解他们的应用实例（表 1-9），然后再根据具体要求加以选择。因基本偏差包含在公差带中，用类比法选择配合时还可参考图 1-18 与图 1-19 依据经验选择框中的优先配合。

基准孔	轴公差带代号		
	间隙配合	过渡配合	过盈配合
H6	g5 h5	js5 k5 m5	n5 p5
H7	f6 g6 h6	js6 k6 m6 n6	p6 r6 s6 t6 u6 x6
	e7 f7 h7	js7 k7 m7	s7 u7
H8	d8 e8 f8 h8		
H9	d8 e8 f8 h8		
H10	b9 c9 d9 e9 h9		
H11	b11 c11 d10 h10		

图 1-18　基孔制配合的优先配合

4. 依据计算确定特定配合

在某些特定功能的情况下，需要计算由相配零件的功能要求所导出的允许间隙和/或过盈，或配合公差来确定特定配合。可见后面所举实例。

基准轴	孔公差带代号		
	间隙配合	过渡配合	过盈配合
h5	G6 H6	JS6 K6 M6	N6 P6
h6	F7 G7 H7	JS7 K7 M7 N7	P7 R7 S7 T7 U7 X7
h7	E8 F8 H8		
h8	D9 E9 F9 H9		
h9	E8 F8 H8 D9 E9 F9 H9 B11 C10 D10 H10		

图 1-19　基轴制配合的优先配合

5. 公差与配合选择的综合实例

(1) 选择的方法

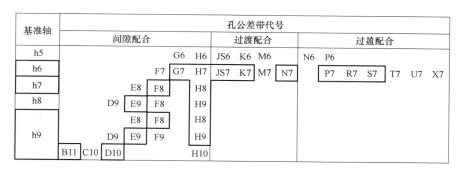

1) 了解各类配合选择的大体方向。选择配合时，应首先根据配合的具体要求，大体上确定应选的配合类别，即从宏观的角度初定配合大类，参见表 1-8。

表 1-8　选择配合的大体方向

无相对运动	要传递转矩	要精确同轴	永久接合	过盈配合
			可拆接合	过渡配合或基本偏差为 H(h)② 的间隙配合加紧固件①
		不要精确同轴		间隙配合加紧固件①
	不需要传递转矩			过渡配合或轻的过盈配合
有相对运动	只有移动			基本偏差为 H(h)、G(g)② 等间隙配合
	转动或转动和移动的复合运动			基本偏差 A~F(a~f)② 等间隙配合

① 紧固件指键、销和螺钉等。

② 指非基准件的基本偏差代号。

2) 熟悉各类基本偏差的特点及应用。在明确所选配合大类的基础上，了解与对照各种基本偏差的特点及应用实例（表 1-6 和表 1-9），对正确选择配合是十分必要的。

3) 最后可根据不同工作情况对所选配合的间隙或过盈进行适当的修正。见表 1-10。

表 1-9　各种基本偏差的应用实例

配合	基本偏差	特点及应用实例
间隙配合	a(A) b(B)	可得到特别大的间隙，应用很少。主要用于工作时温度高、热变形大的零件的配合，如发动机中活塞与缸套的配合为 H9/a9
	c(C)	可得到很大的间隙。一般用于工作条件较差（如农业机械）、工作时受力变形大及装配工艺性不好的零件的配合，也适用于高温工作的间隙配合，如内燃机排气阀杆与导管的配合为 H8/c7
	d(D)	与 IT7~IT11 对应，适用于较松的间隙配合（如滑轮、空转的带轮与轴的配合），以及大尺寸滑动轴承与轴颈的配合（如涡轮机、球磨机等的滑动轴承），活塞环与活塞槽的配合可用 H9/d9
	e(E)	与 IT6~IT9 对应，具有明显的间隙，用于大跨距及多支点的转轴与轴承的配合，以及高速、重载的大尺寸轴与轴承的配合，如大型电动机、内燃机的主要轴承处的配合为 H8/e7
	f(F)	多与 IT6~IT8 对应，用于一般转动的配合，受温度影响不大、采用普通润滑油的轴与滑动轴承的配合，如齿轮箱、小电动机、泵等的转轴与滑动轴承的配合为 H7/f6

（续）

配合	基本偏差	特点及应用实例
间隙配合	g(G)	多与 IT5、IT6、IT7 对应，形成配合的间隙较小，用于轻载精密装置中的转动配合，用于插销的定位配合，滑阀、连杆销等处的配合，钻套孔多用 G 级
	h(H)	多与 IT4~IT11 对应，广泛用于无相对转动的配合、一般的定位配合。若没有温度、变形的影响，也可用于精密滑动轴承，如车床尾座孔与滑动套筒的配合为 H6/h5
过渡配合	js(JS)	多用于 IT4~IT7 具有平均间隙的过渡配合，用于略有过盈的定位配合，如联轴器、齿圈与轮毂的配合，滚动轴承外圈与外壳孔的配合多用 JS7。一般用手或木槌装配
	k(K)	多用于 IT4~IT7 平均间隙接近零的配合，用于定位配合，如滚动轴承的内、外圈分别与轴颈、外壳孔的配合。用木槌装配
	m(M)	多用于 IT4~IT7 平均过盈较小的配合，用于精密定位的配合，如蜗轮的青铜轮缘与轮毂的配合为 H7/m6
	n(N)	多用于 IT4~IT7 平均过盈较大的配合，很少形成间隙。用于加键传递较大转矩的配合，如压力机上齿轮与轴的配合。用木槌或压力机装配
过盈配合	p(P)	用于小过盈配合。与 H6 或 H7 的孔形成过盈配合，而与 H8 的孔形成过渡配合。碳钢和铸铁制零件形成的配合为标准压入配合，如绞车的绳轮与齿圈的配合为 H7/p6。合金钢制零件的配合需要小过盈时可用 p（或 P）
	r(R)	用于传递大转矩或受冲击载荷而需要加键的配合，如蜗轮与轴的配合为 H7/r6。H8/r8 配合在公称尺寸<100mm 时，为过渡配合
	s(S)	用于钢和铸铁制零件的永久性和半永久性接合，可产生相当大的结合力，如套环压在轴、阀座上用 H7/s6 配合
	t(T)	用于钢和铸铁制零件的永久性接合，不用键可传递转矩，需用热套法或冷轴法装配，如联轴器与轴的配合为 H7/t6
	u(U)	用于大过盈配合，最大过盈需验算。用热套法进行装配，如火车轮毂和轴的配合为 H6/u5
	v(V),x(X) y(Y),z(Z)	用于特大过盈配合，目前使用的经验和资料很少，须经试验后才能应用，一般不推荐

表 1-10 不同工作情况对选择间隙配合的影响

具体情况	间隙的增大或减小	具体情况	间隙的增大或减小
工作温度{孔高于轴时 轴高于孔时	减小 增大	两支承距离较大或多支承时	增大
表面粗糙度值较大时	减小	支承间同轴度误差大时	增大
润滑油黏度较大时	增大	生产类型{单件小批生产时 大批大量生产时	增大 减小
定心精度较低时	增大		

表 1-11 对选择的过盈配合的修正

具体情况	过盈的增或减	具体情况	过盈的增或减
材料强度小时	减	配合长度较大时	减
经常拆卸	减	配合面几何误差较大时	减
有冲击载荷	增	装配时可能歪斜	减
工作温度{孔高于轴时 轴高于孔时	增 减	转速很高时 表面粗糙度值较大时	增

（2）公差与配合选择的综合实例

例 1-1　图0-1所示齿轮液压泵为润滑用的低压小流量泵，为了防止泄漏，提高效率，两齿轮轴端面与两端泵盖的配合尺寸为25mm，轴向间隙要求保持0.01~0.04mm；为避免齿轮受到不平衡的径向力作用，使齿顶和泵体内壁相碰，要求齿轮齿顶与泵体孔的径向间隙保持为0.13~0.16mm；为避免转速过高造成吸油不足，两齿轮轴的转速 $n=900\text{r/min}$。试选择两轴的四个轴颈与两端泵盖对应轴承孔的配合（公称尺寸为 ϕ15mm）和两齿轮端面与两端泵盖端面的配合（公称尺寸为25mm）。

解：

（1）四处轴颈与泵盖轴承孔的配合选择

1）确定基准制。因液压泵结构无特殊要求，故一般情况下采用基孔制。

2）确定孔、轴的公差等级。根据表1-7，查得配合尺寸公差等级为IT5~IT13；由表1-9知机构中的重要配合可取IT6~IT7；考虑到内孔的加工工艺性，取孔的公差等级为IT7较好；根据孔和轴的工艺等价性，按表1-10取轴的公差等级为IT6。

3）确定非基准轴的基本偏差。根据使用要求，轴与孔要做相对转动，由表1-9可知，轴的基本偏差应在a~f内选取；再参考表1-10，为了保证轴、孔的定心精度，间隙不宜过大，又因轴、孔处于较高转速下运转，为使其形成层流液体摩擦状态以减少径向力引起的磨损，轴的基本偏差选f为宜。因此，四处轴颈与泵盖轴承孔的配合应为 ϕ15H7/f6。

（2）两齿轮端面与两端泵盖端面配合的选择

1）确定基准制。与前述相同，仍采用基孔制。

2）确定孔、轴公差等级。因齿轮液压泵已提出使用功能要求，轴向配合间隙要求保证0.01~0.04mm，故

配合公差　$$T_f=|X_{max}-X_{min}|=(0.04-0.01)\text{mm}$$

$$T_f=T_D+T_d=0.03\text{mm}=30\mu\text{m}$$

查表1-1　$$IT7=21\mu\text{m}\quad IT6=13\mu\text{m}\quad IT5=9\mu\text{m}$$

第一方案　$$\begin{cases}\text{孔公差等级取 IT7} & T_D=21\mu\text{m}\\ \text{轴公差等级取 IT6} & T_d=13\mu\text{m}\end{cases}$$

第二方案　$$\begin{cases}\text{孔公差等级取 IT6} & T_D=13\mu\text{m}\\ \text{轴公差等级取 IT5} & T_d=9\mu\text{m}\end{cases}$$

若采用第二方案，显然精度过高，不利于加工和成本的降低；采用第一方案虽然比计算所得值稍大，但根据表1-9可知IT7与IT6可用于一般机构中的重要配合，故定孔的公差等级为IT7，轴为IT6。

3）确定非基准轴的基本偏差代号。根据使用要求，计算求得轴的上极限偏差（基孔制间隙配合）。

基准孔　$$ES=+T_D=+21\mu\text{m};\ EI=0$$

$$T_d=13\mu\text{m}\ (\text{公称尺寸 25mm、IT6})$$

$$X_{min}=EI-es$$

故　$$es=EI-X_{min}=(0-10)\mu\text{m}=-10\mu\text{m}$$

查表 1-7 可知，计算的 es = −10μm 与尺寸段（24～30）mm 的基本偏差 g = −7μm 相近，故可确定轴的基本偏差为 g。

这样，两齿轮端面与两端泵盖的配合为 25H7/g6。

验算 25H7/g6　　孔：ES = +21μm　EI = 0

轴：es = −7μm　ei = −20μm

$$X_{max} = ES - ei = [+21-(-20)]\mu m = +41\mu m$$

$$X_{min} = EI - es = [0-(-7)]\mu m = +7\mu m$$

与使用要求轴向间隙为 0.01～0.04mm 基本符合。

例 1-2　如图 1-20 所示，活塞（铝合金）与气缸内壁（钢制）工作时做高速往复运动，要求间隙在 0.1～0.2mm 范围内，若活塞与气缸配合的直径为 ϕ135mm，气缸工作温度 t_H = 110℃，活塞工作温度 t_s = 180℃，气缸和活塞材料的线膨胀系数分别为 $\alpha_H = 12\times10^{-6}$/K，$\alpha_s = 24\times10^{-6}$/K。试确定活塞与气缸孔的尺寸偏差。

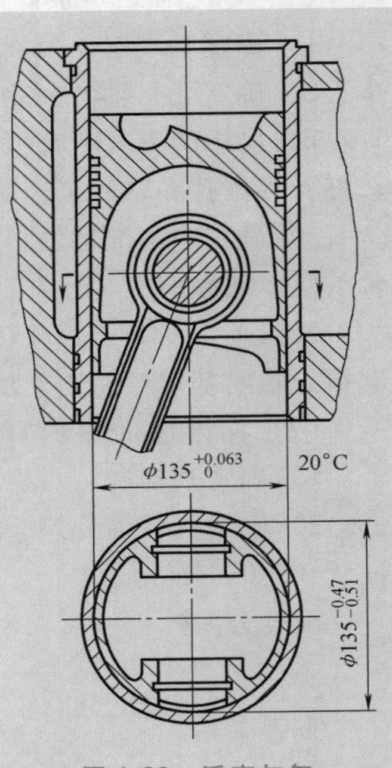

图 1-20　活塞与气缸孔的配合

解：

（1）基准制的确定　配合为一般情况，可选用基孔制。

（2）孔、轴公差等级的确定

由于

$$T_f = |X_{max} - X_{min}| = (0.2-0.1)mm = 100\mu m$$

又　$$T_f = T_D + T_d = 100\mu m$$

查表 1-1，与计算的相近值为

$$\begin{cases} 孔\ IT8 & T_D = 63\mu m \\ 轴\ IT7 & T_d = 40\mu m \end{cases}$$

则　$T_D = 63\mu m$　$T_d = 40\mu m$（因为题意为 0.1～0.2mm，故 $T_D + T_d$ 稍大于 100μm 是允许的）。

故基准孔　ES = +63μm　EI = 0

（3）热变形所引起的间隙变化量的计算

$$\Delta X = 135\times[12\times10^{-6}\times(110-20) - 24\times10^{-6}\times(180-20)]mm = -0.37mm = -370\mu m$$

以上计算结果为负值，说明由于活塞热膨胀系数大于气缸孔的热膨胀系数，会使工作时的间隙减小 0.37mm。为了保证使用要求（即要求工作间隙为 0.1～0.2mm），应在确定轴的极限偏差时，考虑热变形的补偿值。

（4）非基准轴极限偏差的确定

因基准孔　$ES = +63\mu m$　$EI = 0$

$$X_{min} = EI - es = 100\mu m$$

故

$$es=-X_{min}=-100\mu m$$

$$ei=es-T_d=(-100-40)\mu m=-140\mu m$$

为了补偿热变形，在计算轴的上、下极限偏差中加入补偿值 ΔX，即

$$es'=es+\Delta X=(-100-370)\mu m=-470\mu m$$

$$ei'=ei+\Delta X=(-140-370)\mu m=-510\mu m$$

故　气缸孔的尺寸偏差应为 $\phi135^{+0.063}_{0}$mm，活塞的尺寸偏差应为 $\phi135^{-0.47}_{-0.51}$mm。

第三节　线性尺寸公差 ISO 代号体系的使用

一、如何确定与已知公差带代号的孔（或轴）相配合的基准轴（或基准孔）的公差带代号

例 1-3　已知基轴制配合，确定与 ϕ36F8 的孔相配合的基准轴的公差带代号。

解：（1）F8 表示基轴制配合中的孔，公差等级为 IT8，由图 1-14 知，F 属于 A～G 一列中，上、下偏差皆为正值，查表 1-6 可知，基本偏差 F 对应的 $EI=+0.025$mm，查表 1-1 可知，IT8=0.039mm，则 $ES=EI+\text{IT8}=+0.064$mm。

（2）因选用基轴制配合，故 $es=0$，查表 1-5，基准轴应比孔的公差等级高一级，故基准轴的公差带代号为 h7。查表 1-1 可知，IT7=0.025mm，则 $ei=es-0.025\text{mm}=0-0.025\text{mm}=-0.025\text{mm}$基准轴的公差带代号：$\phi$36h7

确定配合为：$\phi36\text{F8/h7}$——$\phi36^{+0.064}_{+0.025}/\phi36^{\ 0}_{-0.025}$

配合性质：基轴制间隙配合，$X_{max}=+0.089$mm，$X_{min}=+0.025$mm

配合公差：$T_f=|X_{max}|-|X_{min}|=0.064$mm

（3）配合公差带简图如图 1-21 所示。

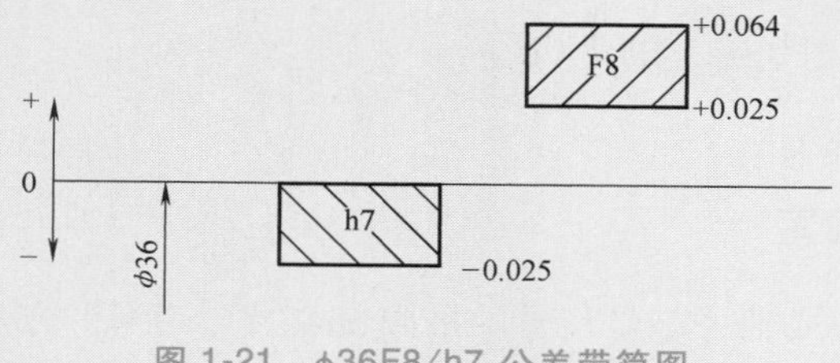

图 1-21　φ36F8/h7 公差带简图

例 1-4　已知基孔制配合，确定与 ϕ36s6 的轴相配合的基准孔的公差带代号。

解：（1）s6 表示基孔制配合中的轴，公差等级为 IT6，由图 1-15 知，"s" 属于右边 m～zc 中，上、下偏差皆为正值，基本偏差 s 查表 1-7 可知，基本偏差 s 对应的 $ei=+0.043$mm，查表 1-1 可知，IT6=0.016mm，则 $es=ei+\text{IT6}=+0.059$mm

（2）因选用基孔制配合，故 EI=0，查表 1-5，基准孔应比轴的公差等级低一级，故

基准孔的公差带代号为 H7。查表 1-1 可知，IT7＝0.025mm，则 $EI=ES-0.025$，即 $ES=EI+0.025\text{mm}=+0.025\text{mm}$ 基准孔的公差带代号为：ϕ36H7

确定配合为：ϕ36H7/s6——$\phi36^{+0.025}_{0}$/$\phi36^{+0.059}_{+0.043}$

配合性质：基孔制过盈配合，$Y_{max}=-0.059\text{mm}$　$Y_{min}=-0.018\text{mm}$

配合公差：$T_f=|Y_{max}|-|Y_{min}|=0.041\text{mm}$

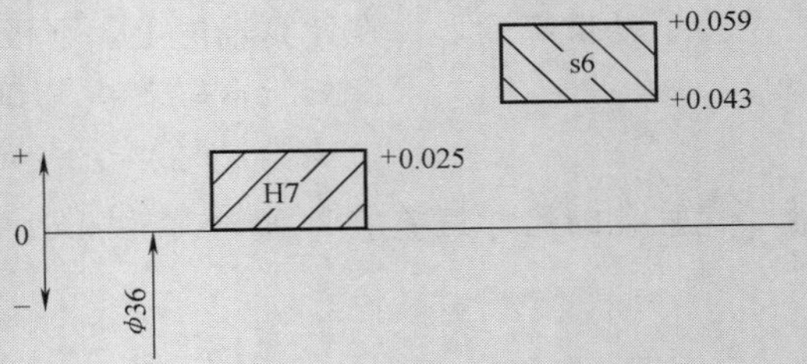

图 1-22　ϕ36H7/s6 公差带简图

（3）配合公差带简图如图 1-22 所示。

例 1-5　已知基孔制配合，确定与 ϕ36n6 的轴配合的基准孔的公差带代号。

解：

（1）n6 表示基孔制配合中的轴，公差等级为 IT6，由图 1-15 知，"n" 属于右边 m～zc 中，上、下偏差皆为正值，查表 1-7 可知，基本偏差 n 对应的 $ei=+0.017\text{mm}$，查表 1-1 可知，IT6＝0.016mm，则 $es=ei+\text{IT6}=+0.033\text{mm}$

（2）因选用基孔制配合，故 $EI=0$，查表 1-5，基准孔应比轴的公差等级低一级，故基准孔的公差带代号为 H7。查表 1-1 可知，IT7＝0.025mm，则 $ES=EI+0.025\text{mm}=+0.025\text{mm}$基准孔公差带代号：ϕ36H7

确定配合为：ϕ36H7/s6——$\phi36^{+0.025}_{0}$/$\phi36^{+0.033}_{+0.017}$

配合性质：基孔制过渡配合，$Y_{max}=-0.033\text{mm}$，$X_{max}=+0.008\text{mm}$

配合公差：$T_f=|Y_{max}|+|X_{max}|=0.041\text{mm}$

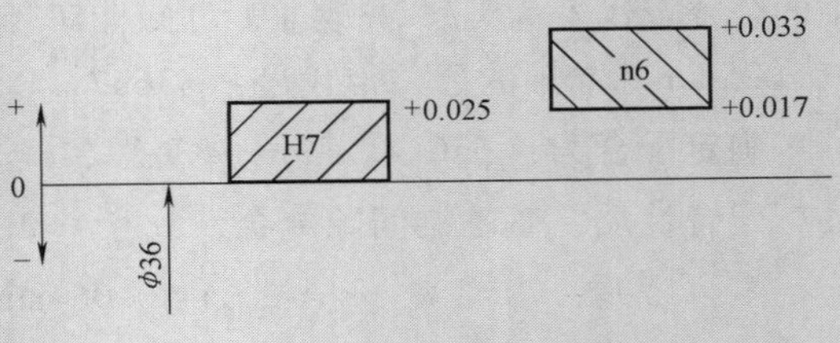

图 1-23　ϕ36H7/s6 公差带简图

（3）配合公差带简图如图 1-23 所示

二、极限偏差的确定

确定任一线性尺寸孔或轴公差带代号的极限偏差，可用两种方法：

1）已知公差带的孔和轴的极限偏差，如上例 ϕ36H7 孔与 ϕ36s6 轴的极限偏差，都是采取查表与简单计算即可确定。

2）根据设计者提出的极限间隙或极限过盈要求，用计算的方法确定孔或轴的极限偏差，但须处理好以下三个问题：

① 首先应注意设计者对技术要求提出的"范围""大小""区间""极限""空间大小"等，这是确定相配零件配合公差的依据。如例 1-1 中对齿轮的径向间隙 0.13～0.16mm 的要求等，因为根据这个要求便可求出配合公差，而 $T_f=|T_D+T_d|$，这样孔和轴的公差便好确定了。

② 在分配孔和轴的公差时，要掌握好表 1-2～表 1-5 有关公差等级确定的应用原则。如什么情况下使用相同等级与什么情况下使用不同等级，都必须仔细考虑。

③ 最后确定配合时，一定要尽量选择国标所推荐的优先公差带代号与优先配合，这也是非常重要的。

三、配合公差的确定

可用计算的解释结果来确定配合公差。下面三例计算结果：

（1）间隙配合 $\phi36H8/f7$——$\phi36^{+0.039}_{0}/\phi36^{-0.025}_{-0.050}$，$X_{max}=+0.089mm$，$X_{min}=+0.025mm$，配合公差：$T_f=|X_{max}|-|X_{min}|=0.064mm$

（2）过渡配合 $\phi36H7/n6$——$\phi36^{+0.025}_{0}/\phi36^{+0.033}_{+0.017}$，$X_{max}=+0.008mm$，$Y_{max}=-0.033mm$ 配合公差：$T_f=|X_{max}|+|Y_{max}|=0.041mm$

（3）过盈配合 $\phi36H7/s6$——$\phi36^{+0.025}_{0}/\phi36^{+0.059}_{+0.043}$，$Y_{max}=-0.059mm$，$Y_{min}=-0.018mm$ 配合公差：$T_f=|Y_{max}|-|Y_{min}|=0.041mm$

将上面三例不同的配合公差进行比较，其配合公差如图 1-24 所示。

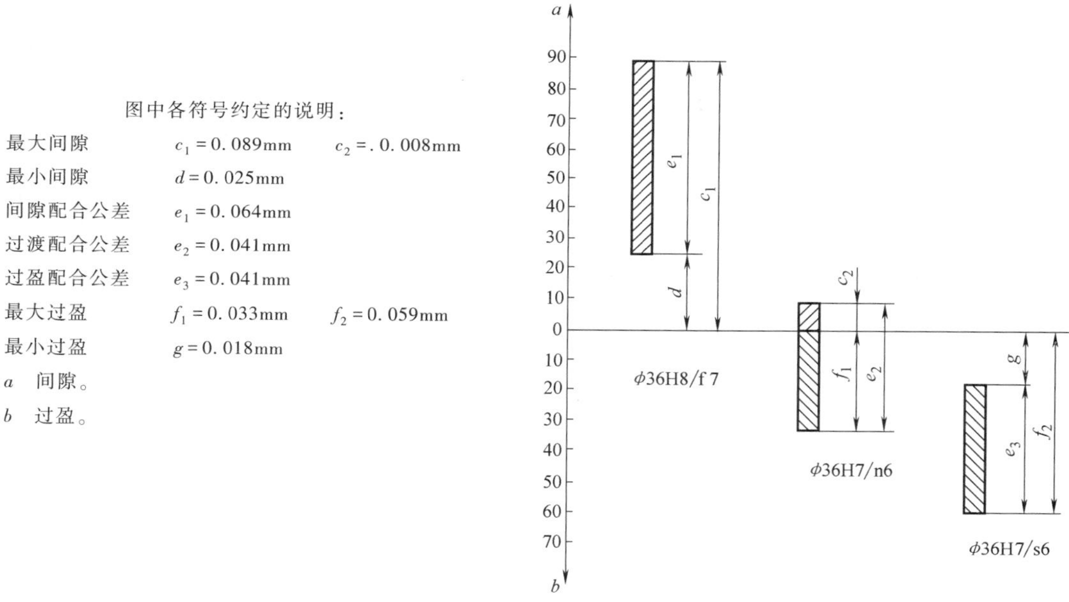

图 1-24 配合公差

在图 1-24 中，纵坐标以“0”线划分，其上表示间隙，其下表示过盈，由图可看出三类配合的不同特点：

1）间隙配合的配合公差始终在“0”线以上，说明产生间隙的概率为 100%；

2）过盈配合的配合公差始终在“0”线以下，说明产生过盈的概率也为 100%；

3）只有过渡配合的配合公差一部分在在“0”线以上，另一部分则在“0”线以下，说明既可能产生间隙，也可能产生过盈，从图 1-24 可看出，产生过盈的概率大于产生间隙的概率。

习　题

1-1　判断下列各种说法是否正确，并简述理由。

1）公称尺寸是设计给定的尺寸，因此零件的实际要素尺寸越接近公称尺寸，则其精度越高。

2）公差，可以说是零件尺寸允许的最大偏差。

3）孔的基本偏差即下极限偏差，轴的基本偏差即上极限偏差。

4）过渡配合可能具有间隙或过盈，因此过渡配合可能是间隙配合或是过盈配合。

5）某孔的提取要素局部尺寸小于与其接合的轴的提取要素局部尺寸，则形成过盈配合。

1-2　按下表中给出的数值，计算表中空格的数值，并将计算结果填入相应的空格内。

（单位：mm）

公称尺寸	上极限尺寸	下极限尺寸	上极限偏差	下极限偏差	公　差
孔 $\phi8$	8.040	8.025			
轴 $\phi60$			−0.060		0.046
孔 $\phi30$		30.020			0.100
轴 $\phi50$			−0.050	−0.112	

1-3　试根据下表中的数值，计算并填写该表空格中的数值。

（单位：mm）

公称尺寸	孔			轴			最大间隙或最小过盈	最小间隙或最大过盈	平均间隙或平均过盈	配合公差	配合性质
	上极限偏差	下极限偏差	公差	上极限偏差	下极限偏差	公差					
$\phi25$		0				0.021	+0.074		+0.057		
$\phi14$		0				0.010		−0.012	+0.0025		
$\phi45$			0.025	0				−0.050	−0.0295		

1-4　绘出下列两对孔、轴配合的公差带图，并分别计算出它们的最大、最小与平均间隙（X_{max}、X_{min}、X_{av}）或过盈（Y_{max}、Y_{min}、Y_{av}）及配合公差（T_f）（单位均为 mm）。

1）孔 $\phi20^{+0.033}_{0}$mm，轴 $\phi20^{-0.065}_{-0.098}$mm　2）孔 $\phi35^{+0.007}_{-0.018}$mm，轴 $\phi35^{0}_{-0.016}$mm

1-5　说明下列配合符号所表示的基准制、公差等级和配合类别（间隙配合、过渡配合或过盈配合），并查表计算其极限间隙或极限过盈，画出其尺寸公差带图。

1）ϕ25H7/g6　　2）ϕ40K7/h6

3）ϕ15JS8/g7　　4）ϕ50S8/h8

1-6　试通过查表和计算确定下列孔、轴配合的极限偏差。然后将这些基孔（轴）制的配合改换成相同配合性质的基轴（孔）制配合，并算出改变后的各配合相应的极限偏差。

1）ϕ60H9/d9　　2）ϕ30H8/f7

3）ϕ50K7/h6　　4）ϕ80H7/u6

1-7　设孔、轴配合的公称尺寸 D 和使用要求如下：

1）$D=40$mm，$X_{max}=+0.068$mm，$X_{min}=+0.025$mm；

2）$D=25$mm，$X_{max}=+0.096$mm，$X_{min}=+0.038$mm；

3）$D=35$mm，$Y_{max}=-0.099$mm，$Y_{min}=-0.021$mm；

4）$D=60$mm，$Y_{max}=-0.062$mm，$Y_{min}=-0.013$mm。

试按配合公差的公式、GB/T 1800.1—2020 的公差表格确定其基准制，孔、轴的公差等级和基本偏差代号及它们的极限偏差。

第二章 测量技术基础

第一节 概　　述

一、测量与检验的概念

要实现互换性，除了合理地规定公差外，还需要在加工过程中进行正确的测量或检验，只有测量或检验合格的零件，才具有互换性。本课程的测量技术主要研究对零件的几何量（包括长度、角度、表面粗糙度、几何形状和相互位置等）进行测量或检验。

“测量”是指以确定被测对象量值为目的的全部操作。其实质是将被测几何量与作为计量单位的标准量进行比较，从而确定被测几何量是计量单位的倍数或分数的过程。一个完整的测量过程应包括被测对象、计量单位、测量方法（指测量时采用的方法、计量器具和测量条件的综合）和测量精度等四个方面。

“检验”是指确定被测几何量是否在规定的极限范围之内，从而判断是否合格，不一定得出具体的量值。

测量技术包括“测量”和“检验”。对测量技术的基本要求是：合理地选用计量器具与测量方法，保证一定的测量精度，具有高的测量效率、低的测量成本，通过测量分析零件的加工工艺，积极采取预防措施，避免废品的产生。

测量技术的发展与机械加工精度的提高有着密切的关系。例如，有了比较仪，才使加工精度达到 1μm；光栅、磁栅、感应同步器用作传感器以及激光干涉仪的出现，又使加工精度达到了 0.01μm 的水平。随着机械工业的发展，数字显示与微型计算机进入了测量技术的领域。数显技术的应用，减少了人为的影响因素，提高了读数精度与可靠性；计算机主要用于测量数据的处理，因而进一步提高了测量的效率。计算机和量仪的联用，还可用于控制测量操作程序，实现自动测量或通过计算机对程控机床发出对零件的加工指令，将测量结果用于控制加工工艺，从而使测量、加工合二为一，组成工艺系统的整体。

二、计量单位与长度基准

1. 计量单位

我国规定的法定计量单位中，长度计量单位为米（m），平面角的角度计量单位为弧度（rad）、度（°）、分（′）及秒（″）。

机械制造中常用的长度计量单位为毫米（mm），$1\text{mm}=10^{-3}\text{m}$。在精密测量中，长度计量单位采用微米（μm），$1\mu\text{m}=10^{-3}\text{mm}$。在超精密测量中，长度计量单位采用纳米（nm），

1nm = 10^{-3}μm。

机械制造中常用的角度计量单位为弧度（rad）、微弧度（μrad）和度（°）、分（′）、秒（″）。1μrad = 10^{-6}rad，1° = 0.0174533rad。度（°）、分（′）、秒（″）的关系采用60等分制，即1° = 60′，1′ = 60″。

2. 长度基准

按1983年第十七届国际计量大会的决议，规定米的定义为：米为光于真空中在（1/299792458）s的时间间隔内所行进的距离。

米定义的复现主要采用稳频激光。我国使用碘吸收稳定的0.633μm氦氖激光辐射作为波长标准。

三、长度量值传递系统

用光波波长作为长度基准，不便于生产中直接应用。为了保证量值统一，必须把长度基准的量值准确地传递到生产中应用的计量器具和工件上去。为此，在技术上，从基准谱线开始，长度量值通过两个平行的系统向下传递，如图2-1所示。其中，一个是端面量具（量块）系统，另一个是刻线量具（线纹尺）系统。

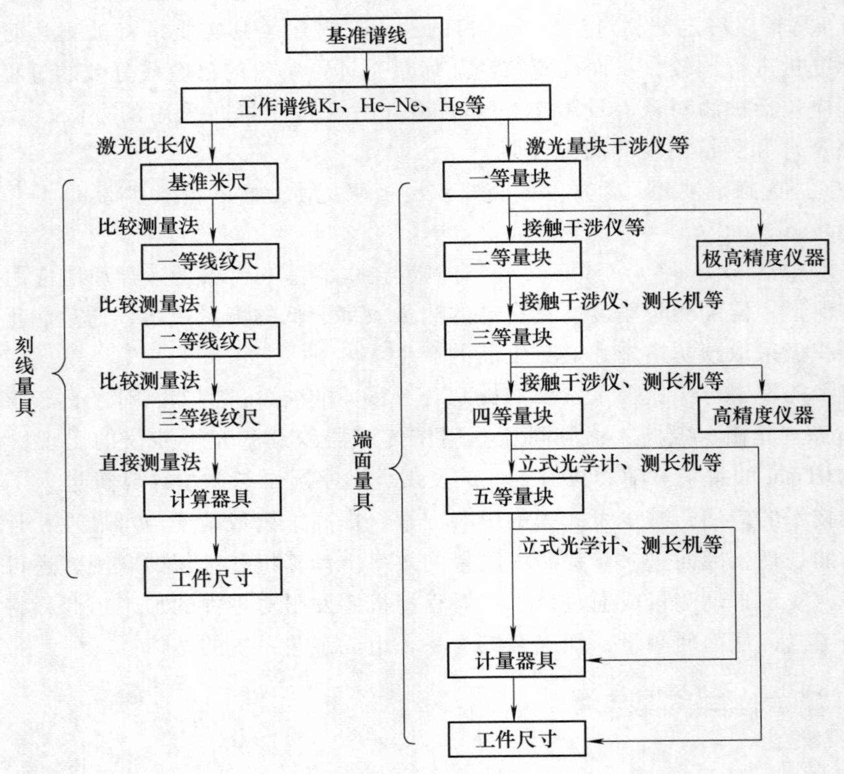

图2-1　长度量值传递系统

四、量块

量块是没有刻度的平面平行端面量具，用特殊合金钢制成，具有线膨胀系数小、不易变形、耐磨性好等特点。量块的应用颇为广泛，除了作为量值传递的媒介以外，还用于调整计量器具和机床、工具及其他设备，也用于直接测量工件。

量块上有两个平行的测量面，通常制成长方形六面体，如图 2-2 所示。量块的两个测量面极为光滑、平整，具有研合性。这两个测量面间的尺寸精确。量块一个测量面上的任意点至与此量块另一测量面相研合的辅助体表面之间的垂直距离称为量块长度。量块一个测量面上任意一点的量块长度称为量块任意点长度 l。量块一个测量面上中心点的量块长度称为量块中心长度 l_n。量块测量面上最大与最小量块长度之差称为量块长度变动量，量块上标出的尺寸称为量块标称长度。

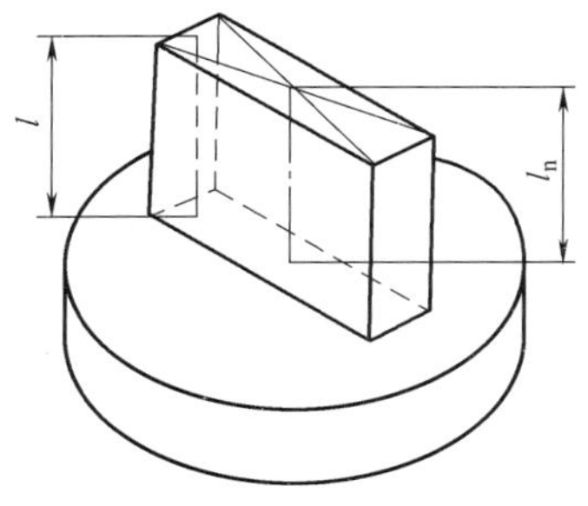

图 2-2 量块及相研合的辅助体

为了满足各种不同的应用场合，对量块规定了若干精度等级。国家标准 GB/T 6093—2001《几何量技术规范（GPS） 长度标准 量块》对量块的制造精度规定了五级：K、0、1、2、3 级。其中 K 级最高，精度依次降低，3 级最低。国家计量检定规程《量块》（JJG 146—2011）又规定了 1~5 等。其中 1 等量块精度最高，精度依次降低，5 等量块精度最低。

量块分“级”的主要依据是量块长度极限偏差和长度变动量的允许值，见表 2-1。量块分“等”的主要依据是中心长度测量的不确定度和长度变动量，见表 2-2。

表 2-1 各级量块的精度指标（摘自 GB/T 6093—2001） （单位：μm）

标称长度 l_n/mm	K 级		0 级		1 级		2 级		3 级	
	①	②	①	②	①	②	①	②	①	②
$l_n \leqslant 10$	0.2	0.05	0.12	0.10	0.20	0.16	0.45	0.30	1.0	0.50
$10<l_n \leqslant 25$	0.3	0.05	0.14	0.10	0.30	0.16	0.60	0.30	1.2	0.50
$25<l_n \leqslant 50$	0.4	0.06	0.20	0.10	0.40	0.18	0.80	0.30	1.6	0.55
$50<l_n \leqslant 75$	0.5	0.06	0.25	0.12	0.50	0.18	1.00	0.35	2.0	0.55
$75<l_n \leqslant 100$	0.6	0.07	0.30	0.12	0.60	0.20	1.20	0.35	2.5	0.60

① 量块测量面上任意点长度相对于标称长度的极限偏差（±）。

② 量块长度变动量最大允许值。

表 2-2 各等量块的精度指标（摘自 JJG 146—2011） （单位：μm）

标称长度 l_n/mm	1 等		2 等		3 等		4 等		5 等	
	①	②	①	②	①	②	①	②	①	②
	最大允许值/μm									
$l_n \leqslant 10$	0.022	0.05	0.06	0.10	0.11	0.16	0.22	0.30	0.6	0.5
$10<l_n \leqslant 25$	0.025	0.05	0.07	0.10	0.12	0.16	0.25	0.30	0.6	0.5
$25<l_n \leqslant 50$	0.030	0.06	0.08	0.10	0.15	0.18	0.30	0.30	0.8	0.55
$50<l_n \leqslant 75$	0.035	0.06	0.09	0.12	0.18	0.18	0.35	0.35	0.9	0.55
$75<l_n \leqslant 100$	0.040	0.07	0.10	0.12	0.20	0.20	0.40	0.35	1.0	0.6

① 测量不确定度。

② 长度变动量。

量块按“级”使用时，应以量块的标称长度作为工作尺寸，该尺寸包含了量块的制造误差。量块按“等”使用时，应以经过检定后所给出的量块中心长度的实际尺寸作为工作尺寸，该尺寸排除了量块制造误差的影响，仅包含检定时较小的测量误差。因此，量块按“等”使用时测量精度比按“级”使用时高。

每块量块只有一个确定的工作尺寸。为了满足一定尺寸范围内的不同尺寸的需要，可以将量块组合使用。根据 GB/T 6093—2001 的规定，我国生产的成套量块有 91 块、83 块、46 块、38 块等几种规格。各种规格量块的级别、尺寸系列、间隔和块数见表 2-3。

表 2-3　成套量块尺寸表（摘自 GB/T 6093—2001）

套别	总块数	级别	尺寸系列/mm	间隔/mm	块数
1	91	0,1	0.5	—	1
			1	—	1
			1.001,1.002,…,1.009	0.001	9
			1.01,1.02,…,1.49	0.01	49
			1.5,1.6,…,1.9	0.1	5
			2.0,2.5,…,9.5	0.5	16
			10,20,…,100	10	10
2	83	0,1,2	0.5	—	1
			1	—	1
			1.005	—	1
			1.01,1.02,…,1.49	0.01	49
			1.5,1.6,…,1.9	0.1	5
			2.0,2.5,…,9.5	0.5	16
			10,20,…,100	10	10
3	46	0,1,2	1	—	1
			1.001,1.002,…,1.009	0.001	9
			1.01,1.02,…,1.09	0.01	9
			1.1,1.2,…,1.9	0.1	9
			2,3,…,9	1	8
			10,20,…,100	10	10

使用量块时，为了减少量块组合的累积误差，应尽量减少使用的块数。选取量块时，从消去组合尺寸和最小尾数开始，逐一选取。例如，从 83 块一套的量块中选取尺寸为 36.375mm 的量块组，则可分别选用 1.005mm、1.37mm、4mm 和 30mm 四块量块。

五、计量器具和测量方法的分类

（一）计量器具的分类

计量器具按结构特点可分为量具、量规、量仪和计量装置四类。

1. 量具

量具是指以固定形式复现量值的计量器具，分单值量具和多值量具两种。单值量具是指复现几何量的单个量值的量具，如量块、直角尺等。多值量具是指复现一定范围内的一系列不同量值的量具，如线纹尺等。

2. 量规

量规是指没有刻度的专用计量器具，用以检验零件要素实际尺寸和几何误差的综合结果。检验结果只能判断被测几何量合格与否，而不能获得被测几何量的具体数值，如用光滑极限量规、位置量规和螺纹量规等检验零件。

3. 量仪

量仪是指能将被测几何量的量值转换成可直接观测的指示值（示值）或等效信息的计量器具。按原始信号转换原理，量仪分为机械式量仪、光学式量仪、电动式量仪和气动式量仪等几种。

（1）机械式量仪　机械式量仪是指用机械方法实现原始信号转换的量仪，如指示表、杠杆比较仪和扭簧比较仪等。这种量仪结构简单、性能稳定、使用方便。

（2）光学式量仪　光学式量仪是指用光学方法实现原始信号转换的量仪，如光学比较仪、测长仪、工具显微镜、光学分度头、干涉仪等。这种量仪精度高、性能稳定。

（3）电动式量仪　电动式量仪是指将原始信号转换为电量形式的信息的量仪，如电感比较仪、电容比较仪、电动轮廓仪、圆度仪等。这种量仪精度高、易于实现数据自动处理和显示，还可实现计算机辅助测量和自动化。

（4）气动式量仪　气动式量仪是指以压缩空气为介质，通过气动系统流量或压力的变化来实现原始信号转换的量仪，如水柱式气动量仪、浮标式气动量仪等。这种量仪结构简单，可进行远距离测量，也可对难于用其他转换原理测量的部位（如深孔部位）进行测量，但示值范围小，对不同的被测参数需要不同的测头。

4. 计量装置

计量装置是指为确定被测几何量量值所必需的计量器具和辅助设备的总体。它能够测量较多的几何量和较复杂的零件，有助于实现检测自动化或半自动化，如连杆、滚动轴承等零件可用计量装置来测量。

（二）测量方法的分类

测量方法可以从不同角度进行分类。

1. 按所测的几何量是否为欲测的几何量分类

（1）直接测量　不必测量与被测量有函数关系的其他量，而能直接得到被测量值的测量方法称为直接测量。

（2）间接测量　通过测量与被测量有函数关系的其他量，才能得到被测量值的测量方法称为间接测量。

如图 2-3 所示，对孔心距 y 的测量，是用游标卡尺测出 x_1 值和 x_2 值，然后按下式求出 y 值

$$y=\frac{x_1+x_2}{2}$$

为了减少测量误差，一般都采用直接测量，必要时可采用间接测量。

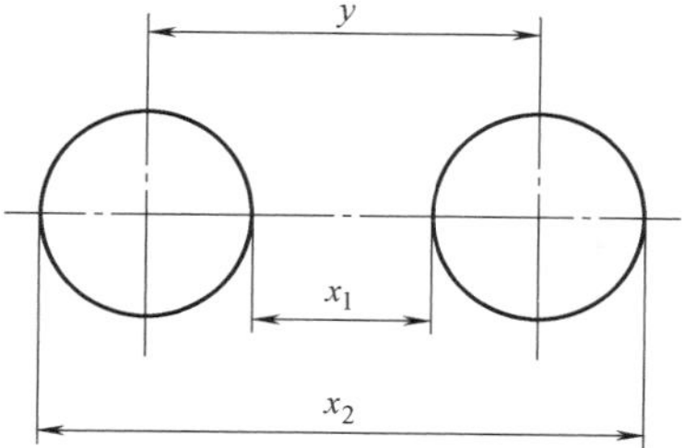

图 2-3　间接测量孔心距

2. 按示值是否为被测几何量的整个量值分类

（1）绝对测量　计量器具显示或指示的示值是被测几何量的整个量值，这种测量方法就是绝对测量，如用游标卡尺、千分尺测量轴径或孔径。

（2）微差测量（比较测量）　将被测量与同它只有微小差别的已知同种量相比较，通

过测量这两个量值间的差值以确定被测量值的测量方法称为微差测量。例如，用图 2-4 所示的机械比较仪测量轴径，测量时先用量块调整零位，该比较仪指示出的示值为被测轴径相对于量块尺寸的微差。

3. 按测量时被测表面与计量器具的测头是否接触分类

(1) 接触测量　测量时计量器具的测头与被测表面接触，并有机械作用的测量力，这种测量即为接触测量，如用机械比较仪测量轴径。

(2) 非接触测量　测量时计量器具的测头不与被测表面接触，这种测量即为非接触测量，如用光切显微镜测量表面粗糙度值。

接触测量会引起被测表面和计量器具有关部分产生弹性变形，因而影响测量精度。非接触测量则无此影响。

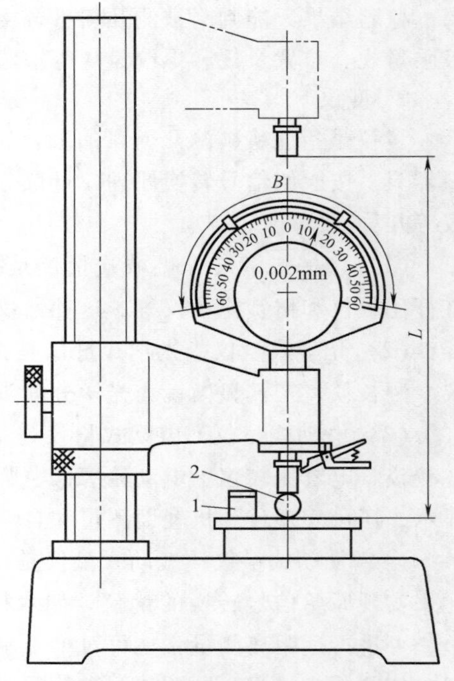

图 2-4　机械比较仪测量轴径

1—量块　2—被测工件

4. 按工件上同时测量被测几何量的多少分类

(1) 单项测量　对工件上每一几何量分别进行测量的方法称为单项测量。例如，用工具显微镜分别测量螺纹单一中径、螺距和牙型半角的实际值，并分别判断它们各自是否合格。

(2) 综合测量（综合检验）　同时测量工件上几个有关几何量的综合结果，以判断综合结果是否合格，而不需要知道有关单项值，这种测量即为综合测量，如用螺纹通规检验螺纹单一中径、螺距和牙型半角实际值的综合结果（作用中径）是否合格。

就工件整体来说，单项测量的效率比综合测量低，但单项测量便于进行工艺分析。综合测量适用于只要求判断合格与否，而不需要得到具体误差值的场合。

5. 按测量在加工过程中所起的作用分类

(1) 主动测量　在工件加工的同时，对被测几何量进行测量的方法称为主动测量，其测量结果可直接用以控制加工过程，及时防止废品的产生。

(2) 被动测量　在工件加工完毕后对被测几何量进行测量的方法称为被动测量，其测量结果仅限于通过合格品和发现并剔除不合格品。

主动测量常应用在生产线上，使检验与加工过程紧密结合，充分发挥检测的作用。因此，它是检测技术发展的方向。

6. 静态测量与动态测量

(1) 静态测量　静态测量是指在测量过程中，计量器具的测头与被测零件处于静止状态，被测量的量值是固定的。

(2) 动态测量　动态测量是指在测量过程中，计量器具的测头与被测零件处于相对运动状态，被测量的量值是变化的。例如，用圆度仪测量圆度误差、用电动轮廓仪测量表面粗糙度值等均为动态测量。

六、计量器具的基本计量参数

计量器具的计量参数是表征计量器具技术性能和功用的指标，也是选择和使用计量器具的依据。

1. 标尺间距

沿着标尺长度的线段测得的任何两个相邻标尺标记之间的距离，一般取为1~2.5mm。

2. 分度值

分度值也称刻度值，是指标尺或刻度盘上每一标尺间距所代表的量值。在几何量测量中，常用的分度值有0.1mm、0.05mm、0.02mm、0.01mm、0.002mm和0.001mm等几种。图2-4所示机械比较仪的分度值为0.002mm。对于没有标尺或刻度盘的量具或量仪就不称分度值，而称分辨力。分辨力是指指示装置对紧密相邻量值有效辨别的能力。数字式指示装置的分辨力为末位的字码。一般说来，计量器具的分度值越小，则该计量器具的精度就越高。

3. 示值范围

示值范围是指计量器具标尺或刻度盘内全部刻度所代表的最小值到最大值的范围。如图2-4所示，机械比较仪所能指示的最低值为-60μm，最高值为+60μm，因此示值范围 B 为-60~+60μm。

4. 测量范围

测量范围是指使计量器具所能测量的最小值到最大值的范围。如图2-4所示，机械比较仪的测量范围 L 为0~180mm。

5. 灵敏度

计量仪器的响应变化除以相应的激励变化即为灵敏度。如果被测量的激励变化为 Δx，计量仪器的响应变化为 ΔL，则灵敏度 S 为

$$S=\frac{\Delta L}{\Delta x}$$

在上式中分子和分母皆为同一类量的情况下，灵敏度也称放大倍数。对于具有等分刻度的标尺或刻度盘的量仪，放大倍数 K 等于标尺间距 a 与分度值 i 之比，即

$$K=\frac{a}{i}$$

一般地说，分度值越小，则灵敏度就越高。

6. 鉴别力

计量仪器对激励值微小变化的响应能力称为鉴别力。

7. 示值误差

量具的标称值或计量仪器的示值与被测量（约定）真值之差即为示值误差。例如，测长仪示值为0.125mm，若实际值为0.126mm，则示值误差 $\Delta=-0.001$mm。计量器具的示值误差是通过对计量器具的检定得到的。检定时，常用标准量的实际值作为真值。计量器具产品中规定的示值误差为其极限值。分度值相同的各种计量器具，它们的示值误差并不一定相同。示值误差是表征计量器具精度的指标。一般地说，计量器具的示值误差越小，则该计量器具的精度就越高。

8. 修正值

修正值是指为了消除系统误差，用代数法加到示值上以得到正确结果的数值，其大小与示值误差的绝对值相等，而符号相反。例如，示值误差为 - 0.004mm，则修正值为+0.004mm。

9. 测量的重复性

在实际相同测量条件下，对同一被测量进行连续多次测量时，其测量结果之间的一致性称为测量的重复性。一般以测量重复性误差的极限值（正、负偏差）来表示测量的重复性。

第二节　生产中常用的长度量具与量仪

一、游标卡尺

游标卡尺是一种应用游标原理所制成的量具，由于其具有结构简单、使用方便、测量范围较大等特点，在生产中最为常用。游标卡尺按所测位置的尺寸分为普通长度游标卡尺、深度游标卡尺和高度游标卡尺。

（1）游标卡尺结构　普通游标卡尺的结构如图 2-5 所示。

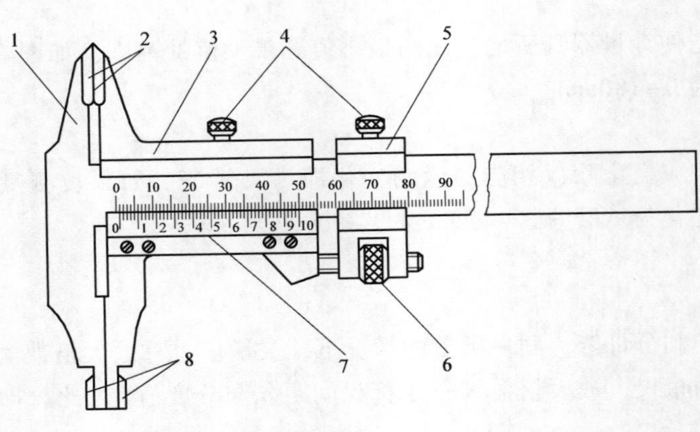

图 2-5　普通游标卡尺的结构

1—尺身　2—刀口外测量爪　3—尺框　4—锁紧螺钉　5—微动装置　6—微动螺母　7—游标　8—内测量爪

（2）读数原理　游标卡尺的读数装置由尺身和游标两部分组成。其中，尺身用于读取被测数值的整数部分；而小于 1mm 的小数部分则由游标读取。设尺身每格刻线间距为 a（一般 $a=1$mm），游标每格刻线间距为 b，游标上的刻度线数为 n。

若令
$$(n-1)\ a=nb$$

则
$$a-b=a/n$$

因尺身 $a=1$mm　　故
$$a-b=1/n$$

上式说明尺身上每格与游标上的每格刻线间距不相同，即始终有一差量，其值等于 $1/n$。图 2-6 所示为游标读数原理。

如图 2-6a 所示，$n=10$ 时，$a-b=1/10$mm（此时 $b=0.9$mm）。

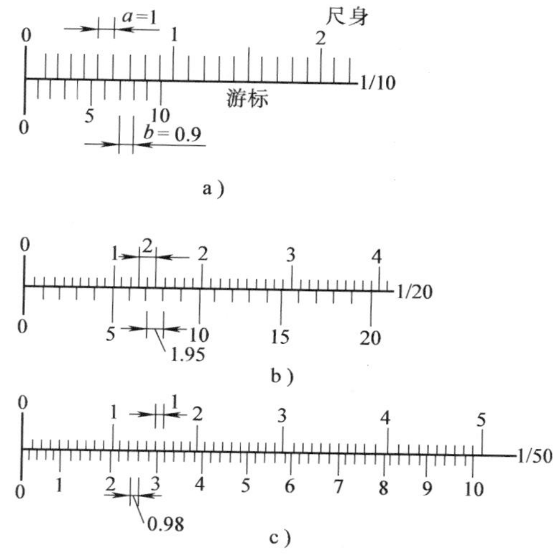

图 2-6 游标读数原理

a）游标读数值 0.1 b）游标读数值 0.05 c）游标读数值 0.02

如图 2-6b 所示，$n=20$ 时，$2a-b=1/20\text{mm}$（此时 $b=1.95\text{mm}$）。

如图 2-6c 所示，$n=50$ 时，$a-b=1/50\text{mm}$（此时 $b=0.98\text{mm}$）。

由上可知，当游标上的刻线数 n 增多时，由于 $a-b$ 差值较小，不便于观察，为了看得清楚，有的便将游标刻度加宽，此时尺身刻度与游标刻度之间的关系，按下式确定

$$\gamma a-b=1/n \quad (\gamma \text{ 为游标系数，一般取值为 } 2)$$

尺身上 a 仍为 1mm，n 仍规定为 10、20、50。

（3）读数方法 以图 2-7 所示为例，图中被测数值 x 由两部分组成，其中整数部分可由尺身读出（图中为 15mm），而小数部分（y）则由游标读出。从游标零线向右看，找到与尺身上相重合的线（第 4 条线），不难发现一个规律：从游标与尺身相重合的线（第 4 条线）向左看，要读的小数值 y 正好为尺身每格与游标每格差值的累积值。因此，要读的被测数值为

$$x = 15\text{mm} + 4 \times 0.1\text{mm}$$

不过，在游标上已经将 4×0.1 直接刻出了，不用再去数有多少格（对不同 n 值在游标的刻线下都已直接给出）。

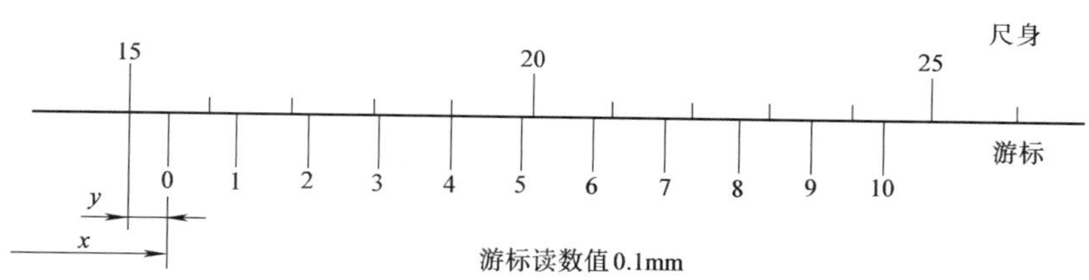

图 2-7 游标卡尺读数示例

为了帮助读者快速读数，下面介绍一个简单方法：

1）先看与游标零线靠近的尺身刻线（零线以左），读出整数值，如图 2-7 中的 15mm。

2）估计 y 值占尺身上 15mm 与 16mm 之间的几分之几，如 4/10~5/10。

3）迅速看游标上的刻线 4 与 5 哪条线重合，再准确读出 y 值。

二、千分尺

千分尺是运用螺旋传动原理制成的量具，分为外径千分尺、内径千分尺与深度千分尺。

（1）结构　图 2-8 所示为外径千分尺。

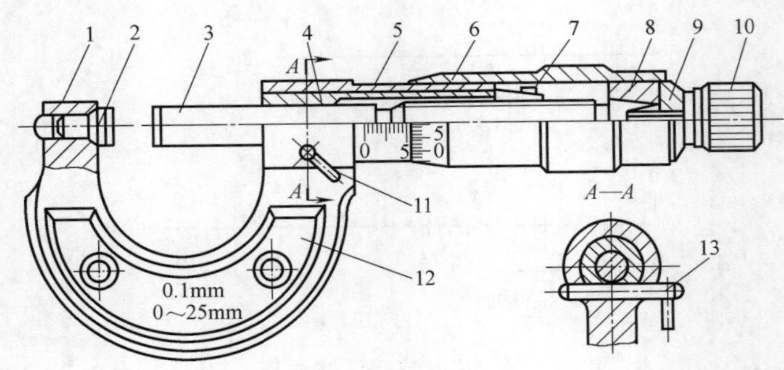

图 2-8　外径千分尺

1—尺架　2—测砧　3—测微螺杆　4—螺纹轴套　5—固定套筒　6—微分筒　7—调节螺母　8—接头　9—垫片　10—测力装置　11—锁紧机构　12—绝热板　13—锁紧轴

（2）工作原理　由图 2-8 可知，测微螺杆 3 与微分筒 6 连为一体，紧压入尺架 1 内的固定套筒 5 的右端有一调节螺母 7，测微螺杆 3 与微分筒 6 一起边旋转边做直线位移，设测微螺杆的螺距 p 为 0.5mm，微分筒圆周共刻有 50 条等分刻度。当测微螺杆与微分筒旋转一周时，其轴向位移为 0.5mm；而微分筒旋转一格时，其轴向位移为 0.5mm/50＝0.01mm。

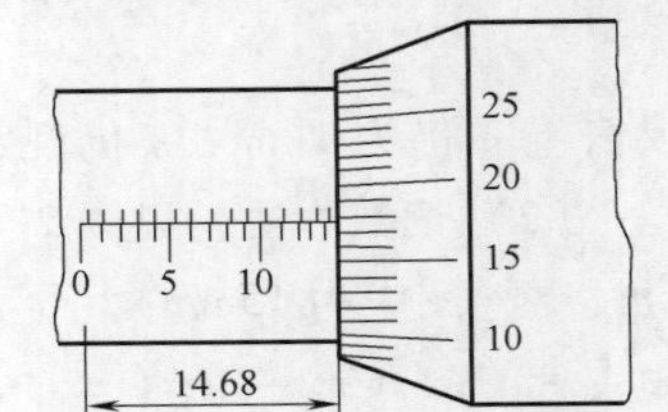

图 2-9　外径千分尺读数示例

（3）读数方法

1）首先从固定套筒上读出整数（图 2-9），当微分筒边缘未盖住固定套筒上的 0.5mm 刻度时，应先读出 0.5mm。

2）微分筒边缘与固定套筒刻线间的小数值在微分筒上读取，找到微分筒上与固定套筒基准线对准的刻线，从下往上读，一格为 0.01mm，有多少格读多少（图 2-9）。

图 2-10 所示为外径千分尺上的控制测力装置，转帽 5 通过螺钉 6 与右棘轮 4 相连并上紧在棘轮轴 1 上，弹簧 2 左端支承在棘轮轴端面上，棘轮轴 1 使棘轮 4 与棘轮 3 紧密贴合，因棘轮轴 1 与微分筒及测微螺杆连为一体，可一道转动与移动。当测量杆前端接触工件受阻不再转动与移动时，若继续转动转帽 5 则会使棘轮副打滑，发出声响，表示已经到位，避免人为用力过大而造成工件弹性变形，从而产生测量误差。

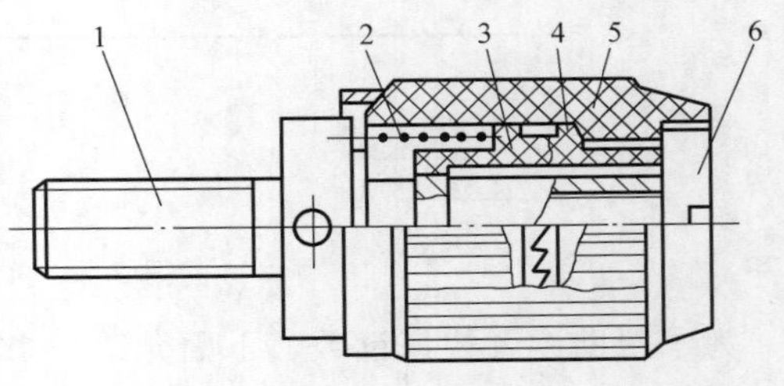

图 2-10　外径千分尺上的控制测力装置

1—棘轮轴　2—弹簧　3、4—棘轮　5—转帽　6—螺钉

三、百分表

（1）百分表的用途 它常用于生产中检测长度尺寸、几何误差，调整设备或装夹找正工件，以及作为各种检测夹具及专用量仪的读数装置等。

（2）百分表的工作原理 百分表的工作原理是通过齿条及齿轮的传动，将测量杆的直线位移变成指针的角位移。百分表的外观如图 2-11 所示。百分表的内部传动机构如图 2-12 所示，带有齿条的测量杆在弹簧的作用下，始终处于下方，产生一定的测量力。测量杆上的齿条与 $z_2=16$ 的小齿轮啮合，z_2 小齿轮与 $z_3=100$ 的大齿轮固定在同一轴上，z_3 大齿轮又与 $z_1=10$ 的小齿轮相啮合，大指针装在 z_1 小齿轮上，小指针则装在 z_3 大齿轮上。图中右端大齿轮齿数与 z_3 大齿轮相同，其上装有游丝，目的是消除齿轮传动中由齿侧间隙引起的测量误差。测量时，如图 2-12 所示，测量杆上移，使 z_2 与 z_3 齿轮顺时针转动，带动 z_1 小齿轮逆时针转动（注意：该图为后视图，正面观察时正好相反）。

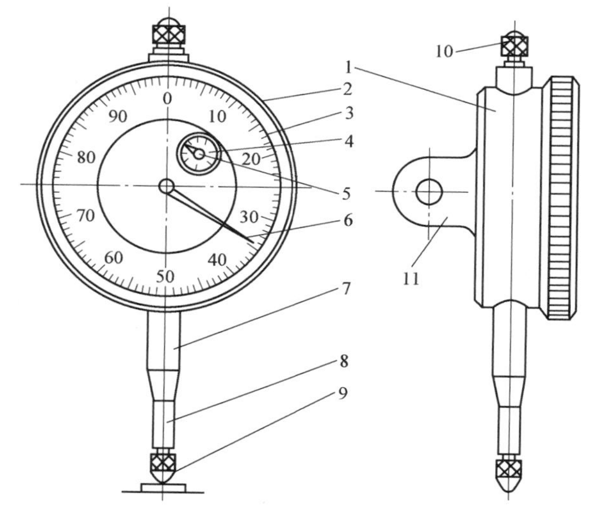

图 2-11 百分表的外观

1—表体 2—表圈 3—表盘 4—转数指示盘 5—转数指针 6—指针 7—套筒 8—测量杆 9—测头 10—挡帽 11—耳环

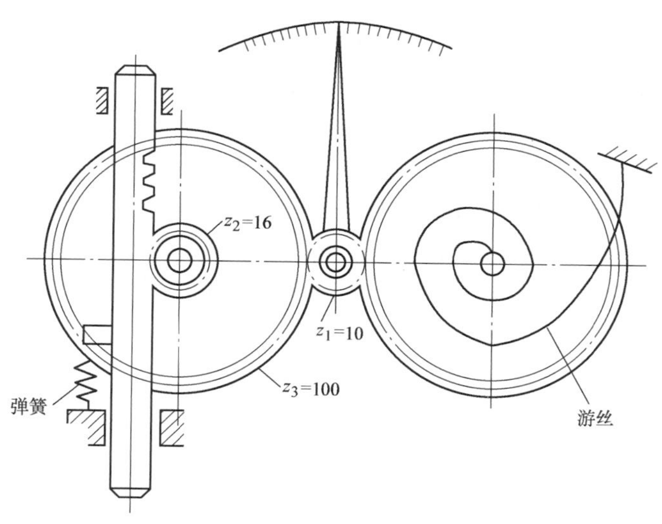

图 2-12 百分表的内部传动机构

百分表的表盘上刻有 100 个等分的刻度，当测量杆移动 1mm 时，大指针（固定在 z_1 小齿轮上）转一圈，此时，小指针（固定在 z_3 大齿轮上）转一格，因此，表盘上一格的分度值表示为 0.01mm。

（3）百分表的正确使用方法（表 2-4）。

表 2-4　百分表的正确使用方法

检查	1）检查外观：表面玻璃是否破裂或脱落；后盖是否封密；测头、测量杆、套筒是否有碰伤或锈蚀的地方；指针是否有松动现象等 2）检查灵敏性：轻轻推动和放松测量杆时，检查测量杆在套筒内的移动是否平稳、灵活，有无卡住或跳动现象；指针与表盘有无摩擦现象，指针摆动是否平稳等 3）检查稳定性：百分表处于自由状态时，指针位于从零线开始反时针方向 60°~90°之间，推动并放松测量杆，检查指针是否回到原位。如果不能回到原位，说明表的稳定性不好，不能使用
使用与调整	1）测头与被测表面接触时，测量杆应预先有 0.3~1mm 的压缩量，以保持初始测力，提高示值的稳定性。在比较测量时，如果存在负向偏差，预压量还要大一些，使指针有一定的指示“余量”。这样，在测量过程中，既能指示出正的偏差，又能指示出负的偏差，而且仍可保持一定的测力。否则负的偏差可能测不出来，还要重新调整 2）为了读数方便，测量前可把百分表的指针指到表盘的零位。绝对测量时，把测量用平板作为对零位的基准；相对测量时，把量块作为对零位的基准 3）测量平面时，测量杆要与被测表面垂直。否则，不仅会影响测量杆移动的灵敏性，还会产生测量误差，使测量得到的数值往往比实际的大。测量圆柱形工件时，测量杆的轴线应与工件直径方向一致，并垂直于工件轴线 4）百分表必须可靠地固定在表架或其他支架上。如果用夹持套筒的方法来固定百分表，夹紧力要适当，以免造成套筒变形。夹紧后不准再转动百分表 5）毛坯表面或有显著凸凹的表面，不宜使用百分表测量 6）必要时，可根据被测件的形状、表面粗糙度值和材料的不同，选用适当形状的测头

四、电动量仪——电感式量仪

电动量仪一般由指示放大部分和传感器两部分组成。电动量仪的传感器大多为各种类型的电感和互感传感器或电容传感器，一般以前者应用较多。电感式量仪的传感器一般分为气隙式传感器、截面式传感器和螺管式传感器。

图 2-13 所示为三种电感式传感器的工作原理。图 2-13a 所示为气隙式电感式传感器的工作原理，铁心 3 上缠有线圈 1 且固定不动，衔铁 2 与仪器的测杆连接在一起，与铁心 3 保持有一个空气隙，当被测工件尺寸变化时，测杆与衔铁的上下运动会改变气隙 δ 的大小，从而改变磁路中电感量的大小；图 2-13b 所示为截面式传感器的工作原理，左部铁心 3 上绕有线圈 1 且固定不动，右部衔铁 2 由于工件尺寸的变化而随测杆上下移动，使实际通磁气隙面积 S 因测杆移动 Δb 发生变化而使电感量变化；图 2-13c 所示为螺管式传感器的工作原理，图中件 1 是线圈，件 2 是与测杆相连的衔铁，当衔铁向上或向下移动时，使电感量发生变化。由磁路的基本原理可知，电感量可按下式计算

$$L=\frac{W^2}{R_m}$$

式中　W——线圈 1 的匝数；

　　R_m——磁路的总磁阻（H^{-1}）。

其中

$$R_m=\sum\frac{l_i}{\mu_i S_i}+\frac{2\delta}{\mu_0 S}$$

式中　l_i——导磁体的长度，即铁心 3 与衔铁 2 的总长（mm）；

μ_i——导磁体的磁导率（H/m）；

S_i——导磁体的截面积（$a\times b$）（mm^2）；

δ——空气隙厚度（mm）；

μ_0——空气的磁导率（H/m）。

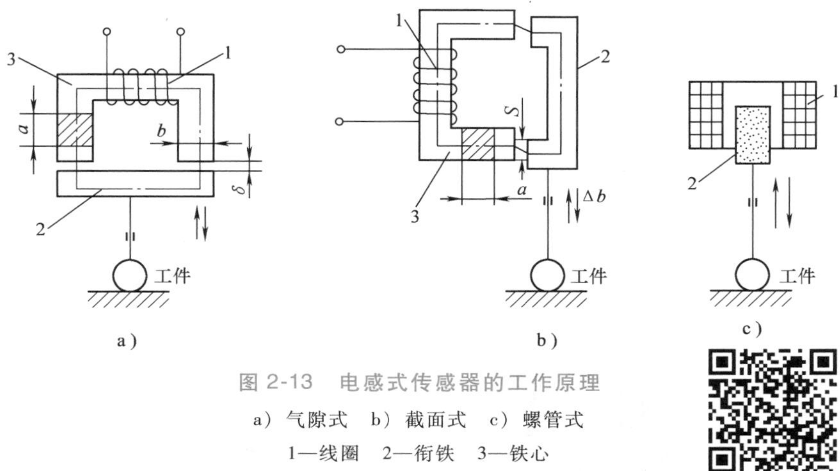

图 2-13 电感式传感器的工作原理

a）气隙式 b）截面式 c）螺管式

1—线圈 2—衔铁 3—铁心

一般导磁体的磁阻比空气的磁阻小得多，可忽略不计，电感量的计算公式简化为下式

$$L\approx\frac{W^2\mu_0 S}{2\delta}$$

由简化式可以看出：电感量与气隙 δ 成反比，而与通磁气隙面积 S 成正比，这就是图 2-13a所示气隙式和图 2-13b 所示截面式电动量仪的基本原理。当然，电感量的变化还不能直接用来读取工件的测量值，还需通过测量电路将电感量的变化转换成电压（或电流）信号，并经放大器放大与相敏整流器整流后，才能通过指示器的指针反映被测工件的尺寸变化；也可以将整流后经功率放大器放大的电压或电流信号，通过记录器转换成图形或由控制器发出信号。这种测量电路如图 2-14 所示。

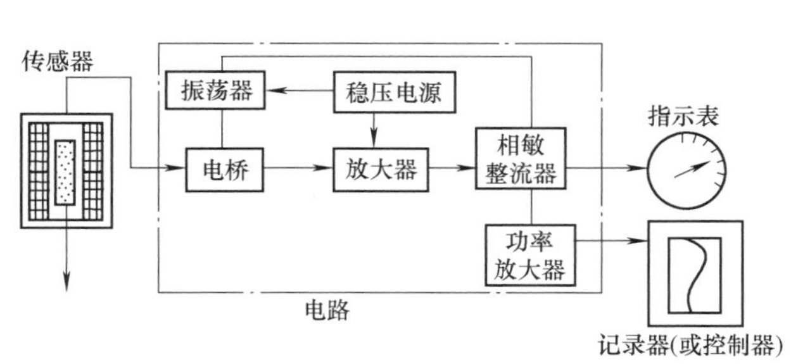

图 2-14 测量电路

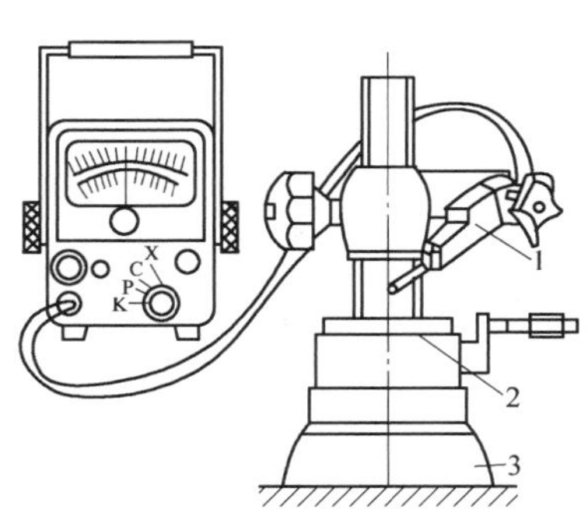

图 2-15 电感式比较仪

1—电感测量头 2—楔形微动装置

3—工作台

图 2-15 所示为国产电感式比较仪，该仪器的分度值为 0. 5μm（高精度）和 5μm（低精度），示值范围分别为±10μm和±50μm，示值误差分别为±0. 25μm和±1. 3μm。

五、光栅测量装置

1. 莫尔条纹及其特性

（1）莫尔条纹　长度计量用的光栅尺也是一条刻度尺，在1mm的长度上刻有很多间距（W）相等的细刻线，刻线本身不透光，但刻线间的缝隙能透光。将两块间距（W）相同的光栅尺叠放在一起，并使其保持有0.01～0.1mm的间距，同时沿刻线方向，使两者保持一个极小的夹角（图2-16a），未倾斜的光栅尺称为主光栅尺，倾斜的称为指示光栅尺。这时就会发现：沿图2-16a所示的b—b线上，两光栅尺的刻线相互重叠，由于不透光因而形成暗条纹；而沿两光栅尺的刻线缝隙重叠处（即a—a线上），因缝隙可以透光，因而形成一条亮的条纹。从表面上看，似乎透光的条纹是断续的，实际上由于光栅尺上所刻的条纹很多，夹角θ又很小，同时在光线通过光栅缝隙出现的衍射作用下，所看到的是连续的亮条纹，如图2-16b所示。

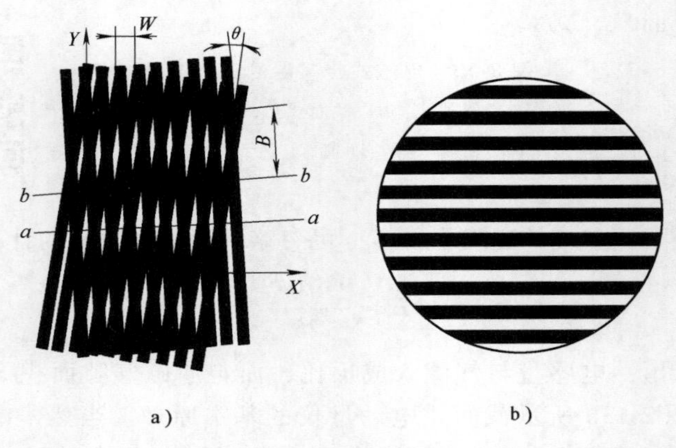

图2-16　莫尔条纹

a）主光栅尺与指示光栅尺处于倾斜位置时　b）实际产生的莫尔条纹

这种由光栅尺同类线纹交点连线所形成的明暗相间的条纹，称为莫尔条纹。

（2）莫尔条纹的特点　由图2-16a不难看出

$$\tan\theta = \frac{W}{B}$$

式中　θ——两光栅尺之间的夹角；

W——两光栅尺所刻条纹之间的间距（沿垂直于主光栅尺条纹的方向）；

B——形成的莫尔条纹相互间的间距（沿主光栅尺条纹方向）。

当交角很小时

$$B = W\frac{1}{\theta}$$

由于θ角很小，因而$\frac{1}{\theta}$值较大，即形成的莫尔条纹间距B比光栅尺间距W可以放大几百倍甚至更大。由此可知，莫尔条纹具有放大特性，这对测量微量非常有利，即可以通过测量莫尔条纹间距B的变化来代替测量光栅尺线纹间距W的变化。

在图 2-16a 中，当两光栅尺沿 X 方向相对移动时，就会发现莫尔条纹也会在与 X 相垂直的 Y 方向移动，而且当光栅尺移动一个栅距 W 时，莫尔条纹也随之移动一个条纹间距；当光栅尺按相反方向移动时，莫尔条纹的移动方向也相反。莫尔条纹的这种方向对应性，正好符合测量的方向对应性要求。

由于每条莫尔条纹都是由许多条光栅线纹的交点所组成的，因此即使其中有一条光栅尺的线纹制造有误差（如间距不等或歪斜），而对一条莫尔条纹来说影响非常小，所以说莫尔条纹的这种误差平均效应性极有利于光栅尺的制造。

综上所述，莫尔条纹的以上特性使它在测量技术中获得了广泛的应用。

2. 光栅计数原理

光栅计数装置由光栅头与读数显示器两大部分所组成。图 2-17 所示为光栅头示意图，光源 1 发出的光，经透镜 2 后成为一束平行光，穿过主光栅尺 3 和指示光栅标尺 4 后形成莫尔条纹；在指示光栅标尺 4 后又安装了一个光电接收器 5，调整指示光栅标尺 4 与主光栅尺 3 的夹角 θ，使形成莫尔条纹的宽度 B 等于光电接收器 5 的宽度。当莫尔条纹信号落到光电池上后，则由光电接收器引出四路光电信号，且相邻两信号的相位差为 90°。当主光栅尺移动时，可逆计数器就能进行计数，计数电路框图如图 2-18 所示。

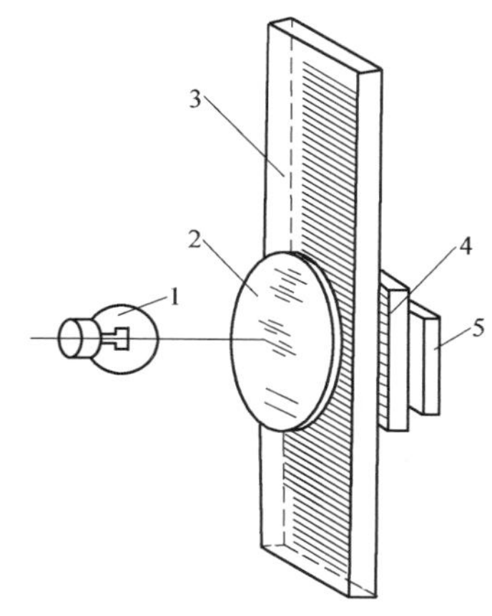

图 2-17 光栅头示意图

1—光源 2—透镜 3—主光栅尺 4—指示光栅标尺 5—光电接收器

由光电接收器引出的四路信号，分别送入差动放大器，再由差动放大器分别输出相位差为 90°的两路信号，再经整形、倍频和微分后，经门电路到可逆计数器，最后由数字显示器显示出两光栅尺相对移动的距离，从而实现数字化的自动测量。

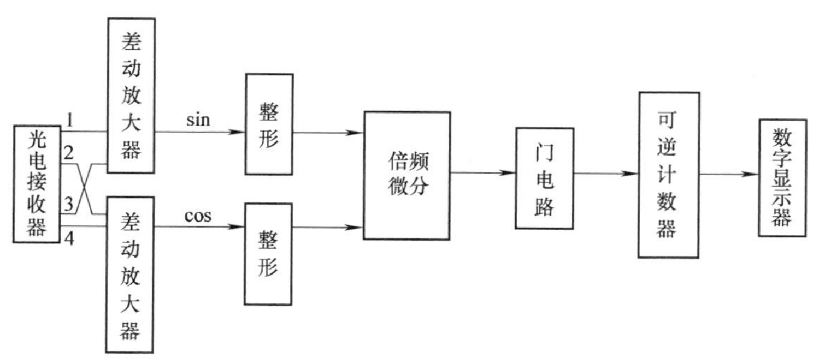

图 2-18 计数电路框图

六、车间生产使用的现代先进技术测量仪器——三坐标测量机

三坐标测量机是综合利用精密机械、微电子、光栅和激光干涉仪等先进技术的测量仪器，目前广泛应用于机械制造、电子工业、航空和国防工业各部门，特别适用于测量箱体类零件的孔距、面距以及模具、精密铸件、电子线路板、汽车外壳、发动机零件、凸轮和飞机型体等带有空间曲面的零件。

1. 类型、特点及结构

（1）类型　三坐标测量机按其精度和测量功能，通常分为计量型（万能型）、生产型（车间型）和专用型三大类。

（2）特点　计量型与生产型三坐标测量机的特点比较见表 2-5。

表 2-5　三坐标测量机的特点

类型	测量精度	软件功能	运动速度	测头形式	价　格	对环境条件要求
计量型	高	多	低	多为三维电感测头	高	严格
生产型	一般较低	一般较少	高	多为电触式测头	低	低

（3）结构形式　三坐标测量机按结构可分为悬臂式、门框式（即龙门式）。门框式又可分为活动门框式与固定门框式。此外，还有桥式、卧轴式，如图 2-19 所示。其中，图 2-19a、b 所示为悬臂式；图 2-19c、d 所示为桥式；图 2-19e、f 所示为门框式，图 2-19g、h 所示为卧轴式。

图 2-20 所示为 F604 型固定门框式三坐标测量机的外形。

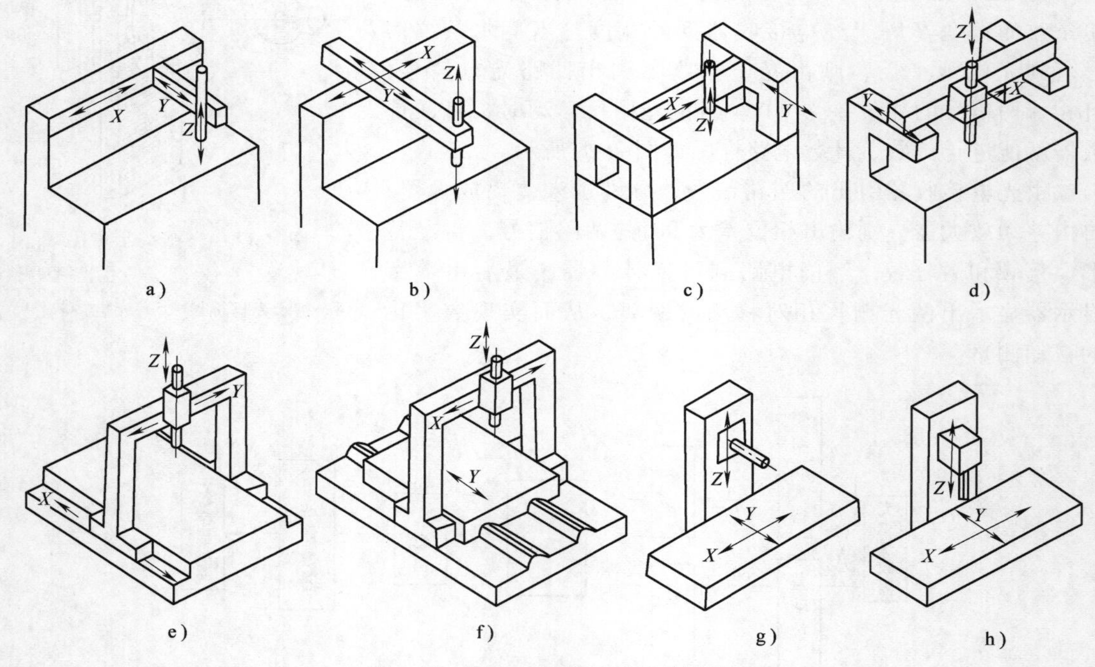

图 2-19　三坐标测量机的结构形式

a)、b）悬臂式　c)、d）桥式　e)、f）门框式　g)、h）卧轴式

2. 测量原理

三坐标测量机所采用的标准器是光栅尺。反射式金属光栅尺固定在导轨上，读数头（指示光栅）与其保持一定间隙安装在滑架上，当读数头随滑架沿着导轨连续运动时，由于光栅所产生的莫尔条纹的明暗变化，经光电元件接收，将测量位移所得的光信号转换成周期变化的电信号，经电路放大、整形、微分处理成计数脉冲，最后显示出数字量。当测头移到空间的某个点位置时，计算机屏幕上立即显示出 X、Y、Z 方向的坐标值。测量时，当三维测头与工件接触的瞬间，测头向坐标测量机发出采样脉冲，锁存此时的测头球心的坐标。对

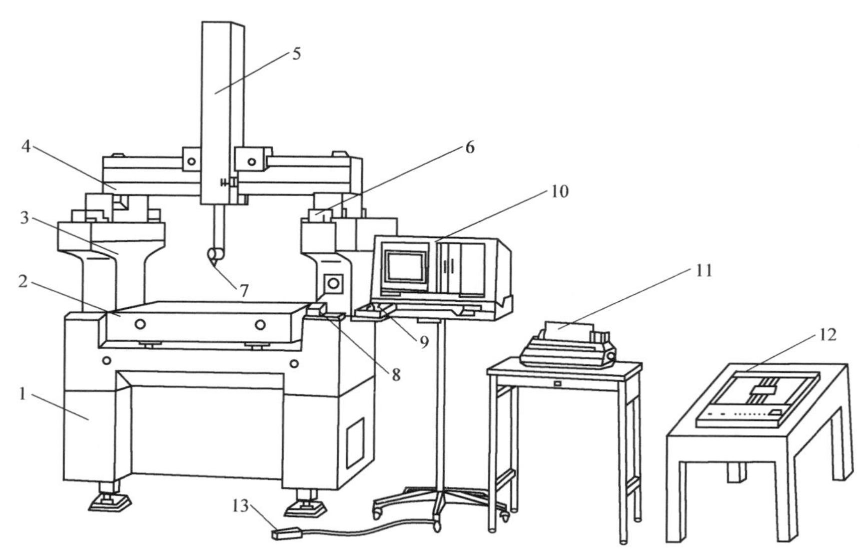

图 2-20 F604 型固定门框式三坐标测量机的外形

1—底座 2—工作台 3—立柱 4、5、6—导轨 7—测头 8—驱动开关 9—键盘 10—计算机 11—打印机 12—绘图仪 13—脚开关

表面进行几次测量，即可求得其空间坐标方程，确定工件的尺寸和形状。

3. 测量系统及测头

（1） 测量系统

1） 光学式测量系统。最常用的光学式测量系统是光栅测量系统，利用光栅的莫尔条纹原理来检测坐标的移动值。由于光栅体积小，精度高，信号容易细分，因此是目前三坐标测量机特别是计量型测量机使用最普遍的测量系统，但使用光栅测量系统需要清洁的工作环境。除光栅测量系统外，其他的光学测量系统尚有光学读数刻度尺、光电显微镜和金属刻度尺、光学编码器、激光干涉仪等测量系统。

2） 电学式测量系统。最常见的电学式测量系统有感应同步器测量系统和磁尺测量系统两种。感应同步器的特点是成本低，对环境的适应性强，不怕灰尘和油污，精度在 1m 内可以达到 10μm，因而常应用于生产型三坐标测量机。磁尺也有容易生产、成本低、易安装等优点，其精度略低于感应同步器，在 600mm 长度以内约为±10μm，在三坐标测量机上应用较少。

（2） 三坐标测量机的测头

1） 非接触式测头。分为光学测头与激光测头，主要用于软材料表面、难以接触到的表面以及窄小的棱面的非接触测量。

2） 接触式测头。软测头是目前三坐标测量机普遍使用的测头。软测头主要有触发式测头和三维模拟测头两种，前者多用于生产型三坐标测量机。

图 2-21 所示是触发式测头的结构。探针体 1 在两个固定钢球和一个活动钢球的共同作用下定心，由于弹簧的作用，静态下的三对触点副全部接触；当探针和被测工件接触而引起位移或偏转的瞬间，总会引起三对触点副之一脱离接触状态而发出过零信号，同时发出声响

和灯光信号，使信号灯发亮。导向螺钉保证探针上下移动时不发生旋转。

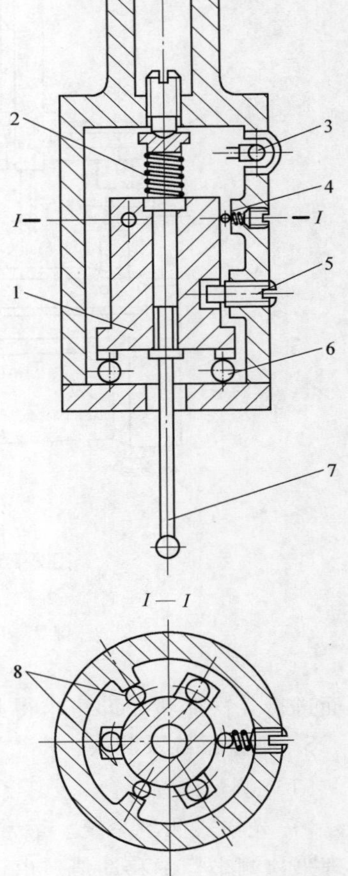

图 2-21　触发式测头的结构

1—探针体　2—弹簧

3—信号灯　4—活动钢球

5—导向螺钉　6—触点副

7—探针　8—钢球

4. 三坐标测量机的应用

（1）主要技术指标

1）测量范围。一般指 X、Y、Z 三个方向所能测量的最大尺寸。不少三坐标测量机的型号自身就包含一组表示测量范围特征的数字。

2）测量精度。一般用置信度为 95%的测量不确定度 U_{95}表示。

计量型三坐标测量机（最大测量范围<1200mm）的坐标轴方向测量精度为

$$U_{95}=(1.5+L/250)\mu m$$

式中　L——测量长度（mm）。

对于生产型三坐标测量机，$U_{95}=(4+L/250)\sim(6+L/100)\mu m$。

3）运动速度。三坐标测量机的运动速度见表 2-6。

表 2-6　运动速度　　（单位：mm/s）

三坐标测量机类型	最大运动速度	探针速度
计量型	约 50	$0.1\times10^{3}\sim50\times10^{-3}$
生产型	80～350	40～100

4）分辨力一般为 0.1～2μm。

5）测量力按不同测头一般为 0.1～1N。

（2）三坐标测量机的功能　现代三坐标测量机都配有不同的计算机。因此，三坐标测量机的功能在很大程度上取决于计算机软件的功能。计量型和生产型三坐标测量机的基本测量功能相仿；但计量型三坐标测量机往往有许多特殊测量功能，因而被称为万能型或测量中心。

其基本测量功能为：对一般几何元素（如直线、圆、椭圆、平面、圆柱、球、圆锥等）的确定；对一般几何元素的几何误差（如直线度、平面度、圆度、圆柱度、平行度、倾斜度、同轴度、位置度等）测量、对曲线的点到点的测量，以及对一般几何元素的连接、坐标转换、相应误差统计分析，必要的打印输出和绘图输出等。

第三节　测量误差

一、测量误差的基本概念

任何测量过程，无论采用如何精密的测量方法，其测得值都不可能为被测几何量的真值；即使在测量条件相同时，对同一被测几何量连续进行多次的测量，其测得值也不一定完全相同，只能与其真值相近似。这种由于计量器具本身的误差和测量条件的限制造成的测量结果与被测量的真值之差称为测量误差。

测量误差常采用以下两种指标来评定：

（1）绝对误差 δ　绝对误差是测量结果（x）与被测量（约定）真值（x_0）之差。即

$$\delta = x - x_0 \tag{2-1}$$

因测量结果可能大于或小于真值，故 δ 可能为正值，亦可能为负值。式（2-1）可用下式表示

$$x_0 = x \pm |\delta| \tag{2-2}$$

由于可查得各种测量方法和测量仪器的测量误差参考值，故利用式（2-2），可通过被测几何量的测得值（x）估算出真值的范围。显然 δ 越小，被测几何量的测得值就越接近于真值，其测量精度也就越高，反之就越低。

（2）相对误差 f　当被测几何量大小不同时，不能再用 δ 来评定测量精度，这时应采用另一项指标——相对误差来评定。所谓相对误差是测量的绝对误差的绝对值与被测量（约定）真值（x_0）之比，即

$$f = \frac{|\delta|}{x_0}$$

由于被测几何量的真值（x_0）不知道，故实际应用中常以被测几何量的测得值 x 替代真值 x_0，即

$$f = \frac{|\delta|}{x} \tag{2-3}$$

必须指出：用 x 代替 x_0 造成的差异极其微小，不影响对测量精度的评定。

例 2-1　若图0-1所示齿轮液压泵端盖 1 上孔 ϕ15H7 的测得值 $x_1 = 15.015$mm，泵体 3 上孔 ϕ34.42H8 的测得值 $x_2 = 34.456$mm，并已知 $\delta_1 = +0.002$mm，$\delta_2 = -0.006$mm，试比较二者的测量精度。

解：由式（2-3）得

$$f_1 = \frac{|\delta_1|}{x_1} = \frac{|+0.002|}{15.015} = 0.013\%$$

$$f_2 = \frac{|\delta_2|}{x_2} = \frac{|-0.006|}{34.456} = 0.017\%$$

则前者的测量精度比后者高。

二、测量误差的产生原因

（1）计量器具引起的误差　任何计量器具在设计、制造和使用中，都不可避免地要产生误差，这些误差的总和都将会反映在示值误差上和测量的重复性上，对测量结果的影响各不相同。

例如，机械杠杆比较仪为简化结构采取了近似的设计，其测杆的直线位移与指针杠杆的

角位移不成正比，而其标尺却采用等分刻度，因此测量时会产生测量误差。

又如游标卡尺的结构就不符合阿贝原则，标准量未安放在被测长度的延长线上或顺次排成一条直线。如图 2-22 所示，被测长度与标准量平行且相距 S 放置，这样在测量过程中，由于游标卡尺活动量爪与尺身之间的配合间隙的影响，当倾斜角度 φ 时，则其产生的测量误差 δ 可按下式计算

$$\delta = x - x' = S\tan\varphi \approx S\varphi \tag{2-4}$$

设　$S=30\text{mm}$，$\varphi=1'\approx0.0003\text{rad}$，则游标卡尺产生的测量误差为

$$\delta = 30\text{mm} \times 0.0003 = 0.009\text{mm} = 9\mu\text{m}$$

显然，由于计量器具各个零件的制造误差和装配误差的影响，也会给测量带来误差。例如，游标卡尺标尺的刻线不准确、指示器刻度盘与指针转轴安装偏心、千分尺的测微螺杆与调节螺母的间隙调整不当等都会引起测量误差。

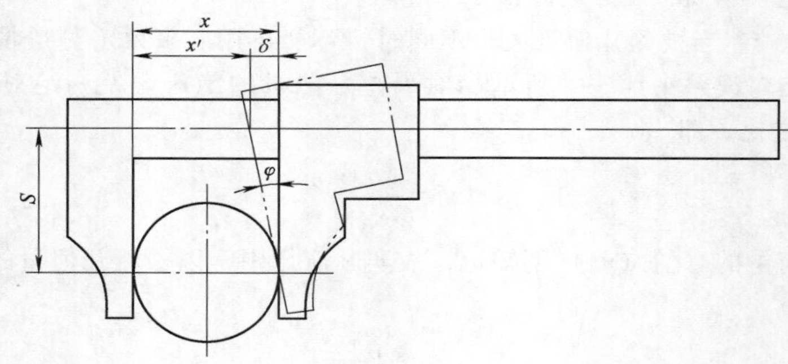

图 2-22　用游标卡尺测量轴径

计量器具使用中的变形、磨损（如游标卡尺两量爪）等同样会产生测量误差。

（2）方法误差　方法误差是指测量方法不完善所引起的误差。例如计算公式不准确，测量方法选择不当，工件安装、定位不正确等皆会引起测量误差。

（3）环境误差　由于实际环境条件与规定条件不一致所引起的误差称为环境误差。规定条件包括温度、湿度、气压、振动、灰尘等测量要求，而其中温度的影响最大。根据国家标准规定：测量标准温度应为 20℃，长度测量时，实际温度偏离标准温度而计量器具与被测工件因材料不同所引起的测量误差 δ 应为

$$\delta = x[\alpha_1(t_1 - 20℃) - \alpha_2(t_2 - 20℃)]$$

式中　x——被测长度（mm）；

t_1、t_2——测量时被测工件、计量器具（或标准器）的温度（℃）；

α_1、α_2——被测工件、计量器具（或标准器）的线膨胀系数（10^{-6}/K）。

（4）人员误差　人员误差是指测量人员主观因素和操作技术所引起的误差。例如，测量人员使用计量器具不正确、读取示值的分辨能力不强等都会引起测量误差。

此外，由于测量前未能将计量器具或被测对象调整到正确位置或状态所引起的调整误差（如用未经调整零位的千分尺测量零件尺寸）以及在测量过程中由于观测者主观判断所引起的观测误差等都会产生测量误差。

三、测量误差的分类

测量误差按其性质可分为系统误差、随机误差和粗大误差。系统误差属于有规律性的误差，随机误差则属无规律性的误差，而粗大误差属于比较明显的误差，有关这三类误差的情况下面分别叙述。

(一) 随机误差

随机误差是指在同一被测量的多次测量过程中，以不可预知方式变化的测量误差的分量。

测量过程中许多难以控制的偶然因素或不稳定的因素，如计量器具中机构的间隙、运动件间的摩擦力变化、测量力的不恒定和测量温度的波动等都会引起随机误差。

随机误差不可能修正，其就个体而言是不确定的，但总体（大量个体的总和）服从一定的统计规律，因此可以用统计方法估计其对测量结果的影响。

1. 随机误差的分布规律及特性

设在一定测量条件下，对一个工件某一部位用同一方法进行 150 次重复测量，测得 150 个不同的读数（这一系列的测得值，常被称为测量列），然后将测得值分组，从 7. 131 ~ 7. 141mm 每间隔 0. 001mm 为一组，共分 11 组，每组的尺寸范围见表 2-7 左边第 1 列。每组出现的次数（频数）列于表 2-7 第 3 列。若零件总测量次数用 N 表示，则可算出各组的相对出现次数 n_i/N（频率），列于表 2-7 第 4 列。根据表中数据，以测得值 x_i 为横坐标，以相对出现的次数 n_i/N（频率）为纵坐标，则可得到图 2-23a 所示的图形，称为频率直方图。连接每个小方图的上部中点，得一折线，称为实际分布曲线。显然，如将上述试验的测量次数 N 无限增大（$N\to\infty$），而间隔 Δx 取得很小（$\Delta x\to 0$），则得图 2-23b 所示光滑曲线，即随机误差的正态分布曲线。此曲线说明了随机误差的分布具有以下四个特性：

（1）对称性　绝对值相等的正误差和负误差出现的次数大致相等。

（2）单峰性　绝对值小的误差比绝对值大的误差出现的次数多。

（3）有界性　在一定条件下，误差的绝对值不会超过一定的限度。

（4）抵偿性　对同一量在同一条件下进行重复测量，其随机误差的算术平均值随测量次数的增加而趋近为零。

表 2-7　随机误差的分布规律及特性表　（单位：mm）

测量值范围	测量中值 x_i	出现次数 n_i	相对出现次数 n_i/N
7. 1305~7. 1315	$x_1=7.131$	$n_1=1$	0. 007
7. 1315~7. 1325	$x_2=7.132$	$n_2=3$	0. 020
7. 1325~7. 1335	$x_3=7.133$	$n_3=8$	0. 054
7. 1335~7. 1345	$x_4=7.134$	$n_4=18$	0. 120
7. 1345~7. 1355	$x_5=7.135$	$n_5=28$	0. 187
7. 1355~7. 1365	$x_6=7.136$	$n_6=34$	0. 227
7. 1365~7. 1375	$x_7=7.137$	$n_7=29$	0. 193
7. 1375~7. 1385	$x_8=7.138$	$n_8=17$	0. 113
7. 1385~7. 1395	$x_9=7.139$	$n_9=9$	0. 060
7. 1395~7. 1405	$x_{10}=7.140$	$n_{10}=2$	0. 013
7. 1405~7. 1415	$x_{11}=7.141$	$n_{11}=1$	0. 007

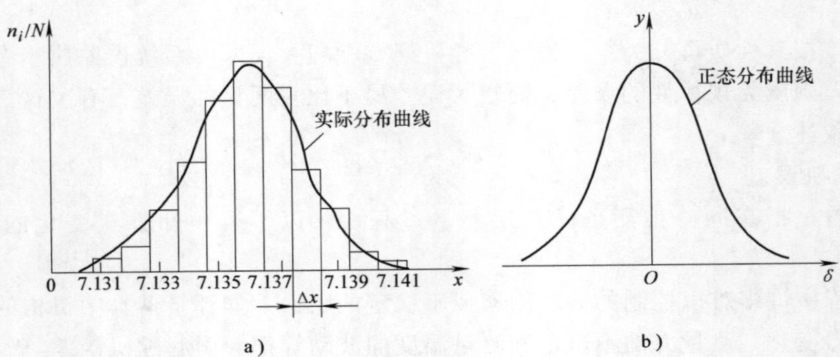

图 2-23　频率直方图和正态分布曲线

a）频率直方图　b）正态分布曲线

2. 随机误差的评定指标

根据概率论，正态分布曲线可用下面的数学表达式表示

$$y=\frac{1}{\sigma\sqrt{2\pi}}e^{\left(-\frac{\delta^2}{2\sigma^2}\right)}$$

式中　y——概率分布密度；

σ——总体标准偏差，亦称单次测量标准偏差（注意：单次测量并非指只测量一次）；

e——自然对数的底，e=2.71828；

δ——随机误差。

从上式可以看出，概率密度 y 与随机误差 δ 及总体标准偏差 σ 有关。当 $\delta=0$ 时，概率密度最大，$y_{\max}=\frac{1}{\sigma\sqrt{2\pi}}$，概率密度最大值随总体标准偏差大小的不同而异。图 2-24 所示的三条正态分布曲线 1、2 和 3 中，$\sigma_1<\sigma_2<\sigma_3$，则 $y_{1\max}>y_{2\max}>y_{3\max}$。

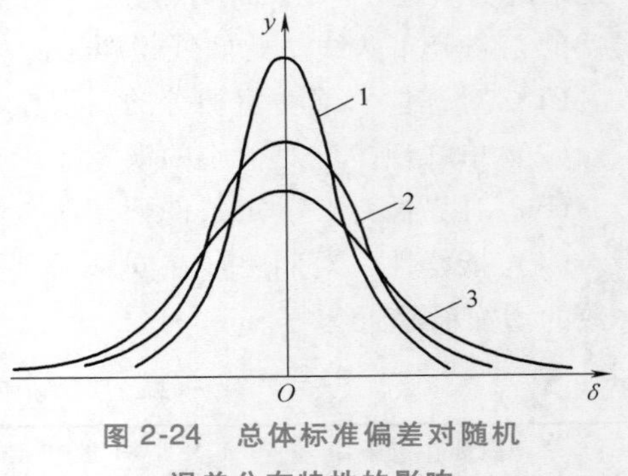

图 2-24　总体标准偏差对随机误差分布特性的影响

显然，σ 越小，曲线越陡，随机误差分布越集中，测量精度越高；反之，σ 越大，则曲线越平坦，随机误差分布越分散，测量精度就越低。

上述公式中的随机误差总体标准偏差 σ 可用下式计算

$$\sigma=\sqrt{\frac{\delta_1^2+\delta_2^2+\cdots+\delta_N^2}{N}} \tag{2-5}$$

式中　δ_1，δ_2，…，δ_N——测量列中各测得值相应的随机误差；

N——测量次数。

3. 随机误差的极限值

随机误差的极限值就是指测量极限误差。由正态分布图可知：正态分布曲线和横坐标轴间所包含的面积等于所有随机误差出现的概率总和。由于正态分布曲线的两端与横坐标轴相交于$-\infty \sim +\infty$之间，在生产中，常取δ为$-3\sigma \sim +3\sigma$，我们将$\delta = \pm 3\sigma$称为随机误差的极限偏差，即

$$\pm \delta_{\lim} = \pm 3\sigma$$

例如某次测量的测得值为50.002mm，若已知总体标准偏差$\sigma = 0.0003$mm，置信概率若取为99.73%时，则其测量结果应为

$$(50.002 \pm 3 \times 0.0003)\text{mm} = (50.002 \pm 0.0009)\text{mm}$$

即被测几何量的真值有99.73%的可能性在50.0011~50.0029mm之间。

4. 测量列中随机误差的处理

为了正确地评定随机误差，在测量次数有限的情况下，必须对测量列进行统计处理。

（1）测量列的算术平均值　在评定有限测量次数测量列的随机误差时，必须获得真值，但真值是不知道的，因此只能从测量列中找到一个接近真值的数值加以代替，这就是测量列的算术平均值。

算术平均值是指一个被测量的n个测得值的代数和除以n而得的商。

若测量列为x_1，x_2，…，x_n，则算术平均值为

$$\bar{x} = \frac{\sum_{i=1}^{n} x_i}{n} \tag{2-6}$$

式中　n——测量次数（$n \ll N$）。

（2）残差及其应用　残差是指测量列中的一个测得值x_i和该测量列的算术平均值$\bar{x}$之差，记作v_i

$$v_i = x_i - \bar{x} \tag{2-7}$$

由符合正态分布曲线分布规律的随机误差的分布特性可知残差具有下述两个特性：

1）残差的代数和等于零，即$\sum_{i=1}^{n} v_i = 0$。

2）残差的二次方和为最小，即$\sum_{i=1}^{n} v_i^2 = \min$。

在实际应用中，常用$\sum_{i=1}^{n} v_i = 0$来验证数据处理中求得的$\bar{x}$与v_i是否正确。

对于有限测量次数的测量列（即$n \ll N$），由于真值未知，所以其随机误差δ_i也是未知的，为了方便评定随机误差，在实际应用中，常用残差v_i代替δ_i计算总体标准偏差，此时所得之值称为总体标准偏差σ的估计值。用下式表示为

$$S = \sqrt{\frac{\sum_{i=1}^{n} v_i^2}{n-1}} \tag{2-8}$$

总体标准偏差σ的估计值S称为实验标准偏差，亦称样本标准偏差，简称标准差。当将一列n次测量作为总体取样时，可用S代替评定总体标准偏差。

由式（2-8）估算出S后，便可取$\pm 3S$代替作为单次测量的极限误差，即

$$\pm \delta_{\lim} = \pm 3S \tag{2-9}$$

（3）总体算术平均值的标准偏差　在相同条件下，对同一被测几何量，将测量列分为

若干组，每组进行 n 次的测量则称为多次测量。在多次测量中，由于每组 n 次的测量都有一个算术平均值，因而得到一列由各组算术平均值所组成的尺寸列，各组算术平均值虽各不相同，但却都围绕在真值附近分布，其分布范围显然比单次测量值的分布范围小得多，如图 2-25 所示。为了评定多次测量的算术平均值的分布特性，同样可用标准偏差作为评定指标。

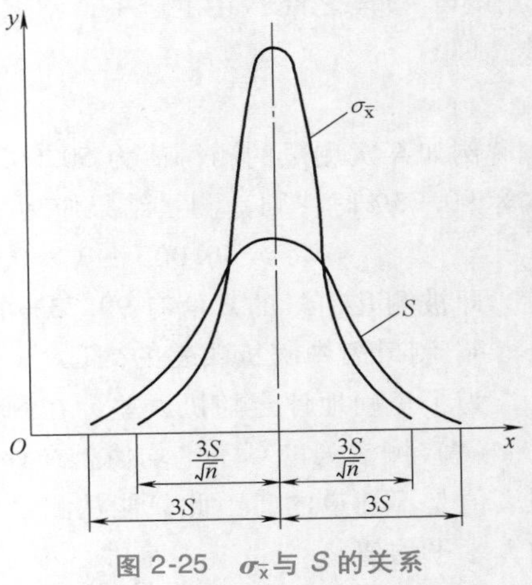

图 2-25　$\sigma_{\bar{x}}$与 S 的关系

根据误差理论，测量列总体算术平均值的标准偏差 $\sigma_{\bar{x}}$ 与测量列单次测量的标准偏差 S 存在如下关系

$$\sigma_{\bar{x}} = \frac{S}{\sqrt{n}} \tag{2-10}$$

式中　n——每组的测量次数。

由式（2-10）可知，多次测量的总体算术平均值的标准偏差 $\sigma_{\bar{x}}$ 为单次测量值的标准差的 $1/\sqrt{n}$。这说明随着测量次数的增多，$\sigma_{\bar{x}}$ 越小，测量精度就越高。但由图 2-26 可知，当 S 一定时，$n>10$ 以后，$\sigma_{\bar{x}}$ 减小缓慢，故在实际生产中，一般情况下取 $n\leqslant10$ 为宜。故测量列总体算术平均值的测量极限误差可表示为

$$\pm\delta_{\lim(\bar{x})} = \pm 3\sigma_{\bar{x}} \tag{2-11}$$

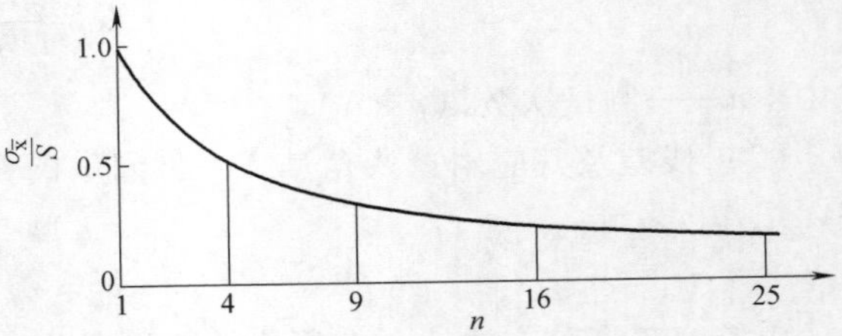

这样，多次测量所得总体算术平均值的测量结果亦可表示为

$$x_c = \bar{x} \pm \delta_{\lim(\bar{x})} = \bar{x} \pm 3\sigma_{\bar{x}} \tag{2-12}$$

图 2-26　$\frac{\sigma_{\bar{x}}}{S}$与 n 的关系

（二）系统误差

1. 系统误差的种类和特征

系统误差是指在同一被测量的多次测量过程中，保持恒定或以可预知方式变化的测量误差的分量。

当误差的绝对值和符号均不变时，称为已定系统误差，如在千分比较仪上用量块调整进行微差测量，若量块按标称尺寸使用，其包含的制造误差就会复映在每次的测得值中，对各次测得值的影响相同；当误差的符号或绝对值未经确定时，称为未定系统误差，如指示器上的刻度盘与指针回转轴偏心所引起的按正弦规律周期变化的测量误差。

系统误差可用计算或实验对比的方法确定，用修正值从测量结果中予以消除。

2. 测量列中系统误差的处理

（1）发现系统误差的方法

1）实验对比法。为了发现存在的已定系统误差，可采用实验对比法，即通过改变测量条件来发现误差。例如在千分比较仪上对一被测量按“级”使用量块进行多次测量后，可使用级别更高的量块再次测量，通过对比判断是否存在已定系统误差。

2）残差观察法。为了发现是否存在未定系统误差，可采用残差观察法判别，如图 2-27 所示。若各残差大体上正负相同，又没有显著变化（图 2-27a），则不存在未定系

统误差；若各残差按近似的线性规律递增或递减（图 2-27b），则可判断存在线性未定系统误差；若各残差的大小和符号有规律地周期变化（图 2-27c），则表示存在周期性未定系统误差。这种观察法要求有足够的连续测量次数，否则规律不明显，会降低判断的可靠性。

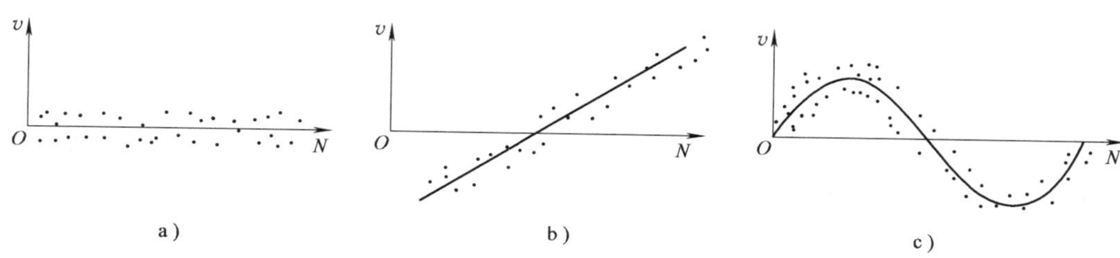

图 2-27 未定系统误差的发现

a）已定系统误差 b）线性未定系统误差 c）周期未定系统误差

（2）消除系统误差的方法

1）辩证分析法。指从产生系统误差的根源上着手进行消除，这要求在测量前对采用的测量原理、方法和计量器具、标准器以及定位方式、计算方法、环境条件等进行分析、检查，排除可能引起系统误差的因素。

2）修正法。指将测量值或测得值的算术平均值加上相应的修正值，以得到不含系统误差的测得值。

对于某些带有方向性的已定系统误差，可采用相消法加以修正。例如系统误差出现一次为正，另一次为负时，可采用取两次测得值的算术平均值进行处理。又如测量零件上螺纹的螺距时，为了抵消工件安装不正确所引起的系统误差，可采取分别测量左、右牙面螺距，再取其算术平均值。又如用圆柱角尺检验直角尺的垂直度误差时，为了消除圆柱角尺本身的垂直度误差的影响，可以用圆柱角尺直径上的两侧素线为基准，对直角尺进行检验，并取两次读数的平均值作为测量结果。

总的说来，从理论上讲，系统误差可以完全消除，但由于种种因素的影响，系统误差实际上只能减小到一定程度。一般说来，系统误差若能减小到使其影响只相当于随机误差的程度，则可认为已被消除。

（三）粗大误差

粗大误差是指明显超出规定条件下预期的误差。粗大误差亦称疏失误差或粗差。引起粗大误差的原因是多方面的，如错误读取示值、使用有缺陷的计量器具、计量器具使用不正确或环境的干扰等。

如果已产生粗大误差，则应根据判断粗大误差的准则予以剔除，通常用拉依达准则来判断。

拉依达准则又称 3σ 准则，当测量列服从正态分布时，在 $\pm 3\sigma$ 外的残差的概率仅有 0.27%，即在连续 370 次测量中只有一次测量的残差超出 $\pm 3\sigma$（370 次×0.0027≈1 次），而实际上连续测量的次数绝不会超过 370 次，测量列中就不应该有超过 $\pm 3\sigma$ 的残差。因此，在有限次测量时，凡残差超过 $3S$ 时，即

$$|v_i| > 3S \tag{2-13}$$

则认为该残差对应的测得值含有粗大误差，应予以剔除。

当测量次数小于或等于 10 次时，不能使用拉依达准则。

四、等精度直接测量的数据处理

凡在相同的条件下（如同一测量者、同一计量器具、同一测量方法、同一被测几何量）所进行的测量称为等精度测量。如果在测量过程中，有一部分或全部因素或条件发生改变，则称为不等精度测量。一般为简化对测量数据的处理，多采用等精度测量。

在直接测量列的测得值中，可能同时包含有系统误差、随机误差和粗大误差，为了获得可靠的测量结果，对测量列应按上述误差分析原理进行处理，其处理步骤归纳如下：

1）判断系统误差。首先根据发现系统误差的各种方法判断测得值中是否含有系统误差，若已掌握系统误差的大小，则可用修正法将它消除。

2）求算术平均值。消除系统误差后，可求出测量列的算术平均值，即

$$\bar{x} = \frac{\sum_{i=1}^{n} x_i}{n}$$

3）计算残差

$$v_i = x_i - \bar{x}$$

4）计算标准差

$$S = \sqrt{\frac{\sum_{i=1}^{n} v_i^2}{n-1}}$$

5）判断粗大误差并将其剔除。

6）求测量列总体算术平均值的标准偏差

$$\sigma_{\bar{x}} = \frac{S}{\sqrt{n}}$$

7）测量结果的表示

单次测量时：$x_i' = x_i \pm 3S = x_i \pm \delta_{\lim}$

多次测量时：$x_c = \bar{x} \pm 3\sigma_{\bar{x}} = \bar{x} \pm \delta_{\lim(\bar{x})}$

式中　x_i'——单次测量结果；

$\delta_{\lim}$——单次测量极限误差；

x_c——多次测量结果；

$\delta_{\lim(\bar{x})}$——多次测量极限误差。

例 2-2　对某一轴径 d 等精度测量 14 次，按测量顺序将各测得值依次列于表 2-8 中，试求测量结果。

表 2-8　数据处理计算表

测量序号	测得值 x_i/mm	残差 $v_i(=x_i-\bar{x})$/μm	残差的二次方 $v_i^2/(\mu m)^2$
1	24.956	−1	1
2	24.955	−2	4
3	24.956	−1	1
4	24.958	+1	1
5	24.956	−1	1
6	24.955	−2	4
7	24.958	+1	1
8	24.956	−1	1
9	24.958	+1	1
10	24.956	−1	1
11	24.956	−1	1
12	24.964	+7	49
13	24.956	−1	1
14	24.958	+1	1
算术平均值 $\bar{x}=24.957$mm		$\sum_{i=1}^{N} v_i = 0$	$\sum_{i=1}^{N} v_i^2 = 68$

解：

按下列步骤计算。

1）判断已定系统误差。假设经过判断，测量列中不存在已定系统误差。

2）求出算术平均值

$$\bar{x}=\frac{\sum_{i=1}^{n} x_i}{n}=24.957\text{mm}$$

3）计算残差。各残差的数值列于表 2-8 中，作图如图 2-28 所示，根据残差观察法，这些残差的符号有正有负，但不呈周期性变化，因此可以判断该测量列中不存在未定系统误差。

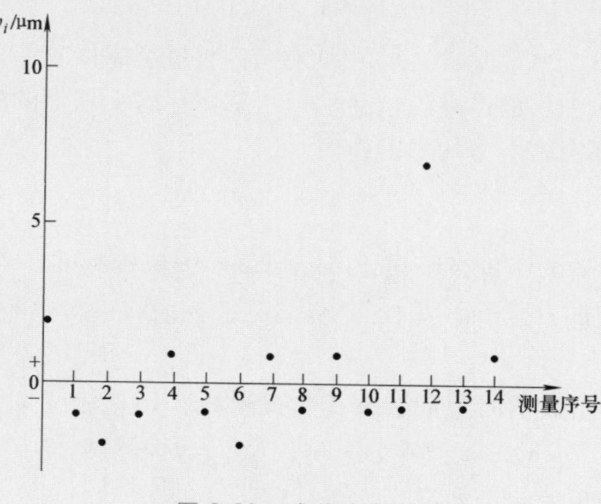

图 2-28　残差分布图

4）计算测量列单次测量值的标准差

$$S=\sqrt{\frac{\sum_{i=1}^{n}v_i^2}{n-1}}=\sqrt{\frac{68}{14-1}}\mu m$$
$$\approx 2.287\mu m$$

5）判断粗大误差。按照拉依达准则，在测量列中发现测量序号 12 的测得值的残差的绝对值已大于 3S（3×2.287μm＝6.86μm），故应将序号 12 测得值剔除后重新计算单次测量值的标准差。

重新计算算术平均值 $\bar{x}$

$$\bar{x}=\frac{\sum_{i=1}^{n}x_i}{n}=24.9565mm$$
$$\bar{x}\approx 24.957mm$$
$$\sum_{i=1}^{13}v_i^2=19(\text{除去序号 12 的测得值})$$
$$S=\sqrt{\frac{19}{13-1}}\mu m=1.258\mu m$$

6）计算测量列总体算术平均值的标准偏差

$$\sigma_{\bar{x}}=\frac{S}{\sqrt{n}}=\frac{1.258\mu m}{\sqrt{13}}\approx 0.35\mu m$$

7）计算测量列总体算术平均值的测量极限误差

$$\delta_{\lim(\bar{x})}=\pm 3\sigma_{\bar{x}}=\pm 3\times 0.35\mu m\approx \pm 1.05\mu m\approx \pm 1.0\mu m$$

8）确定测量结果。单次测量结果（如以第 8 次测得值 x_8＝24.956mm 为例）

$$x_8'=(24.956\ \pm 0.0038)mm$$

多次测量结果

$$x_c=(24.957\ \pm 0.001)mm$$

由上显然可以看出，单次测量结果的误差大，测量可靠性较差。因此，精密测量中常用测量的测得值的算术平均值作为测量结果，用总体算术平均值的标准偏差或其总体算术平均值的极限误差来评定算术平均值的精度。

例 2-3　已知某仪器的测量极限误差 $\delta_{\lim}=\pm 3\sigma=\pm 0.004mm$。若某一次测量的测得值为 18.359mm，四次测量的平均值为 18.356mm。试分别写出它们的测量结果。

解：

1）以某一次测得值表示的测量结果（单次测量）

$$x_i'=x_i\ \pm\delta_{\lim}=(18.359\ \pm 0.004)mm$$

2）四次平均值表示的测量结果

$$x_c = \bar{x} \pm \delta_{\lim(\bar{x})} = \left(18.356 \pm \frac{0.004}{\sqrt{4}}\right) \text{mm}$$
$$= (18.356 \pm 0.002) \text{mm}$$

第四节 光滑工件尺寸的检验（GB/T 3177—2009）

一、误收与误废

由于任何测量都存在测量误差，所以在验收产品时，测量误差的主要影响是产生两种错误判断：一是把超出公差界限的废品误判为合格品而接收，称为误收；二是将接近公差界限的合格品误判为废品而给予报废，称为误废。

显然，误收和误废不利于质量的提高和成本的降低。为了适当控制误废，尽量减少误收，根据我国的生产实际，国家标准 GB/T 3177—2009《产品几何技术规范（GPS） 光滑工件尺寸的检验》中规定："应只接收位于规定的尺寸极限之内的工件"。根据这一原则，建立了在规定尺寸极限基础上的内缩的验收极限。

二、安全裕度与验收极限

为了正确地选择计量器具，合理地确定验收极限，GB/T 3177—2009 适用于在车间条件下，使用通用计量器具，如游标卡尺、千分尺及车间使用的比较仪、投影仪等量具量仪，对图样上注出的公差等级为 6～18 级（IT6～IT18）、公称尺寸至 500mm 的光滑工件尺寸的检验。该标准也适用于对一般公差尺寸的检验。

1. 检测条件

规定验收极限要符合车间实际检测的情况，这种验收方法的前提条件是：

1）在验收工件时，只测量几次，多数情况下，只测量一次，并按一次测量来判断工件合格与否。测量几次是指对工件不同部位进行测量，了解各次测量的实际尺寸是否超出验收极限。

2）在车间的实际情况下，由于普通计量器具的特点（即用两点法测量），一般只用来测量尺寸，不用来测量工件上可能存在的形状误差。尽管工件的形状误差通常依靠工艺系统的精度来控制，但某些形状误差对测量结果仍有影响。因此，工件的完善检验应分别对尺寸和形状进行测量，并将两者结合起来进行评定。

3）对温度、测量力引起的误差以及计量器具和标准器的系统误差，一般不予修正。

这些误差都在规定验收极限时加以考虑。

2. 验收极限和安全裕度 A

由于检验是在上述条件下进行的，计量器具的内在误差（如随机误差、未定系统误差）和测量条件（如温度、压陷效应）及工件形状误差等综合作用的结果会引起测量结果相对其真值的分散，其分散程度可由测量不确定度 u 来评定。

为了防止因测量不确定度的影响而使工件误收，也为了保证工件原定的配合性质并考虑工件上可能存在的形状误差，标准规定按两种验收极限验收工件。第一种规定用于有包容要求或公差等级高的尺寸，其验收极限是由规定的最大实体尺寸或最小实体尺寸分别向工件公差带内移动一个安全裕度 A 来确定，如图 2-29 所示。这样，就尽可能地避免了误收，从而保证了零件的质量。第二种规定是 A 值为零，主要用于非配合或一般公差的尺寸。采用第一种验收极限的安全裕度 A 大于测量不确定度允许值 u_1。A 值由被测工件的公称尺寸与公差等级确定，其数值列于表 2-9 中，此时的测量不确定度允许值采用Ⅰ档。当采用第二种验收极限时，$A=0$，测量不确定度允许值应取表 2-9 中Ⅱ档或Ⅲ档值。

表 2-9　安全裕度（A）与计量器具的测量不确定度允许值（u_1）（GB/T 3177—2009）

（单位：μm）

公差等级		6					7					8					9					10					11				
公称尺寸/mm		T	A	u_1			T	A	u_1			T	A	u_1			T	A	u_1			T	A	u_1			T	A	u_1		
大于	至			Ⅰ	Ⅱ	Ⅲ			Ⅰ	Ⅱ	Ⅲ			Ⅰ	Ⅱ	Ⅲ			Ⅰ	Ⅱ	Ⅲ			Ⅰ	Ⅱ	Ⅲ			Ⅰ	Ⅱ	Ⅲ
—	3	6	0.6	0.5	0.9	1.4	10	1.0	0.9	1.5	2.3	14	1.4	1.3	2.1	3.2	25	2.5	2.3	3.8	5.6	40	4.0	3.6	6.0	9.0	60	6.0	5.4	9.0	14
3	6	8	0.8	0.7	1.2	1.8	12	1.2	1.1	1.8	2.7	18	1.8	1.6	2.7	4.1	30	3.0	2.7	4.5	6.8	48	4.8	4.3	7.2	11	75	7.5	6.8	11	17
6	10	9	0.9	0.8	1.4	2.0	15	1.5	1.4	2.3	3.4	22	2.2	2.0	3.3	5.0	36	3.6	3.3	5.4	8.1	58	5.8	5.2	8.7	13	90	9.0	8.1	14	20
10	18	11	1.1	1.0	1.7	2.5	18	1.8	1.7	2.7	4.1	27	2.7	2.4	4.1	6.1	43	4.3	3.9	6.5	9.7	70	7.0	6.3	11	16	110	11	10	17	25
18	30	13	1.3	1.2	2.0	2.9	21	2.1	1.9	3.2	4.7	33	3.3	3.0	5.0	7.4	52	5.2	4.7	7.8	12	84	8.4	7.6	13	19	130	13	12	20	29
30	50	16	1.6	1.4	2.4	3.6	25	2.5	2.3	3.8	5.6	39	3.9	3.5	5.9	8.8	62	6.2	5.6	9.3	14	100	10	9.0	15	23	160	16	14	24	36
50	80	19	1.9	1.7	2.9	4.3	30	3.0	2.7	4.5	6.8	46	4.6	4.1	6.9	10	74	7.4	6.7	11	17	120	12	11	18	27	190	19	17	29	43
80	120	22	2.2	2.0	3.3	5.0	35	3.5	3.2	5.3	7.9	54	5.4	4.9	8.1	12	87	8.7	7.8	13	20	140	14	13	21	32	220	22	20	33	50
120	180	25	2.5	2.3	3.8	5.6	40	4.0	3.6	6.0	9.0	63	6.3	5.7	9.5	14	100	10	9.0	15	23	160	16	15	24	36	250	25	23	38	56
180	250	29	2.9	2.6	4.4	6.5	46	4.6	4.1	6.9	10	72	7.2	6.5	11	16	115	12	10	17	26	185	19	17	28	42	290	29	26	44	65
250	315	32	3.2	2.9	4.8	7.2	52	5.2	4.7	7.8	12	81	8.1	7.3	12	18	130	13	12	19	29	210	21	19	32	47	320	32	29	48	72
315	400	36	3.6	3.2	5.4	8.1	57	5.7	5.1	8.4	13	89	8.9	8.0	13	20	140	14	13	21	32	230	23	21	35	52	360	36	32	54	81
400	500	40	4.0	3.6	6.0	9.0	63	6.3	5.7	9.5	14	97	9.7	8.7	15	22	155	16	14	23	35	250	25	23	38	56	400	40	36	60	90

公差等级		12				13				14				15				16				17				18			
公称尺寸/mm		T	A	u_1		T	A	u_1		T	A	u_1		T	A	u_1		T	A	u_1		T	A	u_1		T	A	u_1	
大于	至			Ⅰ	Ⅱ			Ⅰ	Ⅱ			Ⅰ	Ⅱ			Ⅰ	Ⅱ			Ⅰ	Ⅱ			Ⅰ	Ⅱ			Ⅰ	Ⅱ
—	3	100	10	9.0	15	140	14	13	21	250	25	23	38	400	40	36	60	600	60	54	90	1000	100	90	150	1400	140	135	210
3	6	120	12	11	18	180	18	16	27	300	30	27	45	480	48	43	72	750	75	68	110	1200	120	110	180	1800	180	160	270
6	10	150	15	14	23	220	22	20	33	360	36	32	54	580	58	52	87	900	90	81	140	1500	150	140	230	2200	220	200	330
10	18	180	18	16	27	270	27	24	41	430	43	39	65	700	70	63	110	1100	110	100	170	1800	180	160	270	2700	270	240	400
18	30	210	21	19	32	330	33	30	50	520	52	47	78	840	84	76	130	1300	130	120	200	2100	210	190	320	3300	330	300	490
30	50	250	25	23	38	390	39	35	59	620	62	56	93	1000	100	90	150	1600	160	140	240	2500	250	220	380	3900	390	350	580
50	80	300	30	27	45	460	46	41	69	740	74	67	110	1200	120	110	180	1900	190	170	290	3000	300	270	450	4600	460	410	690
80	120	350	35	32	53	540	54	49	81	870	87	78	130	1400	140	130	210	2200	220	200	330	3500	350	320	530	5400	540	480	810
120	180	400	40	36	60	630	63	57	95	1000	100	90	150	1600	160	150	240	2500	250	230	380	4000	400	360	600	6300	630	570	940
180	250	460	46	41	69	720	72	65	110	1150	115	100	170	1800	180	170	280	2900	290	260	440	4600	460	410	690	7200	720	650	1080
250	315	520	52	47	78	810	81	73	120	1300	130	120	190	2100	210	190	320	3200	320	290	480	5200	520	470	780	8100	810	730	1210
315	400	570	57	51	86	890	89	80	130	1400	140	130	210	2300	230	210	350	3600	360	320	540	5700	570	510	850	8900	890	800	1330
400	500	630	63	57	95	970	97	87	150	1500	150	140	230	2500	250	230	380	4000	400	360	600	6300	630	570	950	9700	970	870	1450

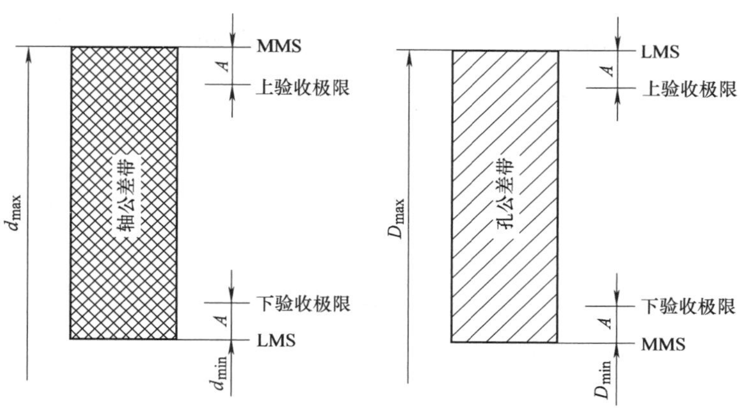

图 2-29　验收极限的配置

三、计量器具的选择

按计量器具不确定度允许值 u_1 来选择计量器具。标准规定

$$u_1 \approx 0.9A \tag{2-14}$$

式中　u_1——计量器具的测量不确定度允许值，$u_1' \leqslant u_1$；

A——安全裕度；

u_1'——所选计量器具不确定度。

u_1 值列于表 2-9。选择时，应使所选的计量器具不确定度 u_1' 等于或小于所规定的 u_1 值。为此，还必须提供常用计量器具不确定度数值，表 2-10 推荐了千分尺和游标卡尺的不确定度数值。

四、计量器具选用示例

例 2-4　检验工件尺寸为 $\phi 40\text{h}9\left(\begin{smallmatrix}0\\-0.062\end{smallmatrix}\right)$，选择计量器具并确定验收极限。

解：

1）确定安全裕度 A 和计量器具测量不确定度允许值。已知工件公差等级为 IT9，公称尺寸为 40mm，由表 2-9 中查得

安全裕度 $A=0.0062\text{mm}$；

计量器具测量不确定度允许值 $u_1=0.0056\text{mm}$（$u_1 \approx 0.9A$）（u_1 也可查表 2-9，取 I 档值）。

2）选择计量器具。工件尺寸为 $\phi 40\text{mm}$，由表 2-10 中查得

分度值 $i=0.01\text{mm}$ 的外径千分尺的不确定度为 0.004mm。

因为 $u_1'(=0.004\text{mm}) < u_1(=0.0056\text{mm})$，所以所选计量器具满足使用要求。

3）确定验收极限。如图 2-30 所示。

表 2-10　千分尺和游标卡尺的不确定度[①②]　　（单位：mm）

<table>
<tr><th colspan="2" rowspan="2">尺寸范围</th><th colspan="4">计量器具类型</th></tr>
<tr><th>分度值 0.01
外径千分尺</th><th>分度值 0.01
内径千分尺</th><th>分度值 0.02
游标卡尺</th><th>分度值 0.05
游标卡尺</th></tr>
<tr><th>大于</th><th>至</th><th colspan="4">不确定度</th></tr>
<tr><td>0</td><td>50</td><td>0.004</td><td rowspan="3">0.008</td><td rowspan="6">0.020</td><td rowspan="4">0.050</td></tr>
<tr><td>50</td><td>100</td><td>0.005</td></tr>
<tr><td>100</td><td>150</td><td>0.006</td></tr>
<tr><td>150</td><td>200</td><td>0.007</td><td rowspan="3">0.013</td></tr>
<tr><td>200</td><td>250</td><td>0.008</td><td rowspan="6">0.100</td></tr>
<tr><td>250</td><td>300</td><td>0.009</td></tr>
<tr><td>300</td><td>350</td><td>0.010</td><td rowspan="3">0.020</td><td rowspan="4"></td></tr>
<tr><td>350</td><td>400</td><td>0.011</td></tr>
<tr><td>400</td><td>450</td><td>0.012</td></tr>
<tr><td>450</td><td>500</td><td>0.013</td><td>0.025</td></tr>
</table>

① 当采用比较测量时，千分尺的不确定度可小于本表规定的数值。

② 考虑到某些车间的实际情况，当从本表中选用的计量器具不确定度（u_1'值）需要在一定范围内大于 GB/T 3177—2009 规定的 u_1 值时，必须按下式重新计算出相应的安全裕度（A'值），再由最大实体尺寸和最小实体尺寸分别向公差带内移动 A'值，定出验收极限

$$A' = \frac{1}{0.9}u_1'$$

上验收极限 = MMS − A = (40 − 0.0062) mm ≈ 39.994mm；

下验收极限 = LMS + A = (39.938 + 0.0062) mm ≈ 39.944mm。

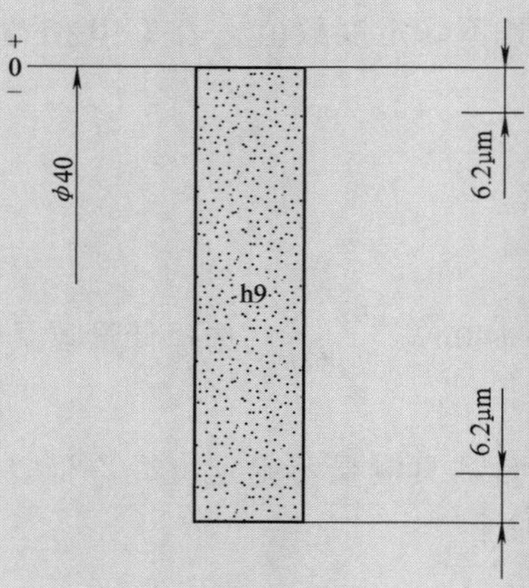

图 2-30　φ40h9 的验收极限图

习　题

2-1　测量的实质是什么？一个测量过程包括哪些要素？

2-2　量块的作用是什么？其结构上有何特点？

2-3　量块的“等”和“级”有何区别？举例说明如何按“等”或“级”使用。

2-4　说明分度值、标尺间距、灵敏度三者有何区别。

2-5 举例说明测量范围与示值范围的区别。

2-6 试说明游标卡尺的读数原理及快速读数的方法。

2-7 试说明千分尺的工作原理及读数方法。

2-8 百分表的用途是什么？

2-9 试说明百分表的结构原理及正确使用方法。

2-10 电感式传感器有哪几种？主要工作原理是什么？

2-11 什么是莫尔条纹？什么原因使它被广泛应用于测量中？

2-12 试叙述光栅计数的原理。

2-13 三坐标测量机的测量系统有哪些组成部分？

2-14 试说明三坐标测量机的测量原理及主要应用。

2-15 举例说明系统误差、随机误差和粗大误差的特性和不同。

2-16 为什么要用多次重复测量的算术平均值表示测量结果？以它表示测量结果可减少哪一类测量误差对测量结果的影响？

2-17 说明测量列中任一测得值的标准差和测量列的总体算术平均值的标准偏差的含义和区别。

第三章 光滑极限量规

第一节 光滑极限量规概述

一、光滑极限量规的检验原理

在批量生产中，为了提高工件（光滑孔或轴）的检验效率，保证工件的尺寸精度，常使用一种无刻线、也不读数的量具。这种量具成对使用，检验工件时，只要一个通过，一个不通过，工件就合格，否则就不合格。这种量具称为光滑极限量规，用它分别控制孔或轴的两个极限尺寸 。由于工件孔处于下极限尺寸和轴处于上极限尺寸时具有最大实体，就统称孔的下极限尺寸和轴的上极限尺寸为最大实体尺寸；同样，当工件孔处于上极限尺寸和轴处于下极限尺寸时具有最小实体，所以，将孔的上极限尺寸和轴的下极限尺寸统称为最小实体尺寸 。将检验合格的孔或轴时能通过的量规称为通规，并按孔或轴的最大实体尺寸制造；将检验合格的孔或轴时不能通过的量规称为止规，并按孔或轴的最小实体尺寸制造。图 3-1 所示是用塞规检验工件孔时的情况；图 3-2 所示则是用环规检验工件轴时的情况。

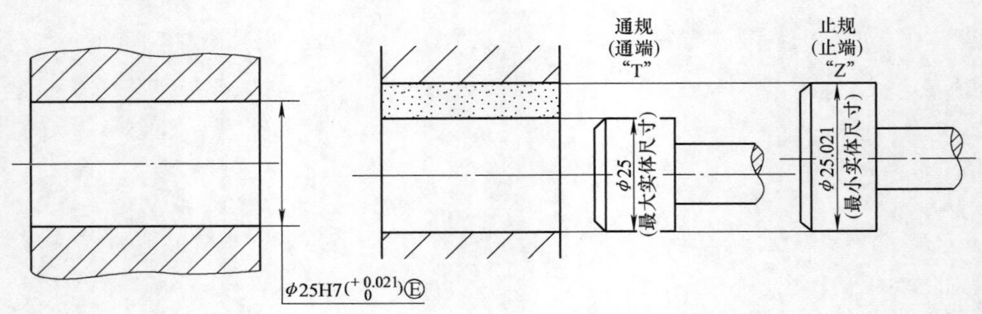

图 3-1 用塞规检验工件孔

a）被检验孔尺寸公差 b）塞规检验孔

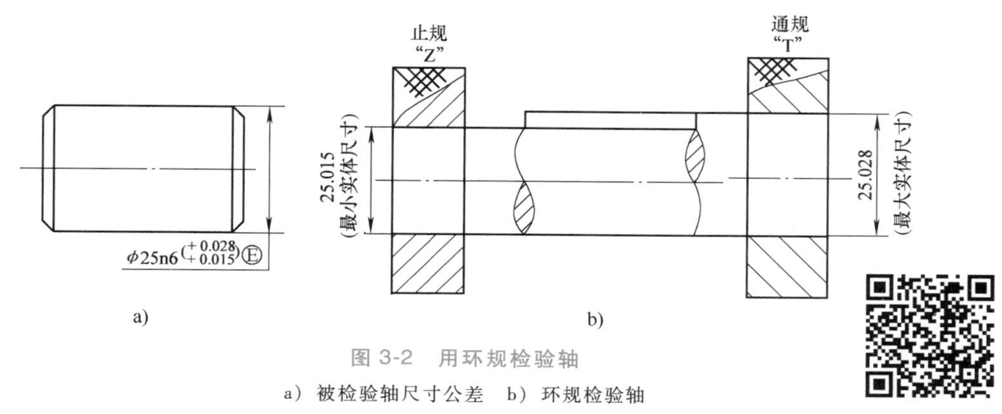

图 3-2 用环规检验轴

a）被检验轴尺寸公差 b）环规检验轴

二、量规的形状

由图 3-1 和图 3-2 不难看出，通规体现的是工件的最大实体尺寸，而止规体现的则是工件的最小实体尺寸。显然，凡是合格工件的尺寸，一定大于最大实体尺寸，通规必然通过；同样，凡是合格工件的尺寸一定小于最小实体尺寸，止规必然不能通过。由此可见，光滑极限量规是根据极限尺寸判断原则来检验工件的，但是 GB/T 1957—2006《光滑极限量规 技术条件》对应用极限尺寸判断原则检验工件的量规的形状是有要求的。为了正确地检验工件，国家标准对量规的形状做了如下规定：

通规的测量面应是与孔或轴形状相对应的完整表面（通常称为全形量规）。其尺寸等于工件的最大实体尺寸，且长度等于配合长度。

止规的测量面应是点状的，两测量面之间的尺寸等于工件的最小实体尺寸。

在实际生产中，因不遵守极限尺寸判断原则检验工件，常易引发质量事故。某厂工人在车床上，使用自定心卡盘夹持已粗、精车的外圆表面，进行粗、精镗一批钢质薄壁衬套工件的内孔时，加工中内孔使用板式塞规做检验，完全合格；但当检验人员验收时，所用的圆柱形通规与止规都不能通过，认为应是废品。为此，工人不服，又用板式塞规进行复查，结果更令工人感到意外，明明在加工时通规通过，止规没有通过，怎么现在用同一个塞规检验这批工件，通规与止规都通过了呢？检验员和工人互相怀疑对方的量规不合格，后经计量部门检定，证明双方的量规都是合格的，那应如何解释这个现象呢？这批零件又应如何判断呢？后经技术人员到现场观察和分析后，终于揭开了这个谜：原来工人在加工时，因粗镗内孔余量较大，三爪用的夹紧力也较大，致使工件产生变形（图 3-3a），虽然在车床上加工时板式塞规检验合格，但当三爪松开工件后，因薄壁外表面的弹性恢复而使加工后内孔变形为三棱状（图 3-3b），使三棱孔的内切圆 $D'<D_{min}$（孔的下极限尺寸），三棱孔的对边尺寸$D''>D_{max}$（孔的上极限尺寸），这就是当检验人员使用圆柱形塞规检验时，通规与止规都不能通过；而工人用板式塞规检验时，通规与止规都可以通过的解释。如果工人和检验员都使用相同形状的量规就不会产生上述矛盾了，这批工件也就能正确地被判断为废品。

为了避免造成检验的误判，通规必须做成全形接触的量规，如图 3-4 所示；而止规必须做成点状接触的量规，如图 3-5 所示，才能正确地判断工件是否合格。但是在实际生产中，

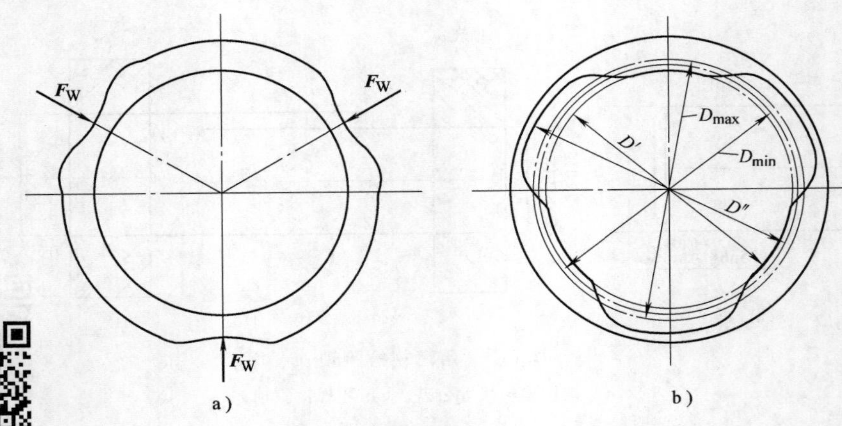

图 3-3　衬套工件加工时与加工后的变形

a）三爪夹外表面引起的变形　b）松开三爪时薄壁内孔的变形

D_{min}—孔的下极限尺寸　D_{max}—孔的上极限尺寸

D'—孔的最小提取局部尺寸　D''—孔的最大提取局部尺寸

即：$D'<D_{min}$　$D''>D_{max}$

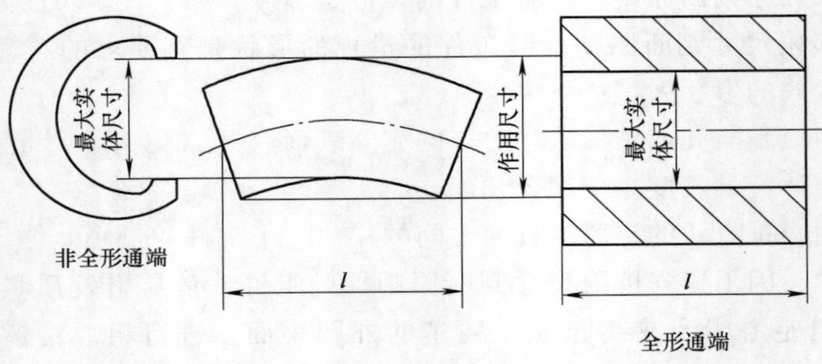

图 3-4　通规形状对检验的影响

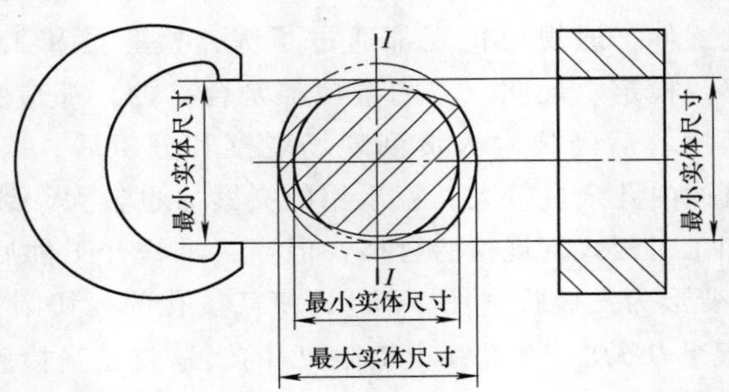

图 3-5　止规形状对检验的影响

为了便于量规的使用和制造，通规和止规常偏离其理想形状，如检验曲轴类零件的轴颈尺寸，全形的通规无法套到被检部位，而只能改用不全形的卡规。对大尺寸的检验，全形的通规会笨重得无法使用，也只能用不全形的通规。在小尺寸的检验中，若将止规做成不全形的两点式，则这样的止规不仅强度低，耐磨性差，而且制造也不方便，因此小尺寸的止规也常按全形制造，只是轴向长度短些。这种对量规理论形状的偏离，是有前提的，即通规不是全形时，应由加工工艺等手段保证工件因形状误差的提取尺寸不超出最大实体尺寸，同时在使用不全形的通规进行检验时，也应注意正确的操作方法使得检验正确；同理，在使用偏离两点式的止规时，也应有相应的保证措施。GB/T 1957—2006 中列出了不同尺寸范围下量规的形式，如图 3-6 所示。图 3-7 所示为常见量规的结构形式，其中图 3-7a～f 所示为常见塞规的形式，图 3-7g～k 所示为常见卡规的形式。

推荐的量规形式和应用尺寸范围

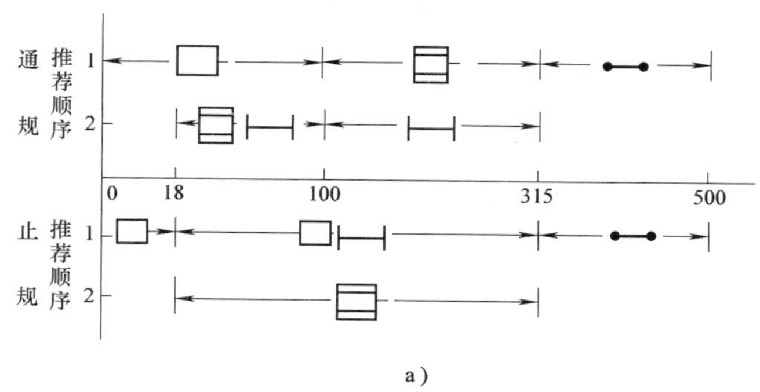

a）

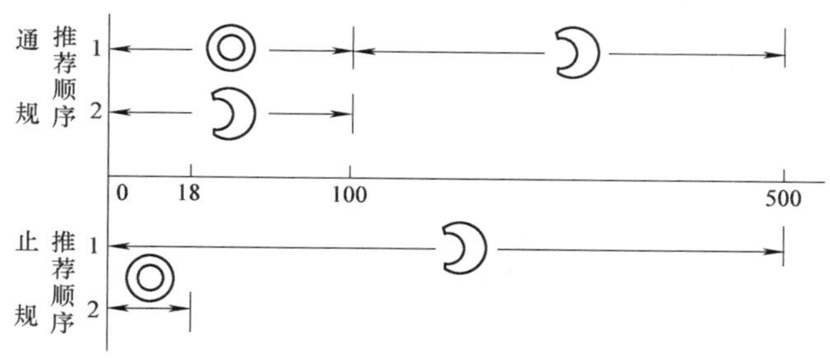

b）

说明：

—— 全形塞规

—— 不全形塞规

—— 片形塞规

—— 球端杆规

—— 环规

—— 卡规

图 3-6　量规形式和应用尺寸范围

a）孔用量规形式和应用尺寸范围　b）轴用量规形式和应用尺寸范围

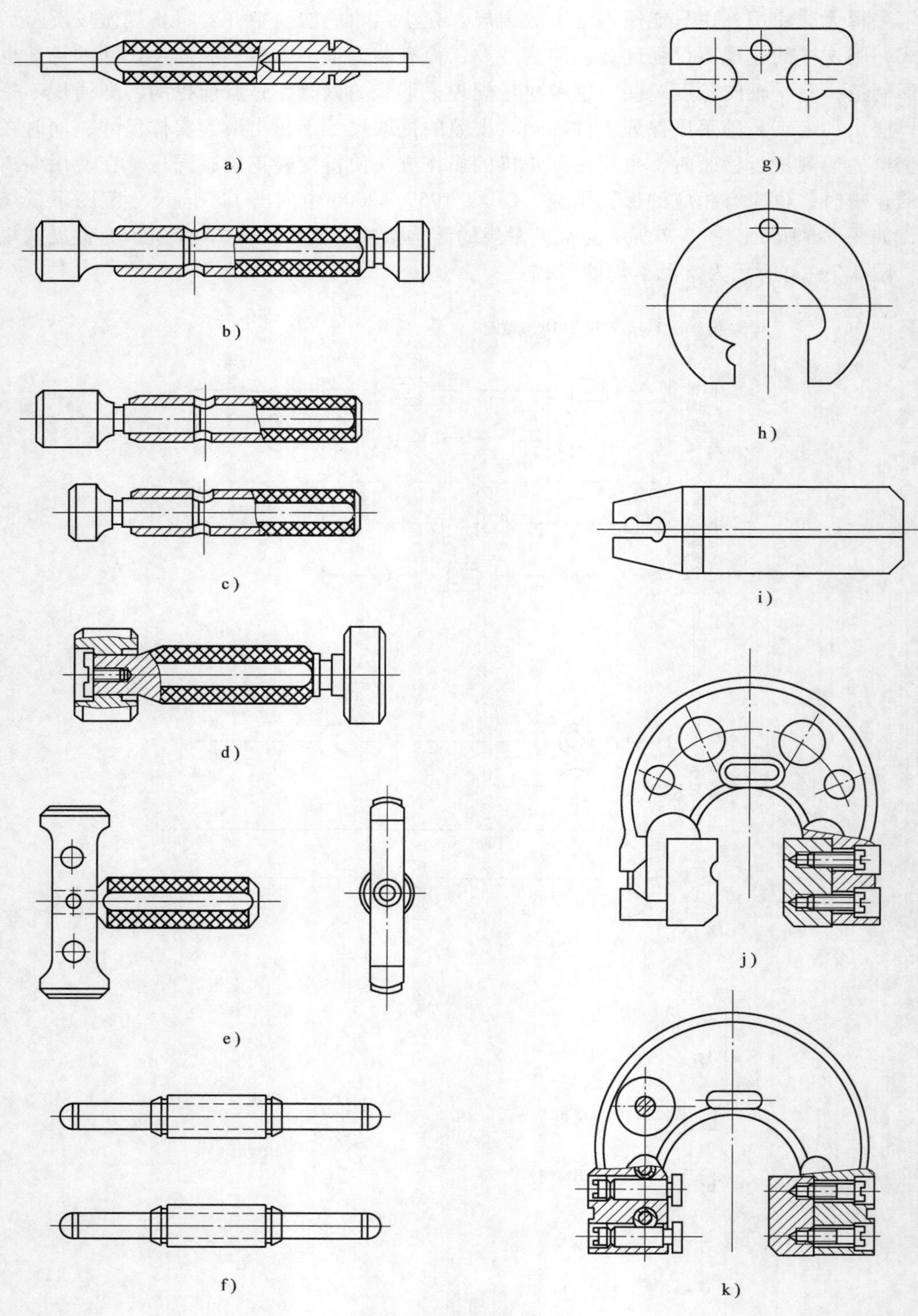

图 3-7　常见量规的结构形式

a)~f) 常见塞规形式　g)~k) 常见卡规形式

三、光滑极限量规的分类

光滑极限量规可分为工作量规、验收量规和校对量规。

工作量规指工件在加工过程中用于检验工件的量规，一般就是加工时操作者手中所使用的量规。国家标准规定：操作者应该使用新的或者磨损较少的通规，这样可以促使操作者提高加工精度，保证工件的合格率。

验收量规指验收者所使用的量规。为了使更多的合格件得以验收，并减少验收纠纷，应该使用磨损量大且已接近磨损极限的通规和接近最小实体尺寸的止规作为验收量规。

校对量规是用于校对卡规或环规的。因卡规和环规的工作尺寸属于孔尺寸，不易用一般量具测量，故规定了校对量规。校对量规有三种，分别检验制造中的卡规或环规的止端、通端尺寸以及使用中卡规或环规的通端的磨损量是否合格。此外，也可以不用校对量规而改用量块组合成所需的尺寸对卡规或环规进行相应的检验。

第二节　工作量规的设计

一、概述

量规是用于检验工件的，但量规本身也是被制造出来的，有制造误差，故须对量规的通端和止端规定相同的制造公差 T_1，其公差带均位于被检工件的尺寸公差带内，以避免将不合格工件判为合格（称为误收），如图 3-8 所示。图中将止端公差带紧靠在最小实体尺寸线上，而通端公差带距最大实体尺寸线一段距离。这是因为通端检测时频繁通过合格件，容易磨损，为了保证让其有合理的使用寿命，必须给出一定的最小备磨量，其大小就是上述距离值，它由图 3-8 中通规公差带中心与工件最大实体尺寸之间的距离 Z_1 的大小确定。Z_1 为通端位置要素值。

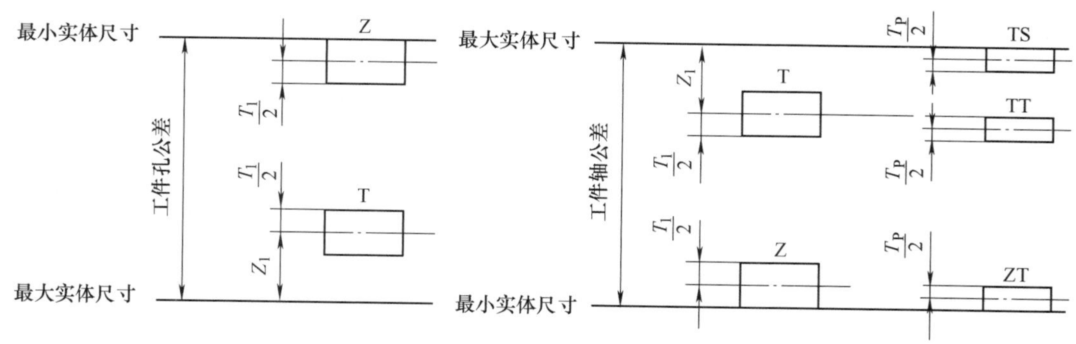

图 3-8　量规的公差带

若通规使用一段时间后，其尺寸由于磨损超过了被检工件的最大实体尺寸（通规的磨损极限），通规即报废。而止端因检测不应通过工件，故不需要备磨量。T_1 和 Z_1 的值均与被检工件尺寸公差大小有关，其值分别列于表 3-1 中（摘自 GB/T 1957—2006）。

表 3-1　IT6～IT16 工作量规制造公差和位置要素值　（单位：μm）

工件公称尺寸 D/mm	IT6			IT7			IT8			IT9			IT10			IT11		
	工件公差值	T_1	Z_1	工件公差值	T_1	Z_1	工件公差值	T_1	Z_1	工件公差值	T_1	Z_1	工件公差值	T_1	Z_1	工件公差值	T_1	Z_1
～3	6	1	1	10	1.2	1.6	14	1.6	2	25	2	3	40	2.4	4	60	3	6
>3～6	8	1.2	1.4	12	1.4	2	18	2	2.6	30	2.4	4	48	3	5	75	4	8
>6～10	9	1.4	1.6	15	1.8	2.4	22	2.4	3.2	36	2.8	5	58	3.6	6	90	5	9
>10～18	11	1.6	2	18	2	2.8	27	2.8	4	43	3.4	6	70	4	8	110	6	11
>18～30	13	2	2.4	21	2.4	3.4	33	3.4	5	52	4	7	84	5	9	130	7	13
>30～50	16	2.4	2.8	25	3	4	39	4	6	62	5	8	100	6	11	160	8	16
>50～80	19	2.8	3.4	30	3.6	4.6	46	4.6	7	74	6	9	120	7	13	190	9	19
>80～120	22	3.2	3.8	35	4.2	5.4	54	5.4	8	87	7	10	140	8	15	220	10	22
>120～180	25	3.8	4.4	40	4.8	6	63	6	9	100	8	12	160	9	18	250	12	25
>180～250	29	4.4	5	46	5.4	7	72	7	10	115	9	14	185	10	20	290	14	29
>250～315	32	4.8	5.6	52	6	8	81	8	11	130	10	16	210	12	22	320	16	32
>315～400	36	5.4	6.2	57	7	9	89	9	12	140	11	18	230	14	25	360	18	36
>400～500	40	6	7	63	8	10	97	10	14	155	12	20	250	16	28	400	20	40

工件公称尺寸 D/mm	IT12			IT13			IT14			IT15			IT16		
	工件公差值	T_1	Z_1	工件公差值	T_1	Z_1	工件公差值	T_1	Z_1	工件公差值	T_1	Z_1	工件公差值	T_1	Z_1
～3	100	4	9	140	6	14	250	9	20	400	14	30	600	20	40
>3～6	120	5	11	180	7	16	300	11	25	480	16	35	750	25	50
>6～10	150	6	13	220	8	20	360	13	30	580	20	40	900	30	60
>10～18	180	7	15	270	10	24	430	15	35	700	24	50	1100	35	75
>18～30	210	8	18	330	12	28	520	18	40	840	28	60	1300	40	90
>30～50	250	10	22	390	14	34	620	22	50	1000	34	75	1600	50	110
>50～80	300	12	26	460	16	40	740	26	60	1200	40	90	1900	60	130
>80～120	350	14	30	540	20	46	870	30	70	1400	46	100	2200	70	150
>120～180	400	16	35	630	22	52	1000	35	80	1600	52	120	2500	80	180
>180～250	460	18	40	720	26	60	1150	40	90	1850	60	130	2900	90	200
>250～315	520	20	45	810	28	66	1300	45	100	2100	66	150	3200	100	220
>315～400	570	22	50	890	32	74	1400	50	110	2300	74	170	3600	110	250
>400～500	630	24	55	970	36	80	1550	55	120	2500	80	190	4000	120	280

由图 3-8 所示的几何关系，可以得出工作量规上、下极限偏差的计算公式，见表 3-2。

表 3-2　工作量规极限偏差的计算

	检验孔的量规	检验轴的量规
通端上极限偏差	$T_s = EI + Z_1 + \frac{1}{2}T_1$	$T_{sd} = es - Z_1 + \frac{1}{2}T_1$
通端下极限偏差	$T_i = EI + Z_1 - \frac{1}{2}T_1$	$T_{id} = es - Z_1 - \frac{1}{2}T_1$
止端上极限偏差	$Z_s = ES$	$Z_{sd} = ei + T_1$
止端下极限偏差	$Z_i = ES - T_1$	$Z_{id} = ei$

通规、止规的极限尺寸可由被检工件的实体尺寸与通规、止规的上、下极限偏差的代数和求得。在图样标注中，考虑有利制造，量规通、止端工作尺寸的标注推荐采用“入体原则”，即塞规按轴的公差 h 标上、下极限偏差，卡规（环规）按孔的公差 H 标上、下极限偏差。

例 3-1　试设计检验 $\phi25H7/n6$ 配合中孔、轴用的工作量规。

解：

1）确定量规的形式。参考图 3-6，检验 $\phi25H7$ 的孔用塞规，检验 $\phi25n6$ 的轴用卡规。

2）查表 1-1、表 1-6、表 1-7 得 $\phi25H7/n6$ 的孔、轴尺寸标注分别为：$\phi25H7\left(^{+0.021}_{0}\right)$、$\phi25n6\left(^{+0.028}_{+0.015}\right)$。

3）列表求出通规、止规的上、下极限偏差及有关尺寸，见表 3-3。

表 3-3　例 3-1 数据表　（单位：mm）

	$\phi25H7(^{+0.021}_{0})$孔用塞规		$\phi25n6(^{+0.028}_{+0.015})$轴用卡规	
	通规	止规	通规	止规
量规公差带参数(表 3-1)	$Z_1 = 0.0034$　$T_1 = 0.0024$		$Z_1 = 0.0024$　$T_1 = 0.002$	
公称尺寸	25	25.021	25.028	25.015
量规公差带上极限偏差	+0.0046	+0.021	+0.0266	+0.017
量规公差带下极限偏差	+0.0022	+0.0186	+0.0246	+0.015
量规上极限尺寸	25.0046	25.021	25.0266	25.017
量规下极限尺寸	25.0022	25.0186	25.0246	25.015
通规的磨损极限	25		25.028	
尺寸标注	$25.0046^{0}_{-0.0024}$	$25.021^{0}_{-0.0024}$	$25.0246^{+0.002}_{0}$	$25.015^{+0.002}_{0}$

4）塞规、卡规的公差带图如图 3-9 所示。

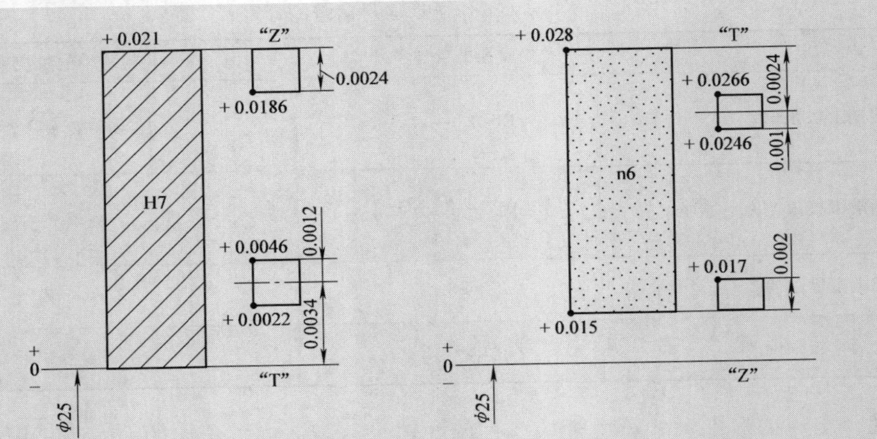

图 3-9　φ25H7/n6 孔、轴用量规公差带图

5）塞规的工作图如图 3-10 所示，卡规的工作图如图 3-11 所示。

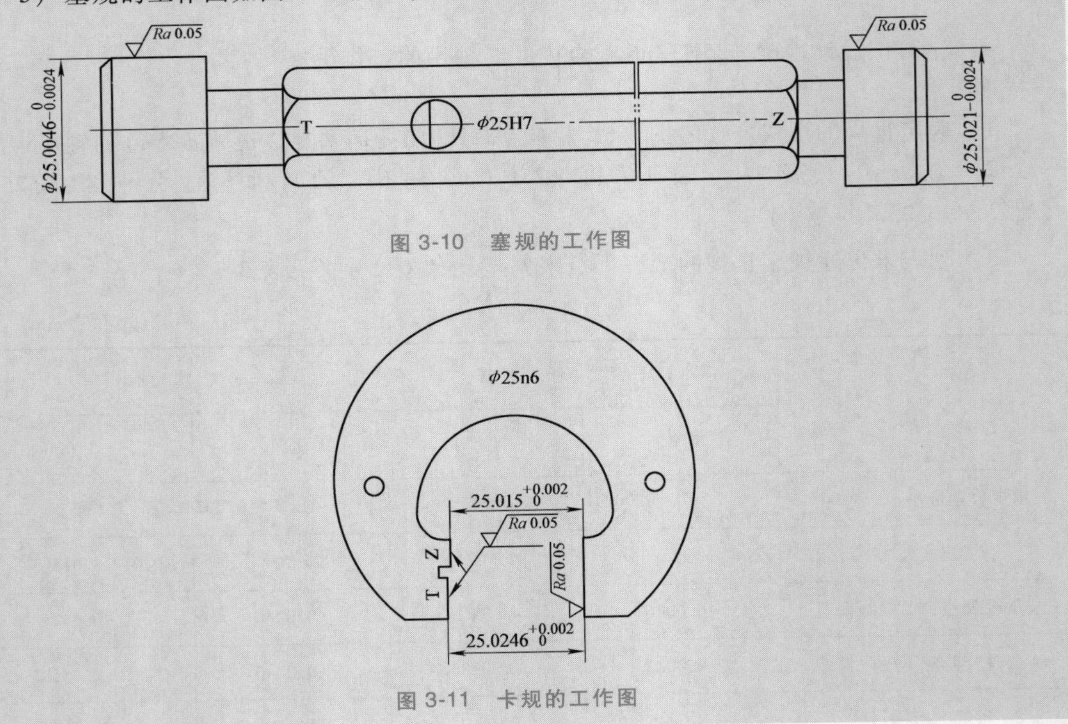

图 3-10　塞规的工作图

图 3-11　卡规的工作图

二、量规的主要技术条件

（1）外观要求　量规的工作表面不应有锈迹、毛刺、黑斑、划痕等明显影响外观和影响使用质量的缺陷。其他表面不应有锈蚀和裂纹。

（2）材料要求　量规要体现精确尺寸，故要求用于制造量规的材料的线膨胀系数小，并要经过一定的稳定性处理后使其内部组织稳定。同时，量规工作表面还应耐磨，以提高尺寸的稳定性并延长使用寿命，所以制造量规的材料通常为合金工具钢、碳素工具钢、渗碳钢及其他耐磨材料。

（3）量规工作部位的几何公差要求　量规工作表面的几何公差与尺寸公差之间应遵守包容要求。量规工作部位的几何公差不大于尺寸公差的一半。

（4）量规工作表面的粗糙度要求　量规测量面的表面粗糙度 *Ra* 值见表 3-4。

（5）其他要求　塞规测头与手柄的联接应牢靠，不应有松动。若塞规正在检验时测头与手柄脱开，测头就会卡留在工件内，如果测头无法取出，将导致工件报废。通规（通端）标汉语拼音字母“T”；止规（止端）标汉语拼音字母“Z”。

表 3-4　量规测量面的表面粗糙度 *Ra* 值

工作量规	工作量规的公称尺寸/mm		
	小于或等于 120	大于 120、小于或等于 315	大于 315、小于或等于 500
	工作量规测量面的表面粗糙度 *Ra* 值/μm		
IT6 级孔用工作塞规	≤0.05	≤0.10	≤0.20
IT7～IT9 级孔用工作塞规	≤0.10	≤0.20	≤0.40
IT10～IT12 级孔用工作塞规	≤0.20	≤0.40	≤0.80
IT13～IT16 级孔用工作塞规	≤0.40	≤0.80	
IT6～IT9 级轴用工作环规	≤0.10	≤0.20	≤0.40
IT10～IT12 级轴用工作环规	≤0.20	≤0.40	≤0.80
IT13～IT16 级轴用工作环规	≤0.40	≤0.80	

三、量规的结构

在 GB/T 10920—2008《螺纹量规和光滑极限量规　型式与尺寸》中，对孔、轴的光滑极限量规的结构，通用尺寸、适用范围、使用顺序都做了详细的规定和阐述，设计时可参阅有关手册。

习　题

3-1　光滑极限量规的通规和止规分别用于检验工件的什么尺寸？工作量规的公差带是如何设置的？

3-2　什么是极限尺寸判断原则？

3-3　试设计检验 ϕ40H8/f7 配合中孔和轴的工作量规。

第四章 几何公差及其检测

第一节 概　　述

一、零件的几何要素及其误差

构成机械零件几何形状的点、线、面统称为零件的几何要素，如图 4-1 所示。

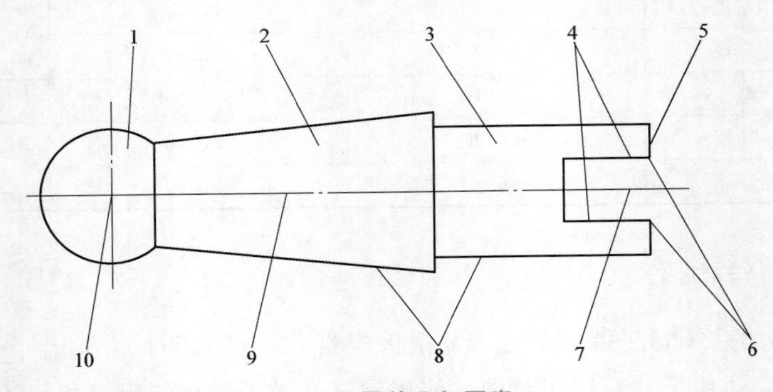

图 4-1 零件几何要素

1—球面　2—圆锥面　3—圆柱面　4—平行平面　5—平面　6—棱线　7—中心平面

8—素线　9—轴线　10—球心

实际几何要素相对于理想几何要素的偏离，即几何要素的误差。本章主要研究零件几何要素在形状和位置上所产生的误差以及如何用公差相应进行控制和对这些误差进行检测与评定等，以确保零件的功能要求和实现互换性。

二、几何误差的影响与规定相应公差的重要性

人们在生产中对零件加工质量的要求，除尺寸公差与表面粗糙度的要求外，对零件各要素的形状和位置要求也十分重要，特别是随着生产与科学技术的不断发展，如果对零件的加工仅局限于给出尺寸公差与表面粗糙度的要求，显然是难以满足产品的使用要求的。如图 0-1 所示的齿轮液压泵，以齿轮轴 4 为例，两端 ϕ15f6 轴颈与两端泵盖轴承孔 ϕ15H7，即使加工后尺寸公差和表面粗糙度都合格，如果齿轮轴 4 加工后产生形状弯曲（图 4-2），仍然有可能装不进两端泵盖的轴承孔中；对于齿轮轴 4 两端的 ϕ15f6 轴颈，即使尺寸、表面粗糙度、形状都符合要求，如果位置不正确，产生了同轴度误差，同样也会导致齿轮轴 4 装不进

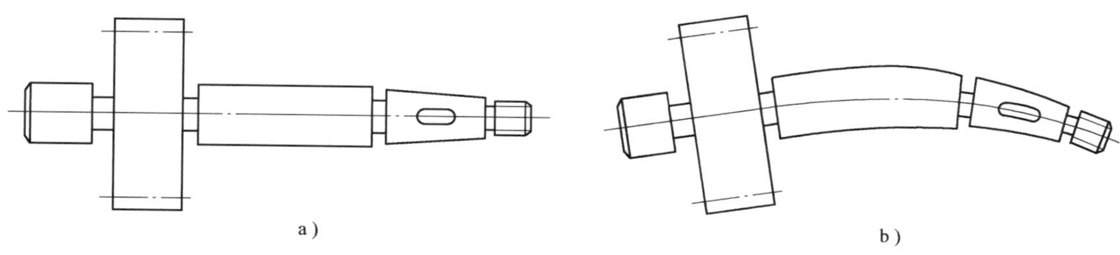

图 4-2　齿轮轴加工后形状

a）形状正确　b）形状弯曲

两端泵盖的轴承孔中；对于泵体 3，加工后两个端面如果平行度误差过大，装配后或者可能造成泵工作时产生泄漏，或者可能使两端泵盖轴承孔的位置歪斜，从而影响齿轮轴运转的灵活性。

因此，为了提高产品质量和保证互换性，不仅要控制零件的尺寸误差，还要对零件的形状与位置误差加以限制，给出一个经济、合理的误差许可变动范围，这就是几何公差。

三、几何公差的项目与符号（GB/T 1182—2008）

为限制机械零件几何参数的形状、方向、位置和跳动误差，提高机器设备的精度，增加寿命，保证互换性生产，我国已制定了一套关于“几何公差”的国家标准，代号是：GB/T 1182—2008、GB/T 1184—1996、GB/T 4249—2018 和 GB/T 16671—2018。GB/T 1182—2008 规定了 19 个几何公差项目，其几何特征、符号及附加符号见表 4-1。

表 4-1　几何公差的几何特征、符号及附加符号（GB/T 1182—2008）

公差类型	几何特征	符号	附加符号	
形状公差	直线度	—	被测要素	
	平面度	⏥		
	圆度	○	基准要素	A　A
	圆柱度	⌭		
	线轮廓度	⌒	基准目标	φ2 / A1
	面轮廓度	⌓	理论正确尺寸	50
方向公差	平行度	//	延伸公差带	Ⓟ
	垂直度	⊥	最大实体要求	Ⓜ
	倾斜度	∠	最小实体要求	Ⓛ
	线轮廓度	⌒	自由状态条件（非刚性零件）	Ⓕ
	面轮廓度	⌓		

（续）

公差类型	几何特征	符号	附加符号	
位置公差	位置度	⌖	全周（轮廓）	↙○
	同心度（用于中心点）	◎	包容要求	Ⓔ
	同轴度（用于轴线）	◎	小径	LD
	对称度	⌯	大径	MD
	线轮廓度	⌒	中径、节径	PD
	面轮廓度	⌓	线素	LE
跳动公差	圆跳动	↗	不凸起	NC
	全跳动	⌰	任意横截面	ACS

标准中除规定了几何公差的项目外，还规定了标注方法、几何误差的评定方法、检测方法等。

四、几何公差的标注

在技术图样中，规定几何公差一般应采用代号标注。代号标注清楚醒目，如图 4-3 所示，几何公差代号用框格表示，并用带箭头的指引线指向被测要素，箭头应指向公差带的直径或宽度方向，公差框格分成两格或多格，形状公差只需两格，位置公差用两格或两格以上。从左到右（竖直排列时从下到上），第一格填写几何特征符号；第二格填写几何公差数值及有关符号；第三格以后填写基准字母及其他符号，并表示基准的先后次序。同时，应在基准要素的轮廓线或其引出线旁画出写有同样字母的基准符号，字母外加方框，如图 4-4 所

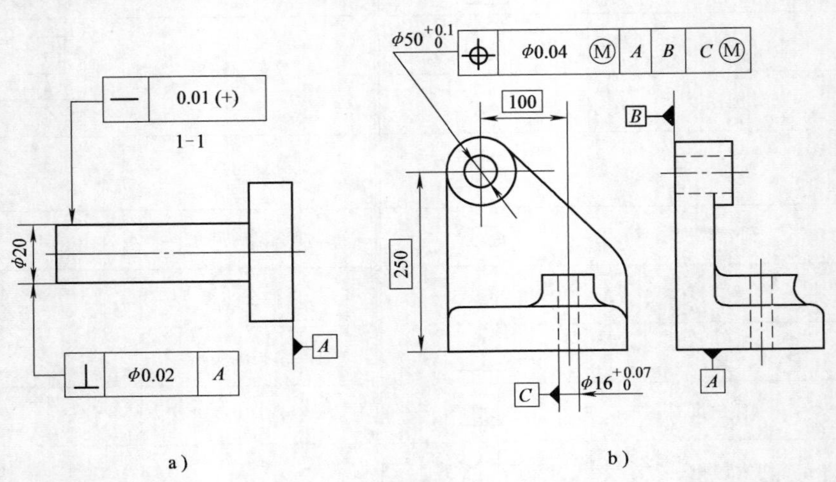

图 4-3　几何公差代号的标注示例

a）轴件　b）孔件

示。基准符号的字母用大写的拉丁字母表示，但不用 *E*、*I*、*J*、*M*、*O*、*P*、*L*、*R*、*F*。数字和字母的高度应与图样中尺寸数字的字体高度相同。公差值的计量单位为毫米（mm）。公差框格中所给定的公差值为公差带的宽度或直径。当给定的公差带为圆形或圆柱形时，应在公差数值前加注符号“ϕ”；当给定的公差带为圆球形时，应在公差数值前加注“$S\phi$”。

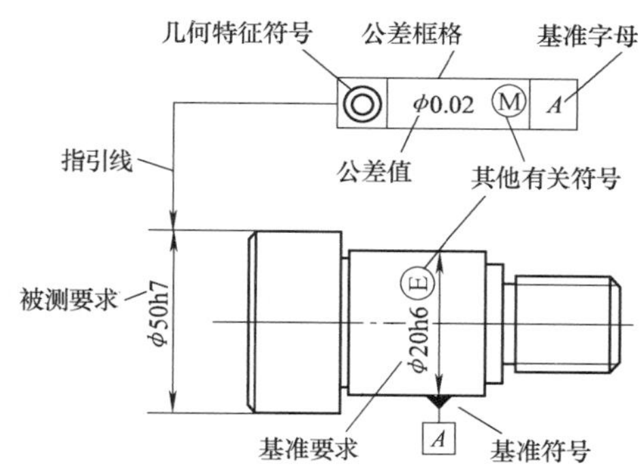

图 4-4 几何公差标注示意

1. 被测要素的标注

用指引线连接被测要素和公差框格，当被测要素是轮廓线或轮廓面时，箭头应指向该要素的轮廓线或其延长线上，且应与尺寸线明显错开；当被测要素是轴线、中心平面或中心点时，箭头应与该要素的尺寸线对齐。

1）轮廓要素的标注如图 4-5 所示，面的标注如图 4-6 所示。

2）中心要素的标注如图 4-7 所示。

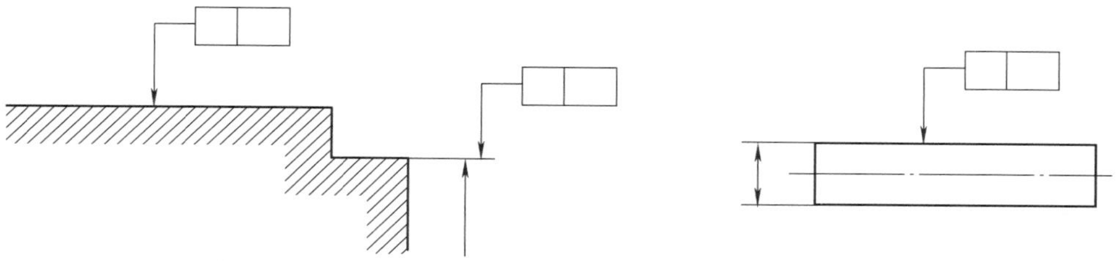

a)

b)

图 4-5 轮廓面或轮廓线的标注

a）轮廓面的标注 b）轮廓线的标注

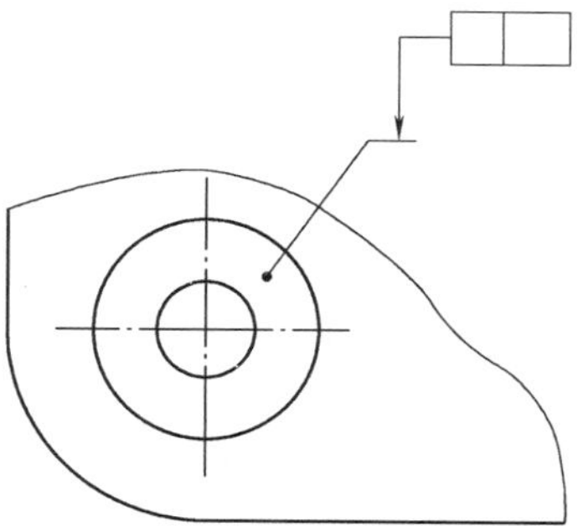

图 4-6 面的标注

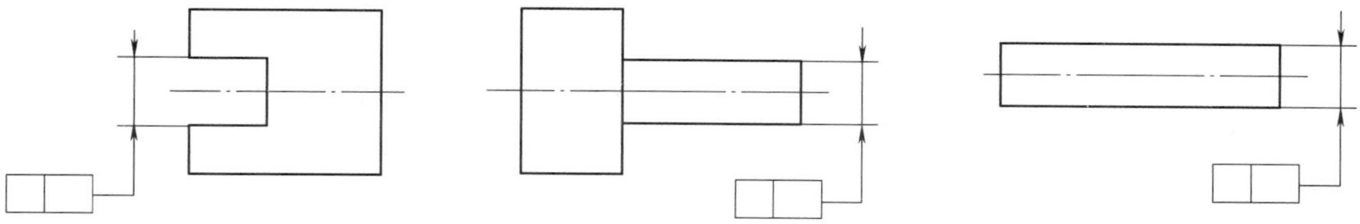

图 4-7 中心要素的标注

2. 基准要素的表示和标注

(1) 基准要素的表示　用一个大写字母表示基准，标注在基准方格内，与一个涂黑的或空白的三角形相连以表示基准；表示基准的字母还应标在公差框格内。涂黑的和空白的基准三角形含义相同，如图 4-8 所示。

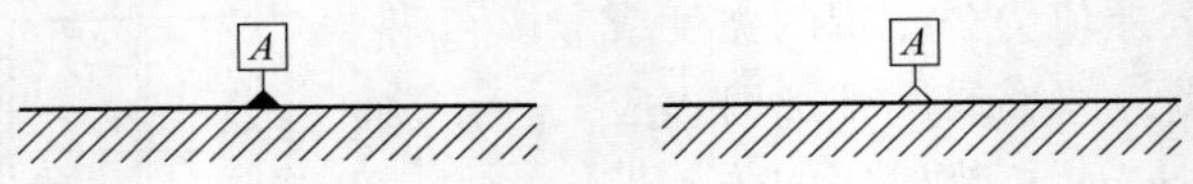

图 4-8　基准要素的表示

(2) 基准要素的标注

1）基准要素为轮廓线或轮廓面时，其标注如图 4-9 所示。

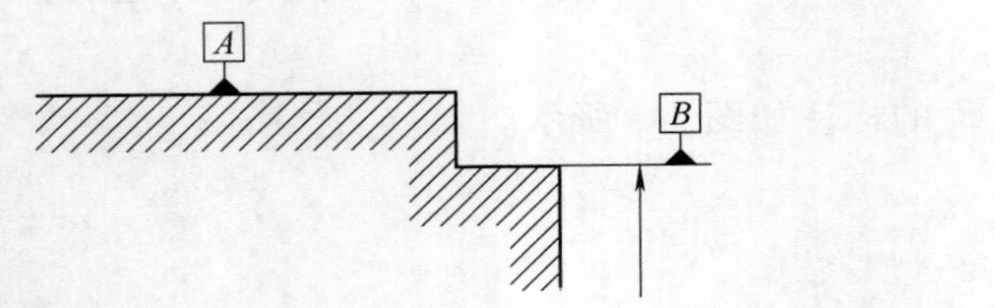

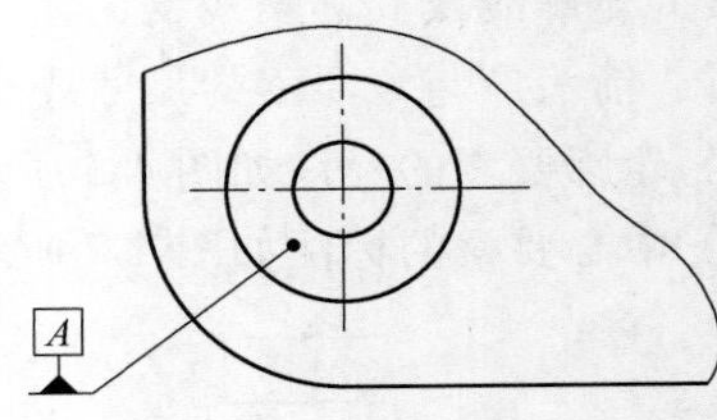

图 4-9　基准要素为轮廓线或轮廓面的标注

2）基准要素为轴线、中心平面或中心点时，其标注如图 4-10 所示。

3）基准要素为局部轮廓线或轮廓面时，其标注如图 4-11 所示。

3. 长度或面积数值的位置

公差框格中，表示几何公差时，长度或面积数值不能放在公差值的前面，如图 4-12 所示。

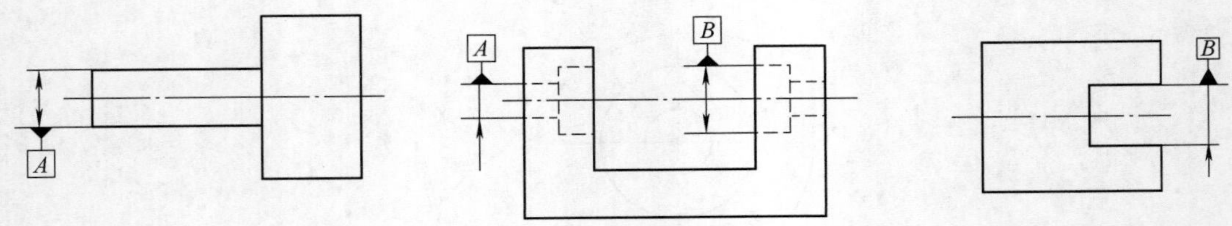

图 4-10　基准要素为轴线、中心平面或中心点的标注

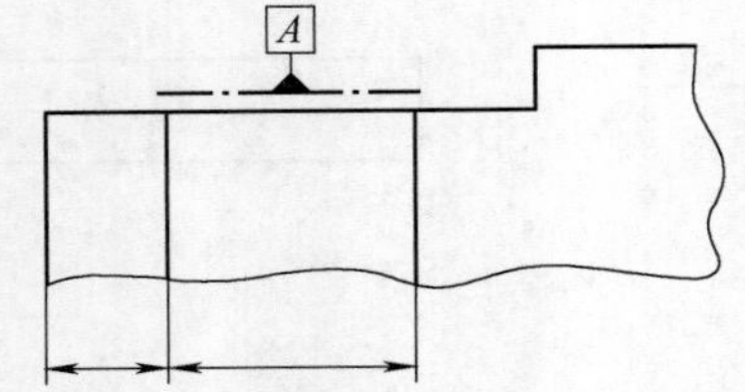

图 4-11　基准要素为局部轮廓线或轮廓面的标注

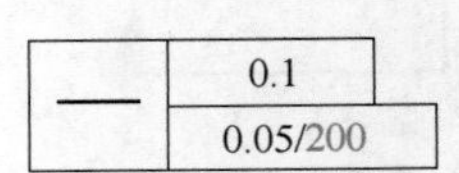

图 4-12　长度或面积数值的表示

4. 表示相同要求的被测要素的数量

这种情况下，不允许用"—"表示，标准规定只能用"×"表示，如图 4-13 所示。

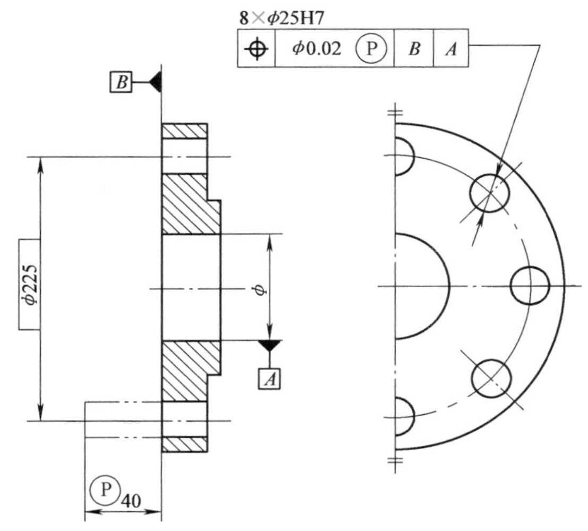

图 4-13　正确的标注方法

5. 特殊表面的标注

对于某些特殊表面，可采用以下标注方法：

1）共面要求（公共公差带）的标注方法如图 4-14 所示。

2）螺纹、花键、齿轮的标注方法也有不同的规定。图 4-15a、b 所示为螺纹的标注方法。

3）全周符号的标注如图 4-16 所示。其中，图 4-16a 所示为被测要素为整个外轮廓面或线；图 4-16b 所示为对所有平面或曲面的要求。

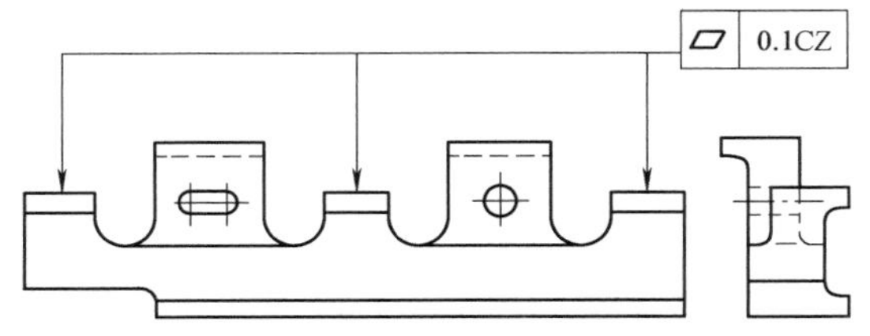

图 4-14　公共公差带的标注方法

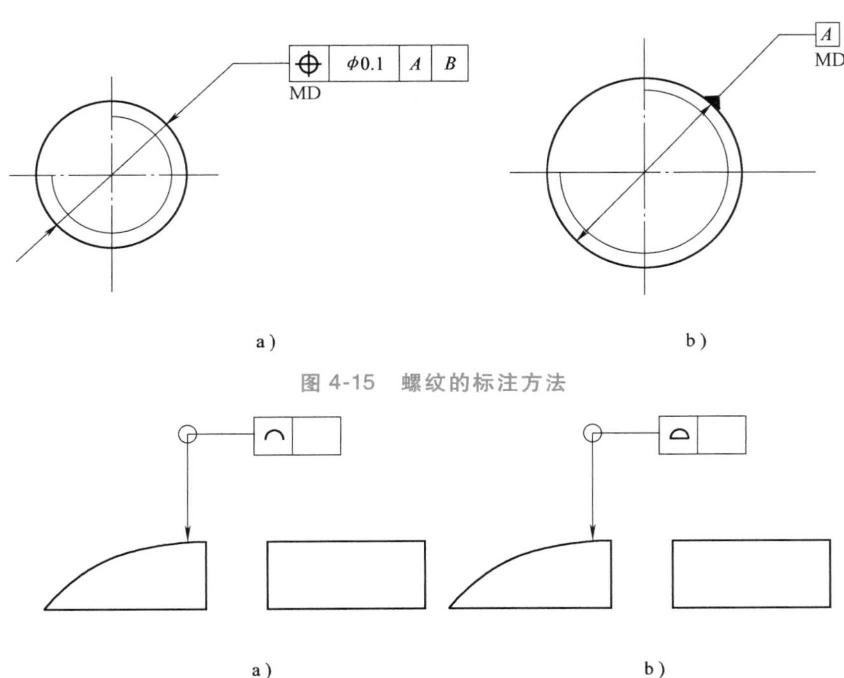

图 4-15　螺纹的标注方法

a)　　b)

图 4-16　全周符号的标注

五、几何误差的检测原则

几何公差的项目较多，加上被测要素的形状和零件上的部位不同，使得几何误差的检测出现各种各样的方法。为了便于准确地选用，国家标准 GB/T 1958—2017 将各种检测方法整理出一套检测方案，并概括出五种检测原则。

（1）与拟合要素比较的原则　即将被测要素的提取要素与其拟合要素相比较，用直接或间接测量法测得几何误差值。拟合要素用模拟方法获得，如以平板、小平面、光线扫描平面等作为拟合平面，以一束光线、拉紧的钢丝或刀口尺等作为拟合的直线。根据该原则所测结果与规定的误差定义一致。这是一条基本原则，大多数几何误差的检测都应用这个原则。

（2）测量坐标值的原则　即测量被测要素的提取要素的坐标值（如直角坐标值、极坐标值、圆柱面坐标值），经过数据处理而获得几何误差值。这项原则适宜测量形状复杂的表面，但数据处理往往十分烦琐。由于可用计算机处理数据，其应用将会越来越多。

（3）测量特征参数的原则　即测量被测要素上具有代表性的参数（即特征参数）来表示几何误差值。这是一条近似的原则，但易于实现，为生产中所常用。

（4）测量跳动的原则　即将被测要素的提取要素绕基准轴回转过程中，沿给定方向测量其对某参考点或线的变动量作为误差值。变动量是指示计的最大与最小读数之差。这种测量方法简单，多被采用，但只限于回转零件。

（5）控制实效边界的原则　一般是用综合量规来检验被测要素的提取要素是否超过实效边界，以判断合格与否。这项原则应用于按最大实体要求规定的几何公差，即在图样上标注Ⓜ的场合。

各项检测原则的应用示例详见以后各节，国标将各项几何误差的检测方案用两位数字组成的代号表示。前一数字代表检测原则，后一数字代表检测方法，如果对几何公差指定用某项检测方案时，可在公差框格下注明代号。如图 4-3a 所示，框格下的 1-1 即表示圆柱素线直线度误差要采用第一种检测原则中的第一种检测方法。

六、几何误差的评定准则

几何误差与尺寸误差的特征不同。尺寸误差是两点间距离对标准值之差，几何误差是被测要素的提取要素偏离理想状态，并且要素上各点的偏离量又可以不相等。用公差带虽可以将整个要素的偏离控制在一定区域内，但怎样知道被测要素的提取要素被公差带控制住了呢？有时就要测量要素的实际状态，并从中找出其对拟合要素的变动量，再与公差值比较。

1. 形状误差的评定

评定形状误差须在被测要素的提取要素上找出拟合要素的位置。这要求遵循一条原则，即使拟合要素的位置符合最小条件。如图 4-17a 所示，实际轮廓不直，评定它的误差可用 A_1B_1、A_2B_2、A_3B_3 三对平行的理想直线包容被测要素的提取要素，它们的距离分别为 h_1、h_2、h_3。理想直线的位置还可以做出无限个，但其中必有一对平行直线之间的距离最小，如图 4-17 所示 h_1。这时就说 A_1B_1 的位置符合最小条件。由 A_1B_1 及与其平行的另一条直线紧紧包容了被测要素的提取要素。相比其他情况，这个包容区域也是最小的，故称为最小区域。因此，h_1 可定为直线度误差。

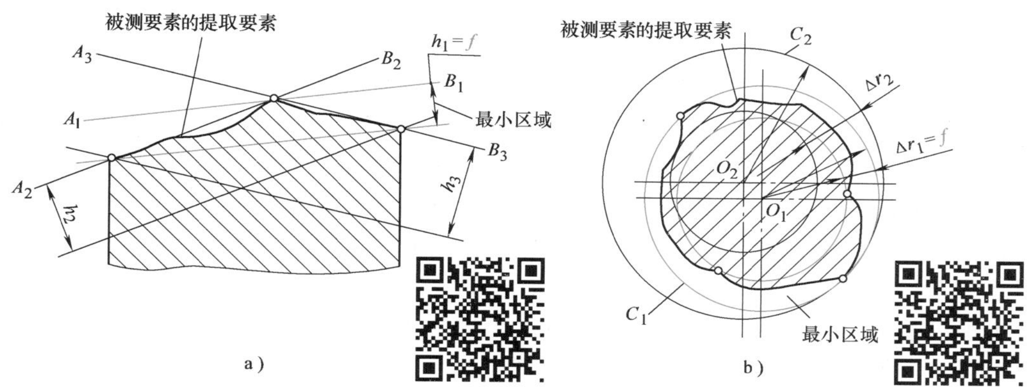

图 4-17　最小条件和最小区域

a）不同直线组与最小条件　b）不同同心圆组与最小条件

又如图 4-17b 所示，实际轮廓不圆，评定它的误差也可用多组的理想圆。图中画出了 C_1 和 C_2 两组，其中 C_1 组同心圆包容区域的半径差 Δr_1 小于任何一组同心圆包容区域的半径差（当然也包括 C_2 组的 Δr_2）。这时，认为 C_1 组的位置符合最小条件，其区域是最小区域，区域的宽度 Δr_1 就是圆度误差。

由上述可知，最小条件是指被测要素的提取要素对其拟合要素的最大变动量为最小。此时包容实际要素的区域为最小区域，此区域的宽度（对中心要素来说是直径）就是形状误差的最大变动量，就定为形状误差值。

最小条件是评定形状误差的基本原则，相对其他评定方法来说，评定的数据是最小的，结果也是唯一的。但在实际检测时，在满足功能要求的前提下，允许采用其他近似的方法。

2. 位置误差的评定

位置误差的评定，涉及被测要素和基准。基准是确定要素之间几何方位关系的依据，必须是拟合要素。通常采用精确工具模拟的基准要素来建立基准。为排除形状误差的影响，基准的位置也应符合最小条件。

有了基准，被测要素的理想方位就可确定，就可以找出被测要素的提取要素偏离拟合要素的最大变动量。如图 4-18 所示，要测量上表面对下表面的平行度，可用平板的精确平面模拟基准，按最小条件与下表面接触。另外与基准平行的两个包容实际表面的平面，就形成最小包容区域，其间的距离 Δ 定为平行度误差值。可用指示表沿上表面拖动，从指针的最大摆动量得到误差值。

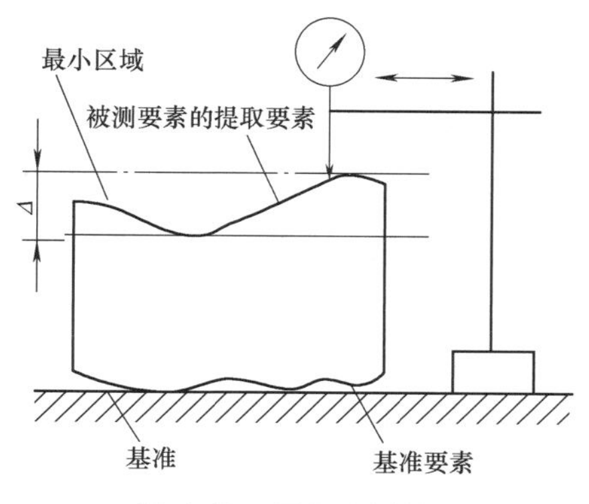

图 4-18　平行度测量

由上可知，确定被测要素的位置误差时，也把它的形状误差包含在内，如果有必要排除形状误差，可在公差框格的下方加注“排除形状误差”。

七、三基面体系

在位置公差中，为了确定被测要素在空间的方位，有时仅指定一个基准要素是不够的，需要指定两个或三个。如图 4-3b 所示，要求孔 ϕ50mm 的轴线对底面 *A* 保持 250mm 距离，又要对侧面 *B* 垂直，还要对 ϕ16mm 孔的轴线 *C* 保持 100mm 距离。有了 *A*、*B*、*C* 三个基准要素，孔 ϕ50mm 的方位才能确定下来。图上用方框框起的 250mm 和 100mm，称为理论正确尺寸，它不附带公差，用来确定被测要素的理想形状、方向和位置。

由于三基准要素有几何误差，检测时应怎样排除误差的影响来建立三个基准呢？大家已经知道，空间直角坐标系可以用来描述点、线、面在空间的位置。这样人们设想用 *X*、*Y*、*Z* 三个坐标轴组成互相垂直的三个理想平面，使这三个平面与零件上选定的基准要素建立联系，作为确定和测量零件上各要素几何关系的起点，并按功能要求将这三个平面分别称为第一、第二和第三基准平面，总称为三基面体系，如图 4-19 所示。检测时可用实物来模拟，如用坐标测量仪的工作台、测头沿纵横及上下导轨运动来体现三基面体系。

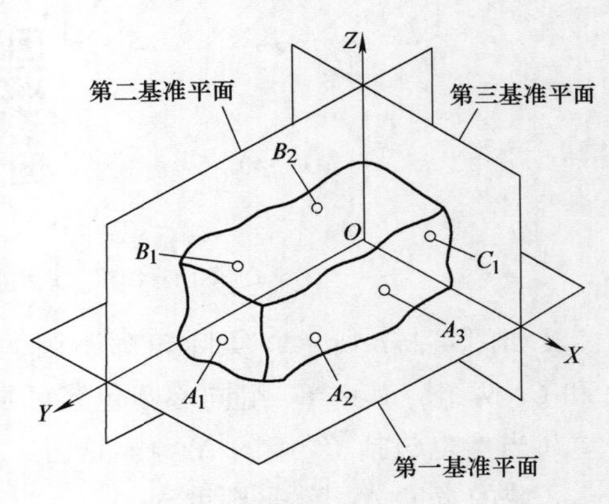

图 4-19　三基面体系

第二节　形状公差和形状误差检测

形状公差是限制一条线或一个面上发生的误差。国家标准对平面、回转面和曲面制定了六项指标。

对于平面，有平面度和给定平面内的直线度。

对于圆柱面，有圆柱度和横截面上的圆度及轴截面上的素线直线度（或轴线直线度）。

对于圆锥面，有横截面上的圆度和轴截面上的素线直线度。

对于球面，有圆度。

对于平面曲线或空间曲面，有线轮廓度和面轮廓度。

一、直线度与平面度

（一）直线度

直线度是限制实际直线对理想直线变动量的一项指标。它是针对直线发生不直而提出的要求。

1. 直线度公差带

根据被测直线的空间特性和零件的使用要求，直线度公差带有给定平面内的、给定方向上的和任意方向上的。

（1）在给定平面内的公差带　公差带是距离为公差值 *t* 的两平行直线之间的区域。如图 4-20 所示，圆柱面的素线有直线度要求，公差值为 0. 02mm。公差带的形状是在圆柱的轴向

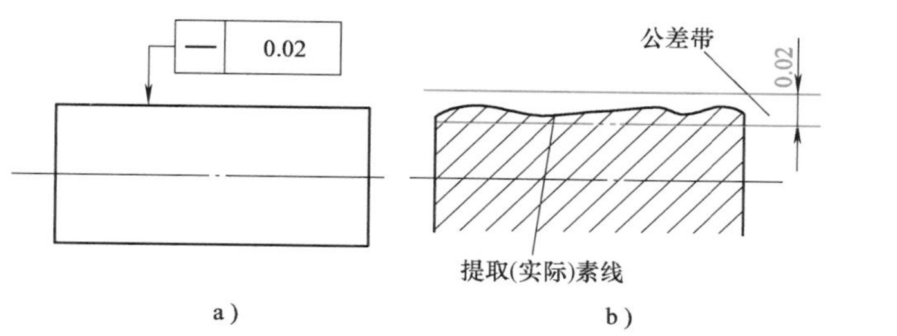

图 4-20 圆柱面素线直线度

a）标注示例 b）公差带

平面内的两平行直线之间的区域。提取（实际）圆柱面上任一素线都应位于此公差带内。

图 4-21 所示为导轨平面要求在纵、横截面内的素线有不同的直线度，纵向直线度公差值为 0.1mm，横向直线度公差值为 0.05mm。公差带在平面的纵向铅垂面和横向铅垂面内都是两平行直线之间的区域，但间距不同，提取（实际）平面在纵向、横向的每一素线要在各自的公差带内。

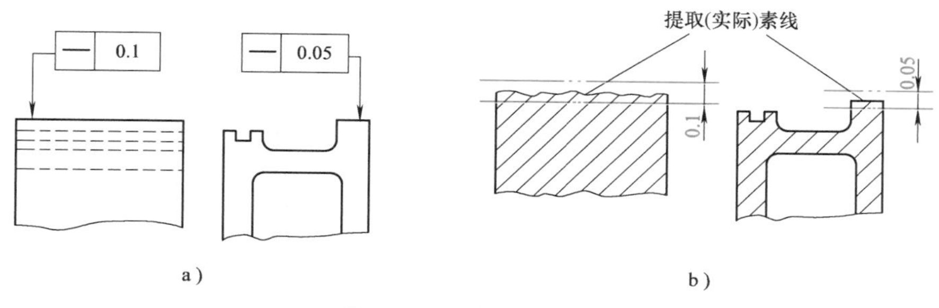

图 4-21 导轨面直线度

a）标注示例 b）公差带

（2）在给定方向上的公差带 被测表面的给定方向是三个坐标轴的任一方向，公差值是在此方向上给出的，因此其公差带是垂直于此方向的距离为公差值 t 的两平面之间的区域。如图 4-22 所示，两平面相交的棱线只要求在一个方向（箭头所指的方向）上的直线度，公差值是 0.02mm。公差带形状是两平行平面之间的区域，提取（实际）棱线应位于此公差带内。如图 4-23 所示，轴的素线直线度公差值为 0.1mm，即被测素线必须在距离为公差值 0.1mm 的两平行平面之内。

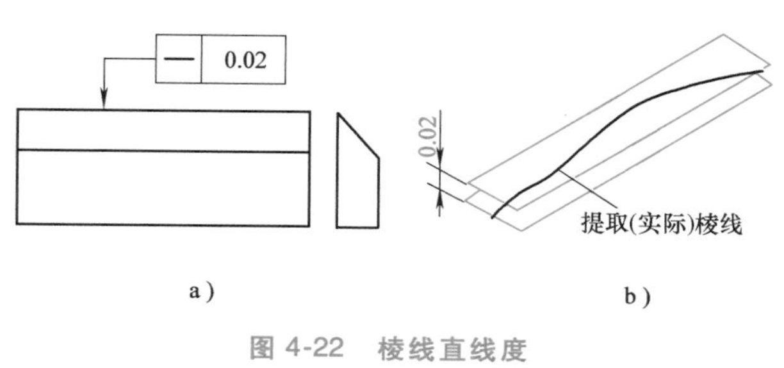

图 4-22 棱线直线度

a）标注示例 b）公差带

图 4-23 轴的素线的直线度

（3）在任意方向上的公差带　公差带是直径为公差值 t 的圆柱面内的区域。如图 4-24 所示，ϕd 圆柱面要求轴线直线度公差值是 0.04mm，前面加“ϕ”，表示公差值是圆柱形公差带的直径。公差带的形状是一个圆柱面内的区域，提取（实际）圆柱的轴线应位于此公差带内。

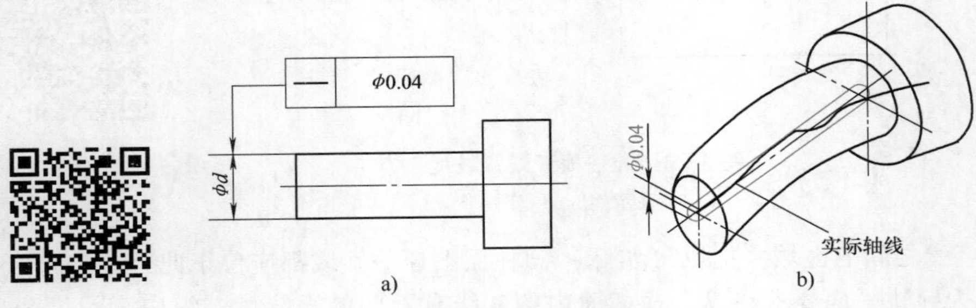

图 4-24　圆柱轴线直线度

a）标注示例　b）公差带

2. 直线度误差的检测

图 4-25 与图 4-26 所示为几种常用的检测方法。

（1）指示计测量法（图 4-25）　将被测零件安装在平行于平板的两顶尖之间，用带有两只指示计的表架，沿铅垂轴截面的两条素线测量，同时分别记录两指示计在各自测点的读数 M_1 和 M_2，取各测点读数差之半 $\left(即\left|\dfrac{M_1-M_2}{2}\right|\right)$ 中的最大差值作为该截面轴线的直线度误差。将零件转位，按上述方法测量若干个截面，取其中最大的误差值作为被测零件轴线的直线度误差。

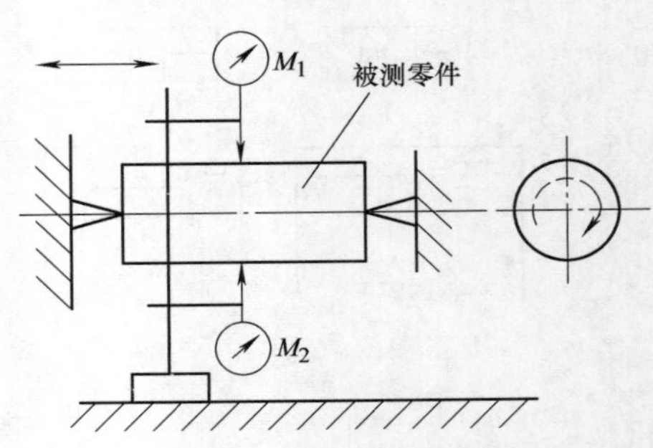

图 4-25　用两只指示计测直线度

（检测方案 3-2）

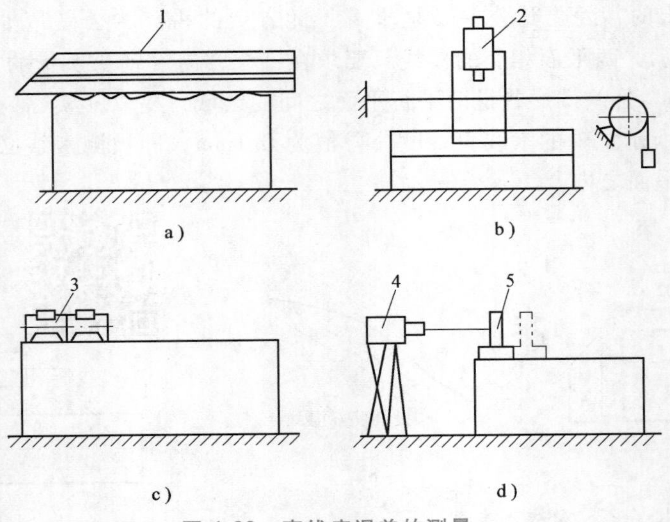

图 4-26　直线度误差的测量

1—刀口尺　2—测量显微镜　3—水平仪　4—自准直仪　5—反射镜

（2）刀口尺法（图 4-26a）　刀口尺法是用刀口尺和被测要素（直线或平面）接触，使刀口尺和被测要素之间的最大间隙为最小，此最大间隙即为被测的直线度误差。间隙量可用塞尺测量或与标准间隙比较。

（3）钢丝法（图 4-26b）　钢丝法是用特别的钢丝作为测量基准，用测量显微镜读数。调整钢丝的位置，使测量显微镜读取的两端读数相等。沿被测要素移动显微镜，显微镜中的最大读数即为被测要素的直线度误差值。

（4）水平仪法（图 4-26c）　水平仪法是将水平仪放在被测表面上，沿被测要素按节距、逐段连续测量。对读数进行计算可求得直线度误差值，也可采用作图法求得直线度的误差值。一般在读数之前先将被测要素调成近似水平，以保证水平仪读数方便。测量时可在水平仪下面放入桥板，桥板长度可按被测要素的长度及测量的精度要求确定。

（5）自准直仪法（图 4-26d）　用自准直仪和反射镜测量时，将自准直仪放在固定位置上，测量过程中保持位置不变。反射镜通过桥板放在被测要素上，沿被测要素按节距、逐段连续移动反射镜，并在自准直仪的读数显微镜中读取对应的读数，对读数进行计算可求得直线度误差。该测量过程中以准直光线为测量基准。

3. 直线度误差测量数据的处理

用各种方法测量直线度误差时，应对所测得的读数进行数据处理后才能得出直线度的误差值。现介绍几种常用的直线度误差测量数据处理的方法。

（1）图解法　当采用分段布点测量直线度误差时，采用图解法求出直线度误差是一种直观而易行的方法。根据相对测量基准的测得数据，在直角坐标纸上按一定放大比例可以描绘出误差曲线的图像，然后按图像读出直线度误差。

例 4-1　用水平仪测得下列数据，见表 4-2，用图解法求解直线度误差（表中读数已化为线性值，线性值=水平仪角度值×垫板长度）。

表 4-2　水平仪测得数据

（单位：μm）

测点序号	0	1	2	3	4	5	6	7	8
水平仪读数	0	+6	+6	0	−1.5	−1.5	+3	+3	+9
累计值 h_i	0	+6	+12	+12	+10.5	+9	+12	+15	+24

根据表 4-2 所列数据，从起始点“0”开始逐段累计作图。累计值相当于图中的 Y 坐标值；测点序号相当于图中 X 轴上分段各点。作图时，对于累计值 h_i 来说，采用的是放大比例，根据 h_i 值的大小可以任意选取放大比例，以作图方便、读图清晰为准。横坐标是将被测长度按缩小的比例尺进行分段。一般地说，纵坐标的放大比例和横坐标的缩小比例，两者之间并无必然的联系。但从绘图的要求上来说，纵坐标在图上的分度以小于横坐标的分度为好，这样画出的图像在坐标系里比较直观形象，否则会将误差值过分夸大而使误差曲线严重扭曲。

按最小区域法评定直线度误差时，可在绘制出的误差曲线图像上直接寻找最高点和最低点，以及最高点和最低点相间的第三点。从图 4-27 中可知，该例的最高点为序号 2 和 8 的测点，而序号 5 的测量点为最低点。过这些点，可作两条平行线，将直线度误差曲线全部包容在两平行线之内。由于接触的三点已符合规定的相间准则，于是，可沿 Y 轴坐标方向量取两平行线之间的距离，并按 Y 轴的分度值确定直线度误差，从图中可以取得 9 个分度，因分度值为 1μm，故该例按最小区域法评定的直线度误差即为 9μm。

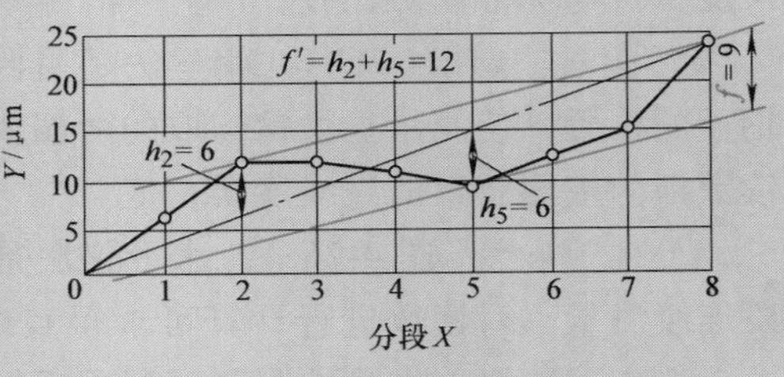

图 4-27 用图解法与最小包容区域法求直线度误差

如果按两端点连线法来评定该例的直线度误差，则可在图 4-27 上把误差曲线的首尾连接成一条直线，该直线即为这种评定法的理想直线。相对于该理想直线来说，序号为 2 的测量点至两端点连线的距离为最大正值，而序号为 5、6、7 三点至两端点连线的距离为最大负值，这里所指的“距离”也是按 Y 轴方向，可在图上量得 $h_2=6\mu m$、$h_5=6\mu m$。因此，按两端点连线法评定的直线度误差为 $f'=12\mu m$。

如上所述，用图解法求直线度误差时，必须沿坐标轴的方向量取距离，此时不能按最小区域法规定的垂直距离量取。这是因为绘图时，纵坐标和横坐标采用了悬殊的比例。采用的比例不同时，虽然绘制的误差曲线在坐标系内倾斜程度不同，但坐标轴方向始终代表了按相同比例绘制的误差曲线的垂直距离，即与采用的比例无关。

（2）计算法 通常用这种方法处理测量数据的过程是：

列出测量值→计算平均值→计算各段相对值→计算各段累计值→得出测量结果。

必须指出，用计算法处理数据时，最后得到的累计值必须为零，否则应检查或重新测量；累计值同号时取最大值，不同号时，取不同号的两个最大绝对值之和作为测量结果。

例 4-2 用 $i=\frac{0.02}{1000}$ 的水平仪，测量长度为 1500mm 平面导轨的直线度误差，节距 $l=250mm$，测得的各点数据列于表 4-3 中，用列表法计算导轨全长直线度误差，详见表 4-3。

表 4-3 用列表法计算导轨全长直线度误差

序号	水平仪读数（格）	算术平均值	各段相对值	各段累计值	最大误差值
1	+2	$\frac{+8-2}{6}=+1$	+1	→ +1	$\lvert -2\rvert+\lvert +1\rvert=3$ 3×0.02/1000×250mm =0.015mm
2	+1		0 ↙	→ +1	
3	-1		-2 ↙	→ -1	
4	+2		+1 ↙	→ 0	
5	-1		-2 ↙	→ -2	
6	+3		+2 ↙	→ 0	

（二）平面度

平面度是限制实际平面对其理想平面变动量的一项指标。

1. 平面度公差带

平面度公差带是距离为公差值 t 的两平行平面之间的区域。如图 4-28 所示，上表面有平面度要求，公差值为 0.1mm。公差带的形状是两平行平面之间的区域，实际平面全部都要在公差带内，只允许中部向下凹。

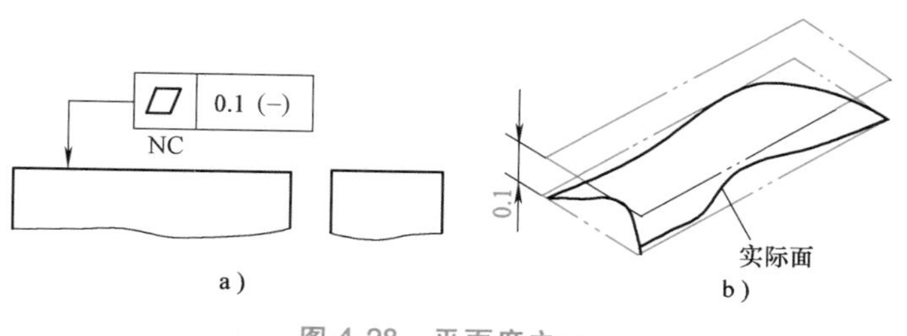

图 4-28 平面度之一

a）标注示例 b）公差带

图 4-29 所示是指表面上任意 100mm×100mm 的范围内，提取（实际）平面要处在距离为公差值 0.1mm 的两平行平面之间。

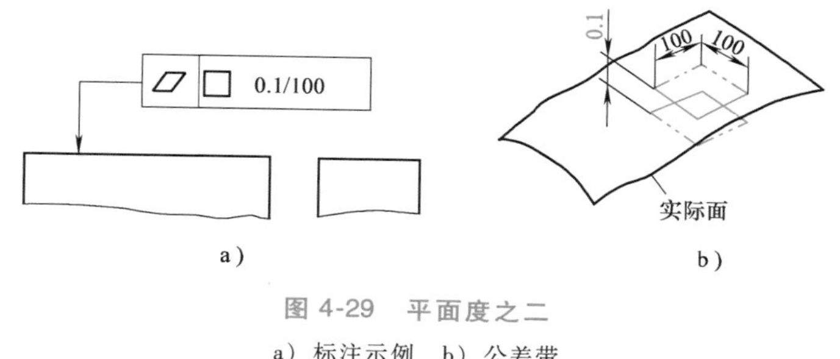

图 4-29 平面度之二

a）标注示例 b）公差带

2. 平面度误差的检测和数据处理

常见的平面度误差的测量方法如图 4-30 所示。图 4-30a 所示是用指示计测量，将被测零

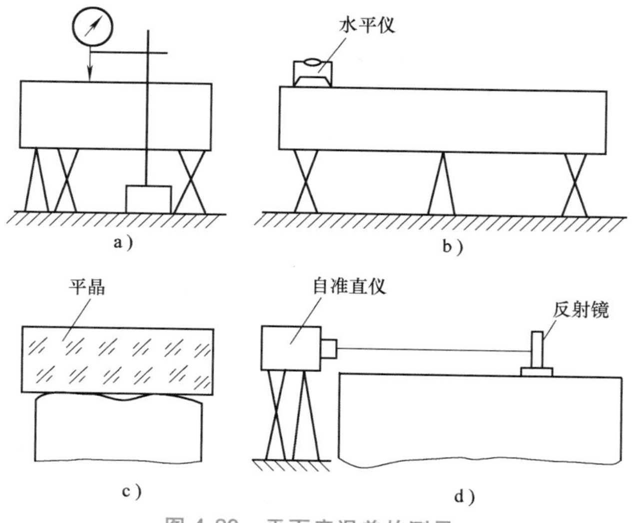

图 4-30 平面度误差的测量

a）指示计测量 b）水平仪测量 c）平晶测量 d）自准直仪测量

件支承在平板上，将被测平面上两对角线的角点分别调成等高或最远的三点调成距测量平板等高，按一定布点测量被测表面。指示计上最大与最小读数之差即为该平面的平面度误差近似值。

图 4-30b 所示是用水平仪测量平面度误差。将水平仪通过桥板放在被测平面上，用水平仪按一定的布点和方向逐点测量，经过计算得到平面度误差值。

图 4-30c 所示是用平晶测量平面度误差。将平晶紧贴在被测平面上，由产生的干涉条纹经过计算得到平面度误差值。此方法适用于高精度的小平面。

用自准直仪和反射镜测量如图4-30d所示。将自准直仪固定在平面外的一定位置，反射镜放在被测平面上。调整自准直仪，使其和被测表面平行，按一定布点和方向逐点测量，经过计算得到平面度误差值。

图 4-30b、d 所示方法获得的读数要整理成对测量基准平面（图 4-30b 所示为水平面、图 4-30d 所示为光轴平面）的距离值，由于被测实际平面的最小包容区域（两平行平面之间）一般不平行于基准平面，所以一般不能用最大和最小距离的差值的绝对值作为平面度最小包容区域法评定误差值。为了求得此值，就必须旋转测量基准平面使之和最小包容区域方向平行，此时原来的距离读数值就要按坐标变换原理增减。基准平面和最小包容区域平行的判别准则是：

1）和基准平面平行的两平行平面包容被测表面时，被测表面上有三个最低点（或三个最高点）及一个最高点（或一个最低点）分别与两包容平面相接触；并且最高点（或最低点）能投影到三个最低点（或三个最高点）之间，如图 4-31a 所示，称为三角形准则。

2）被测表面上有两个最高点和两个最低点分别和两个平行的包容平面相接触，并且两最高点或两最低点投影于两最低点或两最高点连线之两侧，称为交叉准则，如图 4-31b 所示。

3）被测表面上的同一截面内有两个高点及一个低点（或相反）分别和两个平行的包容平面相接触，如图 4-31c 所示，称为直线准则。

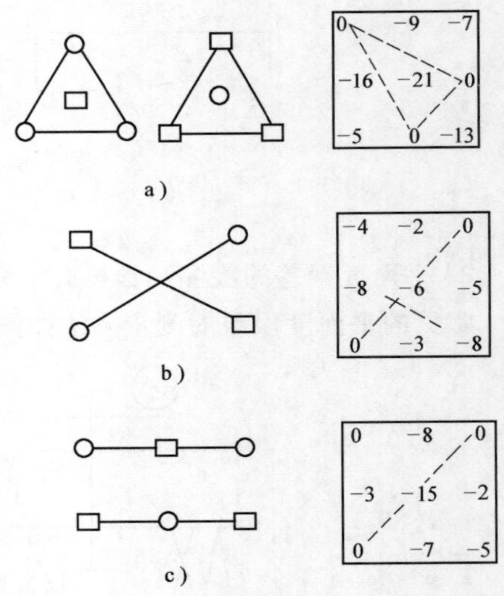

图 4-31　平面度误差的最小条件评定

除国家标准规定的最小区域法评定平面度之外，在工厂中常使用三远点法及对角线法评定。三远点法是以通过被测表面上相距最远且不在一条直线上的三个点建立一个基准平面，各测点对此平面的偏差中最大值与最小值的绝对值之和即为平面度误差。实测时，可以在被测表面上找到三个等高点，并且调到零点。在被测表面上按布点测量，与三远点基准平面相距最远的最高点和最低点间的距离为平面度误差值。

对角线法是通过被测表面的一条对角线作另一条对角线的平行平面，该平面即为基准平面。偏离此平面的最大值和最小值的绝对值之和为平面度误差。

例 4-3　设一平板上各点对同一测量基准的读数如图 4-32 所示。用三远点法、对角线法和最小包容区域法比较其平面度误差的测量结果。

解：

（1）用三远点法　如图 4-32 所示，a_1、a_3、c_3 三点等高，已符合三远点法，故

$$f_1=(10+|-3|)\mu m=13\mu m$$

（2）用对角线法　将图 4-32 以 a_1、c_3 为转轴，向左下方旋转，使 a_3 和 c_1 两点等高，各点的增减值如图 4-33a 所示（如图杠杆比例）。这样就获得了图 4-33b 所示的数据。因两对角线顶点分别等高，故已符合对角线法，平面度误差为

$$f_2=(8+|-1|)\mu m=9\mu m$$

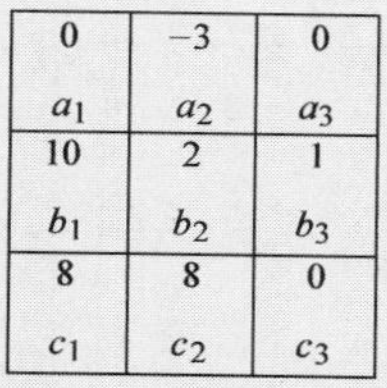

0 a_1	−3 a_2	0 a_3
10 b_1	2 b_2	1 b_3
8 c_1	8 c_2	0 c_3

图 4-32　平面度误差的测量数据

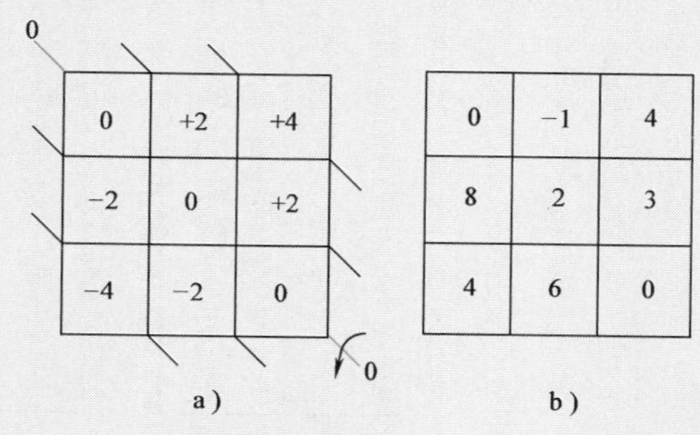

图 4-33　对角线法

a）旋转轴与旋转增减量　b）旋转后的数据

（3）最小包容区域法

1）将图 4-32 所示各值均减去 10，使最大正值为零，如图 4-34a 所示。这样做是为了观察方便，如不做这一步也可。

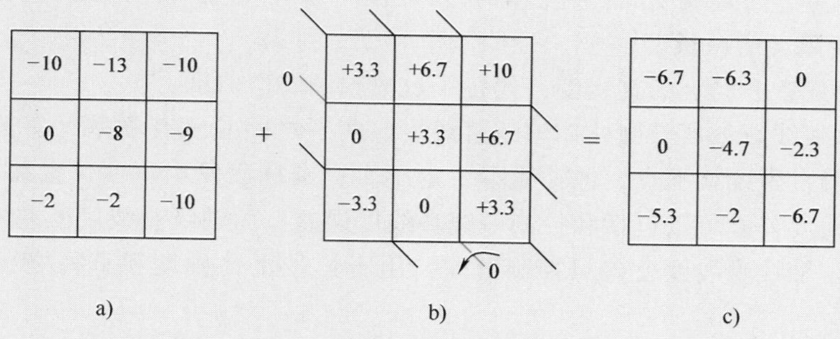

图 4-34　最小区域法

a）各值减同一数据后的新值　b）旋转轴与旋转增减量　c）图 a 与图 b 叠加后结果

2）确定旋转轴和各点的增减值。从图 4-34a 所示图形分析，可初步断定此平板测量时右上角方向偏低，左下角方向偏高，故先试以 b_1、c_2 为转轴逆时针旋转。由于 a_3 的最大转动量为+10（旋转中不出现正值），因此各点的增减量按比例如图 4-34b 所示。

3）基面旋转后的结果。将图 4-34a、b 各对应数值相加，所得如图 4-34c 所示，不难看出已出现两个等值最高点 0 和两个等值最低点−6.7，且此四点符合最小条件中的交叉准则。故

$$f_3=f_{min}=6.7\mu m$$

如果第一次基面旋转后的结果尚未满足最小条件准则，则需进行第二次基面旋转，直至旋转后的结果符合最小条件为止。人们在初次尝试时可能会感到有困难，但只要概念清晰，即使多反复几次，总会获得同样的结果。

由上面三种评定方法可见，最小区域法的评定结果总是最小。当在生产中由于评定方法不同使测量结果数据发生争执时，应以最小条件准则来仲裁。对角线法由于计算简便，容易为多数人接受，而且它的评定结果与最小区域法比较接近，故也很常用。

三远点法的最大缺点是以不同的三点为基准时，其评定结果相差很大，故不提倡使用。如本例数据还可能有图 4-35 所示的三种情况，其中 $f_{(a)}=8\mu m$，$f_{(b)}=12\mu m$，$f_{(c)}=14\mu m$。

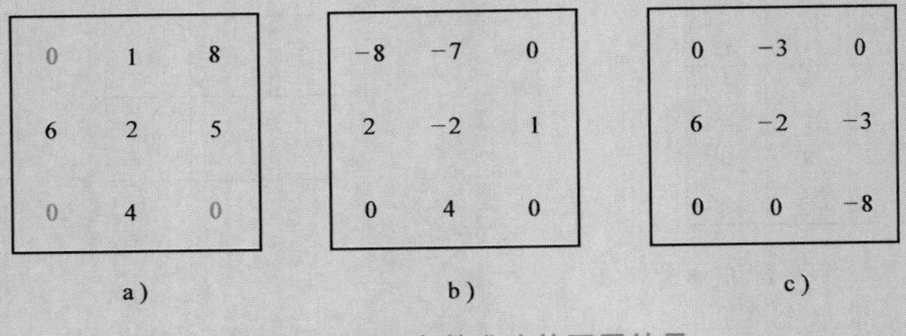

图 4-35　三远点基准法的不同结果

（三）直线度与平面度的应用说明

1）对于任意方向直线度的公差值前面要加注“ϕ”，即 ϕt。说明公差带是直径为公差值 t 的圆柱面所限定的区域。

2）轴线在任意方向上的直线度，代替了过去轴线的弯曲度。

3）圆柱体素线直线度与圆柱体轴线直线度，两者之间是既有联系又有区别的。圆柱面发生鼓形或鞍形，素线就不直，但轴线不一定不直；圆柱面发生弯曲，素线和轴线都不直。因此，素线直线度公差可以包括和控制轴线直线度误差，而轴线直线度公差不能完全控制素线直线度误差。轴线直线度公差只控制弯曲，用于长径比（长度和直径之比）较大的圆柱体零件。

4）直线度与平面度的区别：平面度控制平面的形状误差，直线度可控制直线、平面、圆柱面以及圆锥面的形状误差。图样上提出的平面度要求，同时也控制了直线度误差。

5）对于窄长平面（如龙门刨导轨面）的形状误差，可用直线度控制。对于宽大平面（如龙门刨工作台面）的形状误差，可用平面度控制。

6）直线度公差带只控制直线本身，与其他要素无关；平面度公差带也只控制平面本身，与其他要素无关。因此，公差带的方位都可以浮动。

二、圆度与圆柱度

（一）圆度

圆度是限制提取（实际）圆对拟合圆变动量的一项指标，是对具有圆柱面（包括圆锥面、球面）的零件，在一横截面内的圆形轮廓要求。

1. 圆度公差带

圆度公差带是在同一横截面内半径差为公差值 t 的两同心圆之间的区域。如图 4-36a 所示，圆锥面有圆度要求，公差带是半径差为 0.02mm 的两同心圆之间的区域，提取（实际）圆上各点应位于公差带内，其圆心位置和半径大小均可浮动（图 4-36b）。

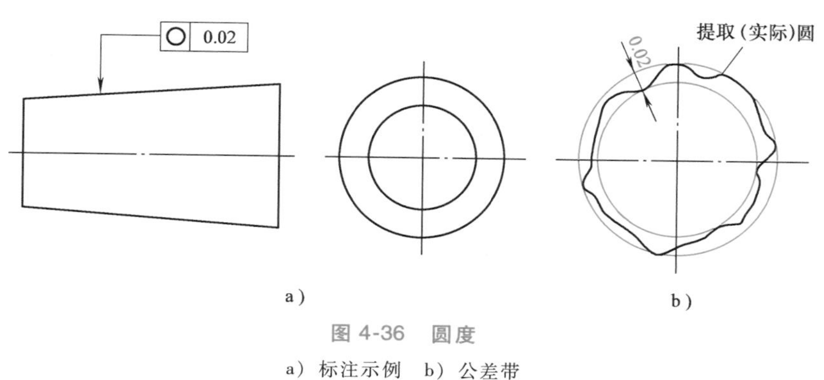

图 4-36 圆度

a）标注示例 b）公差带

2. 圆度误差的检测

圆度误差的检测方法有两类。

（1）零件放在圆度仪上测量 如图 4-37a 所示，圆度仪回转轴带着传感器转动，使传感器上测量头沿被测表面回转一圈，测量头的径向位移由传感器转换成电信号，经放大器放大，推动记录笔在圆盘纸上画出相应的位移，得到所测截面的轮廓图（图 4-37b）。这是以精密回转轴的回转轨迹模拟理想圆，与实际圆进行比较的方法。用一块刻有许多等距同心圆的透明板，如图 4-37c 所示，置于记录纸下，与测得的轮廓圆相比较，找到紧紧包容轮廓圆，而半径差又为最小的两同心圆，如图 4-37d 所示，其间距就是被测圆的圆度误差（注意应符合最小包容区域判别法：两同心圆包容被测实际轮廓时，至少有四个实测点内外相间地位于两个圆周上，称为交叉准则，如图 4-37e 所示）。根据放大倍数不同，透明板上相邻两同心圆之间的格值为 5~0.05μm，如当放大倍数为 5000 倍数时，格值为 0.2μm。

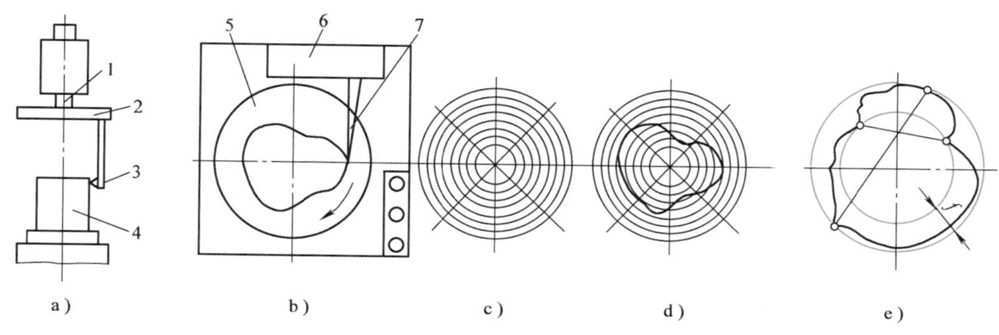

图 4-37 用圆度仪测量圆度

1—圆度仪回转轴 2—传感器 3—测量头 4—被测零件 5—转盘 6—放大器 7—记录笔

如果圆度仪上附有计算机，可将传感器采样到的电信号送入计算机，按预定程序算出圆度误差值。圆度仪的测量精度虽很高，但价格也很高，且使用条件苛刻。也可用直角坐标测量仪来测量圆上各点的直角坐标值，再算出圆度误差。

（2）零件放在支承上

1）将被测零件放在支承上，用指示计来测量实际圆的各点对固定点的变化量，被测零件的轴线应垂直于测量截面，同时固定轴向位置，如图 4-38 所示。具体方法如下：

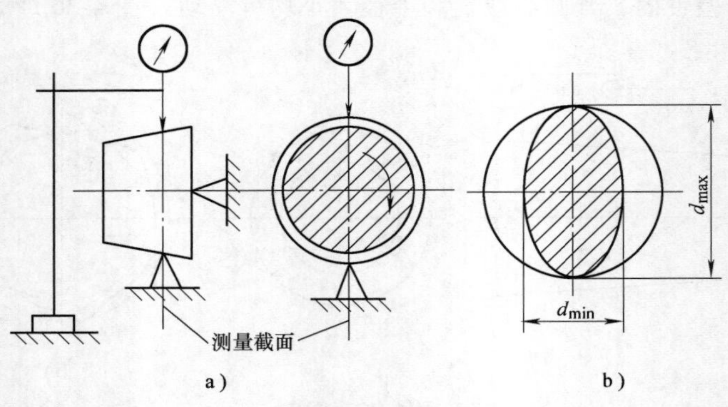

图 4-38　两点法测量圆度

a）测量方法　b）误差

① 在被测零件回转一周过程中，指示计读数的最大差值之半数作为单个截面的圆度误差。

② 按上述方法，测量若干个截面，取其中最大的误差值作为该零件的圆度误差。

此方法适用于测量内、外表面的偶数棱形状误差。测量时可以转动被测零件，也可转动量具。

由于此检测方案的支承点只有一个，加上测量点，通称两点法测量。通常也可用卡尺测量。

2）图 4-39 所示为三点法测量圆度。将被测零件放在 V 形架上，使其轴线垂直于测量截面，同时固定轴向位置。

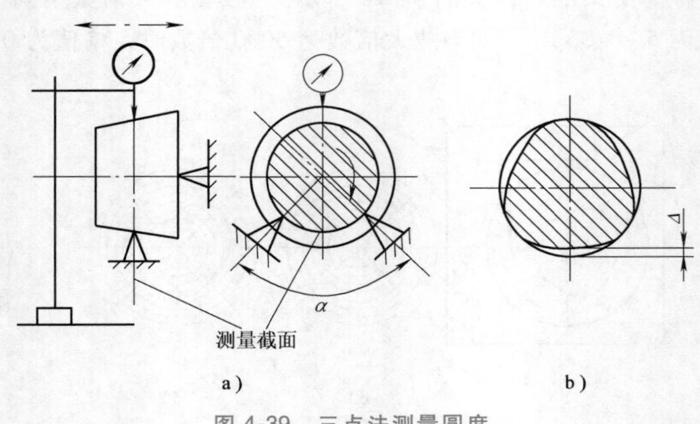

图 4-39　三点法测量圆度

a）测量方法　b）误差

① 在被测零件回转一周过程中，指示计读数的最大差值之半数，作为单个截面的圆度误差。

② 按上述方法测量若干个截面，取其中最大的误差值作为该零件的圆度误差。

此方法测量结果的可靠性取决于截面形状误差和V形架夹角的综合效果。常以夹角α=（90°和120°）或（72°和108°）两块V形架分别测量。

此方法适用于测量内、外表面的奇数棱形状误差（偶数棱形状误差采用两点法测量）。使用时可以转动被测零件，也可转动量具。

（二）圆柱度

圆柱度是限制提取（实际）圆柱面对拟合圆柱面变动量的一项指标。它控制了圆柱体横截面和轴截面内的各项形状误差，如圆度、素线直线度、轴线直线度等。圆柱度是圆柱体各项形状误差的综合指标。

1. 圆柱度公差带

圆柱度公差带是半径差为公差值t的两同轴圆柱面之间的区域。如图4-40所示，箭头所指的圆柱面要求圆柱度公差值是0.05mm。公差带形状是两同轴圆柱面所形成的环形空间。提取（实际）圆柱面上各点只要位于公差带内，可以是任何形态。

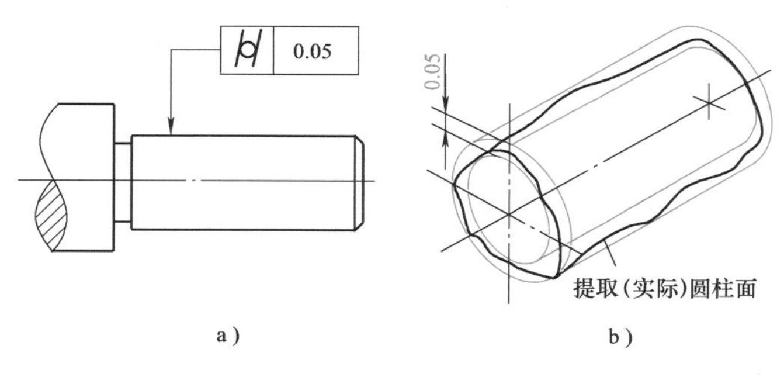

图4-40 圆柱度

a）标注示例 b）公差带

如果另外加上特定要求，如图4-41所示，可在公差框格下面加注符号NC，表示不允许圆柱面中部向材料外凸起。

2. 圆柱度误差的检测

可在圆度仪上测量若干个横截面的圆度误差，按最小条件确定圆柱度误差。如圆度仪具有使测量头沿圆柱的轴向做精确移动的导轨，使测量头沿圆柱面做螺旋运动，则可以用计算机算出圆柱度误差。

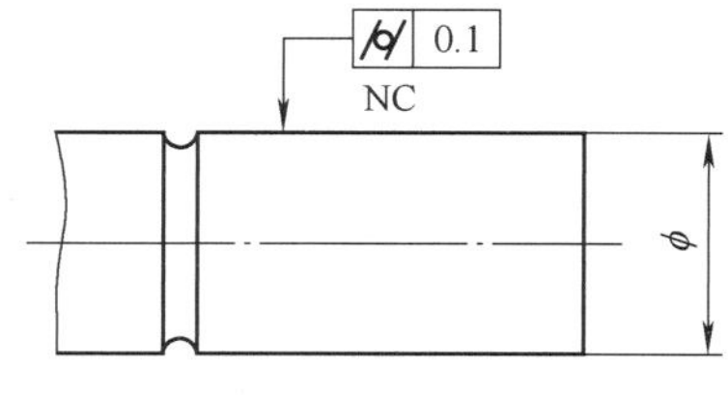

图4-41 圆柱度误差的特殊形式

（1）特征参数测量法 目前在生产中测量圆柱度误差，像测量圆度误差一样，多用测量特征参数的近似方法来测量。如图4-42所示，将被测零件放在平板上，并紧靠直角座。具体方法如下：

1）在被测零件回转一周过程中，测量一个横截面上的最大与最小读数。

2）按1）所述方法测量若干个横截面，然后取各截面内所测得的所有读数中最大与最小读数差之半作为该零件的圆柱度误差。此方法适用于测量外表面的偶数棱形状误差。

（2）三点法 图4-43所示为用三点法测量圆柱度的实例，将被测零件放在平板上的V形架内（V形架的长度应大于被测零件的长度）。具体方法如下：

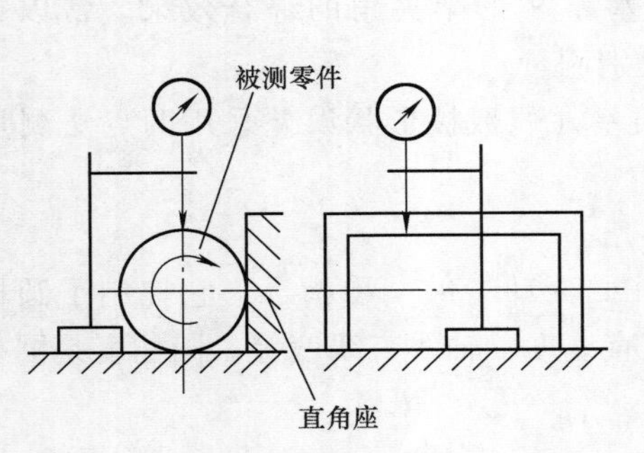

图 4-42　两点法测量圆柱度

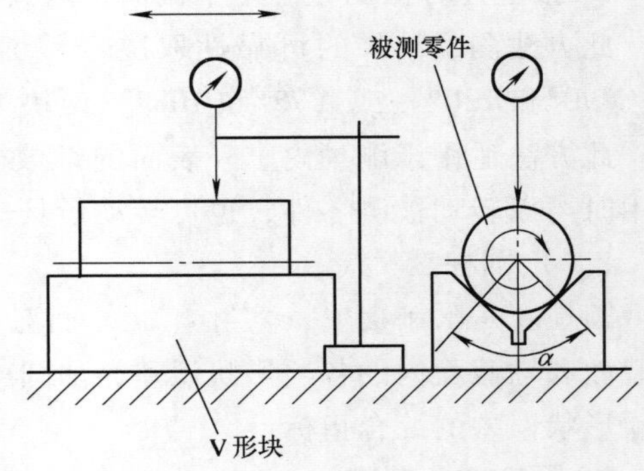

图 4-43　三点法测量圆柱度

1）在被测零件回转一周过程中，测量一个横截面上的最大与最小读数。

2）按前述方法，连续测量若干个横截面，然后取各截面内所测得的所有读数中最大与最小读数的差值之半数，作为该零件的圆柱度误差。此方法适用于测量外表面的奇数棱形状误差。为测量准确，通常应使用夹角 $\alpha=90°$ 和 $\alpha=120°$ 的两个 V 形架分别测量。

（三）圆度与圆柱度的应用说明

1）圆柱度和圆度一样，用半径差来表示，这是符合生产实际的，因为圆柱面旋转过程中是半径的误差起作用，所以是比较先进的、科学的指标。两者的不同之处是：圆度公差控制横截面误差，而圆柱度公差则是控制横截面和轴截面的综合误差。

2）国家标准取消了椭圆度和不柱度两个误差项目。椭圆度和不柱度都用直径分别控制横截面和轴截面的形状误差，没有公差带，因而不符合形状公差中的公差带的概念。

3）圆度和圆柱度在检测时，如需规定要用两点法或用三点法，则可在公差框格下方加注检测方案说明。

4）圆柱度公差值只是指两圆柱面的半径差，未限定圆柱面的半径和圆心位置，因此，公差带不受直径大小和位置的约束，可以浮动。

三、线轮廓度和面轮廓度

这里需要说明的是，线轮廓度和面轮廓度既是形状公差，又是方向公差，还是位置公差。本书将其放在形状公差中讲解。

线轮廓度是限制提取（实际）曲线对拟合曲线变动量的一项指标，它是对非圆曲线的形状精度要求；而面轮廓度则是限制提取（实际）曲面对拟合曲面变动量的一项指标，它是对曲面的形状精度要求。

1. 轮廓度公差带

（1）无基准的线轮廓度　线轮廓度公差带是包络一系列直径为公差值 t 的圆的两包络线之间的区域，而各圆的圆心位于理想轮廓上。在图样上，理想轮廓线、面必须用带▭的理论正确尺寸表示出来。如图 4-44a、b 所示，曲线要求线轮廓度公差为 0.04mm。公差带的形状是与理想轮廓线等距的两条曲线之间的区域。在平行于正投影面的任一截面内，提取（实际）轮廓线上各点应位于公差带内。

（2）有基准的线轮廓度　其标注示例如图 4-44c 所示。其公差带为直径等于公差值 t、

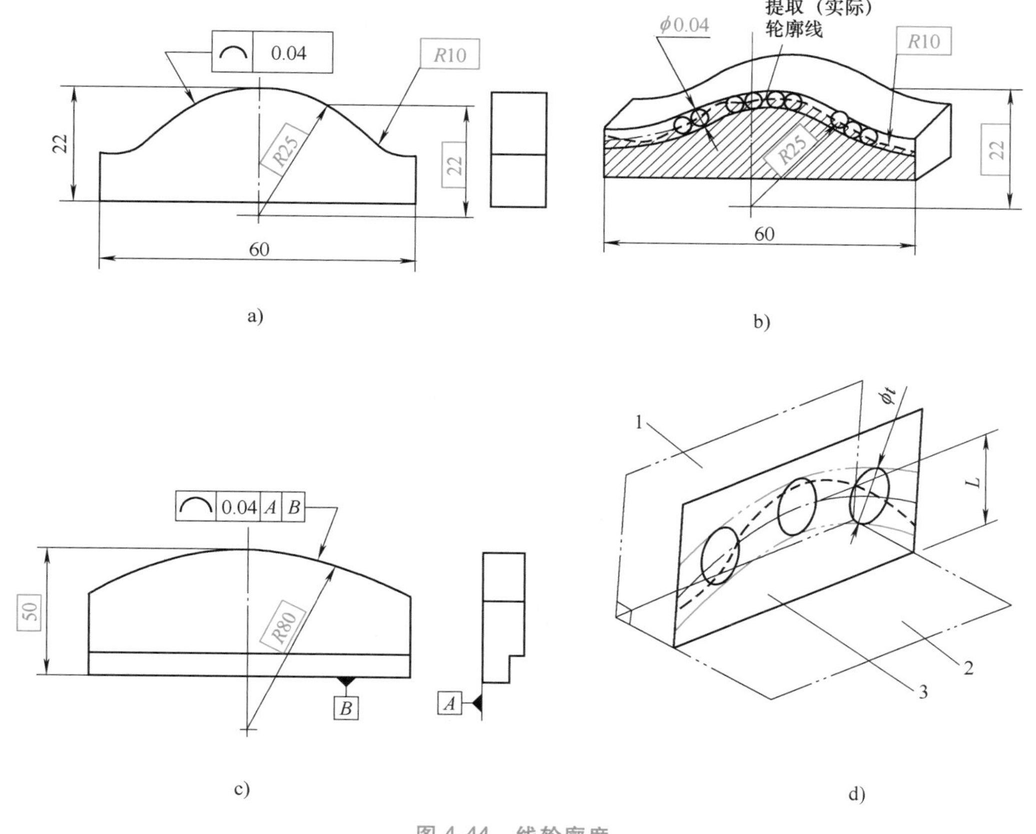

图 4-44　线轮廓度

a）无基准的线轮廓度标注示例　b）无基准的线轮廓度公差带

c）有基准的线轮廓度标注示例　d）有基准的线轮廓度公差带

1—基准平面 A　2—基准平面 B　3—平行于基准平面 A 的平面

圆心位于由基准平面 A 和基准平面 B 确定的被测要素理论正确几何形状上的一系列圆的两包络线所限定的区域，如图 4-44d 所示。

2. 面轮廓度

（1）无基准的面轮廓度　面轮廓度公差带是包络一系列直径为公差值 t 的球的两包络面之间的区域，各球的球心应位于理想轮廓面上。如图 4-45a、b 所示，曲面要求面轮廓度公差为 0.02mm。公差带的形状是与拟合曲面等距的两曲面限定的区域，提取（实际）面上各点应在公差带内。

（2）有基准的面轮廓度　其标注示例如图 4-45c 所示。其公差带如图 4-45d 所示，提取（实际）轮廓面应限定在直径等于 0.1mm、球心位于基准平面 A 确定的被测要素理论正确几何形状上的一系列圆球的两等距包络面之间。

3. 轮廓度误差的检测

轮廓度误差的检测方法有以下两类：

1）用轮廓样板模拟理想轮廓曲线，与实际轮廓进行比较。如图 4-46 所示，将轮廓样板按规定的方向放置在被测零件上，根据光隙法估读间隙的大小，取最大间隙作为该零件的线

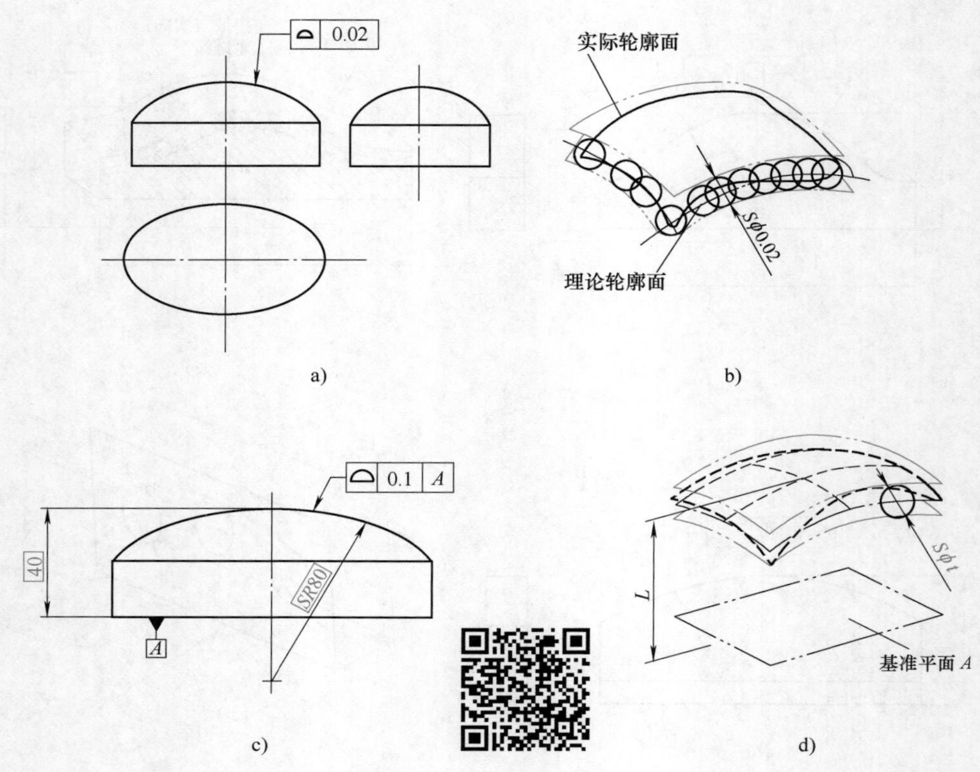

图 4-45 面轮廓度

a）无基准的面轮廓度标注示例 b）无基准的面轮廓度公差带

c）有基准的面轮廓度标注示例 d）有基准的面轮廓度公差带

轮廓度误差。

2）用坐标测量仪测量曲线或曲面上若干点的坐标值。如图 4-47 所示，将被测零件放置在仪器工作台上，并进行正确定位。测出实际曲面轮廓上若干个点的坐标值，并将测得的坐标值与理想轮廓的坐标值进行比较，取其中差值最大的绝对值的两倍作为该零件的面轮廓度误差。

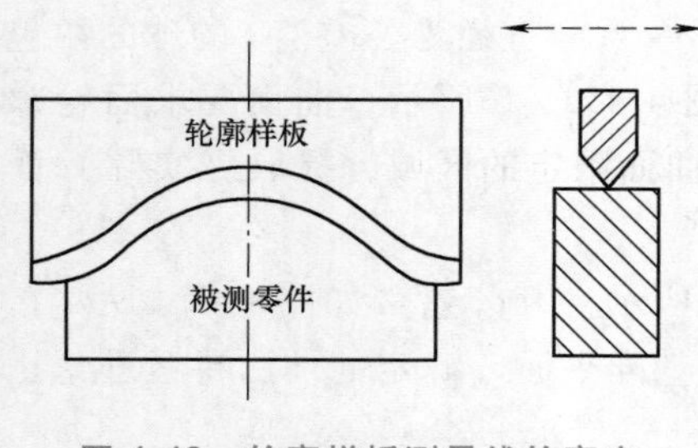

图 4-46 轮廓样板测量线轮廓度

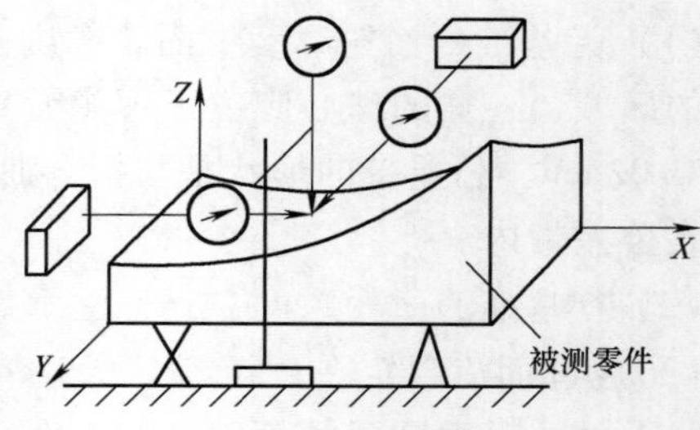

图 4-47 三坐标测量仪测量面轮廓度

4. 轮廓度的应用说明

1）线轮廓度是控制轮廓线形状和位置的形状公差项目，其公差带为两条等距轮廓线之间的区域，控制一个平面轮廓线，如样板轮廓面上的素线（轮廓线）的形状要求。

面轮廓度是控制轮廓面形状和位置的形状公差项目，其公差带为两等距轮廓面之间的区域，控制一个空间的轮廓面。各种轮廓面，不管其形状沿厚度是否变化，均可用面轮廓度公差来控制。

2）由于工艺上的原因，有时也可用线轮廓度来控制曲面形状，即用线轮廓度来解决面轮廓度的问题。其方法是用平行于投影面的平面剖截轮廓面以形成轮廓线，用线轮廓度来控制此平面轮廓线的形状误差，从而近似地控制轮廓面的形状，就像用直线度来控制平面的平面度误差一样。

当轮廓面的形状沿厚度不变时（如某些平面凸轮），由于在零件不同厚度上，各截面在投影面上的理想形状均相同，故只需标出一个截面的形状。当轮廓面的形状沿厚度变化时（如叶片），则应采用多个截面标注，截面越多，间隔越小，各截面上轮廓线的组合形状就越接近轮廓面的形状，其对轮廓面的控制精度也越高。

3）在形状公差项目中，直线度、平面度、圆度和圆柱度都是对单一要素提出的形状公差要求，但有时某些曲线和曲面不仅有形状要求，还有位置要求，对于这种情况就会出现带基准的线、面轮廓度公差控制了。

四、形状公差小结

形状公差带只用于控制被测要素的形状误差，不与其他要素发生关系。形状误差的检测是确定被测要素的提取要素偏离其拟合要素的最大变动量，而拟合要素的位置要按最小条件确定。形状误差值用包容被测要素的提取要素的最小区域的宽度或直径来表示，确定轮廓度误差值的最小区域要以拟合要素为对称中心。

第三节　方向公差、位置公差和方向误差、位置误差的检测

位置公差用来限制两个或两个以上要素在方向和位置关系上的误差，按照要求的几何关系分为方向、位置和跳动三类公差。方向公差控制方向误差，位置公差控制位置误差，跳动公差是以检测方式定出的项目，具有一定的综合控制几何误差的作用。三类公差的共同特点是以基准作为确定被测要素的理想方向、位置和回转轴线。

一、方向公差

方向公差是被测要素对基准在方向上允许的变动全量。国家标准针对直线（或轴线）和平面（或中心平面）制定了三项指标：当要求被测要素对基准等距时，定作平行度；当要求被测要素对基准成90°时，定作垂直度；当要求被测要素对基准成一定角度时（除90°外），定作倾斜度。

各项指标都有面对面、面对线、线对面、线对线四种关系。因此，方向公差带与直线度公差带一样有四种形式：两平行直线、两平行平面、一个四棱柱和一个圆柱体。现选择典型示例说明如下。

（一）平行度

平行度公差用来控制零件上被测要素（平面或直线）相对于基准要素（平面或直线）的方向偏离0°的程度。

1. 平行度公差带

如图 4-48 所示，要求上平面对孔的轴线平行。公差带是距离为公差值 0.05mm 且平行于基准孔轴线的两平行平面之间的区域，不受平面与轴线的距离约束。提取（实际）面上的各点应位于此公差带内。

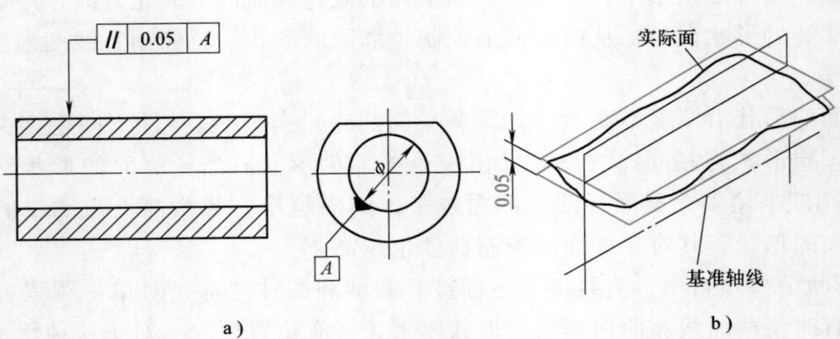

图 4-48　面对线的平行度

a）标注示例　b）公差带

图 4-49 所示为连杆要求上孔轴线对下孔轴线在互相垂直的两个方向上平行。ϕD 的轴线必须位于距离分别为公差值 0.1mm 和 0.2mm，在给定的相互垂直方向上，且平行于基准轴线的两组平行平面之间。

如果连杆要求上孔轴线对下孔轴线在任意方向上平行，如图 4-50 所示。这时，公差带是直径为公差值 0.1mm，且平行于基准轴线的圆柱面内的区域。提取被测（实际）轴线应位于此公差带内，方向可任意倾斜。

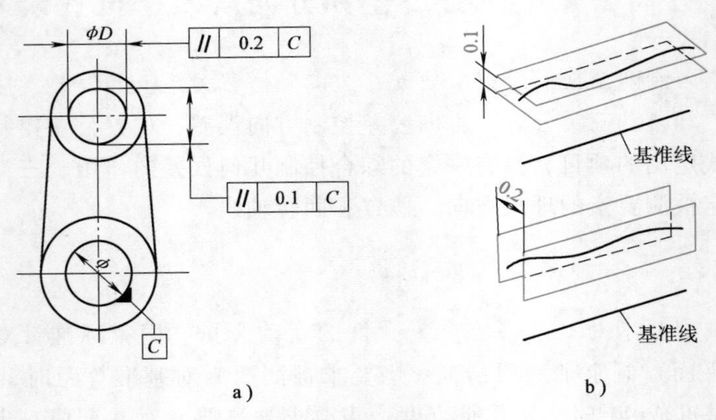

图 4-49　线对线的平行度之一

a）标注示例　b）公差带

2. 平行度误差的检测

平行度误差的检测经常是用平板、心轴或 V 形架来模拟平面、孔或轴做基准，然后测量被测线、面上各点到基准的距离之差，以最大相对差作为平行度误差。

图 4-48 所示的零件，可用图 4-51 所示的方法测量。基准轴线用心轴模拟。将被测零件放在等高支承上，调整（转动）该零件使 $L_3=L_4$，然后测量整个被测表面并记录读数。取

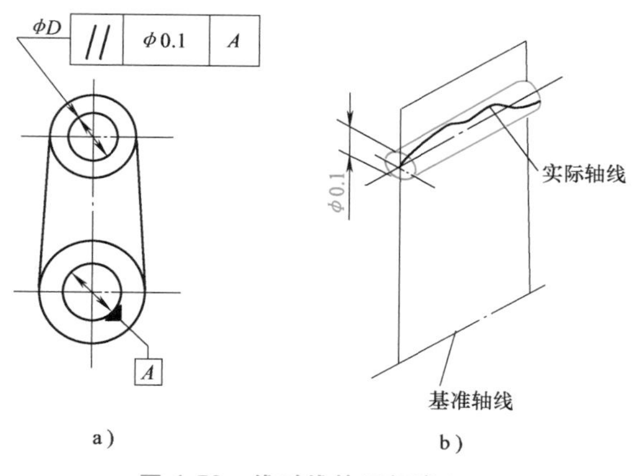

图 4-50 线对线的平行度之二

a）标注示例 b）公差带

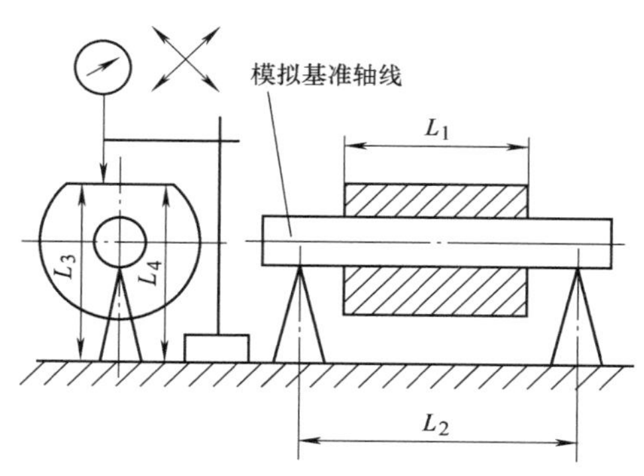

图 4-51 测量面对线的平行度

整个测量过程中指示计的最大与最小读数之差作为该零件的平行度误差。测量时应选用可胀式（或与孔成无间隙配合的）心轴。

测量连杆两孔任意方向或互相垂直的两个方向的平行度如图 4-52 所示。基准轴线和被测轴线用心轴模拟。将被测零件放在等高支承上，在测量距离为 L_2 的两个位置上测得的读数分别为 M_1、M_2，则平行度误差为

$$f=\frac{L_1}{L_2}|M_1-M_2|$$

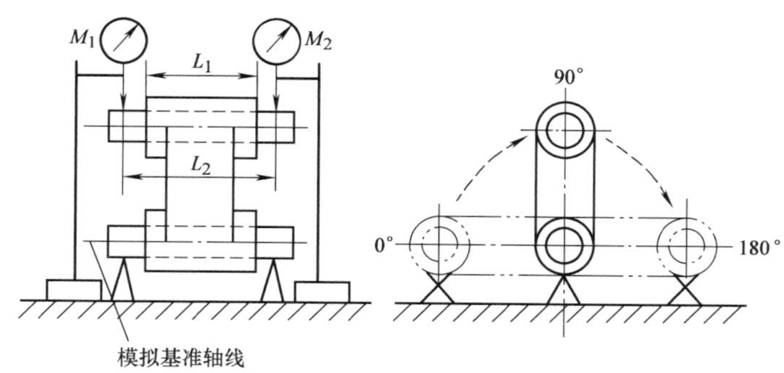

图 4-52 测量连杆两孔的平行度

在 0°～180°范围内按上述方法测量若干个不同角度位置，取各测量位置所对应的 f 值中最大值，作为该零件的平行度误差。

也可仅在相互垂直的两个方向测量，此时平行度误差为

$$f=\frac{L_1}{L_2}\sqrt{(M_{1V}-M_{2V})^2+(M_{1H}-M_{2H})^2}$$

式中 V、H——相互垂直的测位符号。

测量时应选用可胀式（或与孔成无间隙配合的）心轴。

3. 平行度的应用说明

1）当被测要素的提取要素的形状误差相对于位置误差很小时（如精加工过的平面），测量可直接在被测实际表面上进行，不必排除提取要素的形状误差的影响。如果必须排除时，需在有关的公差框格下加注文字说明。

2）方向误差值是定向最小包容区域的宽度（距离）或直径，定向最小包容区域和项目与形状公差带完全相同。它和决定形状误差最小包容区域的不同之处在于，定向最小包容区域在包容被测要素的提取要素时，它的方向不像最小包容区域那样可以不受约束，而必须和基准保持图样规定的相互位置（如平行度则应平行，垂直度则为 90°），同时要符合最小条件。

3）被测实际表面满足平行度要求，若被测点偶然出现一个超差的凸点或凹点时，这个特殊点的数值是否作为平行度误差，应根据零件的使用要求来确定。

（二）垂直度

垂直度公差用来控制零件上被测要素（平面或直线）相对于基准要素（平面或直线）的方向偏离 90°的程度。

1. 垂直度公差带

如图 4-53 所示，要求 ϕd 轴的轴线对底平面垂直，这里只给定一个方向。公差带是距离为公差值 0.1mm 且垂直于基准平面的两平行平面之间的区域。提取（实际）轴线应位于此公差带内。

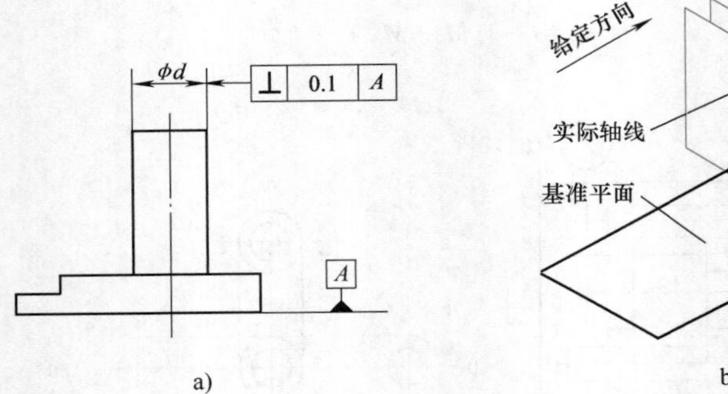

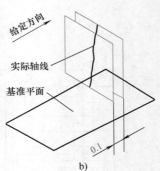

图 4-53　线对面的垂直度

a）标注示例　b）公差带

图 4-54 所示为箱体上两个轴线要求垂直的孔（轴线可以不在同一平面内）。公差带是距离为公差值 0.02mm 且垂直于基准孔轴线 A 的两平行平面之间的区域，提取（实际）孔的轴线应位于此公差带内。

2. 垂直度误差的检测

垂直度误差常采用转换成平行度误差的方法进行检测。例如测量图 4-54 所示的零件，可用图 4-55 所示的方法检测，基准轴线用一根相当于标准直角尺的心轴模拟，被测轴线用心轴模拟。转动基准心轴，在测量距离为 L_2 的两个位置上测得的数值分别为 M_1 和 M_2，则垂直度误差为 $\frac{L_1}{L_2}|M_1-M_2|$。测量时被测心轴应选用可胀式（或与孔成无间隙配合的）心轴，而基准心轴应选用可转动但配合间隙小的心轴。

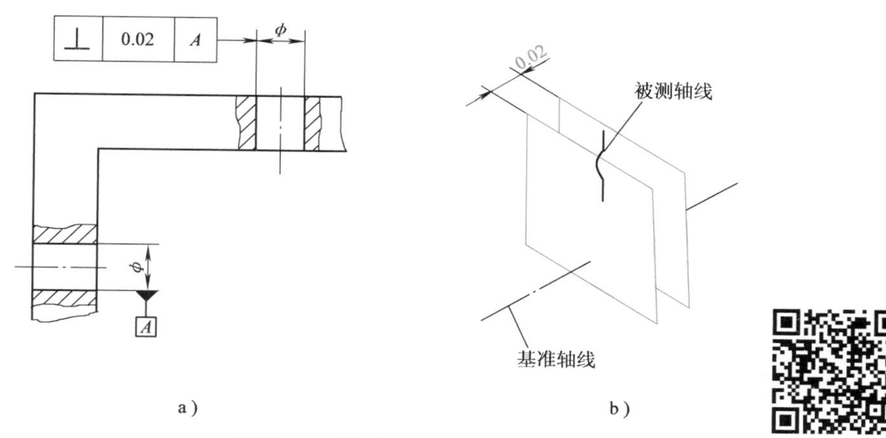

图 4-54 线对线的垂直度

a）标注示例 b）公差带

3. 垂直度的应用说明

1）轴线对轴线的垂直度，如没有标注出给定长度，则可按被测孔的实际长度进行测量。

2）直接用 90°角尺测量平面对平面或轴线对平面的垂直度时，由于没有排除基准表面的形状误差，测得的误差值受基准表面形状误差的影响。

3）过去曾有用测量轴向圆跳动的方法来测量平面对轴线的垂直度，这种方法不妥，在后面介绍轴向圆跳动时再予以说明。

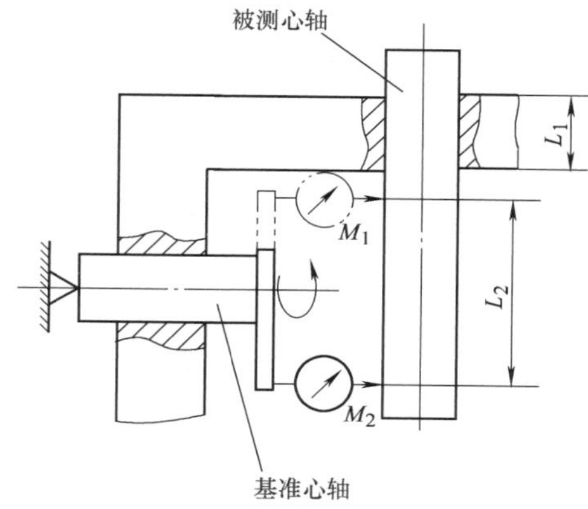

图 4-55 测量线对线的垂直度

（三）倾斜度

倾斜度公差是用来控制零件上提取（被测）要素（平面或直线）相对于基准要素（平面或直线）的方向偏离某一给定角度（0°~90°）的程度。

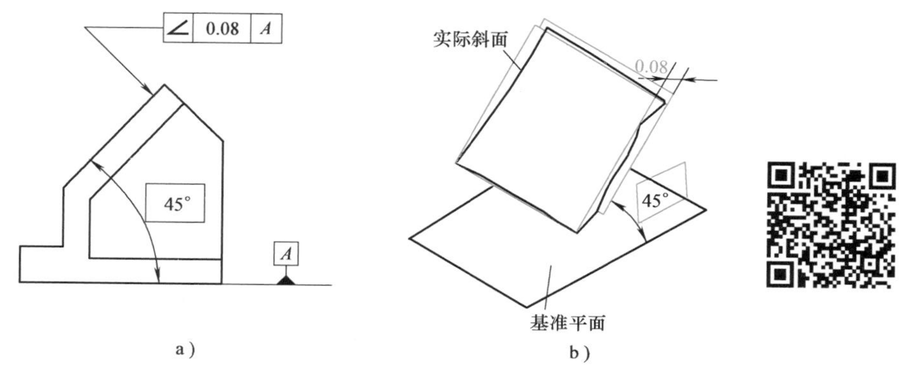

图 4-56 面对面的倾斜度

a）标注示例 b）公差带

1. 倾斜度公差带

图 4-56 所示为要求斜面对基准平面 A 成 45°角，公差带是距离为公差值 0.08mm 且与基准平面 A 成理论正确角度的两平行平面之间的区域。提取（实际）斜面上的各点应位于此公差带内。

2. 倾斜度误差的检测

倾斜度误差的检测也可转换成平行度误差的检测，只要加一个定角座或定角套即可。测量图 4-56 所示的零件，可用图 4-57 所示的方法检测。将被测零件放置在定角座上，调整被测零件，使整个被测表面的读数差为最小值，取指示计的最大与最小读数之差作为该零件的倾斜度误差。定角座可用正弦尺（或精密转台）代替。

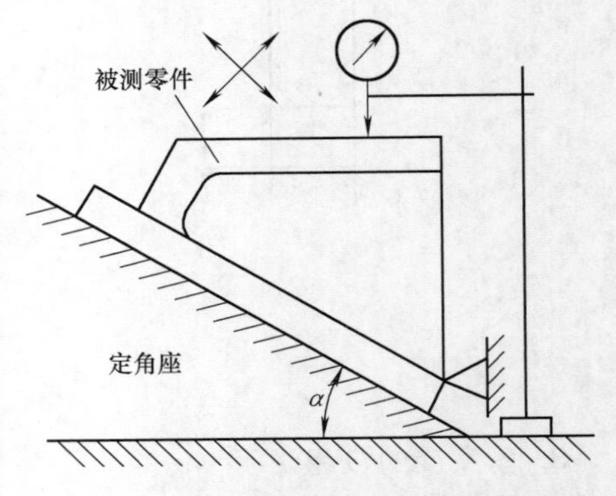

图 4-57 测量面对面的倾斜度

图 4-58 所示零件可用图 4-59 所示的方法检测。调整平板处于水平位置，并用心轴模拟被测轴线。调整被测零件，使心轴的右侧处于最长位置。用水平仪在心轴和平板上测得的数值分别为 A_1 和 A_2，则倾斜度误差为 $|A_1-A_2|iL$，其中 i 是水平仪的分度值（线值），L 是被测孔的长度。测量时应选用可胀式（或与孔成无间隙配合的）心轴。

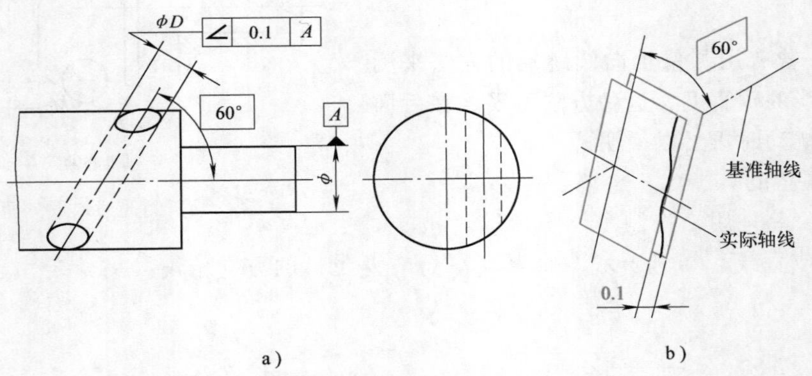

图 4-58 线对线的倾斜度

a）标注示例 b）公差带

3. 倾斜度的应用说明

1）标注倾斜度时，被测要素与基准要素间的夹角是不带偏差的理论正确角度，标注时要带方框。

2）平行度和垂直度可看成是倾斜度的两个极端情况：当被测要素与基准要素之间的倾斜角 $\alpha=0°$时，就是平行度；$\alpha=90°$时，就是垂直度。这两个项目名称的本身已包含了特殊角 0°和 90°的含义。因此，标注时不必再带有方框。

（四）方向公差小结

方向公差带是控制被测要素对基准要素的方向角，同时也控制了形状误差。由于合格零件的提取（实际）要素相对基准的位置允许在其尺寸公差带内变动，所以方向公差带的位置允许在一定范围内（尺寸公差带内）浮动。

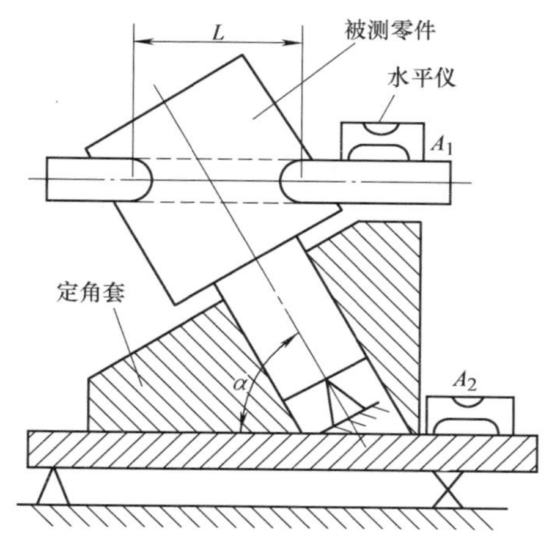

图 4-59　测量线对线的倾斜度

二、位置公差

位置公差是被测要素对基准在位置上允许的变动全量。当被测要素和基准都是中心要素，要求重合或共面时，可用同轴度或对称度，其他情况规定用位置度。

（一）同轴度和同心度

同轴度公差用来控制理论上应同轴的提取被测轴线与基准轴线的同轴程度；而同心度则是用来控制理论上应同心的提取被测圆心与基准圆心同心的程度。

1. 同轴度与同心度公差带

同轴度公差带是直径为公差值 t，且与基准轴线同轴的圆柱面内的区域。如图 4-60 所示，台阶轴要求 ϕd 的提取轴线必须位于直径为公差值 0.1mm，且与基准轴线同轴的圆柱面内。ϕd 的实际轴线应位于此公差带内。

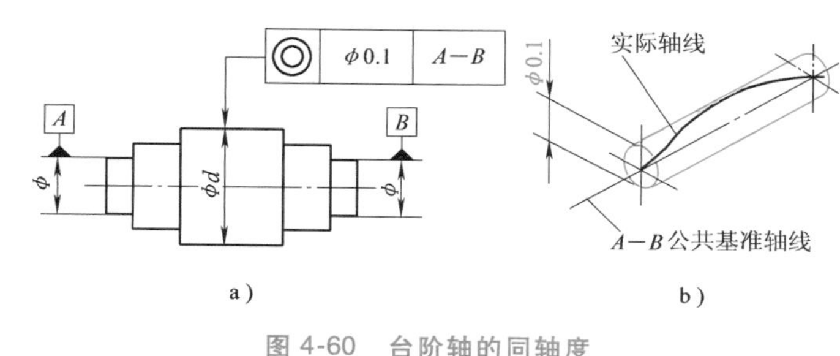

图 4-60　台阶轴的同轴度

a）标注示例　b）公差带

同心度公差带是直径为公差值 t，且与基准圆同心的圆内的区域，如图 4-61a 所示。如图 4-61b 所示，外圆的提取圆心必须位于直径为公差值 0.01mm 且与基准圆心同心的圆内。

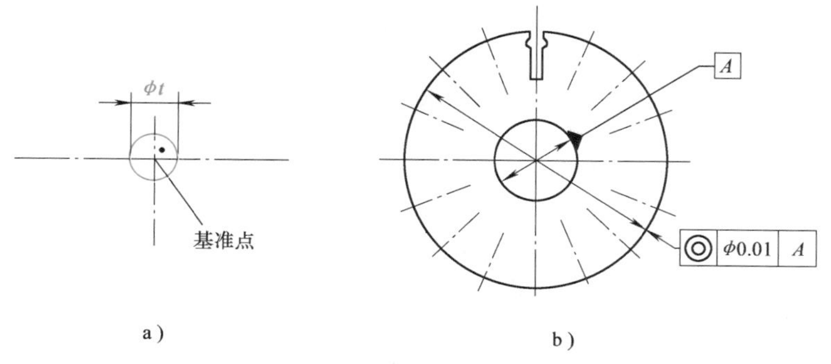

图 4-61　电动机定子硅钢片零件的同心度

a）同心度公差带　b）标注示例

2. 同轴度误差的检测

同轴度误差的检测是要找出被测轴线离开基准轴线的最大距离，以其两倍值定为同轴度误差。

图 4-60 所示的同轴度要求，可用图 4-62 所示的方法测量，以两基准圆柱面中部的中心点连线作为公共基准轴线，即将零件放置在两个等高的刃口状 V 形架上，将两指示计分别在铅垂轴截面调零。

1）在轴向测量，取指示计在垂直于基准轴线的横截面上测得各对应点的读数差值 $|M_1-M_2|$，作为在该截面上的同轴度误差。

2）转动被测零件按上述方法测量若干个截面，取各截面测得的读数差中的最大值（绝对值），作为该零件的同轴度误差。

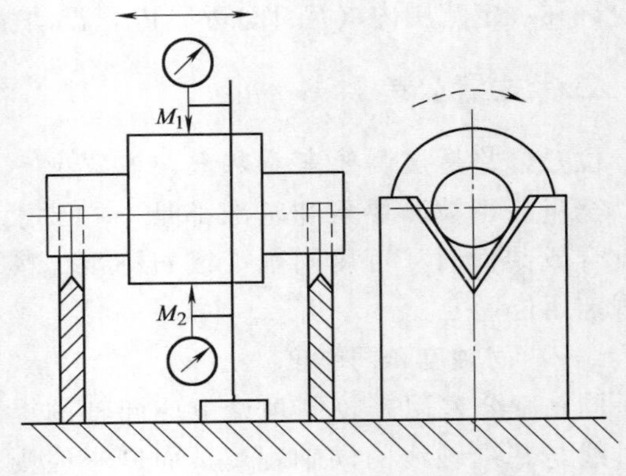

图 4-62　用两只指示计测量同轴度

此方法适用于测量形状误差较小的零件的同轴度误差。

3. 同轴度与同心度的应用说明

1）同轴度误差反映在横截面上是圆心的不同心。过去常把同轴度叫作不同心度是不确切的，因为要控制的是轴线，而不是圆心点的偏移。

2）检测同轴度误差时，要注意基准轴线不能搞错，用不同的轴线做基准将会得到不同的误差值。

3）同心度主要用于薄的板状零件，如电动机定子中的硅钢片零件，此时要控制的是在横截面上内外圆的圆心的偏移，而不是控制轴线。

（二）对称度

对称度公差一般控制理论上要求共面的被测要素的提取要素（中心平面、中心线或轴线）与基准要素（中心平面、中心线或轴线）的不重合程度。

1. 对称度公差带

对称度公差带是距离为公差值 t，且相对于基准中心平面（或中心线、轴线）对称配置的两平行平面（或直线）之间的区域。

如图 4-63 所示，要求滑块槽的中心面必须位于距离为公差值 0.1mm，且相对于基准中心平面对称配置的两平行平面之间。槽的提取（实际）中心面应位于此公差带内。

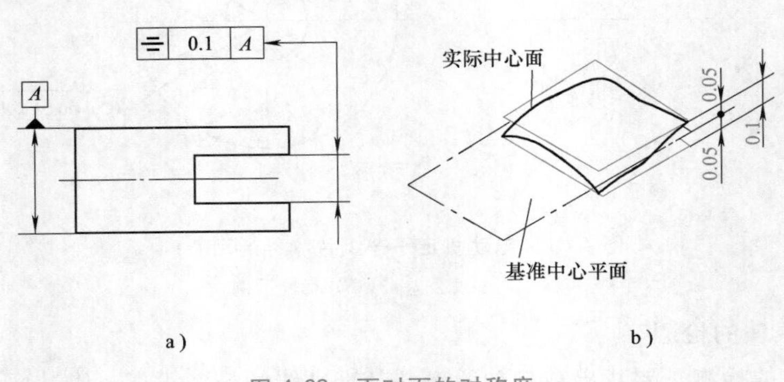

图 4-63　面对面的对称度

a）标注示例　b）公差带

2. 对称度误差的检测

对称度误差的检测是要找出被测中心要素离开基准中心要素的最大距离，以其两倍值定为对称度误差。通常用测长量仪测量对称的两平面或圆柱面的两边素线各自到基准平面或圆柱面的两边素线的距离之差。测量时用平板或定位块模拟基准滑块或槽面的中心平面。

测量图 4-63 所示的零件对称度误差，可用图 4-64 所示的方法。将被测零件放置在平板上，测量被测表面与平板之间的距离。将被测零件翻转后，测量另一被测表面与平板之间的距离，取测量截面内对应两测点的最大差值作为对称度误差。

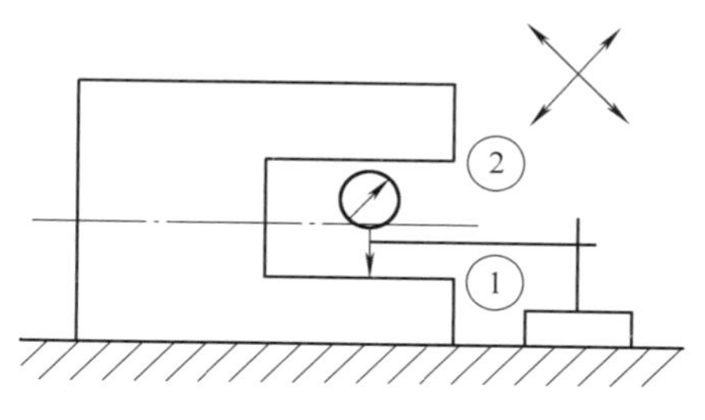

图 4-64　测量面对面的对称度

3. 对称度的应用说明

1）对称度误差是在被测要素的全长上进行测量的，取测得的最大值作为误差值。

2）和同轴度一样，过去标注的对称度公差是半值公差，而现在标注的是全值公差。

(三) 位置度

位置度公差用来控制被测要素的提取（实际）要素相对于其理想位置的变动量，其理想位置是由基准和理论正确尺寸确定的。理论正确尺寸是不附带公差的精确尺寸，用以表示被测要素的拟合要素到基准之间的距离，在图样上用加方框的数字表示，如30，以便与未注尺寸公差的尺寸相区别。

1. 位置度公差带

位置度可分为点、线、面的位置度。

点的位置度用于控制球心或圆心的位置误差。如图 4-65 所示，球 $S\phi D$ 的提取球心必须位于直径为公差值 0.08mm、以相对基准 A、B 所确定的理想位置为球心的圆球面内。

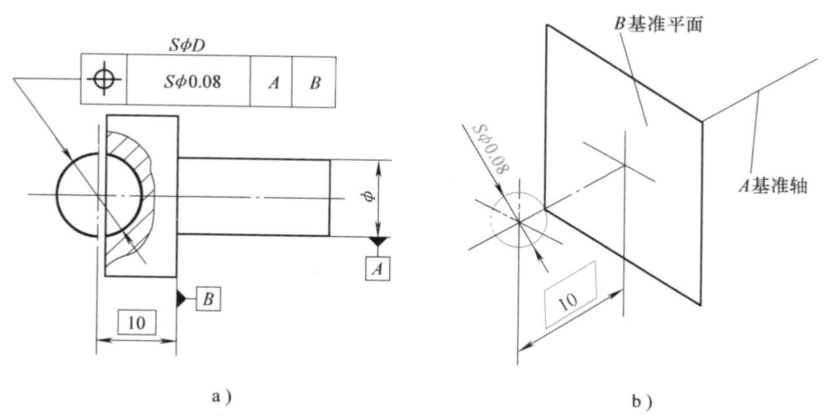

图 4-65　点的位置度

a）标注示例　b）公差带

线的位置度多用于控制工件上孔的位置误差。孔的位置要求有孔位、孔间和复合三种位置度。这里只介绍孔位与孔间的位置度。

孔的位置度要求按基面定位。如图 4-66 所示，ϕD 孔的轴线要求按基面定位，ϕ0.1mm 表示公差带是直径为 0.1mm，且以孔的轴线的理想位置为轴线的圆柱面内的区域。孔的轴线的理想位置要垂直于基面 A，到基面 B 和 C 的距离要等于理论正确尺寸。孔的提取（实际）轴线应位于此圆柱面内。

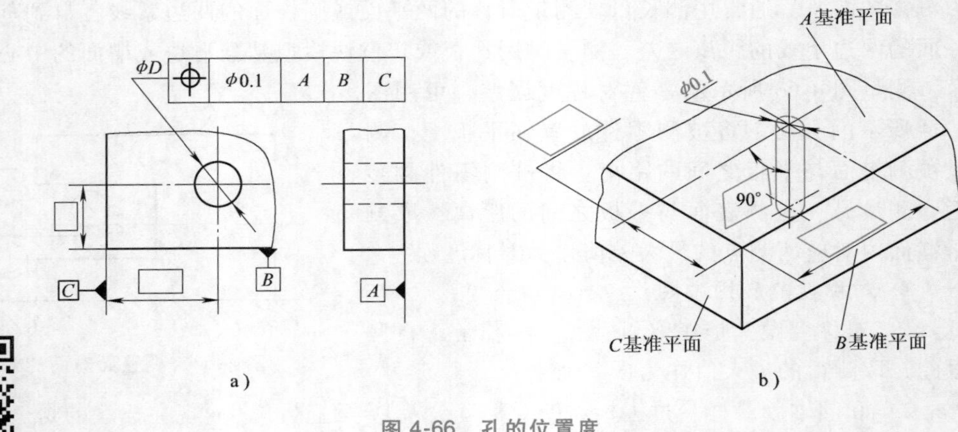

图 4-66　孔的位置度

a）标注示例　b）公差带

对于薄板，孔的轴线很短，则可看成为一个点，成为点的位置度。这时，公差带变为以基准 B 和 C 以及理论正确尺寸所确定的理想点为中心，直径为 0.1mm 的圆。

孔间位置度要求控制各孔之间的距离。如图 4-67 所示，由 6 个孔组成的孔组，要求控制各孔之间的距离，位置度公差在水平方向是 0.1mm，在垂直方向是 0.2mm。公差带是 6 个四棱柱，它们的轴线是孔的轴线的理想位置，要由理论正确尺寸确定。每个孔的提取（实际）轴线应在各自的公差带内。此处未给基准，意思是这组孔与零件上其他孔组或表面没有严格要求，可用坐标尺寸公差定位。此例多用于箱体和盖板上。

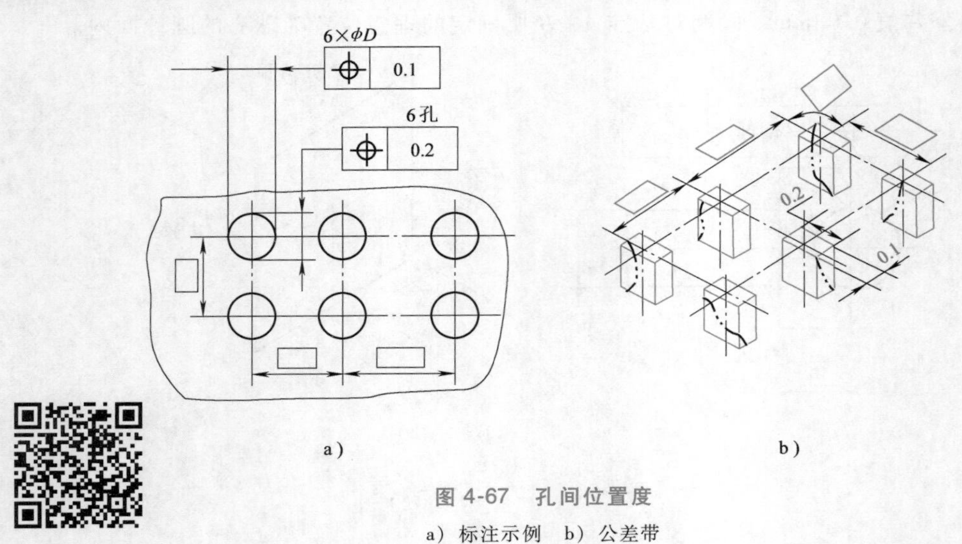

图 4-67　孔间位置度

a）标注示例　b）公差带

如果给定的是任意方向的位置度公差，则公差带是 6 个圆柱体。

面的位置度用于控制面的位置误差。如图 4-68 所示，滑块只要求燕尾槽两边的两平面重合，并不要求它们与下表面平行，这时，可用面的位置度表示。其理论正确尺寸为零。因此，被测面的理想位置就在基准平面上，公差带是以基准平面为中心面，对称配置的两平行平面之间的区域。被测实际面应位于两平行平面之间。

2. 位置度误差的检测

位置度误差的检测方法通常应用的有以下两类。

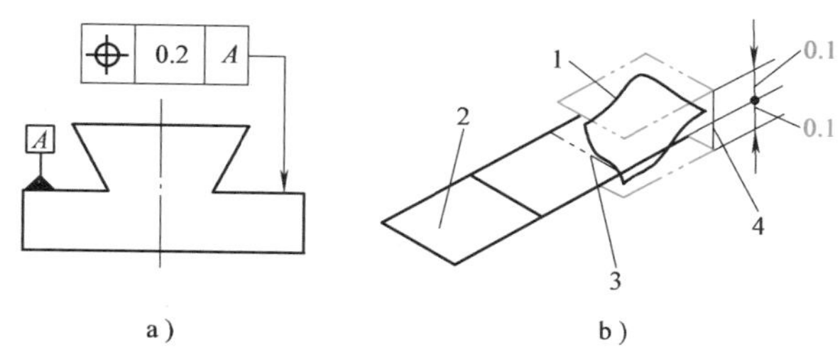

图 4-68　面的位置度

a）标注示例　b）公差带

1—实际面　2—基准平面　3—被测表面的理想位置　4—公差带

一类是用测长量仪测量要素的提取（实际）位置尺寸，与理论正确尺寸比较，以最大差的两倍作为位置度误差。对于多孔的板件，特别适宜放在坐标测量仪上测量孔的坐标。如图 4-69a 所示，测量前要调整零件，使基准平面与仪器的坐标方向一致。未给定基准时，可调整最远两孔的实际中心连线与坐标方向一致，如图 4-69b 所示。逐个地测量孔边的坐标，定出孔的位置度误差。

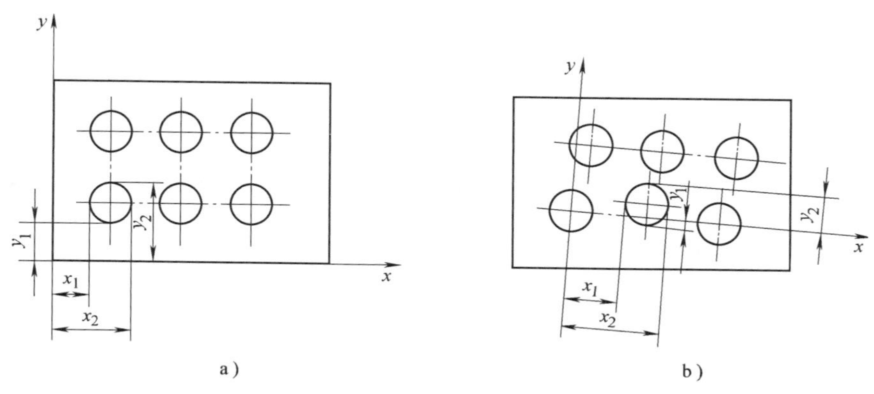

图 4-69　孔的坐标测量

a）以平面为基准　b）以两孔为基准

另一类是用位置量规测量要素的合格性。如图 4-70 所示，要求在法兰盘上装螺钉用的 4 个孔具有以中心孔为基准的位置度。将量规的基准测销和固定测销插入零件中，再将活动测销插入其他孔中，如果都能插入零件和量规的对应孔中，即可判断被测件是合格品。

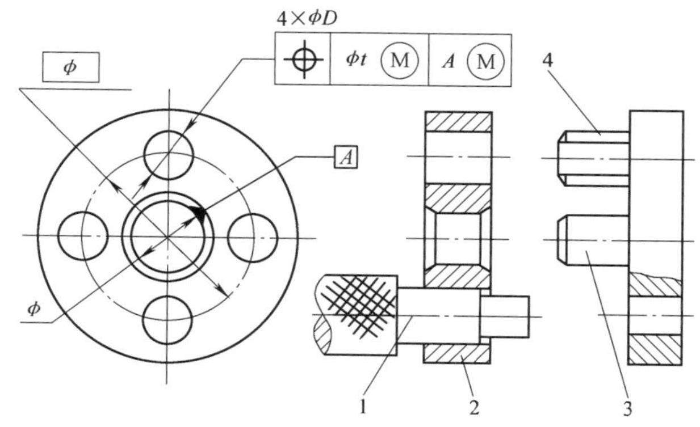

图 4-70　位置量规检验孔的位置度

1—活动测销　2—被测零件　3—基准测销　4—固定测销

3. 位置度的应用说明

1）由上述各例可以看出，位置度公差带有两平行平面、四棱柱、球、圆和圆柱，其宽度或直径为公差值，但都是以被测要素的理想位置中心对称配置的。这样，公差带位置固定，不仅控制了被测要素的位置误差，还能控制它的形状和方向误差。

2）在大批大量生产中，为了测量的准确性和方便，一般都采用量规检验。在新产品试制、单件小批量生产、精密零件和工装量具的生产中，常使用量仪来测量位置度误差。这时，应根据位置度的要求，选择具有适当测量精度的通用量仪，按照图样规定的技术要求，测量各被测要素的实际坐标尺寸，然后再按照位置度误差定义，将坐标测量值换算成相对于理想位置的位置度误差。

（四）位置公差小结

位置公差带是以理想要素为中心对称布置的，所以位置固定，不仅控制了被测要素的位置误差，而且控制了被测要素的方向和形状误差，但不能控制形成中心要素的轮廓要素上的形状误差。具体来说，同轴度可控制轴线的直线度，不能完全控制圆柱度；对称度可以控制中心面的平面度，不能完全控制构成中心面的两对称面的平面度和平行度。位置误差的检测是确定被测要素的提取（实际）要素偏离其拟合要素的最大距离的两倍值，而拟合要素的位置，对同轴度和对称度来说，就是基准的位置，对位置度来说，可以由基准和理论正确尺寸或尺寸公差（或角度公差）等确定。

三、跳动公差

跳动公差是被测要素的提取（实际）要素绕基准轴线回转一周或连续回转时所允许的最大跳动量。跳动是按测量方式定出的公差项目。跳动误差测量方法简便，但仅限于应用在回转表面。

（一）圆跳动

圆跳动公差是被测要素的提取（实际）要素某一固定参考点围绕基准轴线做无轴向移动、回转一周中，由位置固定的指示计在给定方向上测得的最大与最小读数之差。它是形状和位置误差的综合（圆度、同轴度等），所以圆跳动是一项综合性的公差。

圆跳动有三个项目：径向圆跳动、轴向圆跳动和斜向圆跳动。对于圆柱形零件，有径向圆跳动和轴向圆跳动；对于其他回转要素如圆锥面、球面或圆弧面，则有斜向圆跳动。

1. 圆跳动公差带

（1）径向圆跳动公差带　如图 4-71 所示，零件上 ϕd_1 圆柱面对两个 ϕd_2 圆柱面的公共

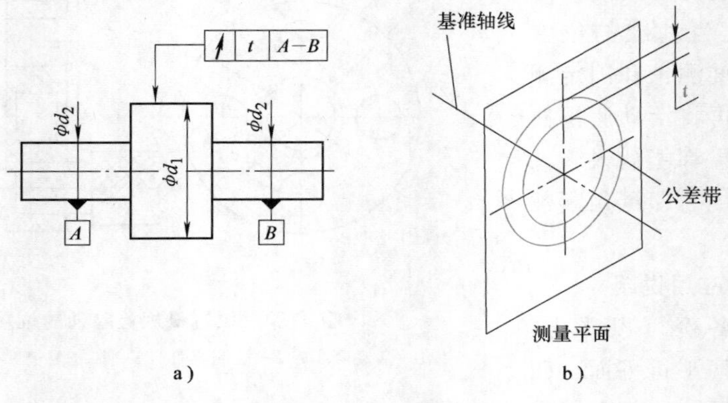

图 4-71　径向圆跳动

a）标注示例　b）公差带

轴线 $A—B$ 的径向圆跳动，其公差带是在垂直于基准轴线的任一测量平面内半径差为公差值 t，且圆心在基准线上的两同心圆之间的区域。当 ϕd_1 圆柱面绕 $A—B$ 基准轴线做无轴向移动回转时，在任一测量平面内的径向圆跳动量均不得大于公差值 t。

跳动通常是围绕轴线旋转一整周，也可以对部分圆周进行限制。如图 4-72 所示，被测圆柱面绕基准轴线做无轴向移动的，部分圆周旋转时（给出角度的部位），在任一测量平面内的径向圆跳动量均不得大于公差值 0.2mm。

（2）轴向圆跳动公差带　图 4-73 所示为零件的端面对 ϕd 轴线的轴向圆跳动，其公差带是在与基准轴线同轴的任一直径位置的测量圆柱面上沿母线方向宽度为 t 的圆柱面区域。轴线做无轴向移动回转时，在提取右端面上任一测量直径处的轴向圆跳动量均不得大于公差值 t。

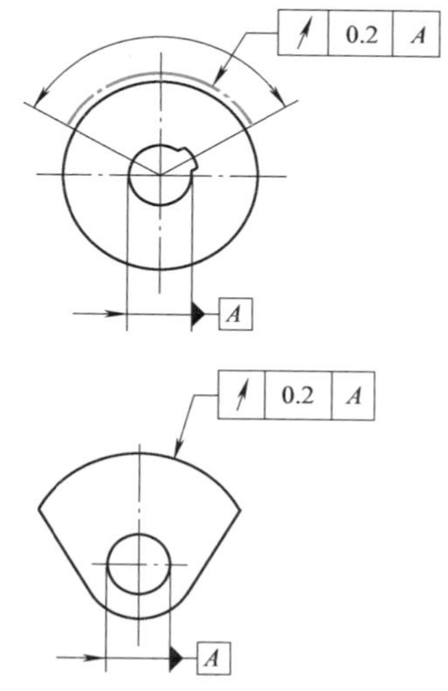

图 4-72　径向圆跳动实例

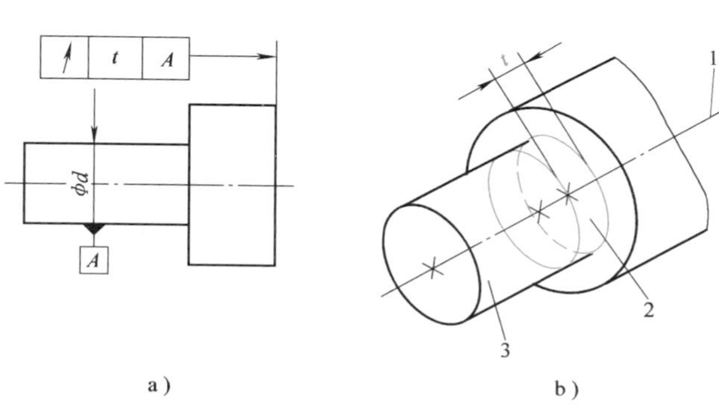

图 4-73　轴向圆跳动

a）标注示例　b）公差带

1—基准轴线　2—公差带　3—测量圆柱面

（3）斜向圆跳动公差带　图4-74所示为被测圆锥面相对于基准轴线 A，在斜向（除特殊规定外，一般为被测面的法线方向）的跳动量不得大于公差值 t。若圆锥面绕基准轴线做无轴向移动的回转时，在各个提取测量圆锥面上的跳动量的最大值作为被测回转表面的斜向圆跳动误差。因此，斜向圆跳动公差带是在与基准轴线同轴的任一测量圆锥面上，沿母线方向宽度为 t 的圆锥面区域。

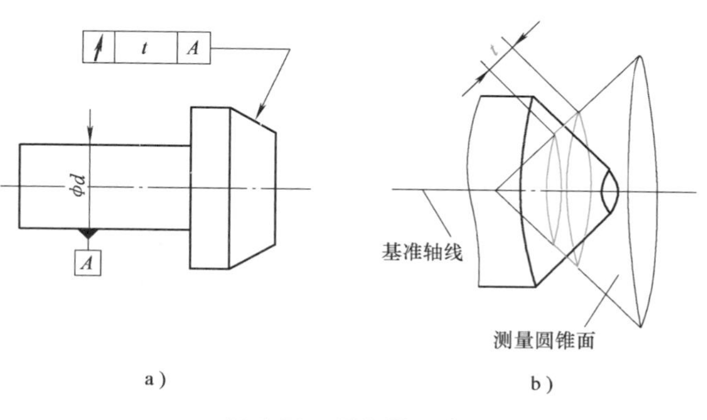

图 4-74　斜向圆跳动

a）标注示例　b）公差带

2. 圆跳动误差的检测

（1）径向圆跳动误差的检测　如图 4-75 所示，基准轴线由 V 形架模拟，被测零件支承在 V 形架上，并在轴向定位。

1）在被测零件回转一周的过程中，指示计读数最大差值即为单个测量平面上的径向圆跳动误差。

2）按上述方法测量若干个截面，取各截面上测得的跳动量中的最大值作为该零件的径向圆跳动误差。该测量方法受 V 形架角度和基准实际要素形状误差的综合影响。

（2）轴向圆跳动误差的检测　如图 4-76 所示，将被测零件固定在 V 形架上，并在轴向定位。

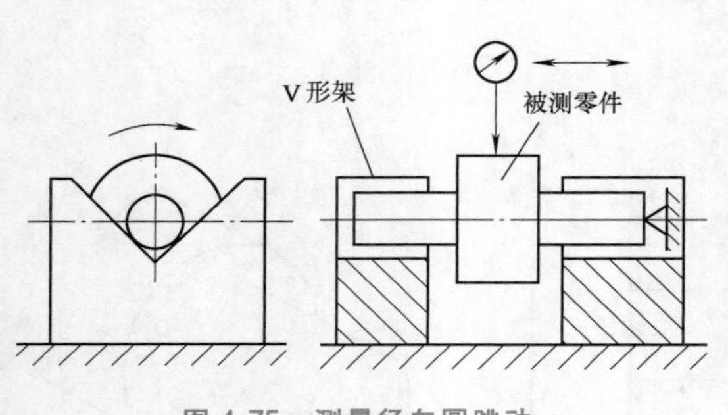

图 4-75　测量径向圆跳动

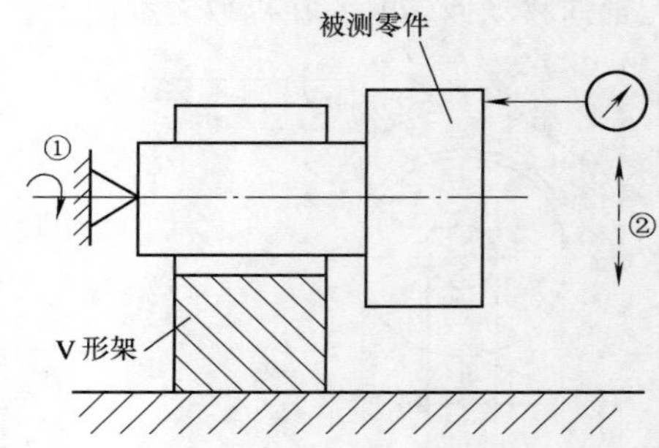

图 4-76　测量轴向圆跳动

1）在被测零件回转一周的过程中，指示计读数最大差值即为单个测量圆柱面上的轴向圆跳动误差。

2）按上述方法，测量若干个圆柱面，取各测量圆柱面上测得的跳动量中的最大值作为该零件的轴向圆跳动误差。该测量方法受 V 形架角度和基准实际要素形状误差的综合影响。

（3）斜向圆跳动误差的检测　如图 4-77 所示，将被测零件固定在导向套筒内，且在轴向定位。

1）在被测零件回转一周的过程中，指示计读数的最大差值即为单个测量圆锥面上的斜向圆跳动误差。

2）按上述方法在若干测量圆锥面上测量，取各测量圆锥面上测得的跳动量中的最大值作为该零件的斜向圆跳动误差。

当在机床或转动装置上直接进行测量时，具有一定直径的导向套筒不易获得（最小外接圆柱面），可用可调圆柱套（弹簧夹头）代替导向套筒，但测量结果受夹头误差影响。

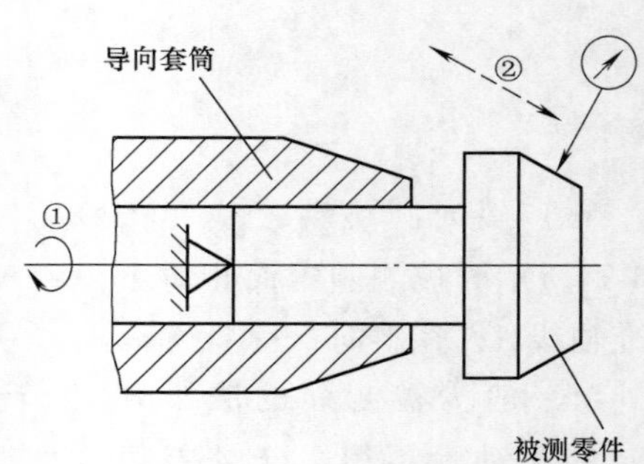

图 4-77　测量斜向圆跳动

3. 圆跳动的应用说明

1）若未给定测量直径，则检测时不能只在被测面的最大直径附近测量一次，因为轴向圆跳动规定在被测表面上任一测量直径处的轴向跳动量均不得大于公差值 t。在许多情况下，轴向圆跳动最大值，并非都出现在最大直径处。如果需要在指定直径处测量（包括最大直径处），则应说明，如图 4-78 所示。

如果要求在指定的局部范围内测量，则应标注出相应的尺寸，以说明被测范围。如图4-79所示，要求在 ϕ150mm 范围内测量，将此范围内测得的最大值作为轴向圆跳动误差。

2）斜向圆跳动的测量方向，是提取被测表面的法向方向。若有特殊方向要求时，也可按需加以注明。

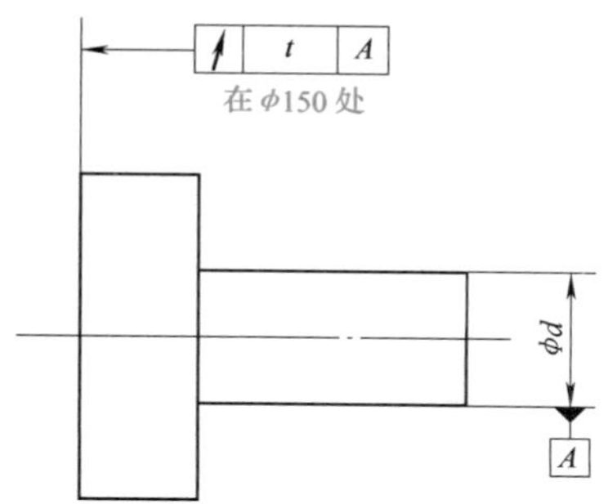

图 4-78 标注检测直径的轴向圆跳动

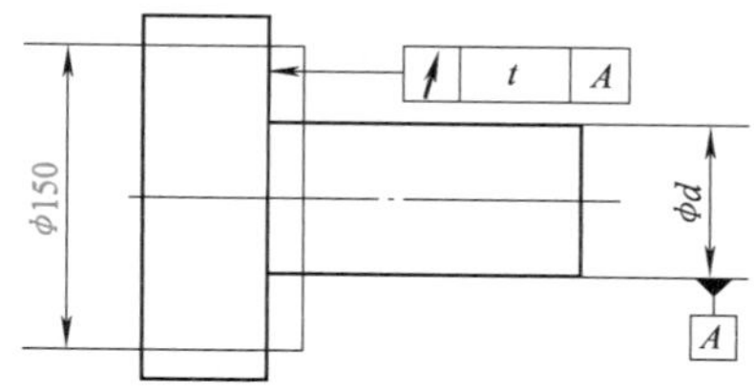

图 4-79 标注检测范围的轴向圆跳动

（二）全跳动

圆跳动仅能反映单个测量平面内被测要素轮廓形状的误差情况，不能反映整个被测面上的误差。全跳动则是对整个表面的几何误差综合控制，是被测要素的提取要素绕基准轴线做无轴向移动的连续回转，同时指示计沿理想素线连续移动（或提取要素每回转一周，指示计沿理想素线做间断移动），由指示计在给定方向上测得的最大与最小读数之差。全跳动有两个项目：径向全跳动和轴向全跳动。

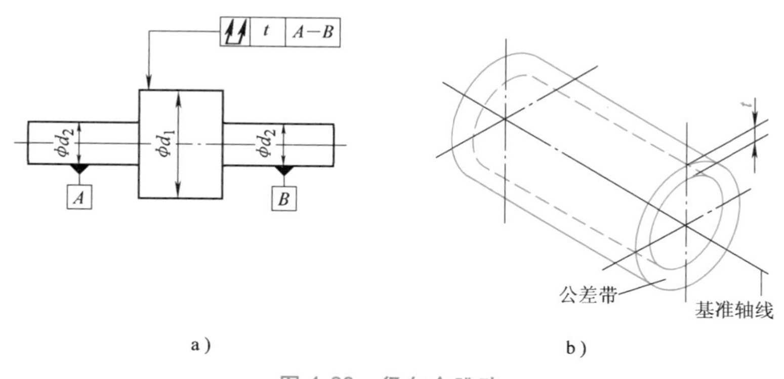

图 4-80 径向全跳动

a）标注示例 b）公差带

1. 全跳动公差带

（1）径向全跳动公差带 图 4-80 所示为 ϕd_1 提取圆柱面对两个 ϕd_2 圆柱面的公共轴线 $A—B$ 的径向全跳动，不得大于公差值 t。公差带是半径差为公差值 t，且与基准轴线同轴的两圆柱面之间的区域。ϕd_1 表面绕轴 $A—B$ 做无轴向移动的连续回转，同时，指示计做平行于基准轴线的直线移动，在 ϕd_1 整个提取表面上的跳动量不得大于公差值 t。

（2）轴向全跳动公差带 如图 4-81 所示，零件的右端面对 ϕd 圆柱面轴线 A 的轴向全跳动量不得大于公差值 t。其公差带是距离为公差值 t，且与基准轴线垂直的两平行平面之间的区域。被测要素的提取端面绕基准轴线做无轴向移动的连续回转，同时，指示计做垂直于基准轴线的直线移动（被测端面的法向为测量方向），此时，在整个提取端面上的跳动量不得大于 t。

2. 全跳动误差的检测

(1) 径向全跳动误差的检测　如图4-82所示，将被测零件固定在两同轴导向套筒内，同时在轴向上固定并调整该对套筒，使其同轴且与平板平行。在被测零件连续回转过程中，同时让指示计沿基准轴线的方向做直线运动。在整个测量过程中指示计读数最大差值即为该零件的径向全跳动。基准轴线也可以用一对V形架或一对顶尖的简单方法来体现。

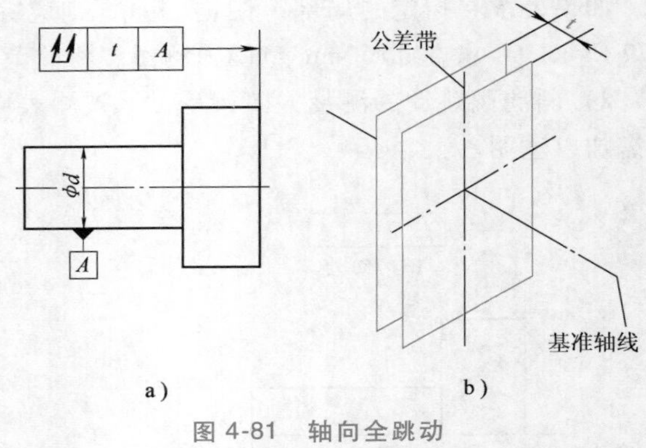

图 4-81　轴向全跳动

a）标注示例　b）公差带

(2) 轴向全跳动误差的检测　如图4-83所示，将被测零件支承在导向套筒内，并在轴向上固定。导向套筒的轴线应与平板垂直。在被测零件连续回转过程中，指示计沿其径向做直线运动。在整个测量过程中指示计的读数最大差值即为该零件的轴向全跳动。基准轴线也可以用V形架等简单方法来体现。

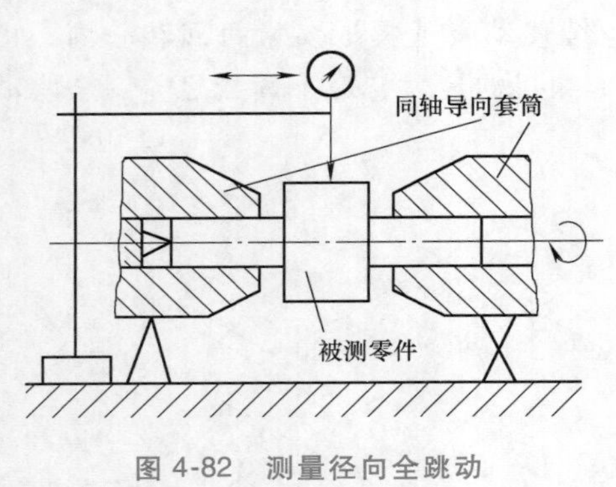

图 4-82　测量径向全跳动

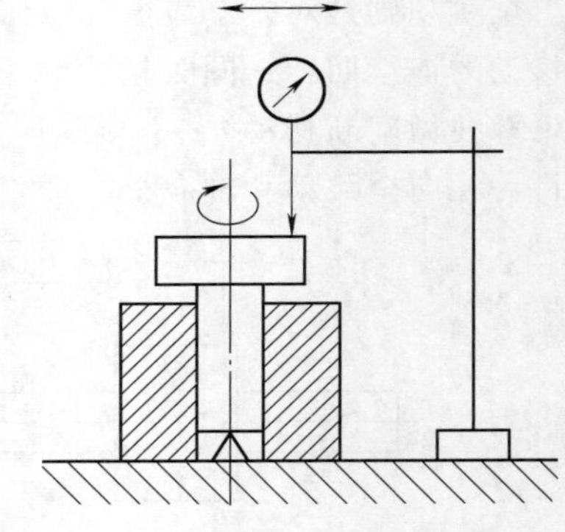

图 4-83　测量轴向全跳动

3. 全跳动的应用说明

1）全跳动是在测量过程中一次总计读数（整个被测表面最高点与最低点之差），而圆跳动是分别多次读数，每次读数之间又无关系。因此，圆跳动仅反映单个测量面内被测要素轮廓形状的误差情况，而全跳动则反映整个被测表面的误差情况。

2）全跳动是一项综合性指标，它可以同时控制圆度、同轴度、圆柱度、素线的直线度、平行度、垂直度等几何误差。对一个零件的同一被测要素，全跳动包括了圆跳动。显然，当给定公差值相同时，标注全跳动的要比标注圆跳动的要求更严格。

3）径向全跳动的公差带与圆柱度的公差带形式一样，只是前者公差带的轴线与基准轴线同轴，而后者的轴线是浮动的。因此，如可忽略同轴度误差时，可用径向全跳动的测量来控制该表面的圆柱度误差，因为同一被测表面的圆柱度误差必小于径向全跳动测得值。虽然在径向全跳动的测量中得不到圆柱度误差值，但如果全跳动不超差，圆柱度误差也不会超差。

4）在生产中，有时用检测径向全跳动的方法测量同轴度。这样，表面的形状误差必须反映到测量值中，得到偏大的同轴度误差值。该值如不超差，同轴度误差不会超差；若测得值超差，同轴度也不一定超差。

5）轴向全跳动的公差带与平面对轴线的垂直度公差带完全一样，故可用轴向全跳动或其测量值代替垂直度或其误差值。两者控制结果是一样的，而轴向全跳动的检测方法比较简单。但轴向圆跳动则不同，不能用检测轴向圆跳动的方法检测平面对轴线的垂直度。

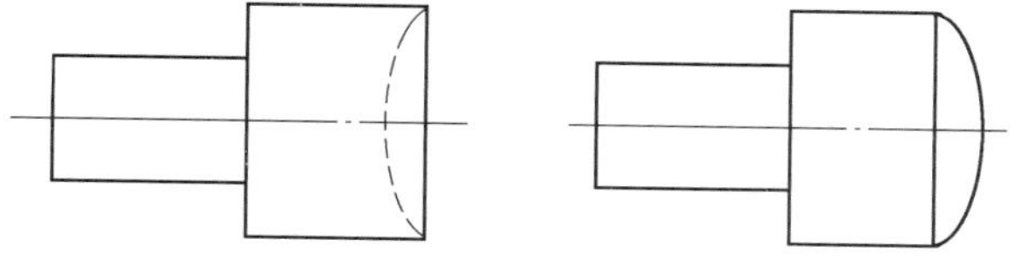

图 4-84 端面呈圆弧形

如图 4-84 所示，被测实际端面为圆弧形，测得轴向圆跳动误差为零，而该表面对轴线的垂直度误差并不等于零。

第四节 公差相关要求（GB/T 16671—2018）及其应用

公差要求明确规定了确定尺寸（线性尺寸和角度尺寸）公差和几何公差之间相互关系的要求。相关要求包括包容要求、最大实体要求、最小实体要求、可逆要求。

一、有关公差要求的基本概念

1. 作用尺寸和关联作用尺寸

任何零件加工后，所产生的尺寸、形状和位置误差都会综合地影响零件的功能。图 0-1 所示的齿轮轴的轴颈与齿轮液压泵两端盖孔的配合 ϕ15H7（$^{+0.018}_{0}$）/f6（$^{-0.016}_{-0.027}$），如果加工后两端盖的孔具有理想的形状，且实际尺寸处处皆为 ϕ15mm，而轴颈的实际尺寸处处为 ϕ14.984mm；但如果轴颈加工后产生了轴线弯曲的形状误差，如图 4-85 所示。这将表示轴颈与孔装配时起作用的尺寸增大了；如果孔存在轴线弯曲形状误差，则表示孔装配时起作用的尺寸减小了。结果是轴颈与端盖孔装配时的间隙就可能减小，甚至产生轴颈装不进孔中，成为过盈配合，改变了零件的功能要求。故不可只从实际尺寸的大小来判断配合性质，而应根据实际尺寸和形状误差的综合影响结果来判断配合性质。

同样，零件加工后的实际尺寸与位置误差的结合，也可以对配合和功能要求产生影响。我们将只有形状误差影响的要素，简称单一要素；而将有位置误差影响的要素，称为关联要素。

（1）单一要素的作用尺寸　单一要素的作用尺寸分为体外作用尺寸与体内作用尺寸。

1）体外作用尺寸。对于轴，所谓体外作用尺寸是指在被测要素的给定长度上，与实际内表面体外相接的最大理想面的直径或宽度，如图 4-86a 所示的 d_{fe}；对于孔，其体外作用尺寸是指在被测要素的给定长度上，与实际外表面体外相接的最小理想面的直径或宽度，如图 4-86b 所示的 D_{fe}。

单一要素的体外作用尺寸是直接影响配合与装配功能的尺寸。

体外作用尺寸的特点是表示该尺寸的理想面处于零件的实体之外。因此，轴的体外作用尺寸大于或等于轴的实际尺寸；孔的体外作用尺寸小于或等于孔的实际尺寸。

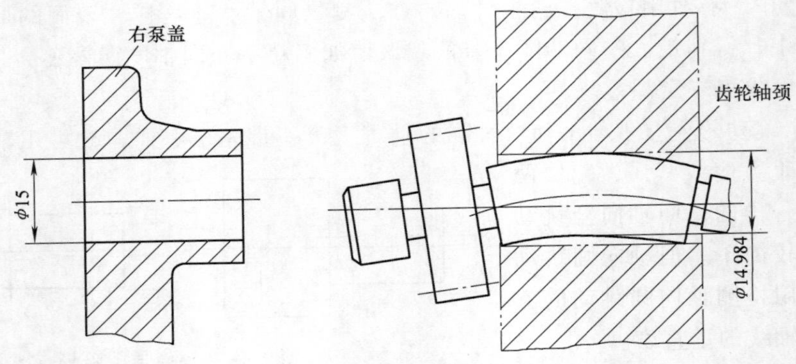

图 4-85　实际尺寸与形状误差的综合作用

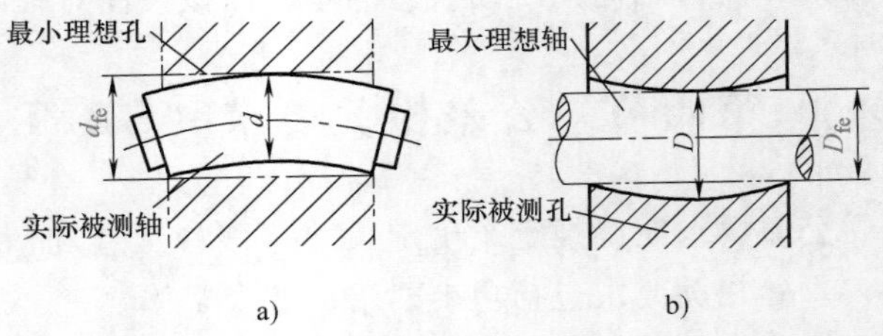

图 4-86　单一要素的体外作用尺寸

a) 轴的体外作用尺寸　b) 孔的体外作用尺寸

2）体内作用尺寸。外表面（轴）的体内作用尺寸 d_{fi}，是指在被测要素的给定长度上，与实际内表面体内相接的最小理想面的直径或宽度（图 4-87a）。内表面（孔）的体内作用尺寸 D_{fi}，是指在被测要素的给定长度上，与实际外表面体内相接的最大理想面的直径或宽度（图 4-87b）。

体内作用尺寸的特点是表示该尺寸的理想面处于零件的实体之内。因此，轴的体内作用尺寸小于或等于轴的实际尺寸；孔的体内作用尺寸大于或等于孔的实际尺寸。

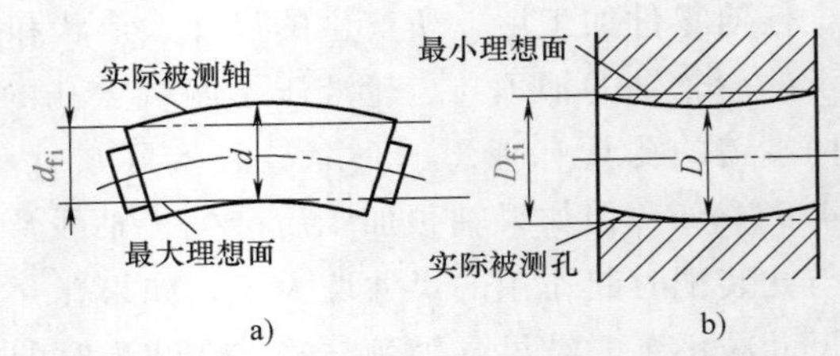

图 4-87　单一要素的体内作用尺寸

a) 轴的体内作用尺寸　b) 孔的体内作用尺寸

必须指出，作用尺寸不仅与实际要素的局部实际尺寸有关，还与实际要素的形位误差有关。因此，作用尺寸是由实际尺寸和形位误差综合形成的。对于每个零件，作用尺寸不尽相同，但每一个零件的体外与体内作用尺寸只有一个。对于被测实际轴，其体外作用尺寸大于体内作用尺寸；而对于被测实际孔，其体外作用尺寸小于体内作用尺寸。

（2）关联要素的作用尺寸　关联要素的体外作用尺寸是指在结合面的全长上，与有位置要求的实际要素外相接的最小理想孔（对轴）或外相接的最大理想轴（对孔）的尺寸，如图 0-1 所示的齿轮轴两轴颈与两端盖孔的配合 ϕ15H7/f6。如果加工后两端盖的孔具有理想的形状和位置（即两孔轴线同轴）且实际尺寸处处皆为 ϕ15mm，且加工后轴颈的实际尺寸处处为 ϕ14.984mm，但如果两端轴颈产生了不同轴的误差（图 4-88b），这将表示轴颈与孔装配时，起作用的尺寸增大了；相反，如果孔存在轴线不同轴误差（图 4-88a），则表示孔装配时起作用的尺寸减小了。结果同样使轴颈与两端盖孔装配时各偏向一个方向，造成间隙减小和不均匀，破坏油膜，降低润滑效果，严重时还将影响轴颈装不进两端孔内。

关联要素的体内作用尺寸则是指在结合面的全长上，与有位置要求的实际内表面体内相接的最小理想面或与实际外表面体内相接的最大理想面的直径或宽度。如图 4-89 所示，两孔不平行时的 D_{fi}尺寸，将影响 B 的最小厚度。

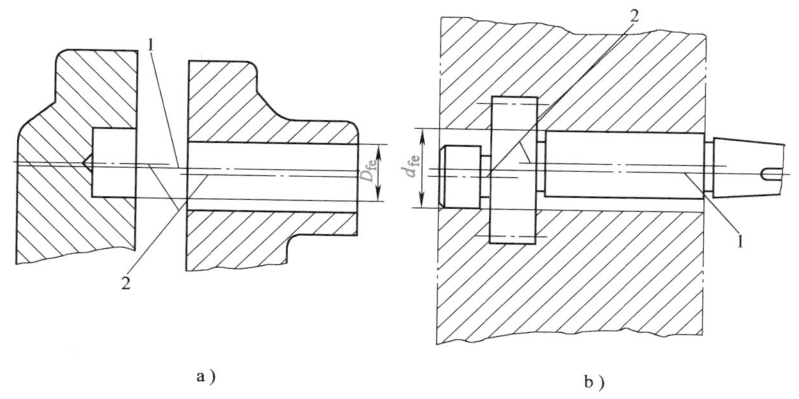

图 4-88 关联要素的体外作用尺寸

a）两端盖孔不同轴时 b）两端轴颈不同轴时

1—孔或轴的理论轴线 2—孔或轴的实际轴线

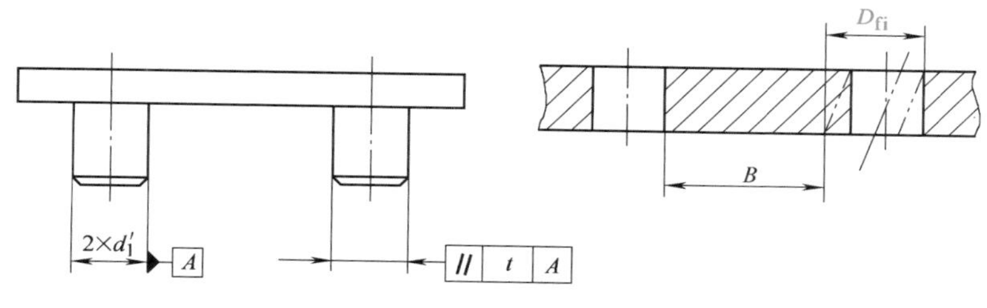

图 4-89 关联要素的体内作用尺寸

对于关联要素，其理想面的轴线或中心平面必须与基准要素保持图样给定的几何关系。

2. 最大、最小实体状态和最大、最小实体实效状态

（1）最大、最小实体状态 上面所介绍的齿轮液压泵两端盖孔与齿轮轴两轴颈在配合时，由于它们的实际尺寸可以在各自的尺寸公差范围内变化，当孔加工后的实际尺寸正好等于孔公差范围所允许的下极限尺寸、轴加工后的实际尺寸正好等于轴公差范围所允许的上极限尺寸时，孔、轴处于最大实体状态 MMC（即具有材料量最多时的状态）。在最大实体状态时所具有的尺寸称为最大实体尺寸（D_M 与 d_M）。如图 0-1 所示，端盖孔的最大实体尺寸应为 ϕ15mm，轴颈的最大实体尺寸应为 ϕ14.984mm。相反，当孔的实际尺寸等于上极限尺寸、轴的实际尺寸等于下极限尺寸时的状态称为最小实体状态 LMC（具有材料量最少时的状态），此时所具有的尺寸称为最小实体尺寸（D_L 与 d_L）。如图 0-1 所示，端盖孔的最小实体尺寸应为 ϕ15.018mm，轴颈的最小实体尺寸应为 ϕ14.973mm。

（2）最大与最小实体实效状态 最大与最小实体实效状态（MMVC/LMVC）是指在给定长度上，实际要素分别处于最大与最小的实体状态，且其中心要素的形状或位置误差等于给出公差值时的综合极限状态。

3. 最大与最小实体实效尺寸（MMVS/LMVS）

（1）最大实体实效尺寸 为最大实体实效状态下的体外作用尺寸。对于外表面与内表

面，分别为最大实体尺寸加或减几何公差值 δ（加注符号Ⓜ的），即

$$MMVS=MMS\pm\delta$$

外表面与内表面的最大实体实效尺寸分别用代号 d_{MV}、D_{MV}表示。

(2) 最小实体实效尺寸　为最小实体实效状态下的体内作用尺寸。对于外表面与内表面，分别为最小实体尺寸减或加形位公差值 t（加注符号Ⓛ时），即

$$LMVS=LMS\mp\delta$$

外表面与内表面的最小实体实效尺寸分别用代号 d_{LV}、D_{LV}表示。

以前述的齿轮轴轴颈为例，如图样上规定两轴颈的同轴度公差值为 0.012mm 时，且公差值后加注有符号Ⓜ时，则轴颈关联要素的最大实体实效尺寸应为

$$d_{MV}=14.984\text{mm}+0.012\text{mm}=14.996\text{mm}$$

4. 理想边界

理想边界为设计所给定，是指具有理想形状的极限包容面。对于孔和内表面，它的理想边界相当于一个具有理想形状的外表面；对于轴和外表面，它的理想边界相当于一个具有理想形状的内表面。

设计时，根据零件的功能和经济性要求，常给出以下几种理想边界：

(1) 最大实体边界（MMB）　尺寸为最大实体尺寸时的理想边界称为最大实体边界。

(2) 最大实体实效边界（MMVB）　尺寸为最大实体实效尺寸时的理想边界称为最大实体实效边界。

边界是用来控制被测要素的实际轮廓的。如对于轴，该轴的实际圆柱面不能超越边界，以此来保证装配。而几何公差值则是对于中心要素而言的，如轴线的直线度采用最大实体要求，对轴线而言，应该说几何公差值是对轴线直线度误差的控制。最大实体实效边界则是对其实际的圆柱面的控制，这一点应特别注意。

(3) 最小实体边界（LMB）　尺寸为最小实体尺寸时的理想边界称为最小实体边界。

(4) 最小实体实效边界（LMVB）　尺寸为最小实体实效尺寸时的理想边界称为最小实体实效边界。

二、包容要求

包容要求是尺寸要素的非拟合要素不得违反其最大实体实效边界（MMVB）的一种尺寸要素要求。

包容要求主要用于单一要素，在被测要素的尺寸公差后加注符号Ⓔ。如图 4-90 所示，要求轴径 $\phi52_{-0.03}^{\ 0}$mm 的尺寸公差和轴线直线度之间遵守包容要求。该轴的实际表面和轴线应位于具有最大实体尺寸、具有理想形状的包容圆柱面之内。在此条件下，轴径尺寸允许在(ϕ51.97~ϕ52)mm之间变化，而轴线的直线度误差允许值视轴径的局部实际尺寸而定。当零件的局部实际轴径为最小实体尺寸 ϕ51.97mm 时，轴线的直线度误差可允许为 ϕ0.03mm；当轴径尺寸为最大实体尺寸 ϕ52mm 时，轴线的直线度误差为零。当轴径为最大和最小实体尺寸之间的任一尺寸时，轴线的直线度误差值将为最大实体尺寸减实际尺寸的差值，如实际尺寸为 ϕ51.98mm，则轴线的直线度误差值为（ϕ52-ϕ51.98）mm=0.02mm。总之，该轴的实体不得超出具有最大实体尺寸 ϕ52mm、具有理想形状的包容圆柱面。这时的尺寸公差控制了形状公差。

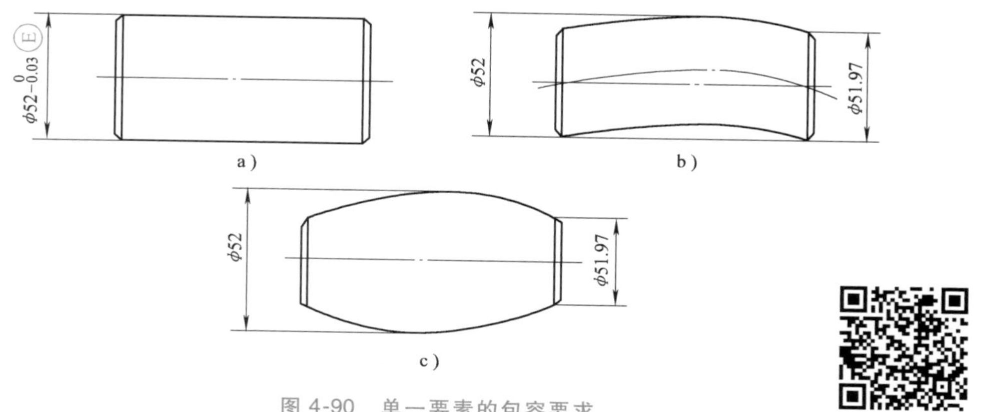

图 4-90 单一要素的包容要求

标注包容要求的几何要素应检验其实际尺寸，同时还应检验其体外作用尺寸。局部实际尺寸不超出最小实体尺寸，体外作用尺寸则应不超出最大实体边界。局部实际尺寸可用通用量具按两点法测量，体外作用尺寸用综合量规测量。

包容要求用于机器零件上配合性质要求较严格的配合表面，如回转轴的轴颈和滑动轴承、滑动套筒和孔、滑块和滑块槽等。

图 4-91 所示是在图 4-90 所示标注的基础上又标注了轴线的直线度误差 $\phi0.01$mm。其意义是当轴径尺寸为（$\phi51.99$~$\phi52$）mm 时，则轴线的直线度误差应为0~$\phi0.01$mm；当轴径尺寸为（$\phi51.97$~$\phi51.99$）mm（最小实体尺寸）时，轴线直线度误差仍允许为 $\phi0.01$mm。总之，按标注轴线直线度误差不得大于 $\phi0.01$mm，而圆柱表面不能超出具有最大实体尺寸 $\phi52$mm 的理想包容圆柱面。

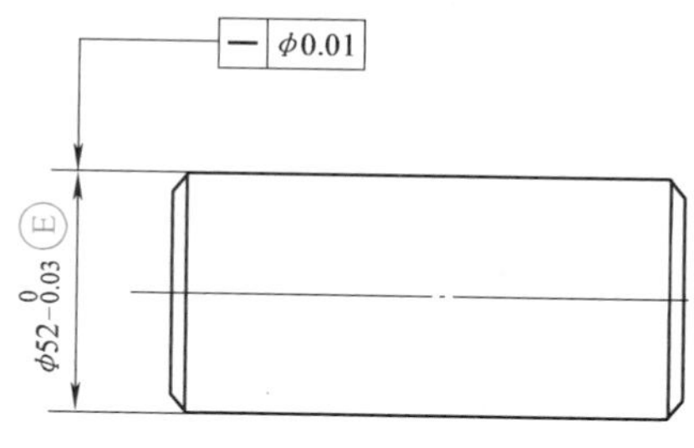

图 4-91 同时应用独立原则和包容要求

三、最大实体要求

最大实体要求是指尺寸要素的非拟合要素（被测要素的提取要素）不得违反其最大实体实效状态（MMVC）的一种尺寸要素要求，也即尺寸要素的非拟合要素不得超越其最大实体实效边界（MMVB）的一种尺寸要素要求。在这个前提下，测得的实际尺寸偏离最大实体尺寸时，允许其几何误差值超出在最大实体状态下给出的公差值，即允许其几何公差值增大。一般表示是在被测要素的公差框格中的公差值后或基准符号字母后标注符号Ⓜ。

按最大实体要求规定，图上标注的几何公差值是在被测要素或基准要素处在最大实体条件下所给定的。当被测要素偏离最大实体尺寸时，几何公差值可得到一个补偿值，该补偿值是最大实体尺寸和局部实际尺寸之差。当基准要素偏离最大实体尺寸时，则允许基准要素在其偏离的区域内浮动，它的浮动范围就是基准要素的体外作用尺寸与其边界尺寸之差。基准要素的浮动改变了被测要素相对于它的位置误差值，能间接地进行补偿。

最大实体要求常用于对零件配合性质要求不严、但要求顺利保证零件可装配性的场合。

例 4-4　如图 4-92a 所示，按图样规定，轴径最大实体尺寸为 ϕ20mm，这时相应的中心要素，即轴线的直线度公差值为 ϕ0.01mm，轴径最大实体实效尺寸为

$$d_{MV} = d_M + t = (20 + 0.01)\text{mm} = 20.01\text{mm}$$

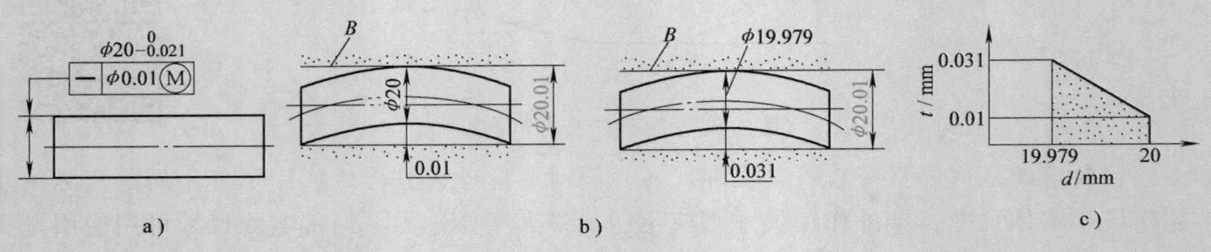

图 4-92　最大实体要求用于单一要素示例

a）标注示例　b）实体实效边界　c）形状公差与实际尺寸变化动态图

如图 4-92b 所示，按实体实效边界，当轴处于最小实体状态时，允许轴线直线度误差可达 0.031mm；实际尺寸不得超越极限尺寸，即应在上极限尺寸 20mm 与下极限尺寸 19.979mm 范围内。图 4-92c 表示形状公差值能够增大多少，取决于被测要素偏离最大实体状态的程度。形状公差的最大值为图样上给定的形状公差值与尺寸公差值之和。

例 4-5　如图 4-93 所示，图样给定孔的最大实体尺寸为 ϕ50mm，孔轴线垂直度公差值为 ϕ0.08mm，孔的实体实效尺寸应为

$$D_{MV} = D_M - t = (50 - 0.08)\text{mm} = 49.92\text{mm}$$

当孔的直径为最大实体尺寸 ϕ50mm 时，垂直度公差值为 ϕ0.08mm。孔的直径为最小实体尺寸 ϕ50.13mm 时，垂直度公差值可达图样上给定的公差值与尺寸公差值之和，即 ϕ0.21mm。

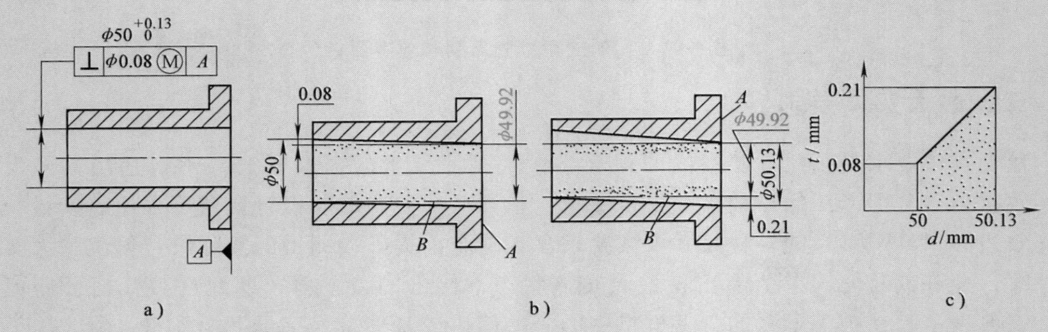

图 4-93　最大实体要求应用于被测要素

a）图样给定的公差　b）最大实体实效边界 B　c）垂直度公差变化规律

t—位置公差值　d—实际尺寸

四、最小实体要求

最小实体要求是指尺寸要素的非拟合要素不得违反其最小实体实效状态（LMVC）的一种尺寸要素要求，也即尺寸要素的非拟合要素不得超越其最小实体实效边界（LMVB）的一种尺寸要素要求。在这个前提下，当其实际尺寸偏离最小实体尺寸时，允许其几何误差值超出在最小实体状态下给出的公差值，即允许几何公差值增大。最小实体要求常用于保证零件的最小壁厚，以保证必要的强度要求的场合。

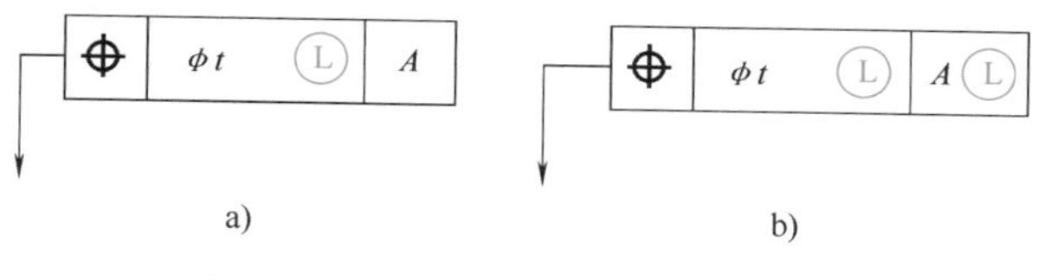

图 4-94　最小实体要求的标注形式

最小实体要求用符号Ⓛ表示。当被测要素采用最小实体要求时，将符号Ⓛ标在公差框格中形位公差值的右边，如图 4-94a 所示。当基准要素采用最小实体要求时，将符号Ⓛ标在公差框格中基准符号的右边；被测要素和基准要素同时采用最小实体要求时，几何公差值和基准符号右边同时加注Ⓛ，如图 4-94b 所示。

例 4-6　图 4-95a 所示 $\phi 8_{0}^{+0.25}$mm 孔在以基准 A 标注的理论正确尺寸[6]所确定的中心为位置度公差带 ϕ0.4mm 的理论位置，当孔的实际尺寸为最小实体尺寸（即 ϕ8.25mm）时，允许的位置度误差为 0.2mm（指孔中心的左右移动），此时孔边距平面 A 的最小距离为

$$S_{\min}=(6-0.2-4.125)\text{mm}=1.675\text{mm}$$

图 4-95b 说明当孔的实际轮廓偏离最小实体状态，即它的实际尺寸不是最小实体尺寸时，实际尺寸与最小实体尺寸的偏离量可以补偿给几何公差值，使其几何误差值可以超出在最小实体状态下给出的几何公差值（本例中当孔的实际尺寸为 ϕ8mm 时，位置度公差最大可增至 0.4mm+0.25mm=0.65mm）。

图 4-95c 表示了孔的实际直径（假设处处相等）与允许的位置度误差之间的关系，即动态公差图。

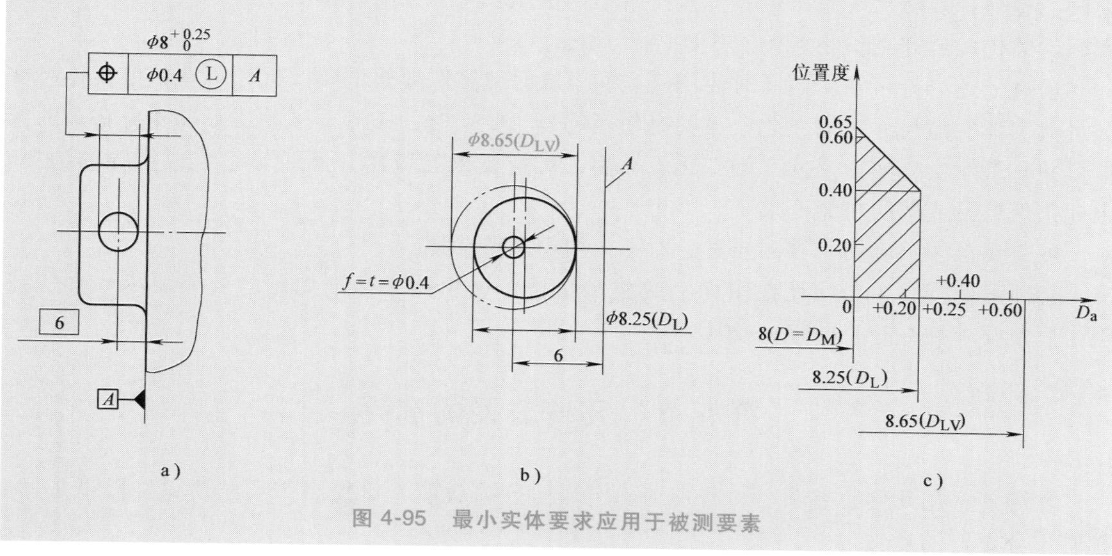

图 4-95　最小实体要求应用于被测要素

五、可逆要求

可逆要求为最大实体要求（MMR）或最小实体要求（LMR）的附加要求，表示尺寸公差可以在实际几何误差小于几何公差之间的差值范围内增大。可逆要求是既允许尺寸公差补偿给几何公差，反过来也允许几何公差补偿给尺寸公差的一种要求。

（一）标注

可逆要求用符号Ⓡ表示，必须与符号Ⓜ或Ⓛ一起使用。使用时将符号Ⓡ置于被测要素几何公差框格中的最大实体要求符号Ⓜ或最小实体要求符号Ⓛ的右边，如图 4-96a、b 所示。

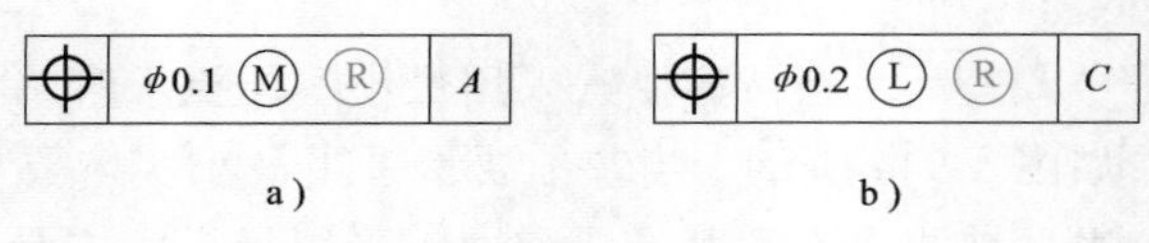

图 4-96　可逆要求Ⓡ的标注

（二）原理解释

1. Ⓡ与Ⓜ共同使用时

此时，要求被测要素既要满足Ⓜ要求，也要满足Ⓡ要求。当被测要素实际尺寸偏离最大实体尺寸时，偏离量可补偿给几何公差值；当被测要素的几何误差值小于给定值时，所小的差值可补偿给尺寸公差值。换句话说，当满足Ⓜ要求时，可使被测要素的几何公差增大；而当满足Ⓡ要求时，可使被测要素的尺寸公差增大。但必须强调，被测要素此时的实际轮廓仍应遵守其最大实体实效边界。

2. Ⓡ与Ⓛ共同使用时

此时，要求被测要素既要满足Ⓛ要求，也要满足Ⓡ要求。当被测要素实际尺寸偏离最小实体尺寸时，偏离量可补偿给几何公差值；当被测要素的几何误差值小于公差框格中的给定值时，也允许实际尺寸超出尺寸公差所给出的极限尺寸（最小实体尺寸）。此时被测要素的实际轮廓仍应遵守其最小实体实效边界。

通过上述讨论可知：当同时使用Ⓜ与Ⓡ要求时，被测要素的实际尺寸可在最小实体尺寸与最大实体实效尺寸之间变化；当同时使用Ⓛ与Ⓡ要求时，被测要素的实际尺寸可在最大实体尺寸与最小实体实效尺寸之间变化。显然，可逆要求的应用并不破坏它本应遵守的边界，因此仍保持Ⓜ或Ⓛ的功能要求。

可逆要求Ⓡ只应用于被测要素，而不应用于基准要素。

必须强调指出，今后凡在图样上或技术文件中采用国家标准规定的公差要求时，应注明：公差要求按 GB/T 16671—2018。

第五节　几何公差的选择

正确地选用几何公差项目，合理地确定几何公差数值，对提高产品的质量和降低成本，具有十分重要的意义。

几何公差的选用，主要包含选择和确定公差项目、公差数值、基准以及选择正确的标注方法。

一、几何公差项目的选择

几何公差项目选择的基本依据是要素的几何特征、零件的结构特点和使用要求。因为任何一个机械零件都是由简单的几何要素组成的，机械加工时，零件上的要素总是存在着几何误差的，而几何公差项目就是对零件上某个要素的形状和要素之间的相互位置的精度要求，所以选择几何公差项目的基本依据是要素。然后，按照零件的结构特点、使用要求、检测的方便和几何公差项目之间的协调来选定。

例如，回转类（轴类、套类）零件中的阶梯轴，其轮廓要素是圆柱面、端面，中心要素是轴线。圆柱面选择圆柱度是理想项目，因为它能综合控制径向的圆度误差、轴向的直线度误差和素线的平行度误差。考虑检测的方便性，也可选圆度和素线的平行度。但需要注意，当选定为圆柱度时，若对圆度无进一步要求，就不必再选圆度，以避免重复。对于要素之间的位置关系，如阶梯轴的轴线有位置要求，可选用同轴度或跳动项目。具体选哪一项目，应根据项目的特征、零件的使用要求、检测等因素确定。从项目特征来看，同轴度主要用于轴线，是为了限制轴线的偏离。跳动能综合限制要素的形状和位置误差，且检测方便，但它不能反映单项误差。再从零件的使用要求看，如果阶梯轴两轴承位明确要求限制轴线间的偏差，应采用同轴度；但如阶梯轴对几何精度有要求，而又无须区分轴线的位置误差与圆柱面的形状误差，则可选择跳动项目。

二、几何公差值的确定

1. 公差等级

几何公差值的确定原则是根据零件的功能要求，并考虑加工的经济性和零件的结构、刚性等情况。几何公差值的大小由几何公差等级确定（结合主参数）。因此，确定几何公差值实际上就是确定几何公差等级。在国家标准中，将几何公差分为 12 个等级，1 级最高（圆度与圆柱度分为 13 个等级，0 级最高），依次递减，6 级与 7 级为基本级（表 4-4）。

表 4-4　几何公差基本级

基本级	几何公差特征				
6	—	⏥	∥	⊥	∠
7	○	⌭	◎	⌯	↗

2. 几何公差等级与有关因素的关系

几何公差等级与尺寸公差等级、表面粗糙度、加工方法等因素有关，故选择几何公差等级时，可参照这些影响因素综合加以确定，详见表 4-5～表 4-17。

表 4-5　直线度和平面度公差值（GB/T 1184—1996）　　（单位：μm）

主参数 L/mm	公差等级											
	1	2	3	4	5	6	7	8	9	10	11	12
≤10	0.2	0.4	0.8	1.2	2	3	5	8	12	20	30	60
>10~16	0.25	0.5	1	1.5	2.5	4	6	10	15	s25	40	80
>16~25	0.3	0.6	1.2	2	3	5	8	12	20	30	50	100
>25~40	0.4	0.8	1.5	2.5	4	6	10	15	25	40	60	120
>40~63	0.5	1	2	3	5	8	12	20	30	50	80	150
>63~100	0.6	1.2	2.5	4	6	10	15	25	40	60	100	200
>100~160	0.8	1.5	3	5	8	12	20	30	50	80	120	250
>160~250	1	2	4	6	10	15	25	40	60	100	150	300
>250~400	1.2	2.5	5	8	12	20	30	50	80	120	200	400
>400~630	1.5	3	6	10	15	25	40	60	100	150	250	500

注：主参数 L 为被测要素的长度。

表 4-6　直线度和平面度公差等级与表面粗糙度的对应关系　　（单位：μm）

主参数/mm	公差等级											
	1	2	3	4	5	6	7	8	9	10	11	12
	表面粗糙度值 Ra 不大于											
≤25	0.025	0.050	0.10	0.10	0.20	0.20	0.40	0.80	1.60	1.60	3.2	6.3
>25~160	0.050	0.10	0.10	0.20	0.20	0.40	0.80	0.80	1.60	3.2	6.3	12.5
>160~1000	0.10	0.20	0.40	0.40	0.80	1.60	1.60	3.2	3.2	6.3	12.5	12.5

注：6、7、8、9 级为常用的几何公差等级，6 级为基本级。

表 4-7　直线度和平面度公差等级应用举例

公差等级	应用举例
1、2	用于精密量具、测量仪器以及精度要求较高的精密机械零件，如零级样板、平尺、零级宽平尺、工具显微镜等精密测量仪器的导轨面，喷油嘴针阀体端面平面度，液压泵柱塞套端面的平面度等
3	用于零级及 1 级宽平尺工作面、1 级样板平尺的工作面、测量仪器圆弧导轨的直线度，以及测量仪器的测杆直线度等
4	用于量具、测量仪器和机床的导轨，如 1 级宽平尺、零级平板，测量仪器的 V 形导轨，高精度平面磨床的 V 形导轨和滚动导轨，以及轴承磨床及平面磨床床身直线度等
5	用于 1 级平板，2 级宽平尺，平面磨床纵导轨、垂直导轨、立柱导轨和平面磨床的工作台，液压龙门刨床导轨面，转塔车床床身导轨面，柴油机进排气门导杆直线度等
6	用于 1 级平板，卧式车床床身导轨面，龙门刨床导轨面，滚齿机立柱导轨，床身导轨及工作台，自动车床床身导轨，平面磨床垂直导轨，卧式镗床、铣床工作台以及机床主轴箱导轨，柴油机进排气门导杆直线度，以及柴油机机体上部接合面等
7	用于 2 级平板，0.02mm 游标卡尺尺身的直线度，机床主轴箱体，滚齿机床身导轨的直线度，镗床工作台，摇臂钻底座工作台，柴油机气门导杆，液压泵盖的平面度，压力机导轨及滑块的平面度

（续）

公差等级	应用举例
8	用于2级平板，车床溜板箱体，机床主轴箱体，机床传动箱体，自动车床底座的直线度，气缸盖接合面、气缸座、内燃机连杆分离面的平面度，减速机壳体的接合面平面度
9	用于3级平板、机床溜板箱、立钻工作台、螺纹磨床的交换齿轮架、金相显微镜的载物台、柴油机气缸体连杆的分离面、缸盖的接合面、阀片的平面度，空气压缩机气缸体、柴油机缸孔环面的平面度以及辅助机构及手动机械的支承面平面度
10	用于3级平板、自动车床床身底面的平面度，车床交换齿轮架的平面度，柴油机气缸体、摩托车的曲轴箱体、汽车变速器的壳体与汽车发动机缸盖接合面、阀片的平面度，以及液压、管件和法兰的联接面平面度等
11、12	用于易变形的薄片零件，如离合器的摩擦片、汽车发动机缸盖的接合面平面度等

表 4-8　圆度和圆柱度公差值（GB/T 1184—1996）　（单位：μm）

主参数 $d(D)$ /mm	公差等级												
	0	1	2	3	4	5	6	7	8	9	10	11	12
≤3	0.1	0.2	0.3	0.5	0.8	1.2	2	3	4	6	10	14	25
>3~6	0.1	0.2	0.4	0.6	1	1.5	2.5	4	5	8	12	18	30
>6~10	0.12	0.25	0.4	0.6	1	1.5	2.5	4	6	9	15	22	36
>10~18	0.15	0.25	0.5	0.8	1.2	2	3	5	8	11	18	27	43
>18~30	0.2	0.3	0.6	1	1.5	2.5	4	6	9	13	21	33	52
>30~50	0.25	0.4	0.6	1	1.5	2.5	4	7	11	16	25	39	62
>50~80	0.3	0.5	0.8	1.2	2	3	5	8	13	19	30	46	74
>80~120	0.4	0.6	1	1.5	2.5	4	6	10	15	22	35	54	87
>120~180	0.6	1	1.2	2	3.5	5	8	12	18	25	40	63	100
>180~250	0.8	1.2	2	3	4.5	7	10	14	20	29	46	72	115
>250~315	1.0	1.6	2.5	4	6	8	12	16	23	32	52	81	130
>315~400	1.2	2	3	5	7	9	13	18	25	36	57	89	140
>400~500	1.5	2.5	4	6	8	10	15	20	27	40	63	97	155

注：主参数 d（D）为被测要素的直径。

表 4-9　圆度和圆柱度公差等级与表面粗糙度的对应关系　（单位：μm）

主参数/mm	公差等级												
	0	1	2	3	4	5	6	7	8	9	10	11	12
	表面粗糙度值 Ra 不大于												
≤3	0.00625	0.0125	0.0125	0.025	0.05	0.1	0.2	0.2	0.4	0.8	1.6	3.2	3.2
>3~18	0.00625	0.0125	0.025	0.05	0.1	0.2	0.4	0.4	0.8	1.6	3.2	6.3	12.5
>18~120	0.0125	0.025	0.05	0.1	0.2	0.2	0.4	0.8	1.6	3.2	6.3	12.5	12.5
>120~500	0.025	0.05	0.1	0.2	0.4	0.8	0.8	1.6	3.2	6.3	12.5	12.5	12.5

注：7、8、9级为常用的几何公差等级，7级为基本级。

表 4-10 圆度和圆柱度公差等级与公差等级（IT）的对应关系

公差等级(IT)	圆度、圆柱度公差等级	公差带占尺寸公差的百分比
01	0	66
0	0	40
	1	80
1	0	25
	1	50
	2	75
2	0	16
	1	33
	2	50
	3	85
3	0	10
	1	20
	2	30
	3	50
	4	80
4	1	13
	2	20
	3	33
	4	53
	5	80
5	2	15
	3	25

公差等级(IT)	圆度、圆柱度公差等级	公差带占尺寸公差的百分比
5	4	40
	5	60
	6	95
6	3	16
	4	26
	5	40
	6	66
	7	95
7	4	16
	5	24
	6	40
	7	60
	8	80
8	5	17
	6	28
	7	43
	8	57
	9	85
9	6	16
	7	24
	8	32
	9	48

公差等级(IT)	圆度、圆柱度公差等级	公差带占尺寸公差的百分比
9	10	80
10	7	15
	8	20
	9	30
	10	50
	11	70
11	8	13
	9	20
	10	33
	11	46
	12	83
12	9	12
	10	20
	11	28
	12	50
13	10	14
	11	20
	12	35
14	11	11
	12	20
15	12	12

表 4-11 圆度和圆柱度公差等级应用举例

公差等级	应用举例
1	高精度量仪主轴、高精度机床主轴、滚动轴承滚珠和滚柱等
2	精密量仪主轴、外套、阀套，高压油泵柱塞及套，纺锭轴承，高速柴油机进、排气门，精密机床主轴轴颈，针阀圆柱表面，喷油泵柱塞及柱塞套
3	工具显微镜套管外圆，高精度外圆磨床轴承，磨床砂轮主轴套筒，喷油嘴针、阀体，高精度微型轴承内外圈
4	较精密机床主轴，精密机床主轴箱孔，高压阀门活塞、活塞销、阀体孔，工具显微镜顶针，高压液压泵柱塞，较高精度滚动轴承配合轴，铣削动力头箱体孔等
5	一般量仪主轴，测杆外圆，陀螺仪轴颈，一般机床主轴，较精密机床主轴及主轴箱孔，柴油机、汽油机活塞、活塞销孔，铣削动力头轴承箱座孔，高压空气压缩机十字头销、活塞，较低精度滚动轴承配合轴等
6	仪表端盖外圆、一般机床主轴及箱体孔、中等压力下液压装置工作面（包括泵、压缩机的活塞和气缸）、汽车发动机凸轮轴、纺机锭子、通用减速器轴颈、高速船用发动机曲轴、拖拉机曲轴主轴颈
7	大功率低速柴油机曲轴、活塞、活塞销、连杆、气缸，高速柴油机箱体孔，千斤顶或压力液压缸活塞，液压传动系统的分配机构，机车传动轴，水泵及一般减速器轴颈
8	低速发动机、减速器、大功率曲柄轴轴颈，压气机连杆盖、体，拖拉机气缸体、活塞，炼胶机冷铸轴辊，印刷机传墨辊，内燃机曲轴，柴油机机体孔、凸轮轴，拖拉机、小型船用柴油机气缸套
9	空气压缩机缸体，液压传动筒，通用机械杠杆与拉杆用套筒销子，拖拉机活塞环、套筒孔
10	印染机导布辊、绞车、起重机滑动轴承轴颈等

表 4-12　平行度、垂直度和倾斜度公差值（GB/T 1184—1996）　（单位：μm）

主参数 L,d(D)/mm	公差等级											
	1	2	3	4	5	6	7	8	9	10	11	12
≤10	0.4	0.8	1.5	3	5	8	12	20	30	50	80	120
>10~16	0.5	1	2	4	6	10	15	25	40	60	100	150
>16~25	0.6	1.2	2.5	5	8	12	20	30	50	80	120	200
>25~40	0.8	1.5	3	6	10	15	25	40	60	100	150	250
>40~63	1	2	4	8	12	20	30	50	80	120	200	300
>63~100	1.2	2.5	5	10	15	25	40	60	100	150	250	400
>100~160	1.5	3	6	12	20	30	50	80	120	200	300	500
>160~250	2	4	8	15	25	40	60	100	150	250	400	600
>250~400	2.5	5	10	20	30	50	80	120	200	300	500	800
>400~630	3	6	12	25	40	60	100	150	250	400	600	1000

注：主参数见表 4-13 注。

表 4-13　平行度和垂直度公差等级应用举例

公差等级	面对面平行度应用举例	面对线、线对线平行度应用举例	垂直度应用举例
1	高精度机床、高精度测量仪器以及量具等主要基准面和工作面		高精度机床、高精度测量仪器以及量具等主要基准面和工作面
2、3	精密机床、精密测量仪器、量具以及夹具的基准面和工作面	精密机床上重要箱体主轴孔对基准面及对其他孔的要求	精密机床导轨，普通机床重要导轨，机床主轴轴向定位面，精密机床主轴肩端面，滚动轴承座圈端面，齿轮测量仪的心轴，光学分度头心轴端面，精密刀具、量具工作面和基准面
4、5	卧式车床、测量仪器、量具的基准面和工作面，高精度轴承座圈、端盖、挡圈的端面	机床主轴孔对基准面要求、重要轴承孔对基准面要求、主轴箱体重要孔间要求、齿轮泵的端面等	普通机床导轨，精密机床重要零件，机床重要支承面，普通机床主轴偏摆，测量仪器、刀具、量具，液压传动轴瓦端面，刀、量具工作面和基准面
6、7、8	一般机床零件的工作面和基准面，如机床中导向滑块与滑槽的两配合面的平行度	机床一般轴承孔对基准面要求，主轴箱一般孔间要求，主轴花键对定心直径要求，如机床滑动套筒外圆中心线与齿条安装平面的平行度，机床连杆上两孔中心线的平行度	普通精度机床主要基准面和工作面，回转工作台端面，一般导轨，主轴箱体孔、刀架、砂轮架及工作台回转中心，一般轴肩对其轴线
9、10	低精度零件、重型机械滚动轴承端盖	柴油机和煤气发动机的曲轴孔、轴颈等	花键轴轴肩端面，传动带、运输机、法兰盘等对端面、轴线，手动卷扬机及传动装置中的轴承端面，减速器壳体平面等
11、12	零件的非工作面，绞车、运输机上用的减速器壳体平面		农业机械齿轮端面等

注：1. 在满足设计要求的前提下，考虑到零件加工的经济性，对于线对线和线对面的平行度和垂直度公差等级，应选用低于面对面的平行度和垂直度公差等级。

2. 使用本表选择面对面平行度和垂直度时，宽度应不大于 1/2 长度；若大于 1/2 长度，则降低一级公差等级选用。

表 4-14　平行度、垂直度和倾斜度公差等级与公差等级（IT）的对应关系

<table>
<tr><td>平行度（线对线、面对面）公差等级</td><td colspan="2">3</td><td colspan="2">4</td><td colspan="2">5</td><td colspan="2">6</td><td colspan="2">7</td><td colspan="2">8</td><td colspan="2">9</td><td colspan="2">10</td><td colspan="2">11</td><td colspan="2">12</td></tr>
<tr><td>公差等级（IT）</td><td colspan="7"></td><td colspan="2">3,4</td><td colspan="2">5,6</td><td colspan="2">7,8,9</td><td colspan="2">10,11,12</td><td colspan="2">12,13,14</td><td colspan="2">14,15,16</td><td></td></tr>
<tr><td>垂直度和倾斜度公差等级</td><td colspan="2">3</td><td colspan="2">4</td><td colspan="2">5</td><td colspan="2">6</td><td colspan="2">7</td><td colspan="2">8</td><td colspan="2">9</td><td colspan="2">10</td><td colspan="2">11</td><td colspan="2">12</td></tr>
<tr><td>公差等级（IT）</td><td></td><td colspan="2">5</td><td colspan="2">6</td><td colspan="2">7,8</td><td colspan="2">8,9</td><td colspan="2">10</td><td colspan="2">11,12</td><td colspan="2">12,13</td><td colspan="2">14</td><td colspan="2">15</td><td></td></tr>
</table>

注：6、7、8、9 级为常用的几何公差等级，6 级为基本级。

表 4-15　同轴度、对称度、圆跳动和全跳动公差值（GB/T 1184—1996）

（单位：μm）

主参数 $d(D)$,B,L /mm	公差等级											
	1	2	3	4	5	6	7	8	9	10	11	12
≤1	0.4	0.6	1.0	1.5	2.5	4	6	10	15	25	40	60
>1~3	0.4	0.6	1.0	1.5	2.5	4	6	10	20	40	60	120
>3~6	0.5	0.8	1.2	2	3	5	8	12	25	50	80	150
>6~10	0.6	1	1.5	2.5	4	6	10	15	30	60	100	200
>10~18	0.8	1.2	2	3	5	8	12	20	40	80	120	250
>18~30	1	1.5	2.5	4	6	10	15	25	50	100	150	300
>30~50	1.2	2	3	5	8	12	20	30	60	120	200	400
>50~120	1.5	2.5	4	6	10	15	25	40	80	150	250	500
>120~250	2	3	5	8	12	20	30	50	100	200	300	600
>250~500	2.5	4	6	10	15	25	40	60	120	250	400	800

注：主参数 d（D）、B、L 为被测要素的直径、宽度和长度。

表 4-16　同轴度、对称度、圆跳动和全跳动公差等级与公差等级（IT）的对应关系

同轴度、对称度、径向圆跳动、径向全跳动公差等级	1	2	3	4	5	6	7	8	9	10	11	12
公差等级(IT)	2	3	4	5	6	7,8	8,9	10	11,12	12,13	14	15
端面圆跳动、斜向圆跳动、端面全跳动公差等级	1	2	3	4	5	6	7	8	9	10	11	12
公差等级(IT)	1	2	3	4	5	6	7,8	8,9	10	11,12	12,13	14

注：6、7、8、9 级为常用的几何公差等级，7 级为基本级。

表 4-17　同轴度、对称度、跳动公差等级应用

公差等级	应用举例
5,6,7	这是应用范围较广的公差等级。用于几何精度要求较高、尺寸公差等级为 IT8 及高于 IT8 的零件。5 级常用于机床轴颈、计量仪器的测量杆、汽轮机主轴、柱塞液压泵转子、高精度滚动轴承外圈、一般精度滚动轴承内圈、回转工作台端面圆跳动。7 级用于内燃机曲轴、凸轮轴、齿轮轴、水泵轴、汽车后轮输出轴、电动机转子、印刷机传墨辊的轴颈、键槽
8,9	常用于几何精度要求一般、尺寸公差等级 IT9~IT11 的零件。8 级用于拖拉机发动机分配轴轴颈，与 9 级精度以下齿轮相配的轴，水泵叶轮，离心泵体，棉花精梳机前后滚子，键槽等。9 级用于内燃机气缸套配合面、自行车中轴

3. 确定几何公差等级应考虑的问题

1）考虑零件的结构特点。对于刚性较差的零件，如细长的轴或孔，某些结构特点的要素，如跨距较大的轴或孔，以及宽度较大的零件表面（一般大于 1/2 长度），因其加工时易产生较大的几何误差，因此应选择较正常情况低 1~2 级的几何公差等级。

2）协调几何公差值与尺寸公差值之间的关系。在同一要素上给出的形状公差值应小于位置公差值。例如，要求平行的两个表面，其平面度公差应小于平行度公差值。圆柱形零件的形状公差值（轴线的直线度除外）一般情况下应小于其尺寸公差值。平行度公差值应小于其相

应的距离尺寸的尺寸公差值。所以，几何公差值与相应要素的尺寸公差值，一般原则是

$$t_{形状} < t_{位置} < T_{尺寸}$$

3）协调形状公差与表面粗糙度的关系。表面粗糙度 Rz 的数值与形状公差 $t_{形}$ 的关系，对于中等尺寸、中等精度的零件，一般为 $Rz=(0.2\sim0.3)t_{形}$；对于高精度及小尺寸零件，$Rz=(0.5\sim0.7)t_{形}$。

三、基准的选择

如前所述，基准是确定关联要素间方向或位置的依据。在考虑选择位置公差项目时，必然同时考虑要采用的基准，如选用单一基准、组合基准还是选用多基准。

单一基准由一个要素作基准使用，如平面、圆柱面的轴线，可建立基准平面、基准轴线。组合基准由两个或两个以上要素构成，作为单一基准使用。选择基准时，一般应从下列几方面考虑：

1）根据要素的功能及其与被测要素间的几何关系来选择基准。例如轴类零件，通常以两个轴承为支承回转，其回转轴线是安装轴承的两轴颈的公共轴线，因此从功能要求和控制其他要素的位置精度来看，应选这两个轴颈的公共轴线为基准。

2）根据装配关系来选择基准。应选择零件相互配合、相互接触的表面作为各自的基准，以保证装配要求。

3）从加工、检验角度考虑，应选择在夹具、检具中定位的相应要素为基准。这样能使所选基准与定位基准、检测基准、装配基准重合，以消除由于基准不重合引起的误差。

例如，图 4-97 所示的圆柱齿轮以内孔 $\phi40^{+0.025}_{0}$mm 安装在轴上，轴向定位以齿轮端面靠在轴肩上。因此，齿轮端面对 $\phi40^{+0.025}_{0}$mm 轴线有垂直度要求，且要求齿轮两端面平行；同时考虑齿轮内孔与切齿分开加工，切齿时齿轮以端面和内孔定位在机床心轴上，当齿顶圆作为测量基准时，还要求齿顶圆的轴线与内孔 $\phi40^{+0.025}_{0}$mm 轴线同轴。事实上，端面和轴线都是设计基准，因此从使用要求、要素的几何关系、基准重合等考虑，选择 $\phi40^{+0.025}_{0}$mm 轴线作为端面与齿顶圆的基准是合适的。为了检测方便，如图4-97所示，采用了跳动公差（或全跳动公差）。

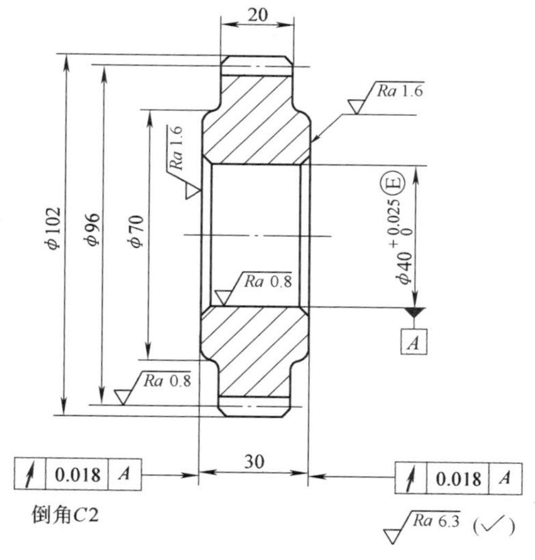

图 4-97 圆柱齿轮基准选择

选定 $\phi40^{+0.025}_{0}$mm 轴线为基准，还满足了装配基准、检测基准、加工基准与设计基准的重合，同时又使圆柱齿轮上各项位置公差采用统一的基准。

4）从零件的结构考虑，应选较大的表面、较长的要素（如轴线）作为基准，以便定位稳固、准确。对于结构复杂的零件，一般应选三个基准，建立三基面体系，以确定被测要素在空间的方向和位置。

通常定向公差项目，只要单一基准。定位公差项目中的同轴度、对称度，其基准可以是

单一基准，也可以是组合基准。对于位置度，采用三基面较为常见。

四、几何公差的选择方法与实例

1. 选择方法

1）根据功能要求确定几何公差项目。

2）参考几何公差与公差等级（IT）、表面粗糙度、加工方法的关系，再结合实际情况修正后，确定公差等级并查表得出公差值。

3）选择基准要素。

4）选择标注方法。

2. 实例

例 4-7　试确定图0-1所示齿轮液压泵中齿轮轴两轴颈 $\phi15f6$ 的几何公差和选择合适的标注方法。

解：

（1）齿轮轴两轴颈 $\phi15f6$ 形状公差的确定　由于齿轮轴在较高转速下工作，两轴颈与两端泵盖轴承孔为间隙配合时，为保证沿轴截面与横截面内各处间隙均匀，防止磨损不一致以及避免跳动过大，应严格控制其形状误差。现选择圆度与圆柱度公差项目。

1）确定公差等级。参考表 4-11 可选用 6~7 级；参考表 4-10 可选用 3~7 级。由于圆柱度为综合公差，故可考虑选用 6 级，而圆度公差选用 5 级。

即　　圆度公差查表 4-8 应为　　$t=2\mu m$

　　　圆柱度公差查表 4-8 应为　　$t=3\mu m$

2）选择公差要求。考虑到为既要保证可装配性，又要保证对中精度、运动精度和齿轮接触良好的功能要求，可采用单一要素的包容要求。

（2）齿轮轴两轴颈 $\phi15f6$ 位置公差的确定　为了保证可装配性和运动精度，应控制两轴颈的同轴度误差，但考虑到两轴颈的同轴度在生产中不便于检测，可用径向圆跳动公差来控制同轴度误差。

参考表 4-17，推荐同轴度公差等级可取为 5~7 级；参考表 4-16 则可取为 5~6 级。综合考虑为 6 级较合适。

查表 4-15，可得到圆跳动公差值 $t=8\mu m$。

（3）齿轮轴轴颈几何公差的标注　如图 4-98 所示。

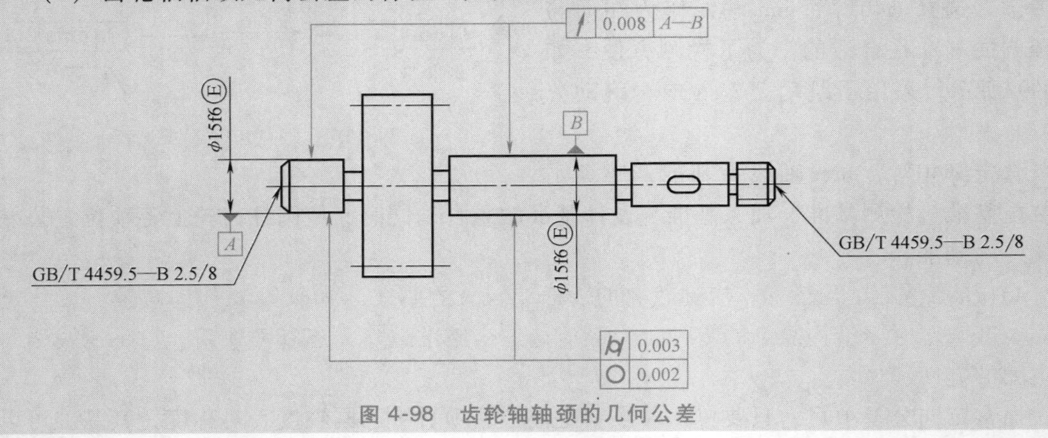

图 4-98　齿轮轴轴颈的几何公差

例 4-8　如图4-99 所示小轴，要求与孔全长间隙配合，轴的极限边界尺寸不允许超出 ϕ30mm，为了保证沿全长配合间隙不大于 0.006~0.034mm，不允许产生过大的轴线弯曲度。试确定其几何公差和选择合适的标注方法。

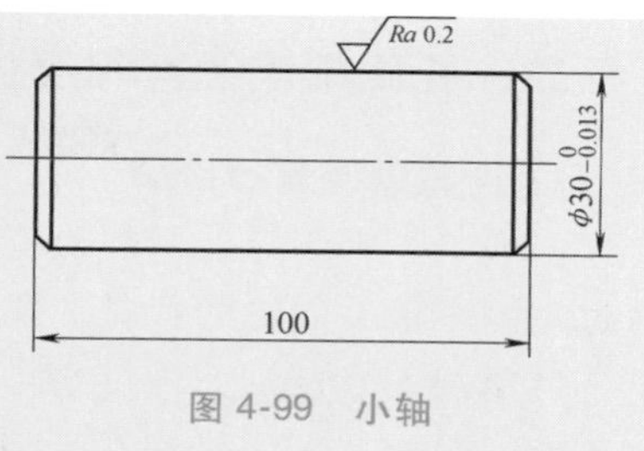

图 4-99　小轴

解：此零件为单一要素，不存在位置要求，为满足其功能要求，只考虑控制素线的直线度误差（同时也控制了轴线的形状误差）。按与表面粗糙度的关系，查表 4-6，推荐为 4 级。查表 4-5 得 t=0.004mm。

几何公差的标注形式可采用两种（图 4-100）。由于极限边界尺寸不允许超出 ϕ30mm，故不能采用图 4-100a 所示分别标注的形式；为保证小轴与孔沿全长的配合间隙的一致性，可采用图 4-100b 所示按单一要素的包容要求的标注形式，此时在极限边界尺寸不超过 ϕ30mm 的前提下，直线度误差在 0~0.004mm 范围内变化。

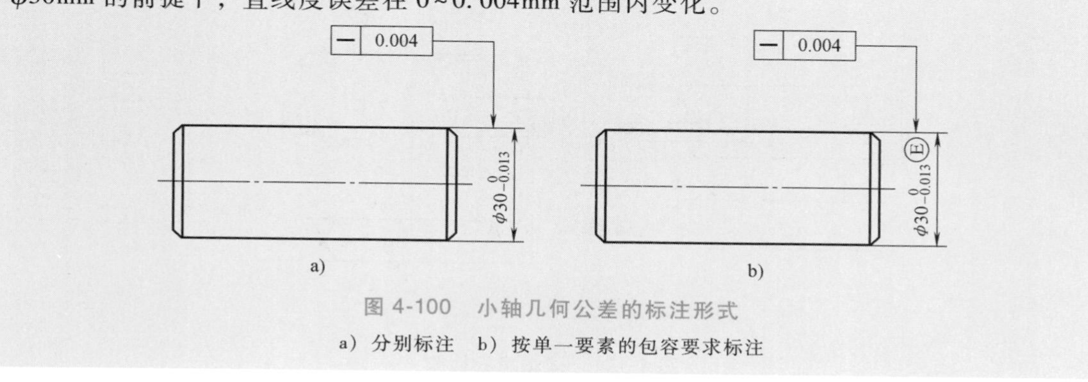

图 4-100　小轴几何公差的标注形式
a）分别标注　b）按单一要素的包容要求标注

第六节　箱体类零件检测

一、箱体类零件的主要检测项目

箱体类零件的主要检测项目包括以下几方面：

1）各加工表面的表面粗糙度及外观检查。

2）孔、平面的尺寸精度及几何形状精度。

3）孔距尺寸精度及相互位置精度（孔的轴线之间的同轴度、平行度、垂直度，孔的轴线与平面的平行度、垂直度等）。

前两项的检测比较简单。表面粗糙度一般采用与标准样块比较或目测评定，当表面粗糙度值要求较低时，可用专用量仪检测。外观检查只需根据工艺规程检查完工情况及加工表面有无缺陷等即可。孔的直径精度一般采用塞规检测，当需要确定误差的数值或单件小批生产时，用内径千分尺和内径千分表等量具检测；若精度要求很高时，可用气动量仪检测。如我国生产的浮标式气动量仪，示值误差为 1.2~0.4μm，反应速度为 1~1.5s，检测孔径准确有效。平面的直线度误差可用平尺和塞尺检测，也可用水平仪与桥板检测；平面的平面度误差可用水平仪与桥板检测，也可用涂色检测。

孔距精度及其相互位置精度的检测比较麻烦，下面着重介绍。

二、孔距精度及其相互位置精度的检测

1. 同轴度误差的检测

一般工厂常用综合量规检测，如图 4-101a 所示。量规的直径为孔的实效尺寸，当它能通过被测零件的同轴线孔时，即表明被测孔系的同轴度在公差之内。若要测定同轴度的偏差值，可用图 4-101b 所示的方法，将工件用固定支承支撑在平板上，基准孔轴线和被测孔轴线均由心轴模拟（心轴与孔无间隙配合），调整可调支承使工件的基准轴线与平板平行，分别测量被测孔端 A、B 两点，并求出各自与高度$\left(L+\dfrac{d}{2}\right)$的差值 f_{AX} 和 f_{BX}；然后将工件翻转 90°，按上述方法测取 f_{AY} 和 f_{BY}，则 A 点处的同轴度误差为：$f_A=2\sqrt{(f_{AX})^2+(f_{AY})^2}$，$B$ 点处的同轴度误差为：$f_B=2\sqrt{(f_{BX})^2+(f_{BY})^2}$，其中较大的值即为被测孔系的同轴度误差。

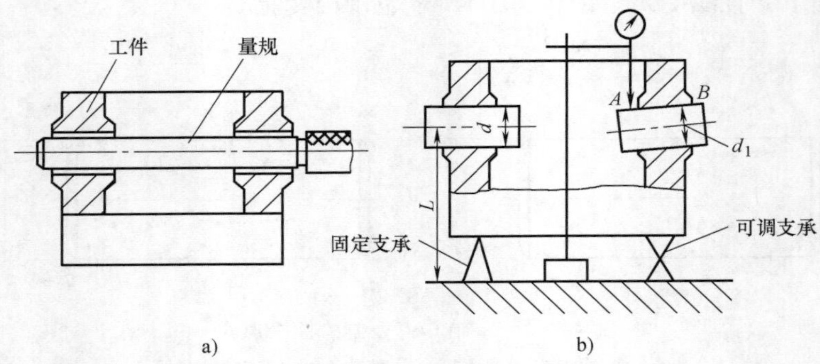

图 4-101　同轴度的检测

当被测孔径太大或被测孔之间的距离太大时，用上述方法检测很困难，可用准直仪和测量桥来检测。先将单足测量桥（结构如图 4-102 所示）放入Ⅰ孔内（图 4-103a），镜面 A 的轴线就与孔的轴线基本重合，记下镜面 A 此时的倾斜读数。然后移开单足测量桥，把双足测量桥放入Ⅰ、Ⅱ两孔内（图 4-103b），镜面 B 的轴线就与Ⅰ、Ⅱ两孔的公共轴线基本重合。若镜面 B 的倾斜读数与单足测量桥的读数一样，说明两孔同轴（假定孔径相等）；如果在水平或垂直方向有 θ 角的差值，则说明两孔不同轴，将 θ 值换算为线性值，即可得到两孔的同轴度误差。若被测两孔的尺寸不一样，可设计不等高双足测量桥；如果两孔的基本尺寸一样，仅尺寸偏差不一样，测量数据可以通过计算予以修正，即可求得两孔的同轴度误差。

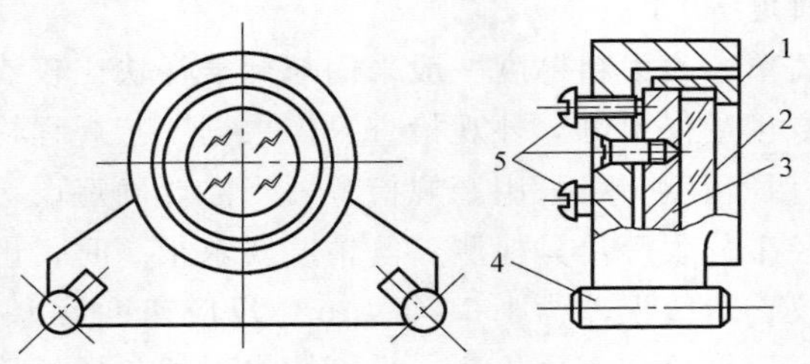

图 4-102　单足测量桥的结构

1—卡圈　2—反光镜　3—反光镜支承　4—滚柱　5—螺钉

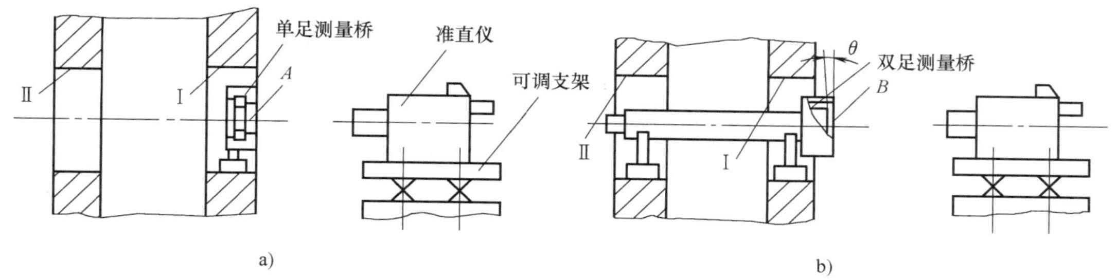

图 4-103　用准直仪和测量桥检测同轴度

2. 孔距的检测

当孔距的精度不高时，可直接用游标卡尺检测（图 4-104a）；当孔距精度较高时，可用心轴与千分尺检测（图 4-104b），也可用心轴与量规检测。

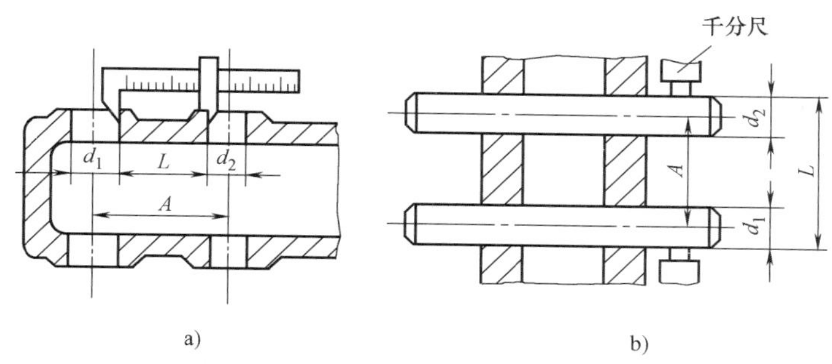

图 4-104　孔距的检测

3. 孔轴线的平行度误差的检测

孔轴线对基面的平行度误差的检测如图 4-105a 所示：将被测零件直接放在平板上，被测轴线由心轴模拟，用百分表测量心轴两端，其差值即为测量长度内轴线对基面的平行度误差。

孔轴线之间的平行度误差的检测如图 4-105b 所示：将被测零件放在等高支承上，基准轴线与被测轴线均由心轴模拟，用百分表在相互垂直的两个方向上测量。

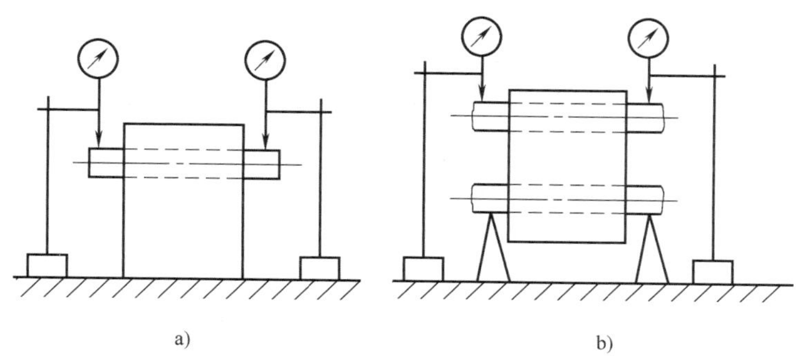

图 4-105　孔轴线的平行度的检测

4. 两孔轴线垂直度误差的检测

两孔轴线垂直度误差的检测可用图 4-106a 或 b 所示的方法。基准轴线和被测轴线均由心轴模拟，图 4-106a 所示的方法是：先用直角尺校准心轴与台面垂直，然后用百分表测量被测心轴两处，其差值即为测量长度内两孔轴线的垂直度误差；图 4-106 b 所示的方法是：在基准心轴上装百分表，然后将基准心轴旋转 180°，即可测定两孔轴线在 L 长度上的垂直度误差。

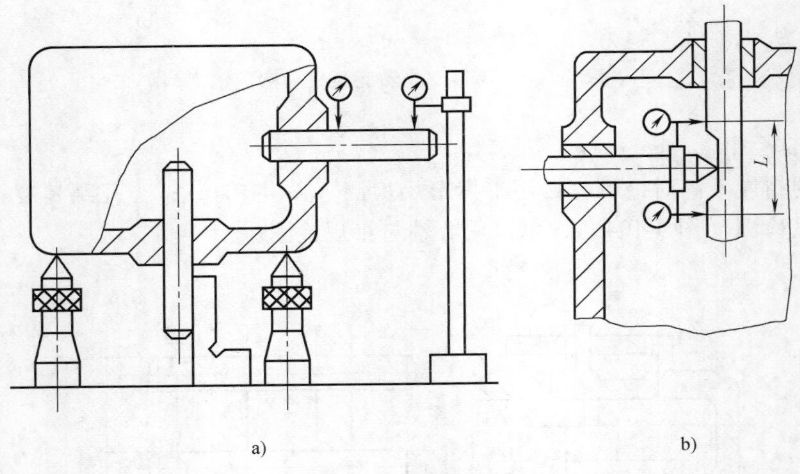

图 4-106　两孔轴线垂直度的检测

5. 孔轴线与端面垂直度误差的检测

孔轴线与端面垂直度误差的检测可用图 4-107a 或 b 所示的方法。图 4-107a 所示为在心轴上装百分表，将心轴旋转一周，即可测出检测范围内孔轴线与端面的垂直度误差；图 4-107b 所示为将带有检测圆盘的心轴插入孔内，用着色法检验圆盘与端面的接触情况，或者用厚薄规检测圆盘与端面的间隙 Δ，即可确定孔轴线与端面的垂直度误差。

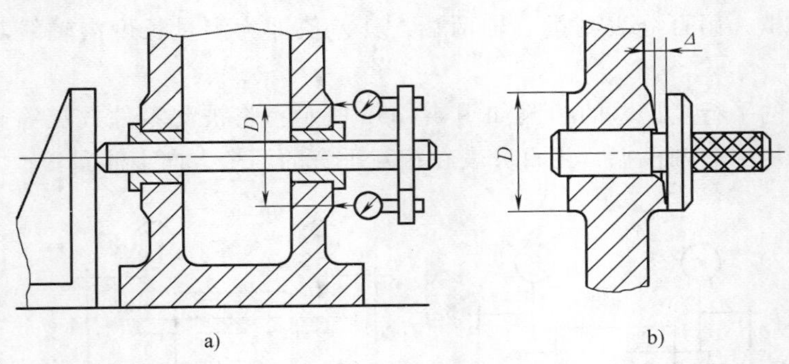

图 4-107　孔轴线与端面垂直度的检测

习　题

4-1　试将下列各项几何公差要求标注在图 4-108 上。

1）ϕ100h8 圆柱面对 ϕ40H7 孔轴线的圆跳动公差为 0.018mm。

2）ϕ40H7 孔遵守包容要求，圆柱度公差为 0.007mm。

3）左、右两凸台端面对 ϕ40H7 孔轴线的圆跳动公差均为 0.012mm。

4）轮毂键槽对 ϕ40H7 孔轴线的对称度公差为 0.02mm。

4-2　试将下列各项几何公差要求标注在图 4-109 上。

1）2×ϕd 轴线对其公共轴线的同轴度公差均为 0.02mm。

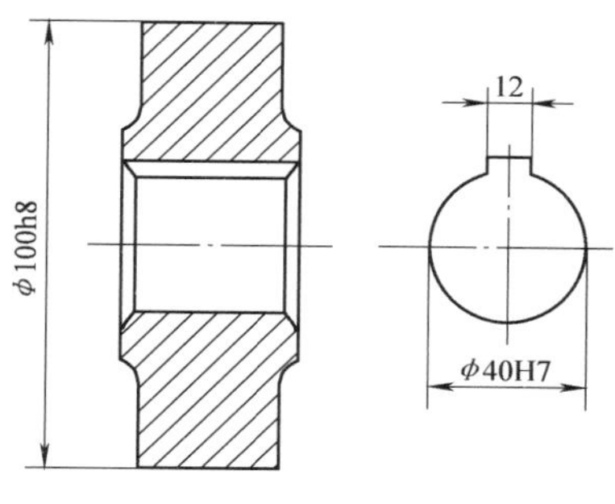

图 4-108　习题 4-1 图

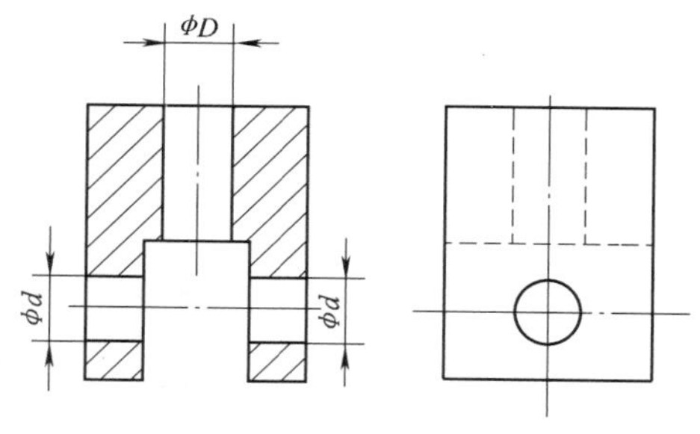

图 4-109　习题 4-2 图

2）ϕD 轴线对 2×ϕd 公共轴线的垂直度公差为 0.01mm/100mm。

3）ϕD 轴线对 2×ϕd 公共轴线的对称度公差为 0.02mm。

4-3　试对图 4-110 所示的四个图样上标注的几何公差做出解释。

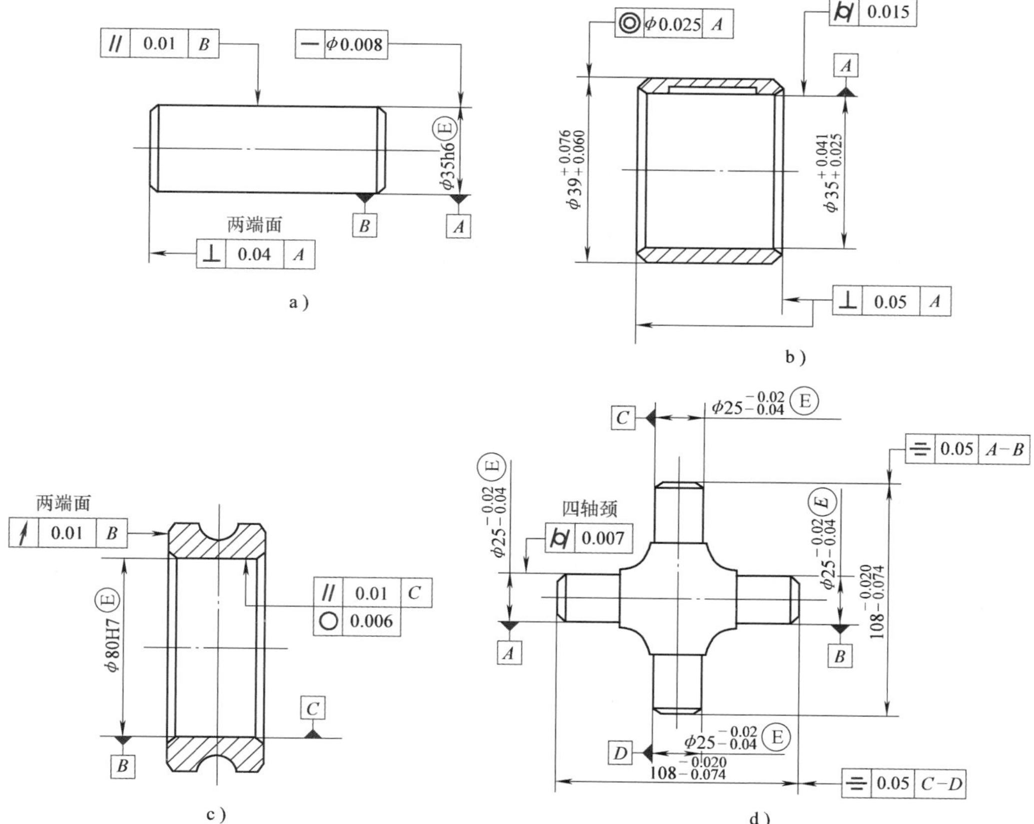

图 4-110　习题 4-3 图

4-4　用分度值为 0.01mm/m 的水平仪和跨距为 250mm 的桥板来测量长度为 2m 的机床导轨，读数（格）为：0，+2，+2，0，−0.5，−0.5，+2，+1，+3，试按最小条件和两端点连线法分别评定该导轨的直线度误差值。

4-5　用分度值为 0.02mm/m 的水平仪测量一零件的平面度误差。按网格布线，共测 9 点，如图 4-111a 所示。在 X 方向和 Y 方向测量所用桥板的跨距皆为 200mm，各测点的读数（格）如图 4-111b 所示。试按最小条件和对角线法分别评定该被测表面的平面度误差值。

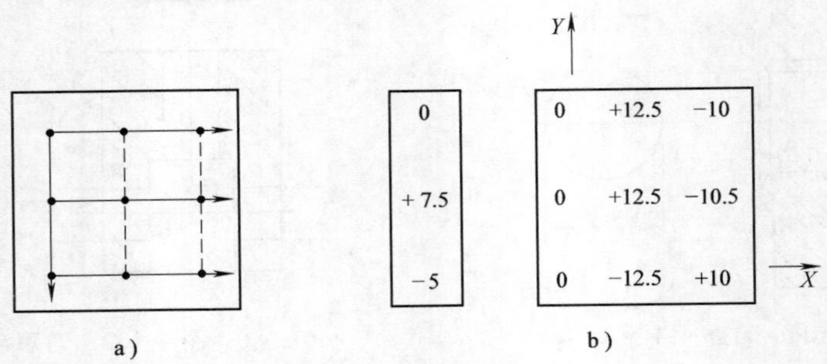

图 4-111　习题 4-5 图

4-6　用坐标法测量图 4-112 所示零件的位置度误差。测得各孔轴线的实际坐标尺寸，见表 4-18。试确定该零件上各孔的位置度误差值，并判断合格与否。

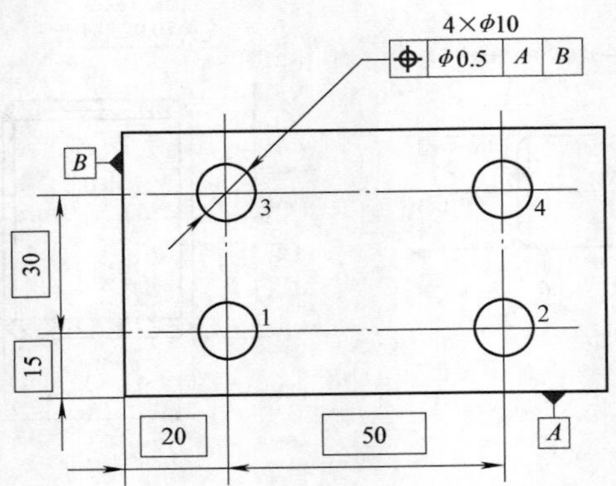

图 4-112　习题 4-6 图

表 4-18　测得的各孔实际坐标尺寸

孔序号 / 坐标值	1	2	3	4
x/mm	20.10	70.10	19.90	69.85
y/mm	15.10	14.85	44.82	45.12

第五章 滚动轴承的公差与配合

滚动轴承是机械制造业中应用极为广泛的一种标准部件，它一般由外圈 1、内圈 2、滚动体 3 和保持架 4 所组成（图 5-1）。外圈与轴承座孔配合，内圈与传动轴的轴颈配合，属于典型的光滑圆柱连接。但由于它的结构特点和功能要求，其公差配合与一般光滑圆柱连接要求不同。

按承受载荷的方向，滚动轴承可分为向心轴承（承受径向载荷）和推力轴承（承受轴向载荷）。按公称接触角的不同，向心轴承又分为径向接触轴承和角接触向心轴承；推力轴承又分为轴向接触轴承和角接触推力轴承。

滚动轴承的工作性能与使用寿命，既取决于本身的制造精度，也与箱体轴承座孔、传动轴轴颈的配合尺寸精度、几何精度及表面粗糙度等有关。

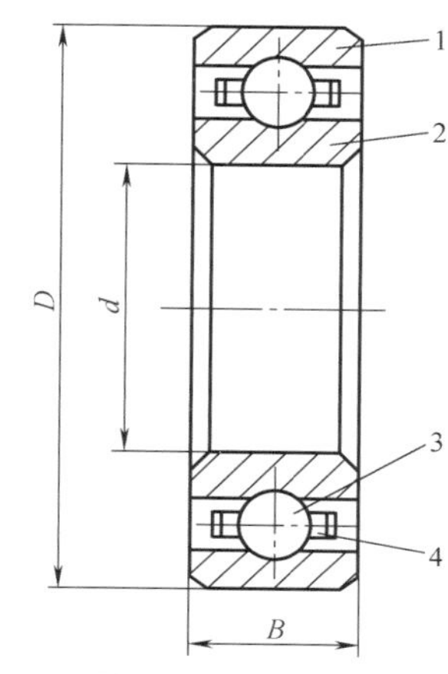

图 5-1 滚动轴承

1—外圈 2—内圈 3—滚动体 4—保持架

第一节 滚动轴承的公差

一、滚动轴承的公差等级

根据轴承的结构尺寸、公差等级和技术性能等特征，国家标准 GB/T 272—2017《滚动轴承 代号方法》将滚动轴承公差等级分为 2、4、5、6、N 五级。其中，2 级最高，依次降低，N 级最低，为普通级（只有向心轴承有 2 级；圆锥滚子轴承有 6X 级而无 6 级）。例如 6203/P6 表示深沟球轴承 6 级精度。

N 级为普通精度，在机器制造业中的应用最广。它用于旋转精度要求不高的机构中，如卧式车床主轴箱和进给箱，汽车、拖拉机变速器，普通电动机、水泵、压缩机和涡轮机等。

除 N 级外，其余各级统称高精度轴承，主要用于高的线速度或高的旋转精度的场合。这类精度的轴承在各种金属切削机床上应用较多，见表 5-1。

表 5-1 滚动轴承各公差等级应用

公差等级	应 用
6	6 级轴承主要用于旋转精度和转速较高的旋转机构中，如普通机床的主轴轴承、卧式车床主轴的后轴承等
5	5 级轴承主要应用于旋转精度、转速高的旋转机构中，如精密铣床、精密镗床、精密车床的主轴轴承，卧式车床主轴的前轴承等
4	4 级轴承主要应用于旋转精度很高、转速高的机床和机器的旋转机构中，如高精度磨床和车床、螺纹磨床、磨齿机等的主轴轴承
2	2 级轴承主要应用于旋转精度和转速很高的精密机械的旋转机构中，如精密坐标镗床、高精度齿轮磨床及数控机床等的主轴轴承

二、滚动轴承内径、外径公差带及特点

滚动轴承的公差包括基本尺寸公差和旋转精度两部分，前者是指轴承的内径 d、外径 D 和宽度 B 等的尺寸公差；后者是指内、外圈做相对转动时跳动的程度，包括内、外圈径向圆跳动、端面对滚道的轴向圆跳动和端面对内孔的轴向圆跳动。因轴承内、外圈为薄壁结构，在制造及存放中易变形（常呈椭圆形），但在装配后一般都能得到矫正。

为便于制造，允许内、外圈有一定的变形（允许的变形在国家标准中用单一直径偏差和单一直径变动量来控制），详见 GB/T 307.1—2017。为保证轴承与结合件的配合性质，所限制的仅是内、外圈在其单一平面内的平均直径（用 t_{Vdmp} 和 t_{VDmp} 表示），亦即轴承的配合尺寸，其计算式为

内径：
$$t_{Vdmp}=\frac{d_{smax}+d_{smin}}{2}$$

外径：
$$t_{VDmp}=\frac{D_{smax}+D_{smin}}{2}$$

式中　d_{smax}、d_{smin}——加工后实测到的最大、最小单一内径；

D_{smax}、D_{smin}——加工后实测到的最大、最小单一外径。

合格的轴承，其内、外圆的直径必须使 t_{Vdmp}、t_{VDmp} 在允许的尺寸范围内。

表 5-2 和表 5-3 给出了国家标准规定的普通级轴承内、外径的极限偏差及径向圆跳动值（其他的精度指标数值见国家标准）。

表 5-2　向心轴承（圆锥滚子轴承除外）——内圈—普通级公差　（单位：μm）

d/mm		$t_{\Delta dmp}$		t_{Vdsp}			t_{Vdmp}	t_{Kia}	$t_{\Delta Bs}$			t_{VBs}
				直径系列					全部	正常	修正①	
>	≤	U	L	9	0、1	2、3、4			U	L		
—	0.6	0	-8	10	8	6	6	10	0	-40	—	12
0.6	2.5	0	-8	10	8	6	6	10	0	-40	—	12
2.5	10	0	-8	10	8	6	6	10	0	-120	-250	15
10	18	0	-8	10	8	6	6	10	0	-120	-250	20
18	30	0	-10	13	10	8	8	13	0	-120	-250	20
30	50	0	-12	15	12	9	9	15	0	-120	-250	20
50	80	0	-15	19	19	11	11	20	0	-150	-380	25
80	120	0	-20	25	25	15	15	25	0	-200	-380	25
120	180	0	-25	31	31	19	19	30	0	-250	-500	30
180	250	0	-30	38	38	23	23	40	0	-300	-500	30
250	315	0	-35	44	44	26	26	50	0	-350	-500	35
315	400	0	-40	50	50	30	30	60	0	-400	-630	40
400	500	0	-45	56	56	34	34	65	0	-450	—	50
500	630	0	-50	63	63	38	38	70	0	-500	—	60
630	800	0	-75	—	—	—	—	80	0	-750	—	70
800	1000	0	-100	—	—	—	—	90	0	-1000	—	80
1000	1250	0	-125	—	—	—	—	100	0	-1250	—	100
1250	1600	0	-160	—	—	—	—	120	0	-1600	—	120
1600	2000	0	-200	—	—	—	—	140	0	-2000	—	140

① 适用于成对或成组安装时单个轴承的内、外圈，也适用于 $d \geqslant 50$mm 锥孔轴承的内圈。

表 5-3 向心轴承（圆锥滚子轴承除外）——外圈—普通级公差 （单位：μm）

D/mm		$t_{\Delta Dmp}$		t_{VDsp}①				t_{VDmp}①	t_{Kea}	$t_{\Delta Cs}$ $t_{\Delta C1s}$②		t_{VCs} t_{VC1s}②
				开型轴承			闭型轴承					
				直径系列								
>	≤	U	L	9	0、1	2、3、4	2、3、4			U	L	
—	2.5	0	−8	10	8	6	10	6	15	与同一轴承内圈的 $t_{\Delta Bs}$ 及 t_{VBs} 相同		
2.5	6	0	−8	10	8	6	10	6	15			
6	18	0	−8	10	8	6	10	6	15			
18	30	0	−9	12	9	7	12	7	15			
30	50	0	−11	14	11	8	16	8	20			
50	80	0	−13	16	13	10	20	10	25			
80	120	0	−15	19	19	11	26	11	35			
120	150	0	−18	23	23	14	30	14	40			
150	180	0	−25	31	31	19	38	19	45			
180	250	0	−30	38	38	23	—	23	50			
250	315	0	−35	44	44	26	—	26	60			
315	400	0	−40	50	50	30	—	30	70			
400	500	0	−45	56	56	34	—	34	80			
500	630	0	−50	63	63	38	—	38	100			
630	800	0	−75	94	94	55	—	55	120			
800	1000	0	−100	125	125	75	—	75	140			
1000	1250	0	−125	—	—	—	—	—	160			
1250	1600	0	−160	—	—	—	—	—	190			
1600	2000	0	−200	—	—	—	—	—	220			
2000	2500	0	−250	—	—	—	—	—	250			

注：外圈凸缘外径 D_1 的极限偏差在 GB/T 307.1—2017 的表 25 中给出。

① 适用于内、外止动环安装前或拆卸后。

② 仅适用于沟型球轴承。

由于滚动轴承是标准件，为了便于互换，国家标准规定：滚动轴承的内圈与轴颈采用基孔制配合，滚动轴承的外圈与轴承座孔采用基轴制配合。滚动轴承内径、外径公差带及特点见表 5-4。

表 5-4 滚动轴承内径、外径公差带及特点

名称	公差带位置	公差带特点
滚动轴承内径	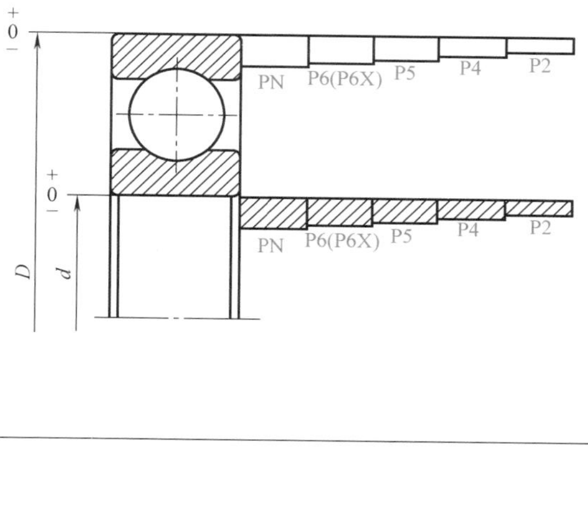 + 0 − ；PN P6(P6X) P5 P4 P2；+ 0 − ；PN P6(P6X) P5 P4 P2；D d	滚动轴承内圈通常与轴一起旋转，为防止内圈和轴颈之间的配合产生相对滑动而导致结合面磨损，影响轴承的工作性能，要求两者的配合具有一定的过盈量，但由于内圈是薄壁零件，容易发生弹性变形胀大从而影响轴承的游隙，且一定时间后又要拆换，故过盈量不能太大 如果采用基孔制的过盈配合，则过盈量太大；而采用过渡配合，又可能出现间隙，不能保证具有一定的过盈量，因而不能满足轴承的工作需要；若采用非标准配合，则又违背了标准化和互换性原则 滚动轴承内圈公差带位于零线以下，即上极限偏差为零，下极限偏差为负值，如图所示。这样，轴承内圈与一般过渡配合的轴相配时，不但能保证获得不大的过盈，而且还不会出现间隙，从而满足了轴承内圈与轴的配合要求，同时又可按标准偏差来加工轴

（续）

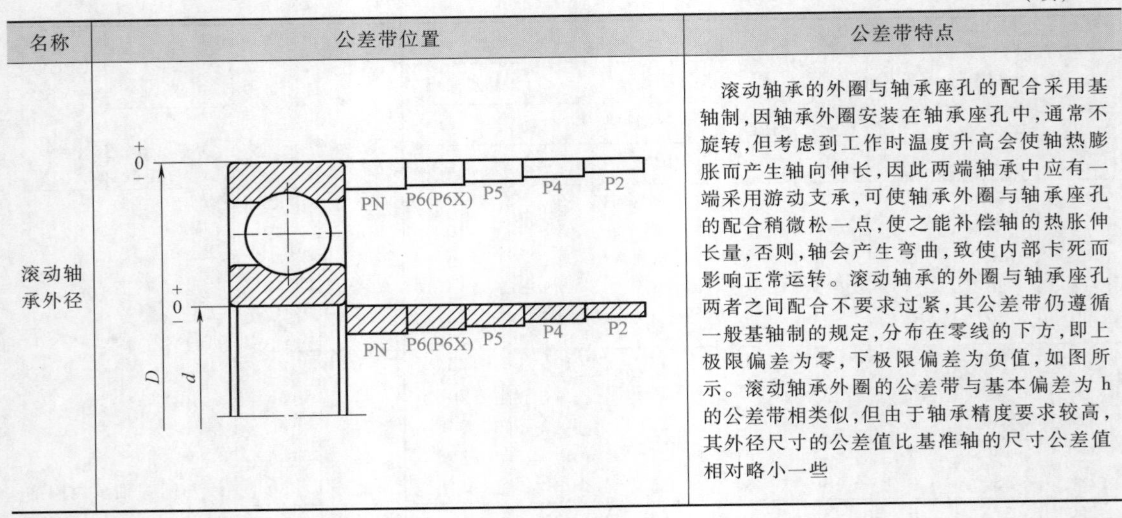

名称	公差带位置	公差带特点
滚动轴承外径		滚动轴承的外圈与轴承座孔的配合采用基轴制，因轴承外圈安装在轴承座孔中，通常不旋转，但考虑到工作时温度升高会使轴热膨胀而产生轴向伸长，因此两端轴承中应有一端采用游动支承，可使轴承外圈与轴承座孔的配合稍微松一点，使之能补偿轴的热胀伸长量，否则，轴会产生弯曲，致使内部卡死而影响正常运转。滚动轴承的外圈与轴承座孔两者之间配合不要求过紧，其公差带仍遵循一般基轴制的规定，分布在零线的下方，即上极限偏差为零，下极限偏差为负值，如图所示。滚动轴承外圈的公差带与基本偏差为 h 的公差带相类似，但由于轴承精度要求较高，其外径尺寸的公差值比基准轴的尺寸公差值相对略小一些

三、轴颈和轴承座孔公差带的特点

由于轴承内径和外径公差带制造时已确定，因此，它们分别与轴颈、轴承座孔的配合由轴颈和轴承座孔的公差带决定，故选择轴承的配合也就是确定轴颈和轴承座孔的公差带。国家标准所规定的轴颈和轴承座孔的公差带见表 5-5。由表可见，轴承内圈与轴颈的配合比 GB/T 1800.1—2020 中基孔制同名配合紧一些，g5、g6、h5、h6 轴颈与轴承内圈的配合已变成过渡配合，k5、k6、m5、m6 已变成过盈配合，其余配合也都有所变紧。

轴承外圈与轴承座孔的配合与 GB/T 1800.1—2020 中基轴制的同名配合相比较，虽然尺寸公差有所不同，但配合性质基本相同。

表 5-5　与各级精度滚动轴承配合的轴颈及轴承座孔的公差带

公差等级	轴颈公差带		轴承座孔的公差带		
	过渡配合	过盈配合	间隙配合	过渡配合	过盈配合
0	h9 h8 g6、h6、j6、js6 g5、h5、j5	r7 k6、m6、n6、p6、r6 k5、m5	H8 G7、H7 H6	J7、JS7、K7、M7、N7 J6、JS6、K6、M6、N6	P7 P6
6	g6、h6、j6、js6 g5、h5、j5	r7 k6、m6、n6、p6、r6 k5、m5	H8 G7、H7 H6	J7、JS7、K7、M7、N7 J6、JS6、K6、M6、N6	P7 P6
5	h5、j5、js5	k6、m6 k5、m5	G6、H6	JS6、K6、M6 JS5、K5、M5	
4	h5、js5 h4、js4	k5、m5 k4	H5	K6 JS5、K5、M5	
2	h3、js3		H4 H3	JS4、K4 JS3	

注：1. 孔 N6 与 0 级轴承（外径 $D<150$mm）和 6 级轴承（外径 $D<315$mm）的配合为过盈配合。

2. 轴 r6 用于内径 $d>120\sim500$mm；轴 r7 用于内径 $d>180\sim500$mm。

第二节　滚动轴承配合的选择

正确地选择配合，对保证滚动轴承的正常运转，延长其使用寿命影响极大。为了使轴承具有较高的定心精度，一般在选择轴承两个套圈的配合时都偏向紧密。但是要防止太紧，因内圈的弹性胀大和外圈的收缩会使轴承内部间隙减小甚至完全消除并产生过盈，不仅影响正常运转，还会使套圈材料产生较大的应力，以致降低轴承的使用寿命。

故选择轴承配合时，要全面地考虑各个主要因素，应以轴承的工作条件、结构类型和尺寸、精度等级为依据，查表确定轴颈和轴承座孔的尺寸公差带、几何公差和表面粗糙度。

一、配合选择的基本原则

1. 运转条件

套圈相对于载荷方向旋转或摆动时，应选择过盈配合；套圈相对于载荷方向固定时，可选择间隙配合，见表 5-6；载荷方向难以确定时，宜选择过盈配合。

表 5-6　套圈运转及承载情况

套圈运转情况	典型示例	示意图	套圈承载情况	推荐的配合
内圈旋转 外圈静止 载荷方向恒定	传送带驱动轴		内圈承受旋转载荷 外圈承受静止载荷	内圈过盈配合 外圈间隙配合
内圈静止 外圈旋转 载荷方向恒定	传送带托辊 汽车轮毂轴承		内圈承受静止载荷 外圈承受旋转载荷	内圈间隙配合 外圈过盈配合
内圈旋转 外圈静止 载荷随内圈旋转	离心机、振动筛、振动机械		内圈承受静止载荷 外圈承受旋转载荷	内圈间隙配合 外圈过盈配合
内圈静止 外圈旋转 载荷随外圈旋转	回转式破碎机		内圈承受旋转载荷 外圈承受静止载荷	内圈过盈配合 外圈间隙配合

注：▬—不随座圈转动的载荷；●—与座圈一起转动的载荷；↗—转动的座圈。

2. 载荷大小

载荷越大，选择的配合过盈量应越大。当承受冲击载荷或重载荷时，一般应选择比正常、轻载荷时更紧的配合。对向心轴承，载荷的大小用径向当量动载荷 P_r 与径向额定动载荷 C_r 的比值区分，见表 5-7。

表 5-7　向心轴承载荷大小

载荷大小	P_r/C_r
轻载荷	≤0.06
正常载荷	>0.06~0.12
重载荷	>0.12

3. 轴承尺寸

随着轴承尺寸的增大，选择的过盈配合过盈量应越大或间隙配合间隙量应越大。

4. 轴承游隙

采用过盈配合会导致轴承游隙减小，故应检验安装后轴承的游隙是否满足使用要求，以便正确选择配合及轴承游隙。

5. 温度

轴承在运转时，其温度通常要比相邻零件的温度高，造成轴承内圈与轴的配合变松，外圈可能因为膨胀而影响轴承在轴承座中的轴向移动。因此，应考虑轴承与轴和轴承座的温差和热的流向。

6. 旋转精度

对旋转精度和运转平稳性有较高要求的场合，一般不采用间隙配合。在提高轴承公差等级的同时，轴承配合部位也应相应提高精度。

注：与 0、6（6X）级轴承配合的轴，其尺寸公差等级一般为 IT6，轴承座孔尺寸公差等级一般为 IT7。

7. 轴和轴承座的结构和材料

对于剖分式轴承座，外圈不宜采用过盈配合。当轴承用于空心轴或薄壁、轻合金轴承座时，应采用比与实心轴或厚壁钢或铸铁轴承座配合时更紧的过盈配合。

8. 安装和拆卸

间隙配合更易于轴承的安装和拆卸。对于要求采用过盈配合且便于安装和拆卸的应用场合，可采用可分离轴承或锥孔轴承。

9. 游动端轴承的轴向移动

当以不可分离轴承作为游动支承时，应以相对于载荷方向固定的套圈作为游动套圈，选择间隙配合或过渡配合。

二、公差带的选择

对于向心轴承和轴承座孔的配合，孔公差带按表 5-8 选择。

对于向心轴承和轴的配合，轴公差带按表 5-9 选择。

表 5-8　向心轴承和轴承座孔的配合——孔公差带（GB/T 275—2015）

<table>
<tr><th colspan="2" rowspan="2">载荷情况</th><th rowspan="2">举例</th><th rowspan="2">其他状况</th><th colspan="2">公差带①</th></tr>
<tr><th>球轴承</th><th>滚子轴承</th></tr>
<tr><td rowspan="2">外圈承受固定载荷</td><td>轻、正常、重</td><td rowspan="2">一般机械、铁路机车车辆轴箱</td><td>轴向易移动，可采用剖分式轴承座</td><td colspan="2">H7、G7②</td></tr>
<tr><td>冲击</td><td rowspan="2">轴向能移动，可采用整体或剖分式轴承座</td><td colspan="2" rowspan="2">J7、JS7</td></tr>
<tr><td rowspan="3">方向不定载荷</td><td>轻、正常</td><td rowspan="2">电机、泵、曲轴主轴承</td></tr>
<tr><td>正常、重</td><td rowspan="5">轴向不移动，采用整体式轴承座</td><td colspan="2">K7</td></tr>
<tr><td>重、冲击</td><td>牵引电机</td><td colspan="2">M7</td></tr>
<tr><td rowspan="3">外圈承受旋转载荷</td><td>轻</td><td>传送带张紧轮</td><td>J7</td><td>K7</td></tr>
<tr><td>正常</td><td rowspan="2">轮毂轴承</td><td>M7</td><td>N7</td></tr>
<tr><td>重</td><td>—</td><td>N7、P7</td></tr>
</table>

① 并列公差带随尺寸的增大从左至右选择。对旋转精度有较高要求时，可相应提高一个公差等级。

② 不适用于剖分式轴承座。

表 5-9 向心轴承和轴的配合——轴公差带（GB/T 275—2015）

圆柱孔轴承						
载荷情况		举例	深沟球轴承、调心球轴承和角接触球轴承	圆柱滚子轴承和圆锥滚子轴承	调心滚子轴承	公差带
			轴承公称内径/mm			
内圈承受旋转载荷或方向不定载荷	轻载荷	输送机、轻载齿轮箱	≤18 >18~100 >100~200 —	— ≤40 >40~140 >140~200	— ≤40 >40~100 >100~200	h5 j6① k6① m6①
	正常载荷	一般通用机械、电动机、泵、内燃机、正齿轮传动装置	≤18 >18~100 >100~140 >140~200 >200~280 — —	— ≤40 >40~100 >100~140 >140~200 >200~400 —	— ≤40 >40~65 >65~100 >100~140 >140~280 >280~500	j5、js5 k5② m5② m6 n6 p6 r6
	重载荷	铁路机车车辆轴箱、牵引电机、破碎机等	—	>50~140 >140~200 >200 —	>50~100 >100~140 >140~200 >200	n6③ p6③ r6③ r7③
内圈承受固定载荷	所有载荷 内圈需在轴向易移动	非旋转轴上的各种轮子	所有尺寸			f6 g6
	所有载荷 内圈不需在轴向易移动	张紧轮、绳轮	所有尺寸			h6 j6
仅有轴向载荷		所有尺寸				j6、js6
圆锥孔轴承						
所有载荷	铁路机车车辆轴箱	装在退卸套上	所有尺寸	h8(IT6)④,⑤		
	一般机械传动	装在紧定套上	所有尺寸	h9(IT7)④,⑤		

① 凡精度要求较高的场合，应用 j5、k5、m5 代替 j6、k6、m6。

② 圆锥滚子轴承、角接触球轴承配合对游隙影响不大，可用 k6、m6 代替 k5、m5。

③ 重载荷下轴承游隙应选大于 N 组。

④ 凡精度要求较高或转速要求较高的场合，应选用 h7（IT5）代替 h8（IT6）等。

⑤ IT6、IT7 表示圆柱度公差数值。

三、轴承与轴和轴承座孔配合的常用公差带

常用的 0 级公差轴承与轴和轴承座孔配合的常用公差带，如图 5-2 和图 5-3 所示。

四、配合表面及挡肩的几何公差

轴颈和轴承座孔表面的圆柱度公差、轴肩及轴承座孔肩的轴向圆跳动（图 5-4、图 5-5）按表 5-10 的规定确定。

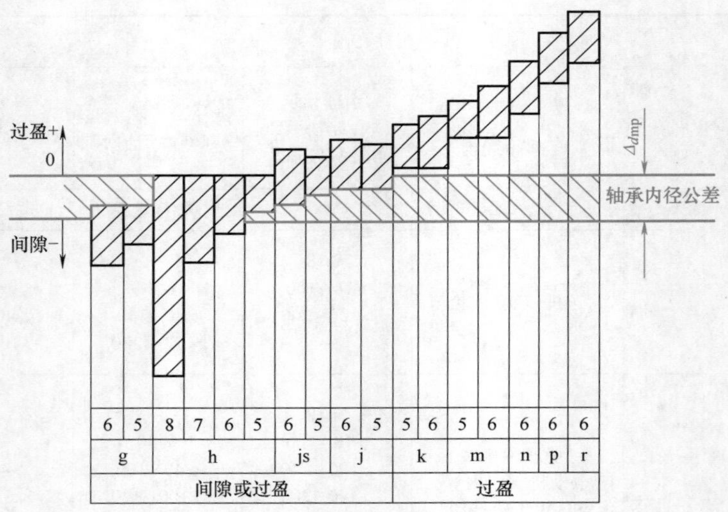

图 5-2 0 级公差轴承与轴配合的常用公差关系图

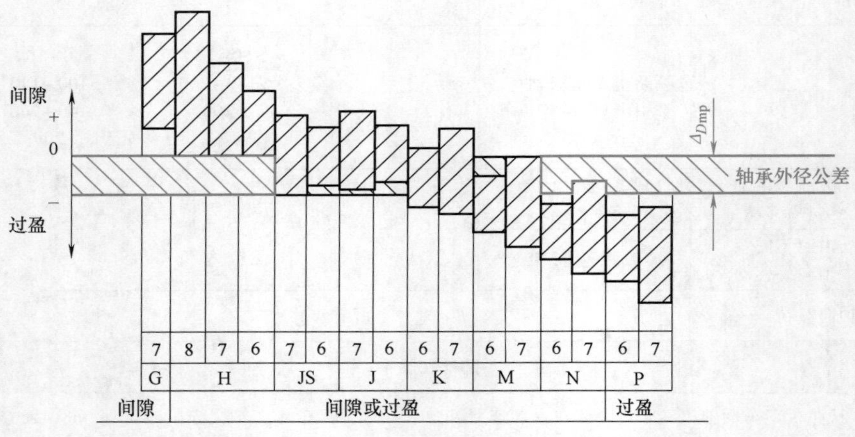

图 5-3 0 级公差轴承与轴承座孔配合的常用公差关系图

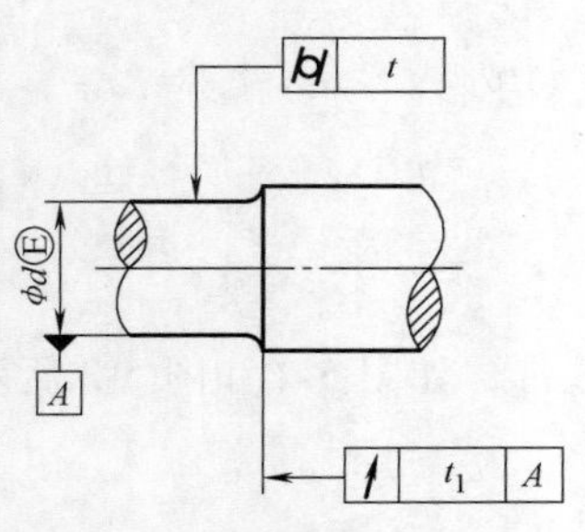

图 5-4 轴颈的圆柱度公差和轴肩的轴向圆跳动

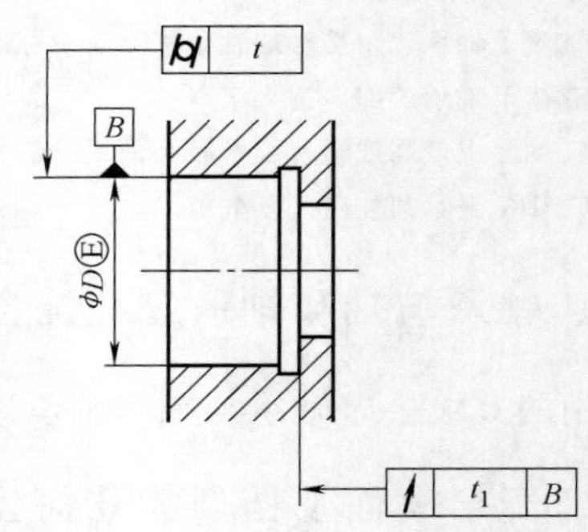

图 5-5 轴承座孔表面的圆柱度公差和孔肩的轴向圆跳动

表 5-10　轴和轴承座孔的几何公差

公称尺寸/mm		圆柱度 $t/\mu m$				轴向圆跳动 $t_1/\mu m$			
		轴颈		轴承座孔		轴肩		轴承座孔肩	
		轴承公差等级							
>	≤	0	6(6X)	0	6(6X)	0	6(6X)	0	6(6X)
—	6	2.5	1.5	4	2.5	5	3	8	5
6	10	2.5	1.5	4	2.5	6	4	10	6
10	18	3	2	5	3	8	5	12	8
18	30	4	2.5	6	4	10	6	15	10
30	50	4	2.5	7	4	12	8	20	12
50	80	5	3	8	5	15	10	25	15
80	120	6	4	10	6	15	10	25	15
120	180	8	5	12	8	20	12	30	20
180	250	10	7	14	10	20	12	30	20
250	315	12	8	16	12	25	15	40	25
315	400	13	9	18	13	25	15	40	25
400	500	15	10	20	15	25	15	40	25

五、配合表面及端面的表面粗糙度

轴颈和轴承座孔配合表面的表面粗糙度要求可按表 5-11 的规定确定。

表 5-11　配合表面及端面的表面粗糙度

轴或轴承座孔直径/mm		轴或轴承座孔配合表面直径公差等级					
		IT7		IT6		IT5	
		表面粗糙度 $Ra/\mu m$					
>	≤	磨	车	磨	车	磨	车
—	80	1.6	3.2	0.8	1.6	0.4	0.8
80	500	1.6	3.2	1.6	3.2	0.8	1.6
500	1250	3.2	6.3	1.6	3.2	1.6	3.2
端面		3.2	6.3	3.2	6.3	1.6	3.2

六、滚动轴承公差与配合的选用示例

例 5-1　有一闭式齿轮传动减速器，采用了 0 级 6211 深沟球轴承（内径 ϕ55mm，外径 ϕ100mm，径向额定动载荷 $C_r=19700N$）；其工作情况为：外圈固定不动，承受固定的径向当量动载荷 $P_r=1200N$。轴承装配图如图 5-6 所示，试确定轴颈和轴承座孔的公差带、几何公差、表面粗糙度，并标注在图样上。

解：

（1）因该减速器选用的是 0 级 6211 深沟球轴承，径向额定动载荷 $C_r=19700N$，而实际所承受的径向当量动载荷 $P_r=1200N$，故 $P_r/C_r \doteq 0.06$，查表 5-7，轴承所承受载荷为轻载荷。

参考表 5-8 查得轴承座孔公差带为 ϕ100H7。

参考表 5-9 查得轴颈公差带为 ϕ55j6。

（2）查表 1-1 及表 1-7 得轴承座孔为 $\phi 100H7\ (^{+0.035}_{\ \ 0})$。

由表 1-1 及表 1-5 得轴颈为 $\phi 55j6\ (^{+0.012}_{-0.007})$。

由表 5-10 查得：轴颈的圆柱度公差值为 0.005mm，轴承座孔的圆柱度公差值为 0.010mm。

轴肩的轴向圆跳动公差值为 0.015mm，轴承座孔肩的轴向圆跳动公差值为 0.025mm。

由表 5-11 查得：轴颈 $Ra \leqslant 0.8\mu m$，轴承座孔 $Ra \leqslant 1.6\mu m$。

轴肩端面 $Ra \leqslant 3.2\mu m$，轴承座孔肩端面 $Ra \leqslant 3.2\mu m$。

（3）在轴承装配图上的标注如图 5-7 所示。

（4）在轴颈与轴承座孔零件图上的标注如图 5-8 和图 5-9 所示。

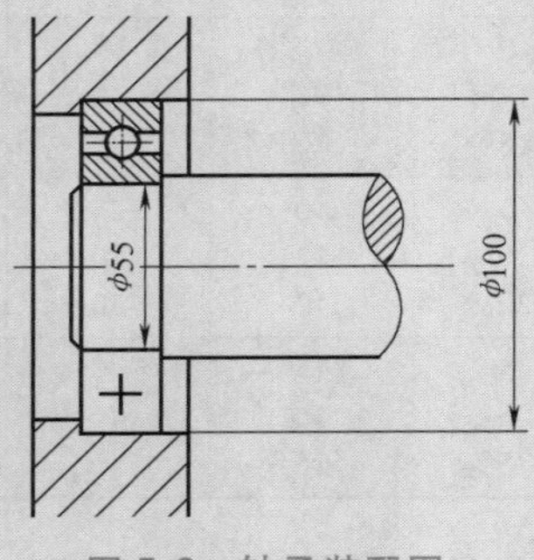

图 5-6　轴承装配图

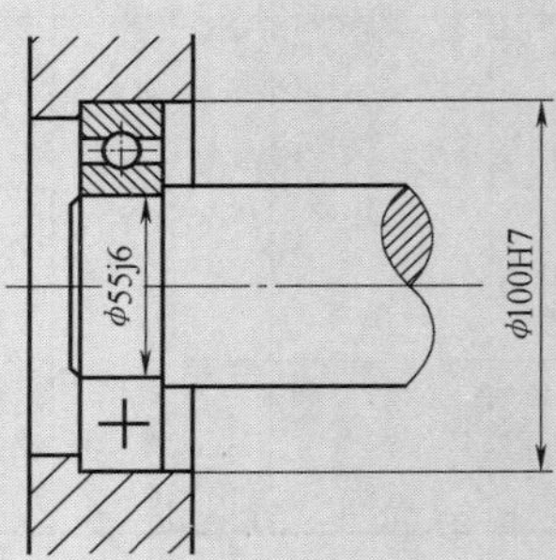

图 5-7　轴承装配图上标注示例

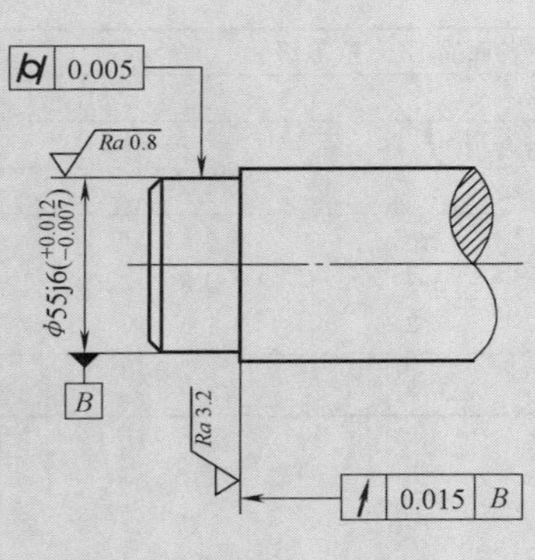

图 5-8　轴颈零件图标注

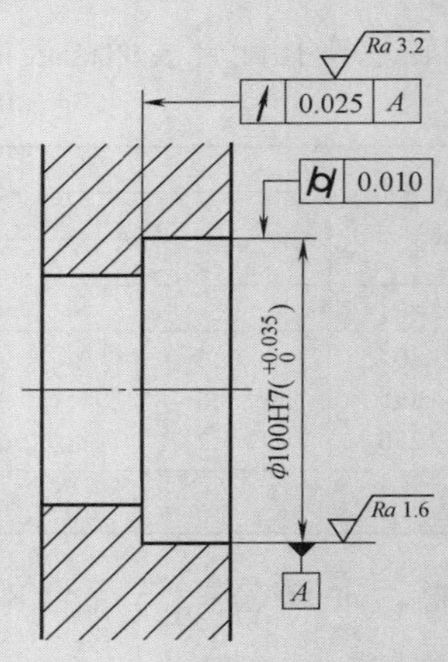

图 5-9　轴承座孔零件图标注

例 5-2　某机床产品输出轴（图 5-10）安装有 6308 型的深沟球轴承，轴承内径为 40mm，外径为 90mm，该轴承工作时，承受的径向当量动载荷为 $P_r = 3500N$（若轴承的额定径向动载荷 $C_r = 31400N$），工作时，内圈随轴一起转动，而外圈静止。试确定轴承与轴颈和与轴承座孔的极限偏差、几何公差值和表面粗糙度参数值，并将所选公差分别标注在轴承装配图及输出轴轴颈与轴承座孔的零件图上。

解：

（1）选择轴承精度等级　因该滚动轴承安装在普通机床的输出轴上，旋转精度和转速比较高，故参考表 5-1 可选为 6 级精度。

（2）工况分析　该轴承工作时，所承受的径向当量动载荷 $P_r = 3500N$，额定径向动载

荷 $C_r=31400\text{N}$，轴承内径<200mm，因 $P_r/C_r=3500/31400=0.11$，查表 5-7，故所承受的载荷为正常载荷；轴承内圈在工作时，因随轴一起转动，外圈固定，故内圈承受旋转载荷。

（3）选择公差带　查表 5-9 与表 1-7，输出轴轴颈公差带为 k5，尺寸为 $\phi40\text{k5}\left(\begin{smallmatrix}+0.013\\+0.002\end{smallmatrix}\right)$

查表 5-8 与表 1-6，轴承座孔的公差带为 J7，尺寸为 $\phi90\text{J7}\left(\begin{smallmatrix}+0.022\\-0.013\end{smallmatrix}\right)$

（4）几何公差

查表 5-10，输出轴轴颈：圆柱度公差为 0.0025mm

轴向圆跳动公差为 0.008mm（轴肩）

查表 5-10，轴承座孔：圆柱度公差为 0.006mm

轴向圆跳动公差为（孔肩）0.015mm

（5）表面粗糙度

查表 5-11，输出轴轴颈 $Ra=0.4\mu\text{m}$，端面 $Ra=1.6\mu\text{m}$

查表 5-11，轴承座孔 $Ra=1.6\mu\text{m}$，端面 $Ra=3.2\mu\text{m}$

（6）标注　参照例 5-1 各图，将以上确定的数值标注在图上，如图 5-11~图 5-13 所示。

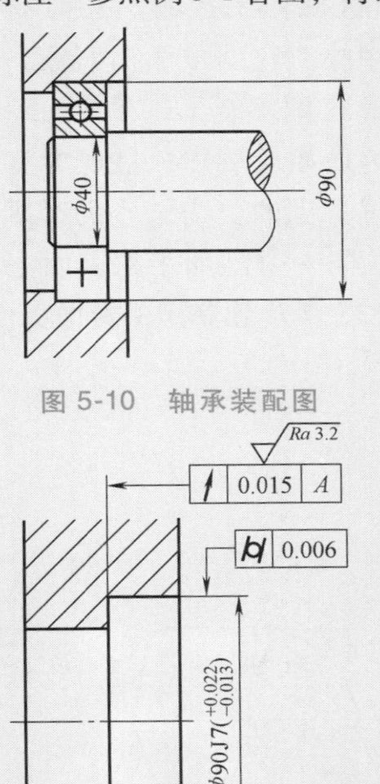

图 5-10　轴承装配图

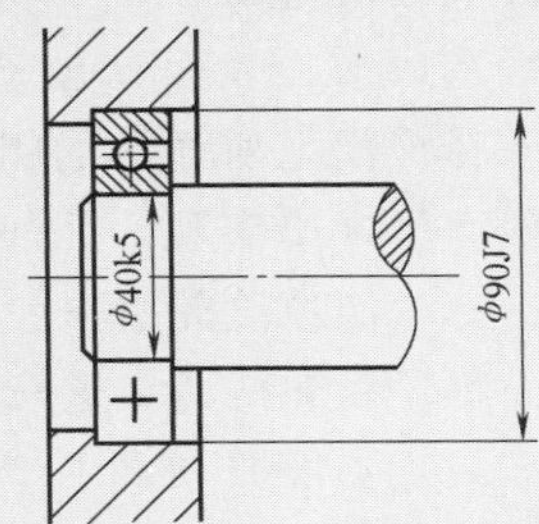

图 5-11　轴承装配图上标注示例

图 5-12　轴承座孔零件图标注

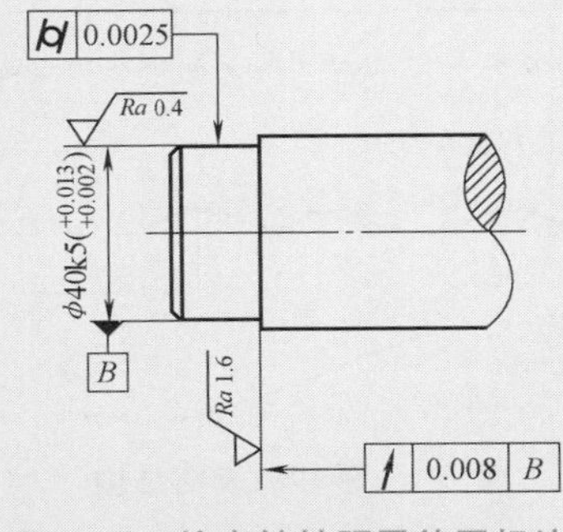

图 5-13　输出轴轴颈零件图标注

习　题

5-1　滚动轴承的公差等级如何划分？

5-2　滚动轴承内径、外径公差带有何特点？

5-3　试分析滚动轴承套圈与载荷的关系。

5-4　北京吉普车齿轮变速器输出轴前轴承用轻系列深沟球轴承，$d=50\text{mm}$，试用类比法确定滚动轴承的精度等级、型号及与轴、轴承座孔配合的公差带，并画出配合公差图。

第六章 表面结构

第一节 概 述

一、表面结构概念

任何零件表面经过加工后，无论是去除材料——如机械加工，或不去除材料——如冷压、铸造或锻造成形，表面看起来似乎都很光滑，但若用检测仪器放大后观察，就会发现表面凹凸不平，在截面上所显示的粗糙轮廓表现为三种形式（图 6-1）。

沿整个截面呈现出宏观的几何形状轮廓误差，又称为原始轮廓 *P*；呈现为有一定规律的波纹度轮廓，称为波纹度轮廓 *W*；沿截面任何一小段都可看到的更为细小的微观粗糙不平轮廓，称为表面粗糙度轮廓 *R*。这三种轮廓误差可以叠加在同一个已加工的表面上。

国家标准规定：零件加工后的表面结构是表面粗糙度（*R* 轮廓）、表面波纹度（*W* 轮廓）和表面宏观几何形状误差（*P* 轮廓）的总称。

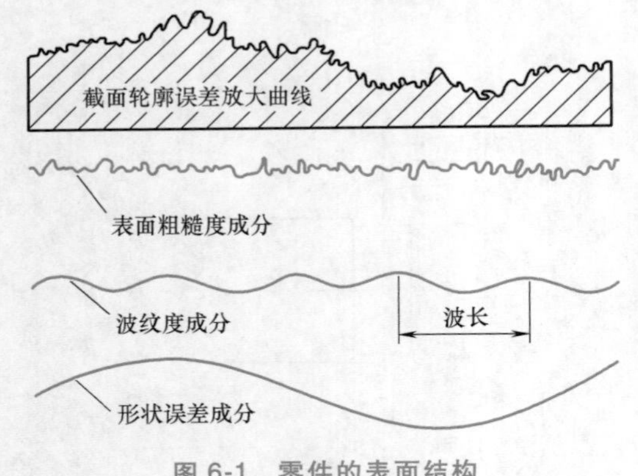

图 6-1 零件的表面结构

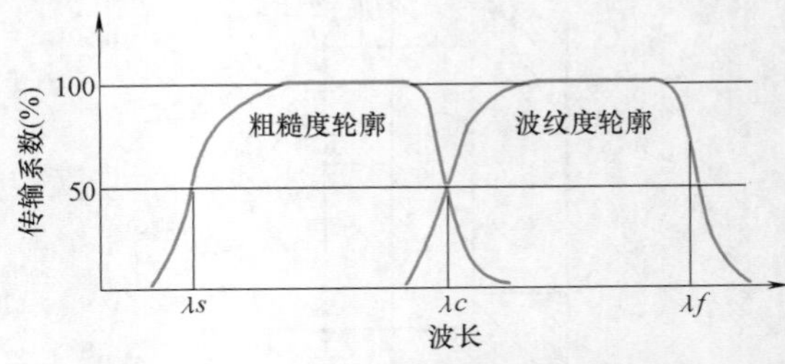

图 6-2 粗糙度和波纹度轮廓的传输特性

二、三类轮廓误差的界定

上述三类轮廓误差通常可以按波长（每个波形起伏间距）的大小或按波长与峰谷高度的比值来划分，波长小于 1mm 的属于表面粗糙度，波长为 1~10mm 的属于表面波纹度，波长大于 10mm 的属于宏观几何形状误差。

图 6-2 所示为粗糙度和波纹度轮廓的传输特性。可以看出：λc 滤波器可以用来确定粗糙度与波纹度成分间的相对界限，使用它可除去某些波长成分，从而保留所需表面成分；粗糙度轮廓就是在测量原始轮廓时，当电波测量信号通过 λc 滤波器而抑制了长波成分所形成的

轮廓。

所以零件上实际存在的一个表面（实际表面），它是按所定特征由加工形成的。表面结构是通过不同的测量与计算方法所得出的一系列参数的表征，它是评定零件表面质量和保证表面功能的重要技术指标。鉴于表面粗糙度对产品质量的影响具有常态性与特殊性，故本章的重点是研究表面粗糙度的问题。

三、表面粗糙度对零件使用性能的影响

表面粗糙度不仅直接影响零件的耐磨性，还影响零件的配合性能（使过盈减小，间隙增大），降低产品的可靠性和稳定性；此外，它还影响零件的接触刚度、疲劳强度和耐蚀性以及密封性，更直接影响产品的外观质量和表面涂层质量。因此，在设计零件时，对零件提出表面粗糙度要求，是几何精度设计中必不可少的一个方面。

第二节 表面粗糙度的评定

一、基本术语和定义

1. 表面轮廓

表面轮廓是指平面与实际表面相交所得到的轮廓线，如图 6-3 所示。按相截方向的不同，它们又分为横向表面轮廓和纵向表面轮廓。在评定表面粗糙度时，通常均指横向表面轮廓，即与加工纹理方向垂直的轮廓。

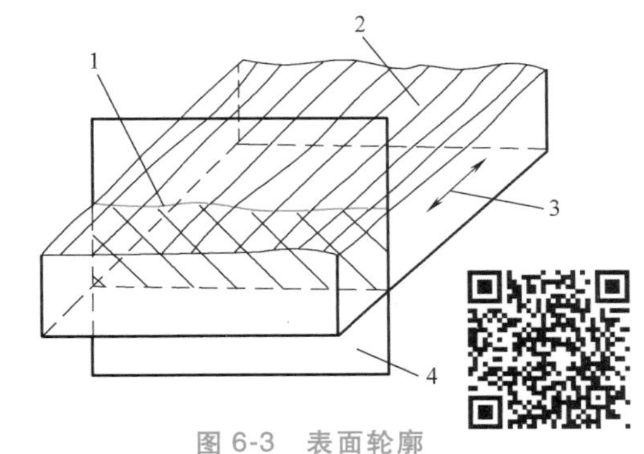

图 6-3 表面轮廓

1—横向表面轮廓 2—实际表面 3—加工纹理方向 4—平面

2. 取样长度 lr

取样长度是指用以判别具有表面粗糙度特征的一段基准线长度，如图 6-4 所示。规定取样长度的目的在于限制和减弱几何形状误差，特别是波纹度对测量结果的影响。取样长度过短，不能反映表面粗糙度的真实情况；取样长度过长，表面粗糙度的测量值又会包含表面波纹度值。取样长度应在轮廓总的走向上量取，其数值（表 6-1）要与表面粗糙度相适应。在取样长度范围内，一般应包含至少 5 个轮廓峰和 5 个轮廓谷。

表 6-1 取样长度与评定长度的选用值

Ra/μm	Rz/μm	lr/mm	ln($ln=5lr$)/mm
≥0.008~0.02	≥0.025~0.10	0.08	0.4
>0.02~0.10	>0.10~0.50	0.25	1.25
>0.10 ~2.0	>0.50~10.0	0.8	4.0
>2.0~10.0	>10.0~50.0	2.5	12.5
>10.0~80.0	>50.0~320	8.0	40.0

3. 评定长度 ln

评定长度是指评定轮廓表面粗糙度所必需的一段长度，它可包括一个或几个取样长度

lr，如图 6-4 所示。以在几个取样长度上测量的平均值，作为表面粗糙度测量结果。

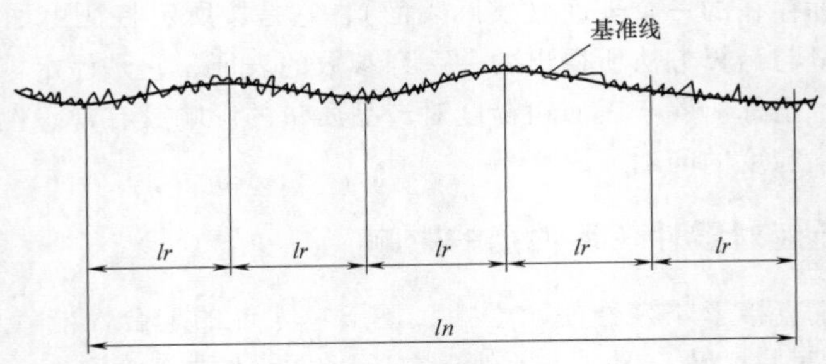

图 6-4　评定长度与取样长度

由于零件同一表面上各部分的表面粗糙度不一定很均匀，在一个取样长度上往往不能合理地反映某一表面的表面粗糙度特性，故需要在表面上取几个取样长度来评定表面粗糙度。一般 $ln=5lr$。如被测表面均匀性较好，可选用小于 $5lr$ 的评定长度；反之，可选用大于 $5lr$ 的评定长度。

4. 中线 m

中线是具有几何轮廓形状，并划分轮廓的基准线。中线有下列两种确定方法。

（1）最小二乘法　在取样长度内使轮廓线上各点至该线的距离的二次方和最小，如图 6-5 所示，即 $\sum_{i=1}^{n} Z_i^2=\min$。

（2）算术平均法　用该方法确定的中线具有几何轮廓形状，在取样长度内与轮廓走向一致。该线划分轮廓并使上下两部分的面积相等。如图 6-6 所示，中线 m 是算术平均中线，F_1、$F_3\cdots F_{2n-1}$ 代表中线上面部分的面积，F_2、F_4、F_{2n} 为中线下面部分的面积，它使

$$F_1+F_3+\cdots+F_{2n-1}=F_2+F_4+\cdots+F_{2n}$$

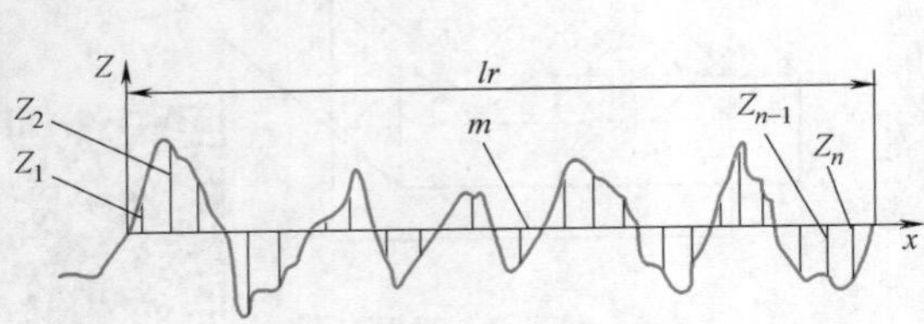

图 6-5　轮廓最小二乘中线示意图

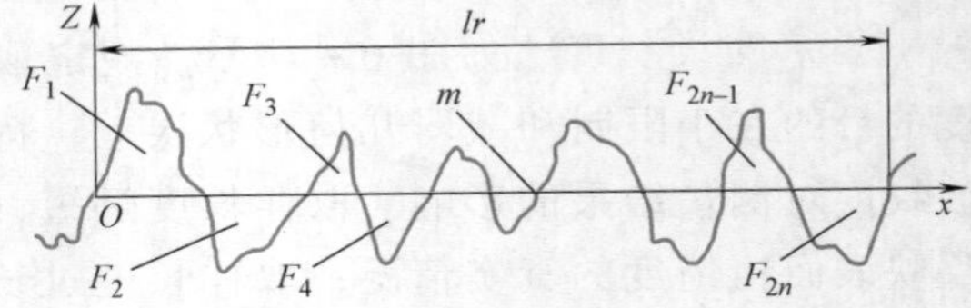

图 6-6　轮廓的算术平均中线示意图

用最小二乘法确定的中线是唯一的，但比较费事。用算术平均法确定中线是一种近似的图解法，较为简便，因而得到广泛的应用。

二、表面粗糙度评定参数

（1）轮廓算术平均偏差 Ra　在取样长度内，被测表面轮廓上各点至基准线距离 Z_i 的绝对值的算术平均值，如图 6-7 所示。计算公式为

$$Ra=\frac{1}{n}\sum_{i=1}^{n}|Z_i|$$

测得的 Ra 值越大，则表面越粗糙。Ra 参数能反映表面微观几何形状高度方面的特征，一般用电动轮廓仪进行测量，因此是普遍采用的评定参数。但不能用于太粗糙或太光滑的表面。

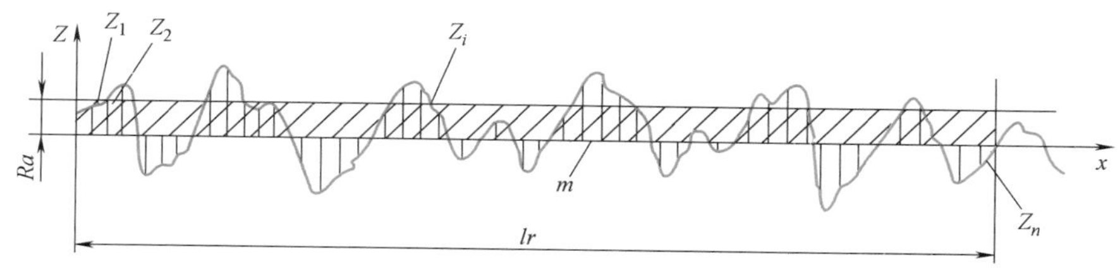

图 6-7 轮廓算术平均偏差 *Ra* 图

（2）轮廓最大高度 *Rz* 在一个取样长度内，最大轮廓峰高与最大轮廓谷深之和，称为轮廓最大高度 *Rz*。图 6-8 所示的 *Zp* 为轮廓最大峰高，*Zv* 为轮廓最大谷深，则轮廓最大高度为

$$Rz = Zp\max + Zv\max$$

Rz 常用于不允许有较深加工痕迹如受交变应力的表面，或因表面很小不宜采用 *Ra* 时用 *Rz* 评定的表面。*Rz* 只能反映表面轮廓的最大高度，不能反映微观几何形状特征。*Rz* 常与 *Ra* 联用。

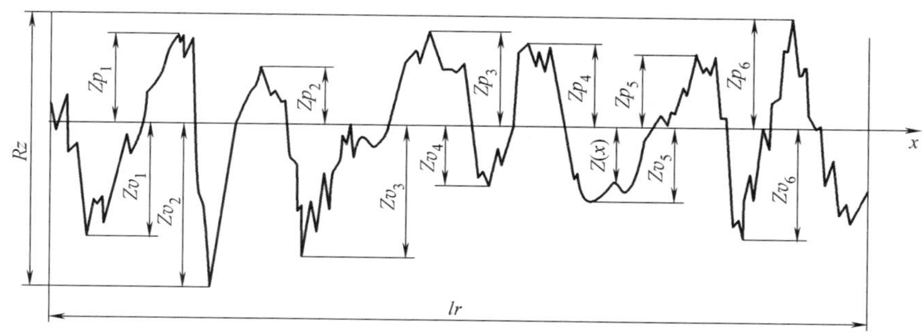

图 6-8 轮廓最大高度 *Rz* 示意图

第三节 表面粗糙度评定参数及数值的选用

一、评定参数的选择

零件表面粗糙度对其使用性能的影响是多方面的，因此，在选择表面粗糙度评定参数时，应能充分、合理地反映表面微观几何形状的真实情况。对大多数表面来说，国家标准规定轮廓的幅度参数 *Ra* 和 *Rz* 是必须标注的参数。而其他评定参数［如 *Rsm*、*Rmr*（*c*）］只有在幅度参数不能满足表面功能要求时，才附加选用。

评定参数 *Ra* 较能客观地反映表面微观几何形状的特征，而且所用测量仪器（轮廓仪）的测量方法比较简单，能连续测量，测量的效率高。因此，在常用的参数值范围内（*Ra* 为 0.025～6.3μm，*Rz* 为 0.100～25μm），标准推荐优先选用 *Ra*。

由于评定参数 *Ra* 所反映的微观几何形状特征不够全面，加之，*Ra* 不能测量极小面积，而 *Rz* 值的测量又十分简便，所以 *Rz* 可以单独使用，也可以与 *Ra* 联用，用以控制微观不平度谷深，从而控制表面微观裂纹。特别是对要求疲劳强度的表面来说，表面只要有较深的裂纹，在交变载荷的作用下就易于产生疲劳破坏，对此情况宜采用参数 *Rz* 或同时选用 *Ra* 和 *Rz*。

二、评定表面粗糙度参数值的选用

各参数值的选用按照 GB/T 1031—2009《产品几何技术规范（GPS）表面结构　轮廓法　表面粗糙度参数及其数值》，见表 6-2、表 6-3。

表 6-2　轮廓的算术平均偏差 *Ra* 的数值　（单位：μm）

Ra	0.012	0.2	3.2	50
	0.025	0.4	6.3	100
	0.05	0.8	12.5	
	0.1	1.6	25	

表 6-3　轮廓的最大高度 *Rz* 的数值　（单位：μm）

Rz	0.025	0.4	6.3	100	1600
	0.05	0.8	12.5	200	
	0.1	1.6	25	400	
	0.2	3.2	50	800	

表面粗糙度数值的确定一般多采用类比法，可参看表 6-4、表 6-5 的应用实例选择，再考虑以下几点给予修正：①同一零件上的表面，工作表面应比非工作表面的表面粗糙度值小；②摩擦表面比非摩擦表面的表面粗糙度数值小；③配合性质要求高的表面的表面粗糙度数值应小；相同公差等级条件下小尺寸接合面比大尺寸接合面的表面粗糙度数值要小；④相同尺寸的轴应比孔的表面粗糙度值小；⑤密封性、耐蚀性要求高以及有外观要求的表面，其表面粗糙度值要小。

表 6-4　表面粗糙度的表面特征、经济加工方法及应用实例

表面微观特性		*Ra*/μm	*Rz*/μm	加工方法	应用举例
粗糙表面	可见刀痕	≤20	≤80	粗车、粗刨、粗铣、钻、毛锉、锯断	半成品粗加工的表面、非配合的加工表面，如轴的端面、倒角、钻孔、齿轮和带轮的侧面、键槽底面、垫圈接触面等
半光滑表面	微见刀痕	≤10	≤40	车、铣、刨、镗、钻、粗铰	轴上不安装轴承、齿轮处的非配合面，紧固件的自由装配面，轴和孔的退刀槽
	微见刀痕	≤5	≤20	车、刨、铣、镗、磨、拉、粗刮、滚压	半精加工表面，箱体、支架、端盖、套筒等和其他零件接合而无配合要求的表面等
	看不见刀痕	≤2.5	≤10	车、铣、刨、磨、镗、拉、刮、压、铣齿	接近于精加工表面，箱体上安装轴承的镗孔表面，齿轮的工作面
光滑表面	可辨加工痕迹方向	≤1.25	≤6.3	车、镗、磨、拉、刮、精铰、磨齿、滚压	圆柱销，圆锥销，与滚动轴承配合的表面，普通车床导轨面，内、外花键的定心表面
	微辨加工痕迹方向	≤0.63	≤3.2	精铰、精镗、磨、刮、滚压	要求配合性质稳定的表面，工作时受交变应力的重要零件的表面，较高精度车床的导轨面
	不可辨加工痕迹方向	≤0.32	≤1.6	精磨、珩磨、研磨、超精加工	精密机床主轴锥孔，顶尖圆锥面，发动机曲轴、凸轮轴工作表面，高精度齿轮的齿面

（续）

表面微观特性		Ra/μm	Rz/μm	加 工 方 法	应 用 举 例
极光滑表面	暗光泽面	≤0.16	≤0.8	精磨、研磨、普通抛光	精密机床主轴轴颈表面，一般量具的工作表面，气缸套内表面，活塞销表面
	亮光泽面	≤0.08	≤0.4	超精磨、精抛光、镜面磨削	精密机床主轴轴颈表面，滚动轴承的滚珠、高压油泵中柱塞和柱塞套配合的表面
	镜状光泽面	≤0.04	≤0.2		
	镜面	≤0.01	≤0.05	镜面磨削、超精研	高精度量仪、量块的工作表面，光学仪器中的金属镜面

表 6-5 轴和孔的表面粗糙度参数推荐值

<table>
<tr><th colspan="3">表面特征</th><th colspan="6">Ra/μm 不大于</th></tr>
<tr><td rowspan="10">经常装卸零件的配合表面，如交换齿轮、滚刀等</td><td rowspan="2">公差等级</td><td rowspan="2">表面</td><td colspan="6">公称尺寸/mm</td></tr>
<tr><td colspan="3">≤50</td><td colspan="3">>50~500</td></tr>
<tr><td rowspan="2">5</td><td>轴</td><td colspan="3">0.2</td><td colspan="3">0.4</td></tr>
<tr><td>孔</td><td colspan="3">0.4</td><td colspan="3">0.8</td></tr>
<tr><td rowspan="2">6</td><td>轴</td><td colspan="3">0.4</td><td colspan="3">0.8</td></tr>
<tr><td>孔</td><td colspan="3">0.4~0.8</td><td colspan="3">0.8~1.6</td></tr>
<tr><td rowspan="2">7</td><td>轴</td><td colspan="3">0.4~0.8</td><td colspan="3">0.8~1.6</td></tr>
<tr><td>孔</td><td colspan="3">0.8</td><td colspan="3">1.6</td></tr>
<tr><td rowspan="2">8</td><td>轴</td><td colspan="3">0.8</td><td colspan="3">1.6</td></tr>
<tr><td>孔</td><td colspan="3">0.8~1.6</td><td colspan="3">1.6~3.2</td></tr>
<tr><td rowspan="8">过盈配合的配合表面
①装配按机械压入法</td><td rowspan="2">公差等级</td><td rowspan="2">表面</td><td colspan="6">公称尺寸/mm</td></tr>
<tr><td colspan="2">≤50</td><td colspan="2">>50~120</td><td colspan="2">>120~500</td></tr>
<tr><td rowspan="2">5</td><td>轴</td><td colspan="2">0.1~0.2</td><td colspan="2">0.4</td><td colspan="2">0.4</td></tr>
<tr><td>孔</td><td colspan="2">0.2~0.4</td><td colspan="2">0.8</td><td colspan="2">0.8</td></tr>
<tr><td rowspan="2">6、7</td><td>轴</td><td colspan="2">0.4</td><td colspan="2">0.8</td><td colspan="2">1.6</td></tr>
<tr><td>孔</td><td colspan="2">0.8</td><td colspan="2">1.6</td><td colspan="2">1.6</td></tr>
<tr><td rowspan="2">8</td><td>轴</td><td colspan="2">0.8</td><td colspan="2">0.8~1.6</td><td colspan="2">1.6~3.2</td></tr>
<tr><td>孔</td><td colspan="2">1.6</td><td colspan="2">1.6~3.2</td><td colspan="2">1.6~3.2</td></tr>
<tr><td rowspan="2">②装配按热处理法</td><td rowspan="2">—</td><td>轴</td><td colspan="6">1.6</td></tr>
<tr><td>孔</td><td colspan="6">1.6~3.2</td></tr>
<tr><td rowspan="5">精密定心用配合的零件表面</td><td colspan="2" rowspan="3">表面</td><td colspan="6">径向圆跳动公差/μm</td></tr>
<tr><td>2.5</td><td>4</td><td>6</td><td>10</td><td>16</td><td>25</td></tr>
<tr><td colspan="6">Ra/μm 不大于</td></tr>
<tr><td colspan="2">轴</td><td>0.05</td><td>0.1</td><td>0.1</td><td>0.2</td><td>0.4</td><td>0.8</td></tr>
<tr><td colspan="2">孔</td><td>0.1</td><td>0.2</td><td>0.2</td><td>0.4</td><td>0.8</td><td>1.6</td></tr>
<tr><td rowspan="5">滑动轴承的配合表面</td><td colspan="2" rowspan="3">表面</td><td colspan="4">公差等级</td><td colspan="2" rowspan="2">液体湿摩擦条件</td></tr>
<tr><td colspan="2">6~9</td><td colspan="2">10~12</td></tr>
<tr><td colspan="6">Ra/μm 不大于</td></tr>
<tr><td colspan="2">轴</td><td colspan="2">0.4~0.8</td><td colspan="2">0.8~3.2</td><td colspan="2">0.1~0.4</td></tr>
<tr><td colspan="2">孔</td><td colspan="2">0.8~1.6</td><td colspan="2">1.6~3.2</td><td colspan="2">0.2~0.8</td></tr>
</table>

第四节　表面结构的表示法（GB/T 131—2006）

一、表面结构要求的代号、符号及定义

GB/T 131—2006 规定了表面粗糙度的符号、代号及其在图样上的标注方法。

1. 图形符号及含义（表 6-6）

表 6-6　表面结构图形符号及含义

图 形 符 号	含义及说明
	基本图形符号：表示表面可用任何方法获得。当不加注粗糙度参数值或有关的说明（例如表面处理、局部热处理状况等）时，仅适用于简化代号标注
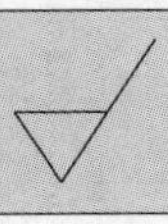	扩展图形符号：在基本图形符号上加一短横，表示指定表面是用去除材料的方法获得的，例如车、铣、钻、磨、剪切、抛光、腐蚀、电火花加工、气割等
	扩展图形符号：在基本图形符号上加一个圆圈，表示指定表面是用不去除材料的方法获得的，例如铸、锻、冲压变形、热轧、冷轧、粉末冶金等。也可用于保持上道工序形成的表面，不管这种状况是通过去除材料或不去除材料形成的
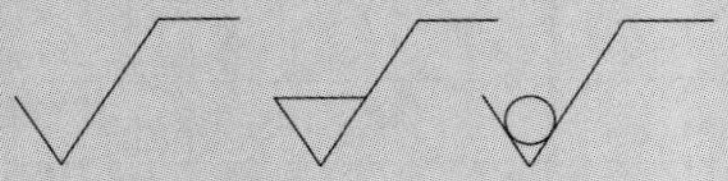	完整图形符号：在上述三种符号的长边上均可加一横线，用于标注有关参数和说明
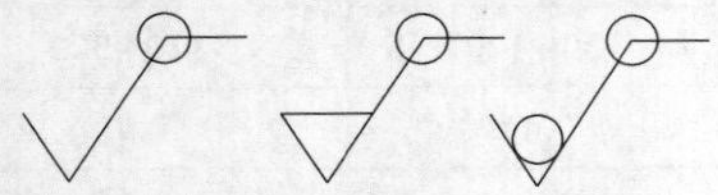	当在图样的某个视图上构成封闭轮廓的各表面有相同的表面结构要求时，在上述三种符号上均可加一小圆圈，标注在图样中零件的封闭轮廓线上。如果标注会引起歧义，各表面还应分别标注

2. 表面粗糙度代号（图 6-9）

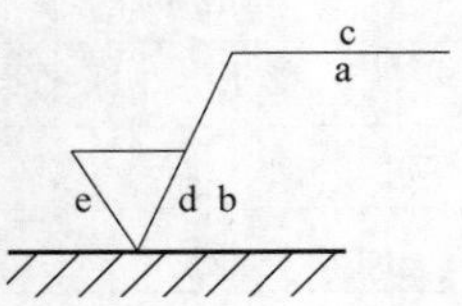

c
a
e　d b

a、b— 表面结构要求。如果是单一要求，只注写a处
c— 加工方法
d— 加工表面纹理和方向
e— 加工余量(mm)

图 6-9　表面粗糙度代号

3. 表面纹理方向符号（表 6-7）

表 6-7　表面纹理方向符号

符号	说明	示意图	符号	说明	示意图
=	纹理平行于视图所在的投影面	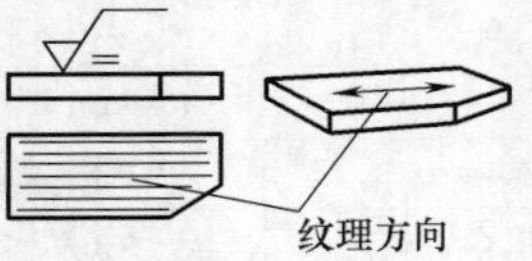 纹理方向	⊥	纹理垂直于视图所在的投影面	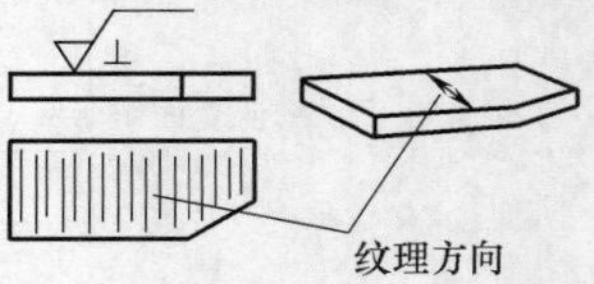 纹理方向

（续）

符号	说明	示意图	符号	说明	示意图
×	纹理呈两斜向交叉且与视图所在的投影面相交	纹理方向	C	纹理呈近似同心圆且圆心与表面中心相关	
			R	纹理呈近似放射状且与表面圆心相关	
M	纹理呈多方向		P	纹理呈微粒、凸起，无方向	

4. 表面粗糙度代号中的注写说明

图 6-9 所示表面粗糙度的代号中各位置注写字母的说明如下：

位置 a：注写表面结构的单一要求。

注写常见形式如：

评定长度(默认可不注)

0.08 - 0.8/*Rz*(4)　max　3.2

传输带　结构参数　判断规则　参数值

注写注意事项如下：

1）传输带标注。标注滤波器截止波长（mm），短波在前（λs），长波在后（λc），中间用“-”隔开，见上面举例。国标默认 $\lambda s=0.0025$mm（短波滤波器）可以不注出；$\lambda c=0.8$mm（长波滤波器）的截止波长可作为取样长度值，如上例中的 0.8mm。

2）当评定长度为默认值（等于 5 个取样长度）时，不需标注评定长度；如需要标注评定长度，可在参数代号后标注其取样长度的个数，如 *Ra*3　3.2 表示要求评定长度为 3 个取样长度。

3）为了避免产生误解，在参数代号或评定长度等和极限值之间应插入空格。

4）当表面结构应用最大规则时，应在参数代号之后标注“max”如，*Ra*　max　0.8 和 *Rz*1　max　3.2。否则，应用 16%规则，如 *Ra*　0.8 和 *Rz*1　3.2。

5）当表面结构参数只标注参数代号、参数值和传输带时，它们应默认为参数的单向上极限值（16%规则或最大规则的极限值）；当只标注参数代号、参数值和传输带作为参数的单向下极限值（16%规则或最大规则的极限值）时，参数代号前应加注“L”，如 L*Ra*　3.2。

6）当在完整符号中表示表面结构参数双向极限时，应标注极限代号。上极限值注写在上方用“U”表示，下极限值注写在下方用“L”表示，上、下极限值为 16%规则或最大规则的极限值。如同一参数具有双向极限要求时，在不引起误解的情况下，可以不注写“U”和“L”。

位置 *a* 和 *b*：注写两个或多个表面结构要求。

注写常见形式如：磨 *Ra*1.6 −2.5/*Rz* max6.3 ⊥

位置 *c*：注写加工方法、表面处理、涂层或其他加工工艺要求等。

注写常见形式如：Fe/Ep·Cr50

位置 *d*：注写表面纹理和方向。

注写常见形式如：×

位置 *e*：注写加工余量（mm），如图 6-10 所示。

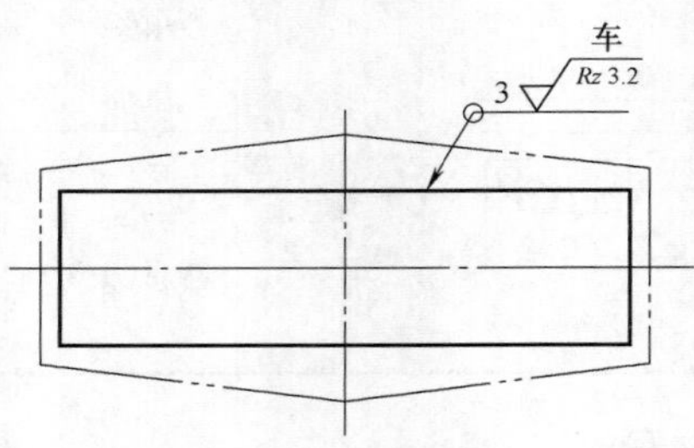

图 6-10　在表示完工零件的图样中给出加工余量的注法

（图中所注含义是：所有表面均有 3mm 的加工余量）

二、表面结构要求在图样上的标注

（一）表面结构代号标注示例（表 6-8）

表 6-8　表面结构代号标注示例

代　　号	意　　义	代　　号	意　　义
Ra 3.2	用任何方法获得的表面粗糙度，*Ra* 的上限值为 3.2μm	*Ra* max 3.2	用去除材料方法获得的表面粗糙度，*Ra* 的最大值为 3.2μm
Ra 3.2	用去除材料方法获得的表面粗糙度，*Ra* 的上限值为 3.2μm	*Ra* 3.2 *Rz* 12.5	用去除材料方法获得的表面粗糙度，*Ra* 的上限值为 3.2μm，*Rz* 的上限值为 12.5μm
U *Ra* 3.2 L *Ra* 1.6	用去除材料方法获得的表面粗糙度，*Ra* 的上限值为 3.2μm，*Ra* 的下限值为 1.6μm	*Rz* max 3.2 *Rz* min 1.6	用去除材料方法获得的表面粗糙度，*Rz* 的最大值为 3.2μm，*Rz* 的最小值为 1.6μm

注：表面粗糙度参数的“上限值”（或“下限值”）和“最大值”（或“最小值”）的含义是不同的。“上限值”（或“下限值”）表示表面粗糙度参数的所有实测值中允许 16%测得值超过规定值；“最大值”（或“最小值”）表示所有实测值不得超过规定值。

（二）表面结构补充要求的标注示例（表 6-9）

表 6-9　表面结构补充要求的标注示例

标注示例	标 注 解 释
0.008−0.8/*Ra* 6.3	表示表面去除材料，单向上极限值，传输带为 0.008-0.8mm，表面粗糙度轮廓的算术平均偏差值为 6.3μm，评定长度为默认的 5 个取样长度，默认 16%规则

（续）

标注示例	标 注 解 释
−0.8/Ra3　6.3	表示表面去除材料，单向上极限值，传输带（取样长度值）为 0.8mm（默认 λs 为 0.0025mm），表面粗糙度轮廓的算术平均偏差值为 6.3μm，评定长度为（3×0.8mm = 2.4mm）3 个取样长度，默认 16%规则
U Ra max 3.2 L Ra 0.8	表示表面不允许去除材料，双向极限值，两极限值均使用默认传输带。表面粗糙度轮廓的算术平均偏差：上极限值为 3.2μm，评定长度为默认的 5 个取样长度，最大规则；下极限值为 0.8μm，评定长度为默认的 5 个取样长度，默认 16%规则
Fe/Zn8c 2C	表示表面处理：在金属基体上镀锌，其最小镀层厚度为 8μm，电镀后镀层彩虹铬酸盐处理（等级为 2 级），无其他表面结构要求
Fe/Ni20bCr r Ra 1.6	表示表面去除材料，单向上极限值，表面粗糙度轮廓的算术平均偏差为 1.6μm 表示表面处理：在金属基体上镀金光亮镍，最小镀层厚度为 20μm，以及普通镀铬，铬层最小厚度为 0.3μm
铣 0.008−4/Ra 50 0.008−4/Ra 6.3 C	表示表面去除材料，双向极限值，表面粗糙度轮廓的算术平均偏差值：上极限值为 50μm，下极限值为 6.3μm；默认传输带均为 0.008-4mm；默认评定长度为 5×4mm = 20mm；默认 16%规则；表面纹理呈近似同心圆，且圆心与表面中心相关；铣削加工方法 注：在不会引起争议时，可省略字母“U”和“L”
磨 Ra 1.6 −2.5/Rz max 6.3 ⊥	表示表面去除材料，两个单向上极限值： ①Ra = 1.6μm：表示表面粗糙度轮廓的算术平均偏差值的上极限值为 1.6μm；默认传输带；默认评定长度（$5\lambda c$）；默认 16%规则 ②Rz max = 6.3μm：表示表面粗糙度的轮廓最大高度为 6.3μm；传输带为 −2.5mm；默认评定长度（5×2.5mm）；表面纹理垂直于视图的投影面；磨削加工方法；最大规则
Cu/Ep·Ni5bCr0.3r Rz 0.8	表示表面不去除材料，单向上极限值：表面粗糙度的轮廓最大高度为 0.8μm；默认传输带：默认评定长度（$5\lambda c$）；默认 16%规则 表面处理：铜件镀镍、铬；无表面纹理要求；表面要求对封闭轮廓的所有表面有效
Fe/Ep·Ni10bCr0.3r −0.8/Ra 1.6 U−2.5/Rz 12.5 L−2.5/Rz 3.2	表示表面去除材料，一个单向上极限值和一个双向极限值： ①单向 Ra = 1.6μm：表示表面粗糙度轮廓的算术平均偏差值的上极限值为 1.6μm；传输带为 −0.8mm；评定长度为 5×0.8mm = 4mm；默认 16%规则 ②双向 Rz：表示表面粗糙度的轮廓最大高度上极限值为 12.5μm，下极限值为 3.2μmn；上、下极限传输带均为 −2.5mm；上、下极限评定长度均为 5×2.5mm = 12.5mm；默认 16%规则 表面处理：铜件镀镍、铬

（三）表面结构要求在图样上的标注形式

1. 在轮廓线上或指引线上的标注（图 6-11、图 6-12）

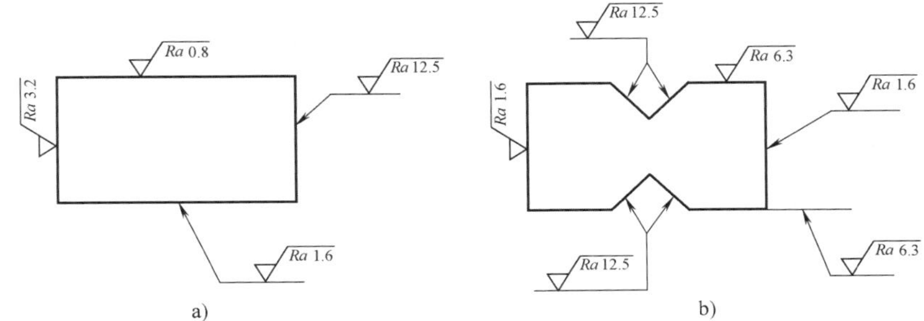

图 6-11　在轮廓线上标注

a）表面结构要求的注写方向　b）在轮廓线上标注的表面结构要求

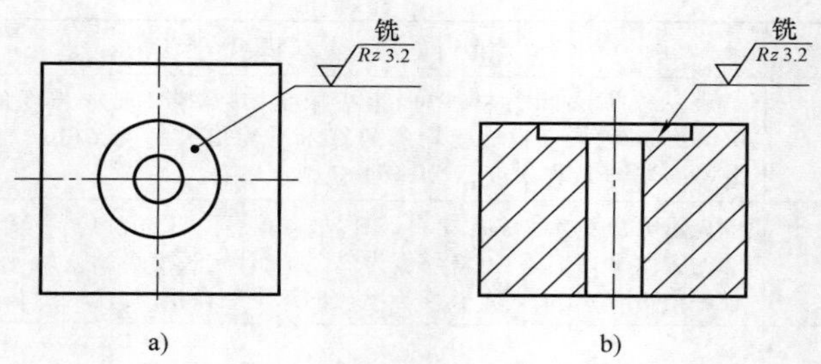

图 6-12　在指引线上标注

2. 在特征尺寸的尺寸线上的标注（图 6-13）

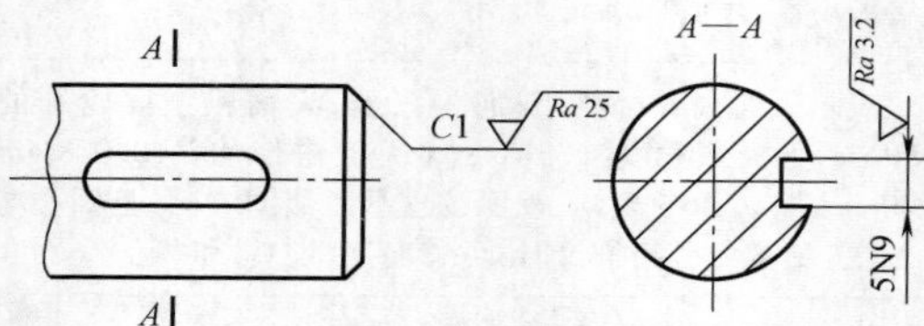

图 6-13　在尺寸线上标注

3. 在几何公差框格的上方标注（图 6-14）

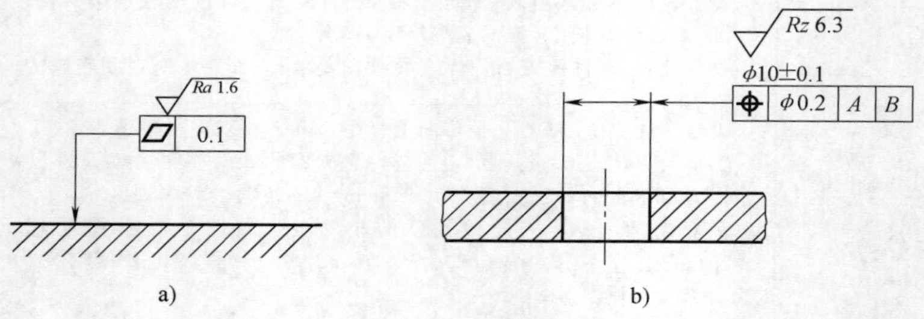

图 6-14　在几何公差框格上方标注

4. 在延长线上的标注（图 6-15）

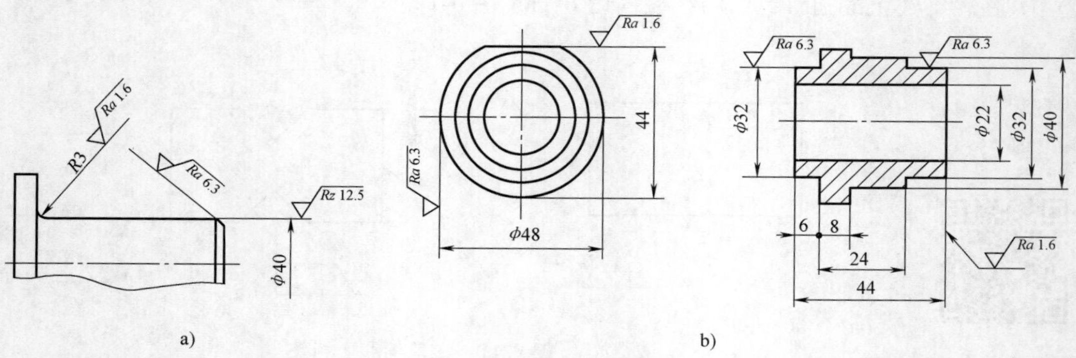

图 6-15　在特征延长线上标注表面结构要求

5. 在圆柱或棱柱表面上标注（图 6-16）

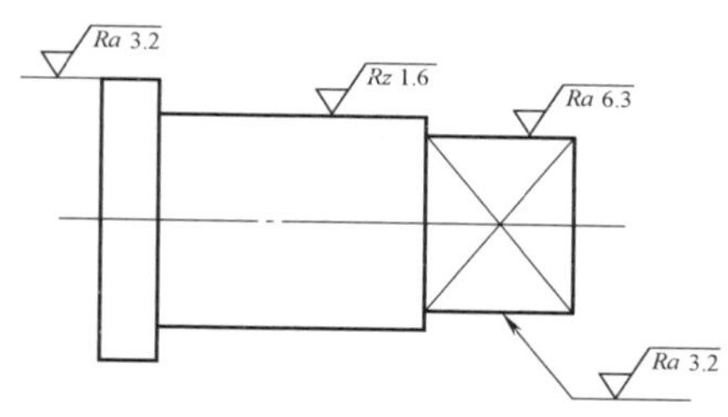

图 6-16　在圆柱或棱柱表面上标注表面结构要求

6. 简化标注

（1）全部表面有相同表面结构要求时的简化标注（图 6-17）

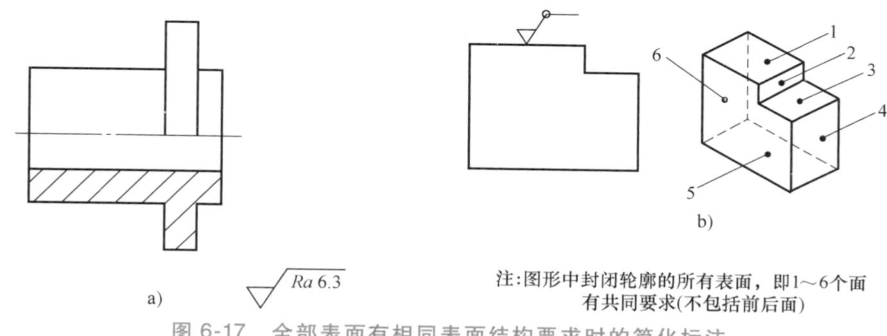

图 6-17　全部表面有相同表面结构要求时的简化标注

（2）多数表面有相同表面结构要求时的简化标注（图 6-18）

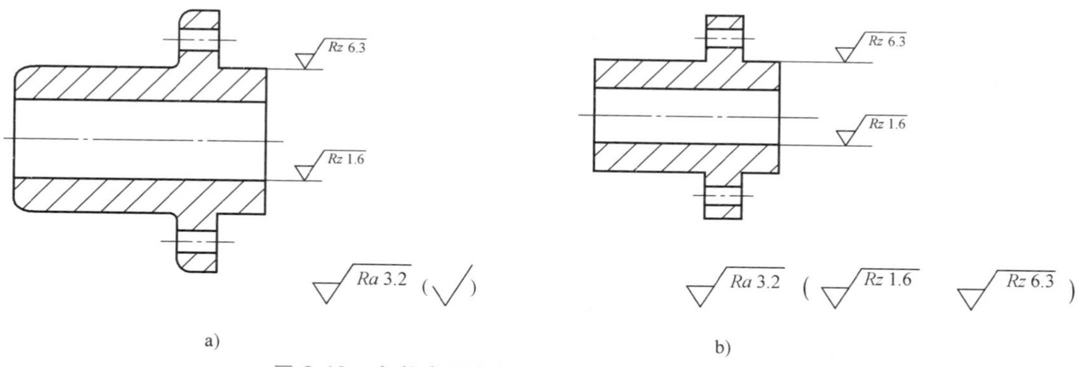

图 6-18　多数表面有相同表面结构要求的简化标注

（3）在图纸空间有限时的简化标注（图 6-19）

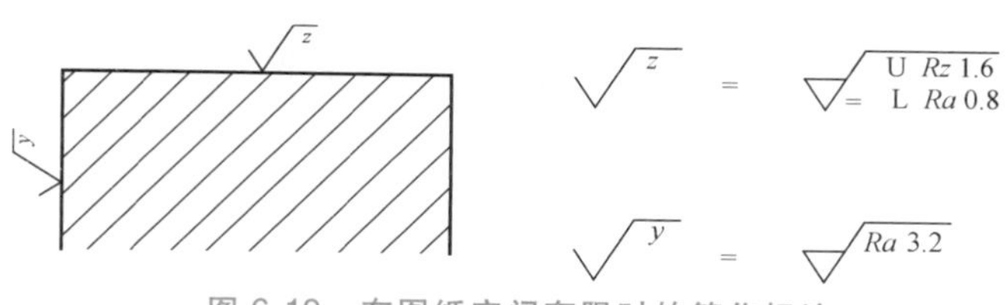

图 6-19　在图纸空间有限时的简化标注

（4）只用表面结构符号的简化标注（图 6-20）

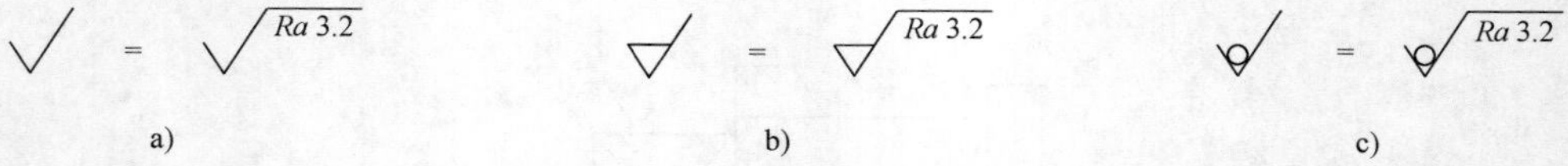

√ = √Ra 3.2　　a)

√ = √Ra 3.2　　b)

√ = √Ra 3.2　　c)

图 6-20　只用表面结构符号的简化标注

a）未指定工艺方法　b）要求去除材料　c）不允许去除材料

7. 同时给出镀覆前后的表面结构要求的标注（图 6-21）

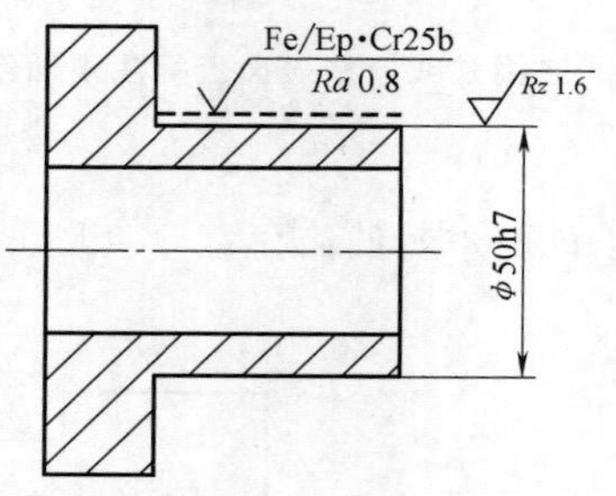

图 6-21　同时给出镀覆前后的表面结构要求的标注

8. 同一表面多道工序表面结构要求的标注（图 6-22）

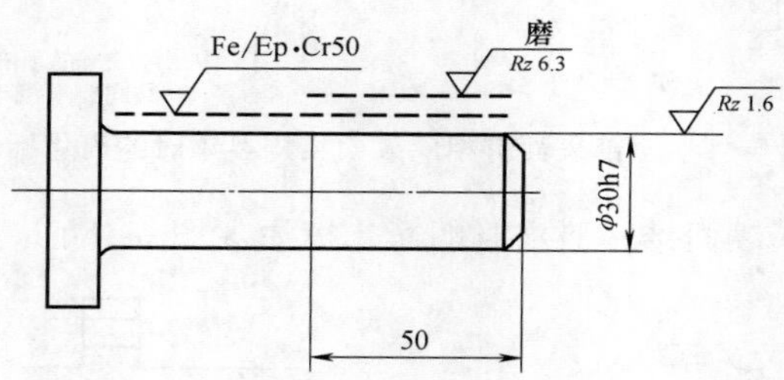

图 6-22　同一表面多道工序表面结构要求的标注

第五节　表面粗糙度的检测

测量表面粗糙度时，若图样上未特别注明测量方向时，则应在数值最大的方向上测量。一般是在垂直于表面加工纹理方向的截面上测量。对于无一定的纹理方向的表面（如电火花、研磨等加工表面），应在几个不同的方向上测量，并取最大值作为测量结果。此外，测量时还应注意不要把表面缺陷（如沟槽、气孔、划痕）等包括进去。

目前，表面粗糙度所用测量方法有比较法、轮廓法、光截法和干涉法。前两种方法在车间应用比较普遍；后两种方法则主要在计量室采用。故本节主要介绍比较法与轮廓法。

一、比较法

比较法是指被测量表面与已知其高度参数值的粗糙度样板相比较，通过人的视觉或触觉，也可借助放大镜、显微镜来判断被测表面粗糙度的一种检测方法，如图 6-23 所示。

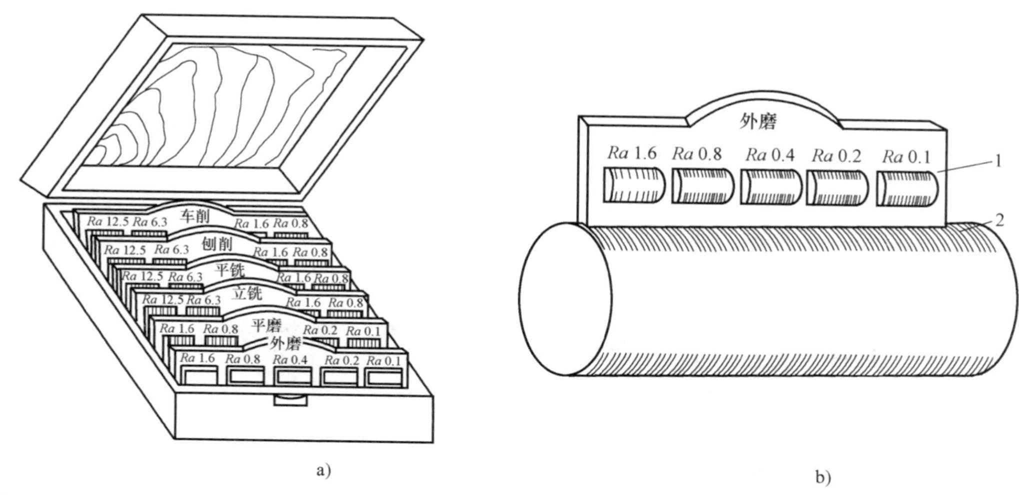

图 6-23　用比较法检验表面粗糙度

a）表面粗糙度样块　b）检验示意图

1—样板　2—被检验物

比较时，所用的粗糙度样板的材料、形状和加工方法应尽可能与被测表面相同，这样可以减少检测误差，提高判断准确性。当零件批量较大时，也可从加工零件中挑选出样品，经检验后作为表面粗糙度样板使用。

比较法简单易行，适用于车间，其缺点是评定的可靠性很大程度上取决于检验人员的经验，属于定性评定，仅适用于评定表面粗糙度要求不高的工件表面。

二、轮廓法（针描法）

根据接触测量法，采用相应的触针式传感器，以触针沿被测表面做匀速直线或曲线滑行，随机测取其表面微观轮廓值，经运算处理后，由指示装置或打印机得到系统的表面粗糙度参数值和微观轮廓图，如图 6-24 所示。

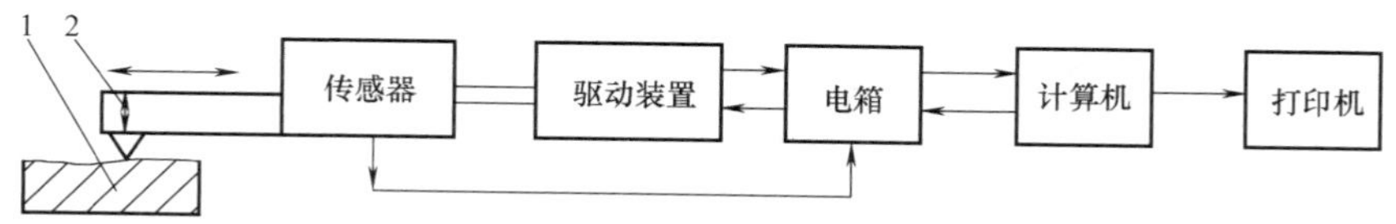

图 6-24　电感式轮廓仪的原理框图

1—被测零件　2—触针

轮廓法采用触针式表面粗糙度测量仪，分为台式与便携式两类。台式测量仪功能较齐全，测量精度高，因附属设备多，一般置于车间计量室内，当检验人员与操作工人对工件加工表面粗糙度判定出现争议时，用于进行仲裁；便携式测量仪采用分体设计，测量部分与主机和电箱用拖线电缆连接，通过计算机可以进行数据处理、控制，并能打印测量参数和显示轮廓图形。本节主要简介便携式表面粗糙度测量仪；图 6-25 所示为便携式触针电动轮廓仪，图 6-26 所示为用便携式触针电动轮廓仪测量孔内径，图 6-27 所示为用便携式触针电动轮廓仪测量轴外径。

随着现代科技发展，便携式表面粗糙度测量仪已将测量与主机控制合二为一，这样就更加轻巧，方便携带。图 6-28 所示为国产 TR200 型表面粗糙度仪，图 6-29 所示为使用 TR200 表面粗糙度仪测量精镗内孔情况。

触针式表面粗糙度测量仪的测量范围一般为 $Ra0.01 \sim 5\mu m$，这种仪器受触针针头圆弧半径限制，不宜用于过于粗糙的表面、过于光滑的表面及材料过软的表面，对这些表面可以采用光切显微镜或干涉显微镜测量。

图 6-25　便携式触针电动轮廓仪

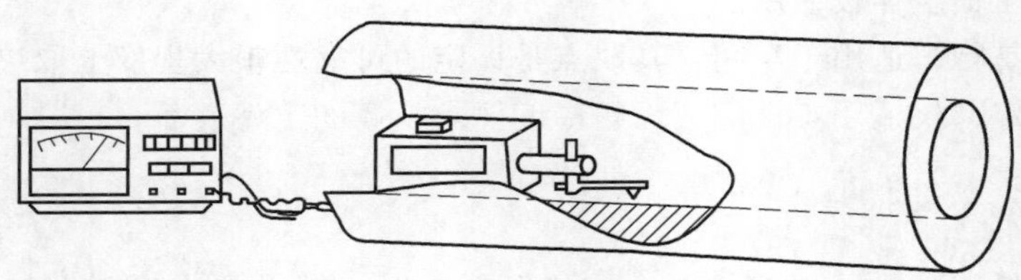

图 6-26　用便携式触针电动轮廓仪测量孔内径

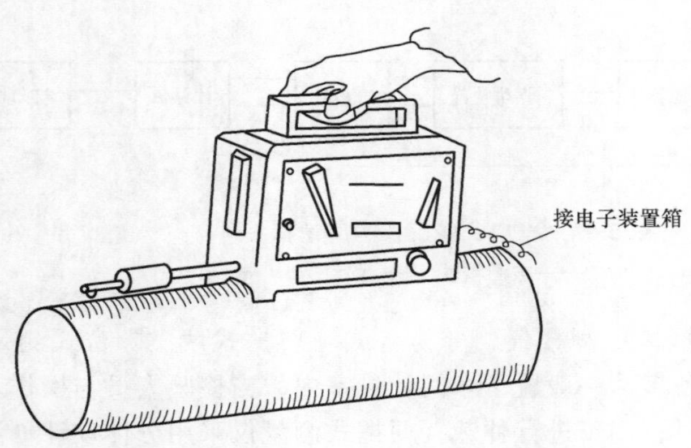

图 6-27　用便携式触针电动轮廓仪测量轴外径

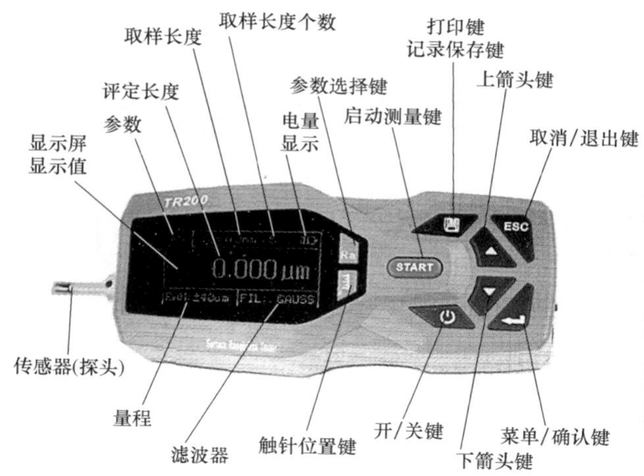

图 6-28 TR200 型表面粗糙度仪

图 6-29 用 TR200 表面粗糙度仪测量精镗内孔

习 题

6-1 表面粗糙度测量中，为什么要确定取样长度和评定长度？

6-2 表面粗糙度常用的检测方法有哪些？

6-3 试述表面粗糙度的评定参数 *Ra*、*Rz* 的含义。

6-4 解释图 6-30 所示的表面粗糙度符号、代号的意义。

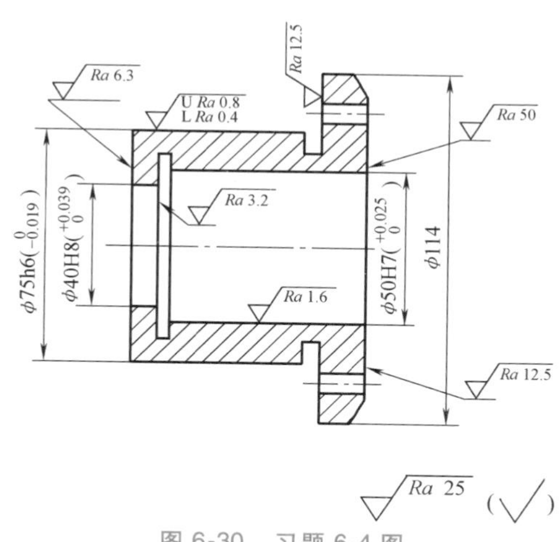

图 6-30 习题 6-4 图

第七章 圆锥的公差配合与检测

第一节 概 述

一、圆锥配合的特点与应用

圆锥表面是由一条与轴线成一定角度的母线绕该轴线旋转所形成的表面，圆锥体在垂直其轴线的各横截面内的直径是不相等的，具有渐变性。

圆锥体配合在机械中应用很广泛，由于其直径渐变性的补偿作用使圆锥体形成的配合间隙与过盈可以调整，故对中性好。对于间隙配合的圆锥体，机件磨损后经调整继续投入使用（如机床主轴轴承的配合）；而过盈配合的圆锥体，拆卸更方便，不损坏零件，可反复使用（如机床主轴锥孔与刀杆或工具尾部的配合）；对于某些密封性好的配合零件（如液压装置中的锥度阀芯与阀体的配合），也常常采用圆锥配合，通过配研的方法达到其要求。相对于圆柱体配合而言，圆锥体配合在生产中的装配调整比较费事，检测也比较麻烦。

二、圆锥的几何参数

1. 圆锥角（α）

在通过圆锥轴线的纵截面内，两条素线间的夹角，称为圆锥角 α。

内圆锥角用 α_i 表示，外圆锥角用 α_e 表示。如图 7-1 所示，相互结合的内、外圆锥，其基本圆锥角是相等的。

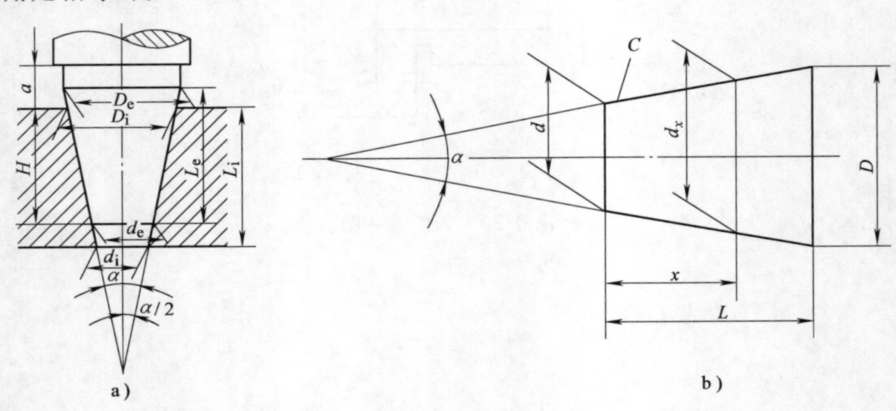

图 7-1 圆锥体的几何参数

a）圆锥配合的几何参数 b）单个圆锥几何参数

2. 圆锥直径

圆锥直径分为最大圆锥直径 D_e（D_i）、最小圆锥直径 d_e（d_i）和给定截面的圆锥直径 d_{xe}（d_{xi}），如图 7-1 所示。

3. 圆锥长度（L）

内（外）圆锥最大圆锥直径与最小圆锥直径之间的轴向距离称为圆锥长度，如图 7-1 所示。

4. 锥度（C）

两个垂直于圆锥轴线的截面圆的直径之差与该两截面之间的轴向距离之比，称为锥度 C，用公式表示为

$$C = (D - d)/L$$

由图 7-1 中圆锥参数的几何关系，可得出锥度 C 的另一关系式为

$$C = 2\tan(\alpha/2)$$

式中　α——圆锥角。

锥度 C 在图样标注中常写成比例、分数或百分数形式，如 $C=1:5$ 或 1/5 或 $C=20\%$。

5. 圆锥配合长度 H

圆锥配合长度指内、外圆锥配合部分的长度。

6. 基面距 a

基面距指内、外圆锥配合时，外圆锥基准平面（轴肩或轴端面）与内圆锥基准平面（端面）之间的距离 a，如图 7-1a 所示。

三、锥度与锥角系列

一般用途圆锥的锥度与锥角系列见表 7-1，选用时应优先选用第 1 系列，当不能满足需要时，选用第 2 系列。

表 7-1　一般用途圆锥的锥度与锥角系列（GB/T 157—2001）

基本值		推算值			
		圆锥角 α			锥度 C
系列 1	系列 2	(°)(′)(″)	(°)	/rad	
120°		—	—	2.09439510	1 : 0.2886751
90°		—	—	1.57079633	1 : 0.5000000
	75°	—	—	1.30899694	1 : 0.6516127
60°		—	—	1.04719755	1 : 0.8660254
45°		—	—	0.78539816	1 : 1.2071068
30°		—	—	0.52359878	1 : 1.8660254
1 : 3		18°55′28.7199″	18.92464442°	0.33029735	—
	1 : 4	14°15′0.1177″	14.25003270°	0.24870999	—
1 : 5		11°25′16.2706″	11.42118627°	0.19933730	—
	1 : 6	9°31′38.2202″	9.52728338°	0.16628246	—

（续）

基本值		推算值			
		圆锥角 α			锥度 C
系列 1	系列 2	(°)(′)(″)	(°)	/rad	
	1 : 7	8°10′16. 4408″	8. 17123356°	0. 14261493	—
	1 : 8	7°9′9. 6075″	7. 15266875°	0. 12483762	—
1 : 10		5°43′29. 3176″	5. 72481045°	0. 09991679	—
	1 : 12	4°46′18. 7970″	4. 77188806°	0. 08328516	—
	1 : 15	3°49′5. 8975″	3. 81830487°	0. 06664199	—
1 : 20		2°51′51. 0925″	2. 86419237°	0. 04998959	—
1 : 30		1°54′34. 8570″	1. 90968251°	0. 03333025	—
1 : 50		1°8′45. 1586″	1. 14587740°	0. 01999933	—
1 : 100		34′22. 6309″	0. 57295302°	0. 00999992	—
1 : 200		17′11. 3219″	0. 28647830°	0. 00499999	—
1 : 500		6′52. 5295″	0. 11459152°	0. 00200000	—

注：系列 1 中 120°～1 : 3 的数值近似按 R10/2 优先数系列，1 : 5～1 : 500 按 R10/3 优先数系列（见 GB/T 321—2005）。

部分特定用途圆锥的锥度与锥角系列见表 7-2。

表 7-2 部分特定用途圆锥的锥度与锥角系列（GB/T 157—2001）

基本值	推算值				标准号 GB/T (ISO)	用途
	圆锥角 α			锥度 C		
	(°)(′)(″)	(°)	/rad			
11°54′	—	—	0. 20769418	1 : 4. 7974511	(5237) (8489-5)	纺织机械和附件
8°40′	—	—	0. 15126187	1 : 6. 5984415	(8489-3) (8489-4) (324. 575)	
7°	—	—	0. 12217305	1 : 8. 1749277	(8489-2)	
1 : 38	1°30′27. 7080″	1. 50769667°	0. 02631427	—	(368)	
1 : 64	0°53′42. 8220″	0. 89522834°	0. 01562468	—	(368)	
7 : 24	16°35′39. 4443″	16. 59429008°	0. 28962500	1 : 3. 4285714	3837. 3(297)	机床主轴，工具配合
1 : 19. 002	3°0′52. 3956″	3. 01455434°	0. 05261390	—	1443(296)	莫氏锥度 No. 5
1 : 19. 180	2°59′11. 7258″	2. 98659050°	0. 05212584	—	1443(296)	莫氏锥度 No. 6
1 : 19. 212	2°58′53. 8255″	2. 98161820°	0. 05203905	—	1443(296)	莫氏锥度 No. 0
1 : 19. 254	2°58′30. 4217″	2. 97511713°	0. 05192559	—	1443(296)	莫氏锥度 No. 4
1 : 19. 922	2°52′31. 4463″	2. 87540176°	0. 05018523	—	1443(296)	莫氏锥度 No. 3
1 : 20. 020	2°51′40. 7960″	2. 86133223°	0. 04993967	—	1443(296)	莫氏锥度 No. 2
1 : 20. 047	2°51′26. 9283″	2. 85748008°	0. 04987244	—	1443(296)	莫氏锥度 No. 1

四、圆锥尺寸在图上的标注

1. 公称圆锥

圆锥是由圆锥表面与一定尺寸所限定的几何体，而公称圆锥则是指由设计给定的理想形状圆锥。公称圆锥规定用两种形式确定。

1）用一个公称圆锥直径（以给出最大圆锥直径 D、最小圆锥直径 d、给定截面圆锥直径 d_x 三者中的任何一个）、公称圆锥长度 L、公称圆锥角 α（或公称锥度 C）确定。

2）用两个公称圆锥直径和一个公称圆锥长度确定。

2. 圆锥尺寸在图上的标注

1）标注公称圆锥直径（只用一端，一般选用为大端）、公称圆锥角与公称圆锥长度，如图 7-2 所示。标注的圆锥角 α 与公称圆锥直径 D 可以加长方框（如$\boxed{30°}$与$\boxed{D}$），分别表示理论正确角度与理论正确直径。

2）标注公称圆锥直径（只注一端，一般选用为大端）、公称锥度与公称圆锥长度，如图 7-3 所示。

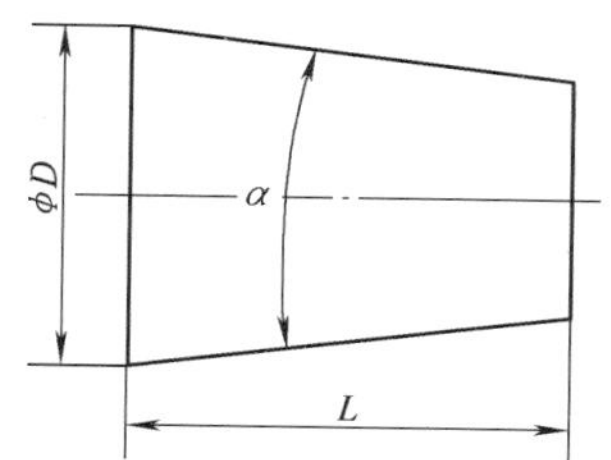

图 7-2 圆锥尺寸标注形式之一

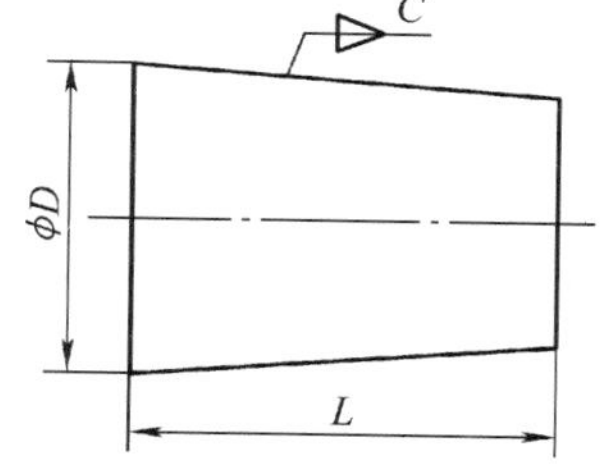

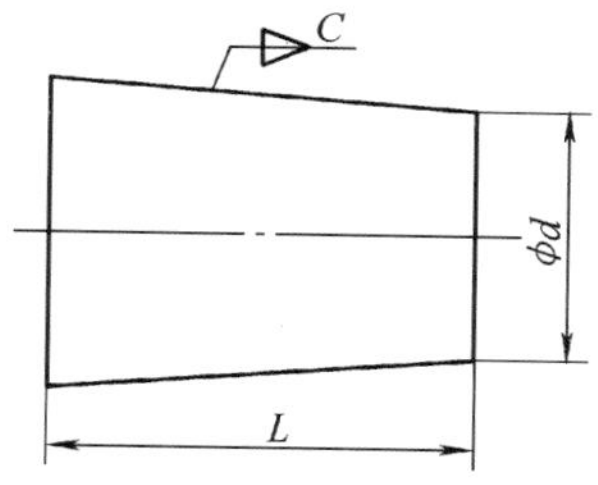

图 7-3 圆锥尺寸标注形式之二

同理，标注的锥度与公称圆锥直径，也可以加长方框，此时表示的为理论正确锥度与理论正确直径。锥度的值可用百分数表示，如 20%，即 1/5=1∶5。

3）标注给定截面公称圆锥直径 d_x、公称锥度 C 与轴向位置给定截面公称圆锥长度 L_x，如图 7-4 所示。

轴向位置给定截面公称圆锥长度与给定截面圆锥直径可加长方框，分别表示理论正确长度与理论正确直径。

4）标注两端公称圆锥直径 D、d 与公称圆锥长度 L，如图 7-5 所示。

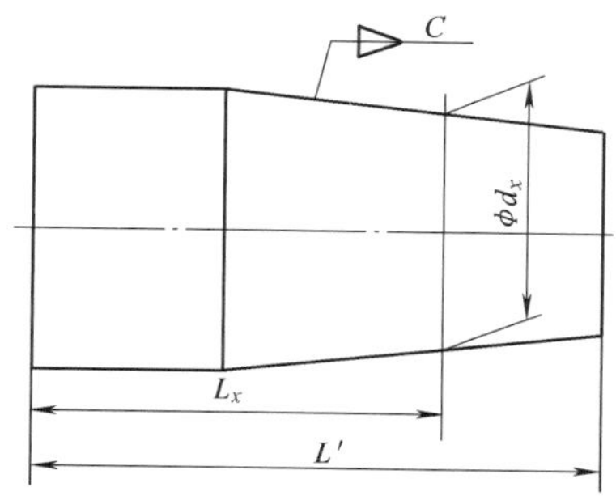

图 7-4 圆锥尺寸标注形式之三

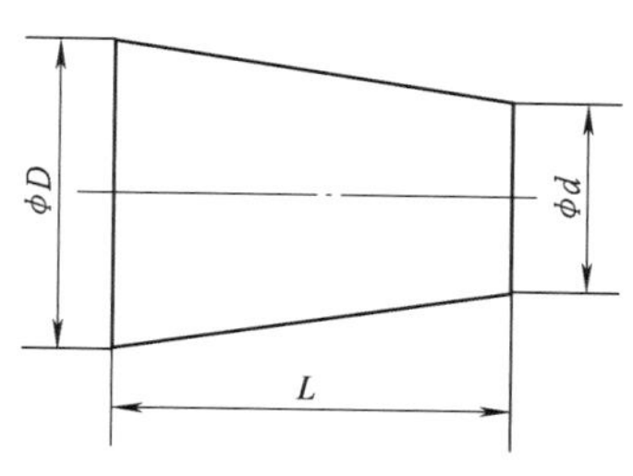

图 7-5 圆锥尺寸标注形式之四

一般考虑检测方便，生产中常采用的是前三种尺寸标注形式。

5）对于生产中常用的特殊用途的锥度（如工具与机床常用的莫氏锥度），可以不按以上形式标注，而采用图 7-6 所示的形式。

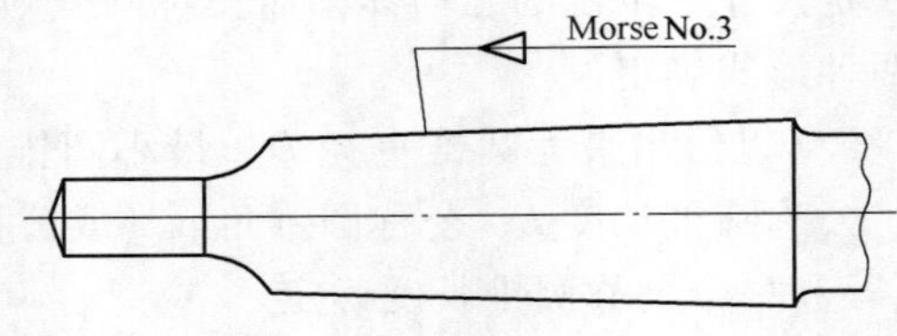

图 7-6　圆锥尺寸标注形式之五

第二节　圆锥的公差与配合

一、圆锥的公差（GB/T 11334—2005）

（一）圆锥的公差项目及给定方法

圆锥零件的精度主要由圆锥直径、圆锥角和圆锥形状三项精度所构成，在 GB/T 11334—2005《产品几何量技术规范（GPS）　圆锥公差》中做了明确规定。

在标准中，对圆锥公差的给定方法规定了以下两种：

1. 包容法（又称基本锥度法）

对圆锥给定了公称圆锥角 α（或公称锥度 C）和圆锥直径公差 T_D，如图 7-7 所示。这种方法由圆锥大端最大极限直径 D_{max} 与最小极限直径 D_{min} 所确定的两同轴圆锥面（相当于圆锥要素的最大实体尺寸与最小实体尺寸）形成两个具有理想形状的包容面公差带（见两圆锥之间的阴影部分），实际圆锥处处不得超越两包容面。因此该公差带既控制圆锥直径的大小及圆锥角的大小，也控制圆锥表面的形状误差。

这种公差给定方法通常适用于有配合要求的结构型内、外圆锥。根据需要，可附加有关的几何公差要求做进一步的控制。

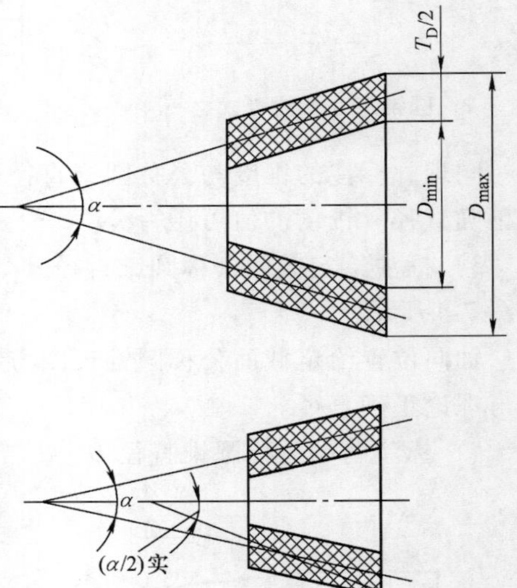

图 7-7　圆锥角与圆锥直径公差

2. 独立法（公差锥度法）

对圆锥给定了给定截面圆锥直径公差 T_{DS} 和圆锥角公差 AT，如图 7-8a 所示。这种方法是同时给出了圆锥直径公差和圆锥角公差。此时，给定截面圆锥直径公差仅控制圆锥的直径偏差，不再控制圆锥角偏差。T_{DS} 和 AT 各自分别规定，各自分别满足要求，按独立原则解释，如图 7-8b 所示。通过圆锥给定截面圆锥直径公差一半处（即 $T_{DS}/2$），分别作平行于锥角为 α_{max} 与 α_{min} 的两组平行线，所得到的阴影部分为此时所允许的圆锥误差范围（含素线形状误差在内）。

这种公差给定方法仅适用于对某给定截面圆锥直径有较高要求的圆锥和有密封要求以及非配合的圆锥。根据需要，可附加有关的几何公差要求做进一步的控制。

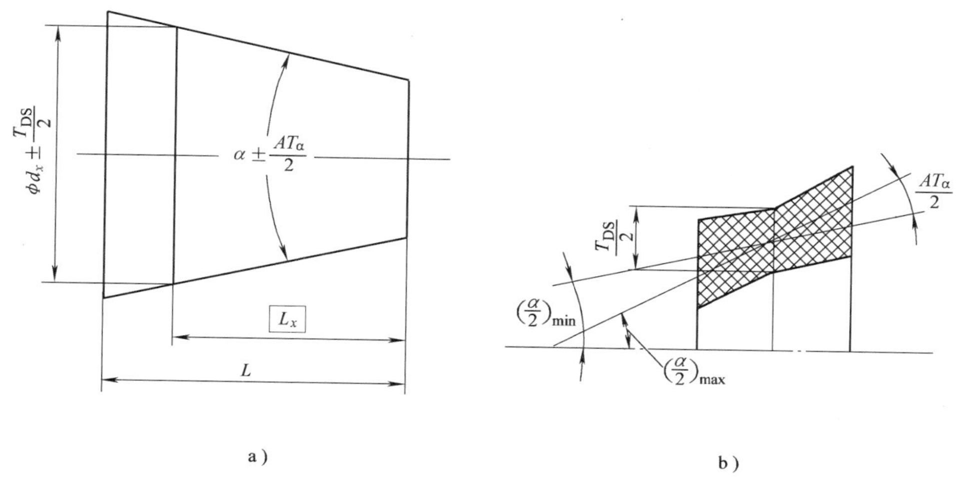

图 7-8　给定截面圆锥直径公差和圆锥角公差

（二）圆锥公差数值

1. 圆锥直径公差 T_D（含给定截面圆锥直径公差 T_{DS}）的取值

（1）圆锥直径公差 T_D（以大端最大圆锥直径为公称尺寸）与给定截面圆锥直径公差 T_{DS}（以给定截面圆锥直径 d_x 为公称尺寸）　可按光滑圆柱体 GB/T 1800. 1—2009 规定的标准公差取值。

（2）T_D 所能限制的最大圆锥角误差　当按包容法给定圆锥公差时，圆锥直径公差 T_D 所能限制的最大圆锥角误差 $\Delta\alpha_{max}$ 见表 7-3（当圆锥长度 $L=100$mm 时）。

（3）按包容法标注的推荐符号　在圆锥直径的极限偏差后标注Ⓔ符号，如“$\phi80^{+0.039}_{0}$　Ⓔ”。

表 7-3　圆锥直径公差 T_D 所能限制的最大圆锥角误差 $\Delta\alpha_{max}$（GB/T 11334—2005）

圆锥直径公差等级	圆锥直径/mm												
	≤3	>3~6	>6~10	>10~18	>18~30	>30~50	>50~80	>80~120	>120~180	>180~250	>250~315	>315~400	>400~500
	$\Delta\alpha_{max}$/μrad												
IT7	100	120	150	180	210	250	300	350	400	460	520	570	630
IT8	140	180	220	270	330	390	460	540	630	720	810	890	970
IT9	250	300	360	430	520	620	740	870	1000	1150	1300	1400	1550
IT10	400	480	580	700	840	1000	1200	1400	1600	1850	2100	2300	2500

注：圆锥长度不等于 100mm 时，需将表中的数值乘以 $100/L$，L 的单位为 mm。

2. 圆锥角公差 AT 的取值

（1）分级　圆锥角公差等级共分 12 级，分别以 $AT1$、$AT2$…$AT12$ 表示。

$AT1 \sim AT6$ 用于角度量块、高精度的角度量规及角度样板。

$AT7 \sim AT8$ 用于工具锥体、锥销、传递大转矩的摩擦锥体。

*AT*9～*AT*10用于中等精度的圆锥零件。

*AT*11～*AT*12用于低精度圆锥零件。

（2）表示形式　圆锥角公差可用两种形式表示：一种是角度值 AT_α，另一种是线性值 AT_D。两者的关系为

$$AT_D = AT_\alpha \times L \times 10^{-3}$$

式中　AT_D——圆锥角公差值（μm）；

AT_α——圆锥角公差角度值（μrad）；

L——圆锥长度（mm）。

公差等级为*AT*7～*AT*9的 AT_D 与 AT_α 见表7-4。

表7-4　*AT*7～*AT*9的圆锥角公差数值（GB/T 11334—2005）

公称圆锥长度 L/mm	圆锥角公差等级								
	AT7			AT8			AT9		
	AT_α		AT_D	AT_α		AT_D	AT_α		AT_D
	/μrad	(′)(″)	/μm	/μrad	(′)(″)	/μm	/μrad	(′)(″)	/μm
>16～25	500	1′43″	>8.0～12.5	800	2′45″	>12.5～20.0	1250	4′18″	>20～32
>25～40	400	1′22″	>10.0～16.0	630	2′10″	>16.0～20.5	1000	3′26″	>25～40
>40～63	315	1′05″	>12.5～20.0	500	1′43″	>20.0～32.0	800	2′45″	>32～50
>63～100	250	52″	>16.0～25.0	400	1′22″	>25.0～40.0	630	2′10″	>40～63
>100～160	200	41″	>20.0～32.0	315	1′05″	>32.0～50.0	500	1′43″	>50～80
>160～250	160	33″	>25.0～40.0	250	52″	>40.0～63.0	400	1′22″	>63～100
>250～400	125	26″	>32.0～50.0	200	41″	>50.0～80.0	315	1′05″	>80～125
>400～630	100	21″	>40.0～63.0	160	33″	>63.0～100.0	250	52″	>100～600

（3）圆锥角极限偏差的分布形式　可分为单向与双向分布，如图7-9所示。

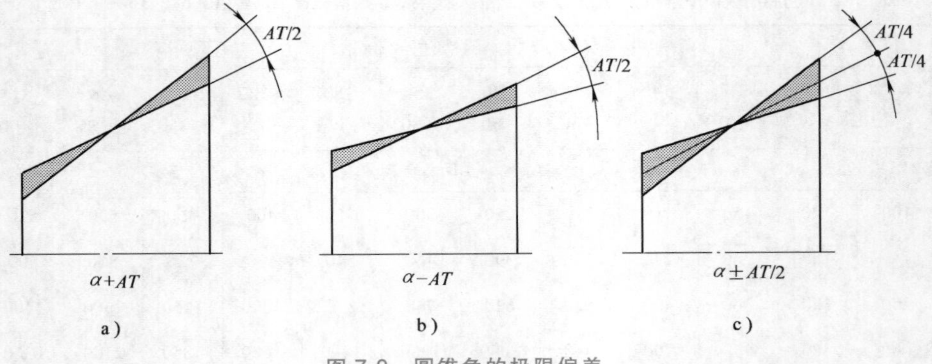

图7-9　圆锥角的极限偏差

3. 圆锥形状公差（T_F）的取值

圆锥形状公差主要包括圆锥素线直线度公差和圆度公差。要求不高时，圆锥的形状误差由圆锥的直径公差带限制；对于要求较高的圆锥工件，圆锥的形状公差应按几何公差标准的规定选取，从略。

（三）圆锥公差的标注示例

1）按包容法（基本锥度法）的标注示例，见表 7-5。

2）按独立法（公差锥度法）的标注示例，见表 7-6。

表 7-5 基本锥度标注方法示例

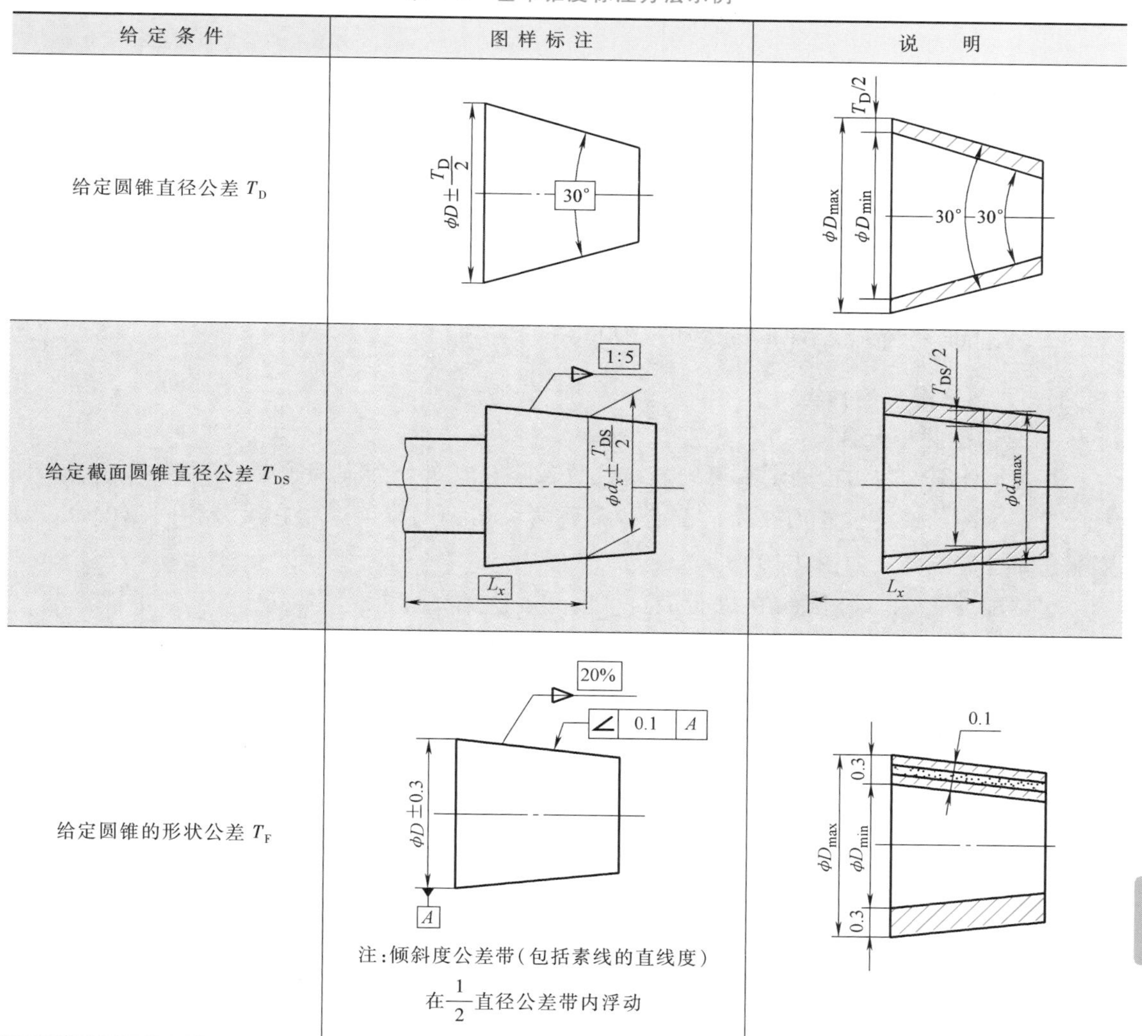

给定条件	图样标注	说明
给定圆锥直径公差 T_D		
给定截面圆锥直径公差 T_{DS}		
给定圆锥的形状公差 T_F	注：倾斜度公差带（包括素线的直线度）在$\frac{1}{2}$直径公差带内浮动	

表 7-6 公差锥度法标注示例

给定条件	图样标注	说明
给定最大圆锥直径公差 T_D、圆锥角公差 AT	$\phi D \pm \frac{T_D}{2}$　25°±30′　— t　L	该圆锥的最大圆锥直径应由 $\phi D+T_D/2$ 和 $\phi D-T_D/2$ 确定；锥角应在 24°30′与 25°30′之间变化；圆锥素线直线度公差值为 t。以上要求应独立考虑

（续）

给定条件	图样标注	说　明
给定截面圆锥直径公差 T_{DS}、圆锥角公差 AT_α	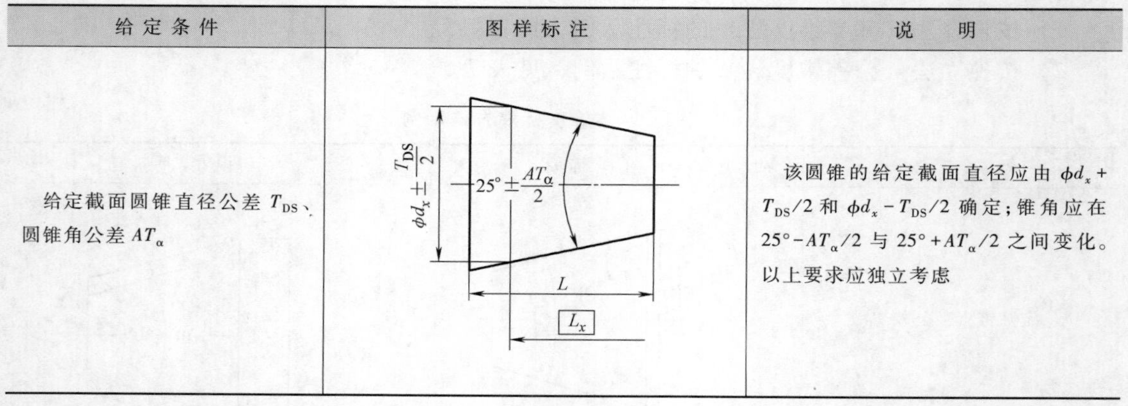	该圆锥的给定截面直径应由 $\phi d_x+T_{DS}/2$ 和 $\phi d_x-T_{DS}/2$ 确定；锥角应在 $25°-AT_\alpha/2$ 与 $25°+AT_\alpha/2$ 之间变化。以上要求应独立考虑

二、圆锥配合（GB/T 12360—2005）

（一）圆锥配合的种类

1. 结构型圆锥配合

由内、外圆锥的结构确定装配的最终位置或由内、外圆锥基准平面之间的尺寸（基面距）确定装配的最终位置而获得的配合，都称为结构型圆锥配合。它可分为间隙配合、过渡配合和过盈配合，如图 7-10 所示。

这类配合的内、外圆锥在进行装配时，其配合间隙或过盈量是不能调整的，而是取决于结构的相关尺寸精度（如内、外圆锥的大端与小端直径尺寸或基面距的精度）。

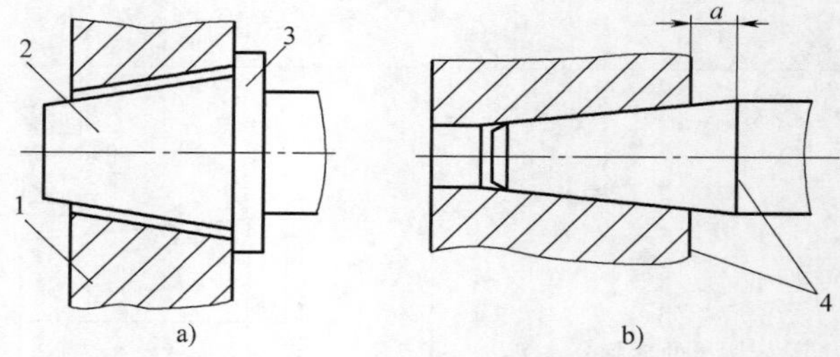

图 7-10　由圆锥的结构形成配合

1—内圆锥　2—外圆锥　3—轴肩　4—基准平面

2. 位移型圆锥配合

内、外圆锥进行装配时，在不施加力的情况下，相互结合的内、外圆锥表面刚好接触（初始位置）后，再通过做相对轴向位移所获得的配合，称为位移型圆锥配合。它分为间隙配合与过盈配合，如图 7-11 所示。这类配合所获得的配合间隙或过盈量大小完全取决于轴向的终止位置（相对于初始位置）。显然，对于过盈配合则必须施加一定的装配力才能产生轴向位移。因此，装配时控制轴向位移量的大小，是保证圆锥配合间隙或过盈的关键。由于圆锥配合的间隙或过盈是直径方向，无法直接测量，所以实际生产中，装配时主要控制轴向位移量，这就需要将直径方向的量转换成轴向位移量，二者的关系为

$$E_a=1/C\times|Y| \quad 或 \quad E_a=1/C\times|X| \tag{7-1}$$

式中　Y——配合的过盈量（可为最大、最小或过盈公差量）；

X——配合的间隙量（可为最大、最小或间隙公差量）；

E_a——轴向位移量（可为最大、最小或位移公差量）。

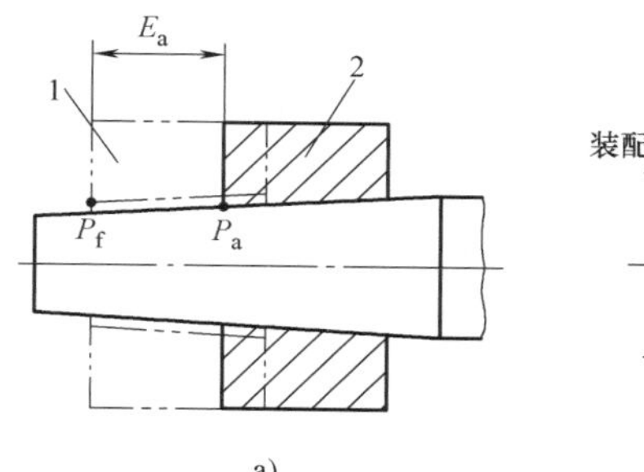

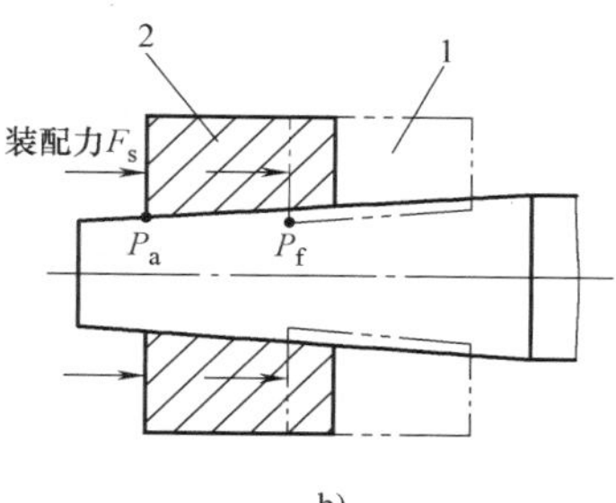

图 7-11 由圆锥的轴向位移形成配合

1—终止位置 2—实际初始位置

3. 结构型圆锥配合与位移型圆锥配合应用举例

例 7-1 有一结构型圆锥过盈配合，根据传递转矩的需要，$Y_{max}=-159\mu m$，$Y_{min}=-70\mu m$，其公称尺寸为 $\phi100mm$，锥度 $C=1:50$。试确定其内、外圆锥的直径公差带代号及上、下极限偏差。

解：① 圆锥配合公差 $T_{Df}=Y_{min}-Y_{max}=-70\mu m-(-159\mu m)=89\mu m$。

② 因为 $T_{Df}=T_{Di}+T_{De}$，查 GB/T 1800.1—2020 中标准公差表，对于公称尺寸 100mm，得 IT7+IT8=89μm，IT8 可根据工艺等价原则确定，在高精度区，一般孔比轴应低一级，因此，取内圆锥为 8 级，外圆锥为 7 级，得 IT8=54μm，IT7=35μm。

③ 结构型圆锥优先采用基孔制，故内圆锥直径公差等级为 IT8，上极限偏差为 +0.054mm，下极限偏差为 0，其内圆锥直径公差带代号为 H8。

④ 因为是基孔制过盈配合，所以外圆锥的基本偏差为下极限偏差，根据公式 $Y_{min}=ES-ei$，$ei=ES-Y_{min}=0.054mm-(-0.07mm)=+0.124mm$。

⑤ 查 GB/T 1800.1—2020 中轴的基本偏差表，便可确定外圆锥的直径公差带代号为 u7，其上极限偏差为+0.159mm，下极限偏差为+0.124mm。

例 7-2 有一位移型圆锥配合，锥度为 1:50，圆锥的公称直径为 $\phi40mm$，要求内、外圆锥装配后配合为 H7/r6（过盈配合），已知该配合 $Y_{min}=-9\mu m$，$Y_{max}=-50\mu m$。试求圆锥装配时轴向位移的最大、最小与位移公差量。

解：由式（7-1）知

$$E_{amin}=1/C\times|Y_{min}|=50\times9\mu m=450\mu m$$

$$E_{amax}=1/C\times|Y_{max}|=50\times50\mu m=2500\mu m$$

则

$$T_{ea}=(2500-450)\mu m=2050\mu m$$

由上可知，对于位移型圆锥配合，装配时将内、外圆锥处于初始位置后，根据所换算的轴向位移量，只需轴内移动圆锥即可达到所要求配合的间隙或过盈。实际生产中，轴向位移的精度可通过观察百分表的读数进行控制。

必须指出，由于相互配合的圆锥零件在加工时存在圆锥角误差和形状误差，会影响换算的轴向位移量的准确性，因此对要求较高的位移型圆锥配合，应分别规定严格的锥度公差和形状公差。

（二）圆锥配合的一般规定

1）对于结构型圆锥配合，可按 GB/T 1800.1—2020 选取基准制和公差带（推荐优先选用基孔制）。

2）对于位移型圆锥配合，内圆锥直径公差带的基本偏差推荐选用 H 和 JS，外圆锥直径公差带的基本偏差推荐选用 h 和 js。根据间隙配合或过盈配合的要求，再换算内、外圆锥的轴向位移量及其公差（见例 7-2）。

第三节 圆锥的检测

一、圆锥量规检验法

用圆锥量规可以综合检验圆锥体的圆锥角、圆锥直径和圆锥表面的形状是否合格。检验外圆锥用的量规称为圆锥套规，检验内圆锥用的量规称为圆锥塞规，其外形如图 7-12a 所示。图 7-12b 所示为用圆锥塞规检验圆锥孔。此外还有常用于检验机床主轴内孔与工具尾部的莫氏圆锥塞规与套规，按其莫氏锥度的尺寸大小分类，市场上有成套莫氏圆锥量规供应。

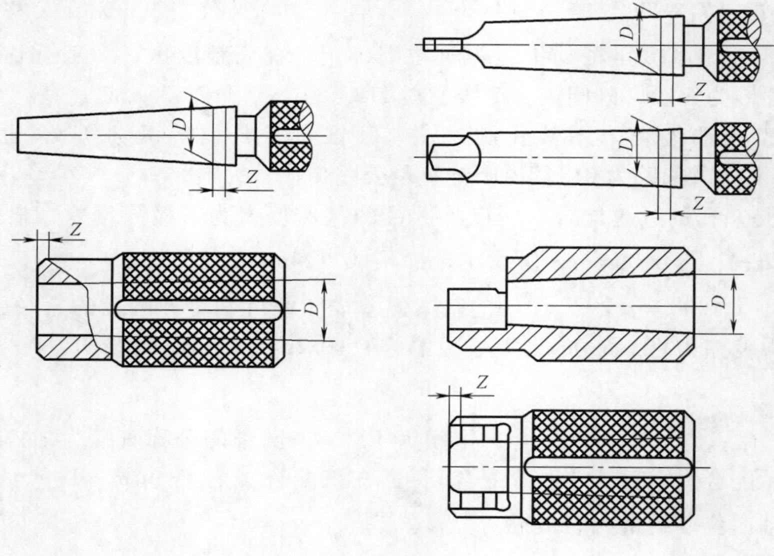

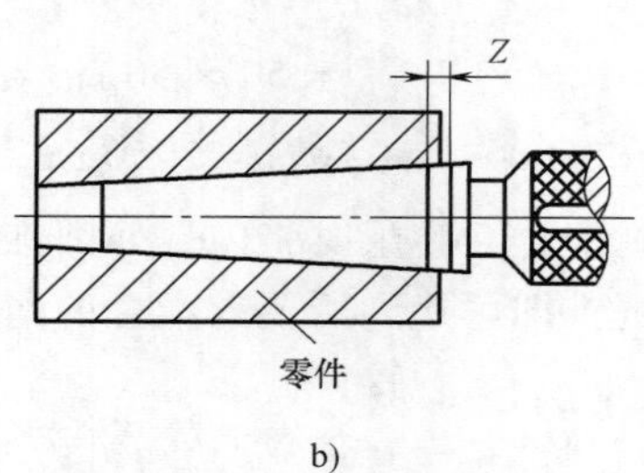

图 7-12 圆锥量规

a）圆锥塞规与套规 b）用圆锥塞规检验圆锥孔

在圆锥塞规的大端、有两条细的刻线，距离为 Z；在套规的小端，也有一个由端面和一条刻线所代表的距离 Z（有的做成台阶）。该距离值 Z 代表被检圆锥的直径公差 T_D 在轴向的量，被检圆锥件若直径合格，其端面（外圆锥为小端，内圆锥为大端）应在距离为 Z 的两条刻线之间，如图 7-12b 所示。检测时，在圆锥面上均匀地涂上 2~3 条极薄的涂层（若被检验的工件为内圆锥，将红丹或蓝油涂在塞规上；若被检验的工件为外圆锥，可将红丹或蓝油涂在外圆锥工件上），并使被检验的圆锥与量规面接触后转动 1/3~1/2 周，取出后观看涂层被擦掉的情况，由此来判断圆锥角误差与圆锥表面的形状合格与否。若涂层被均匀地擦掉，表明锥角误差与圆锥表面的形状误差都较小；反之，则表明存在误差。用圆锥塞规检验内圆锥时，若塞规小端的涂层被擦掉则表明被检内圆锥的锥角大了；若塞规大端的涂层被擦掉，则表明被检内圆锥的锥角小了，但不能检测出具体的误差值。

二、圆锥的锥角测量法

1. 用正弦规进行测量

正弦规的外形结构如图 7-13 所示，正弦规的主体下面两边各安装一个直径相等的圆柱体。利用正弦规测量锥度时，测量精度可达±3″~±1″，但适宜测量小于 40°的锥角。

用正弦规测量锥角的原理如图 7-14 所示。在图 7-14a 中，按照所测锥角的理论值 α 算出所需的量块尺寸 h（h 与 α 的关系为 $h=L\sin\alpha$），然后将组合好的量块和正弦规按图 7-14a 所示位置放在平板上，再将被测工件（图中被测工件为一圆锥量规）放在正弦规上。若这时工件的实际锥角等于理论值 α，工件上端的素线将与平板是平行的，这时若在 a、b 两点用表测量，则表的读数应是相等的。若工件的锥角不等于理论值 α，工件上端的素线将与平板不平行，在 a、b 两点测量，将得出不同的读数。若两点读数差为 n，又知 a、b 两点的距离为 L，则被测圆锥的锥度偏差 ΔC 为

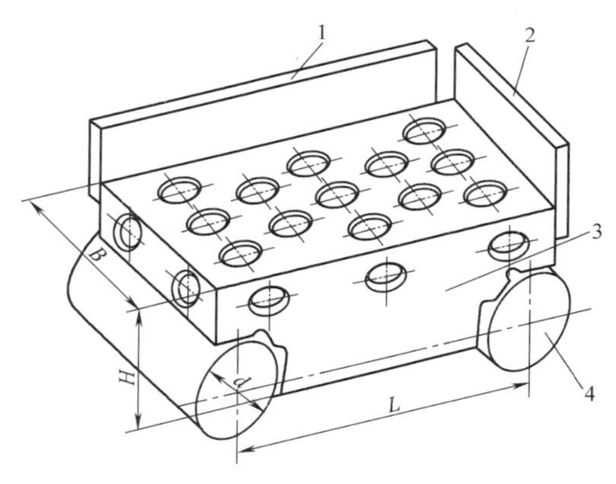

图 7-13　正弦规

1—侧挡板　2—前挡板　3—主体　4—圆柱体

$$\Delta C=n/L$$

相应的锥角偏差 $\Delta\alpha$（″）为

$$\Delta\alpha = 2\Delta C \times 10^5$$

具体测量时，须注意 a、b 两点测量值的大小。若 a 点值大于 b 点值，则实际锥角大于理论锥角 α，算出的 $\Delta\alpha$ 为正；反之，$\Delta\alpha$ 为负。

图 7-14b 所示为用正弦规测内锥角的示意图，其原理与测外锥角相似。

2. 用钢球和滚柱测量锥角

用精密钢球和精密量柱（滚柱）也可以间接测量圆锥角。图 7-15 所示为用两钢球测内锥角的示例。已知大、小球的直径分别为 D_0 和 d_0，测量时，先将小球放入，测出 H 值，再

a)

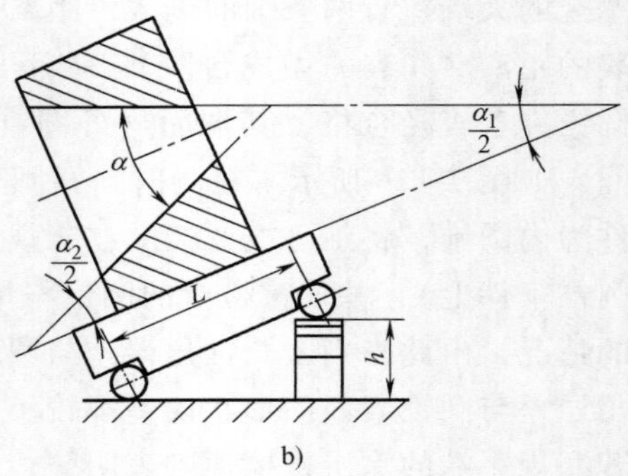

图 7-14　用正弦规测量锥角

a）测量外锥角　b）测量内锥角

将大球放入，测出 h 值，则内锥角 α 值满足下式

$$\sin\alpha = (D_0/2 - d_0/2)/[(H - h) + d_0/2 - D_0/2]$$

图 7-16 所示为用滚柱和量块组测外圆锥角的示例。先将两尺寸相同的滚柱夹在圆锥的小端处，测得 m 值，再将这两个滚柱放在尺寸组合相同的量块上，如图 7-16 所示，测量 M 值，则外锥角 α 值满足下式

$$\tan\alpha/2 = (M - m)/(2h)$$

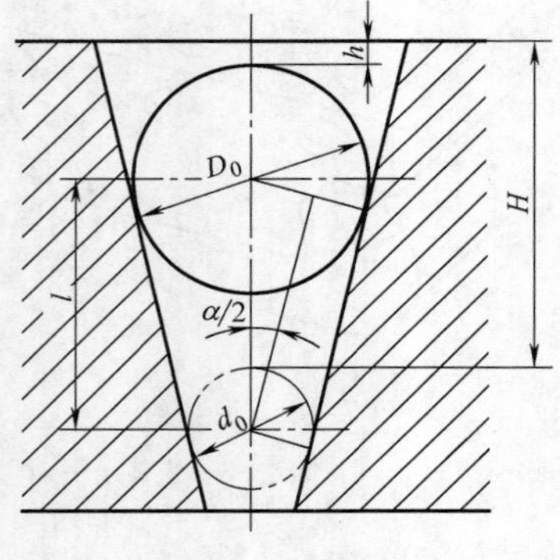

图 7-15　用两钢球测内锥角

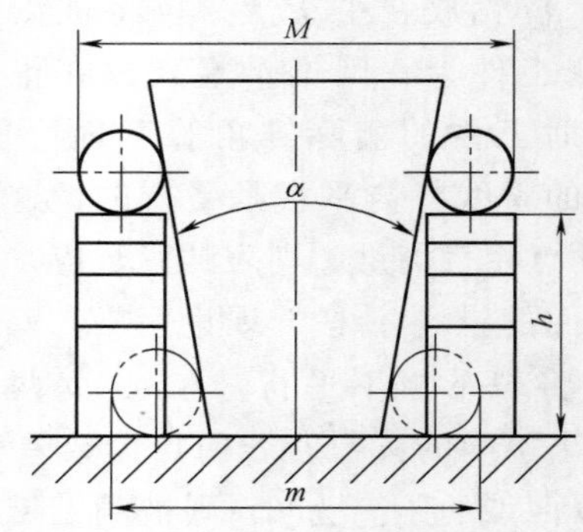

图 7-16　用滚柱和量块组测外圆锥角

习　题

7-1　有一外圆锥，已知最大圆锥直径 $D_e = 20\text{mm}$，最小圆锥直径 $d_e = 5\text{mm}$，圆锥长度 $L = 100\text{mm}$，试求其锥度及圆锥角。

7-2　C620-1 型车床尾座顶尖套与顶尖结合采用莫氏锥度 No. 4，顶尖的基本圆锥长度 $L=118\mathrm{mm}$，圆锥角公差等级为 $AT9$。试查出其公称圆锥角 α 和锥度 C，以及锥角公差值。

7-3　已知内圆锥的最大圆锥直径 $D_i=23.825\mathrm{mm}$，最小圆锥直径 $d_i=20.2\mathrm{mm}$，锥度 $C=1:19.922$，设内圆锥直径公差带为 H8，试计算因直径公差所产生的锥角公差。

7-4　圆锥的轴向位移公差是什么？

7-5　图 7-17 所示为用两对不同直径的圆柱测量外圆锥角 α 的示例，试列出用这种方法得出圆锥角的计算式。

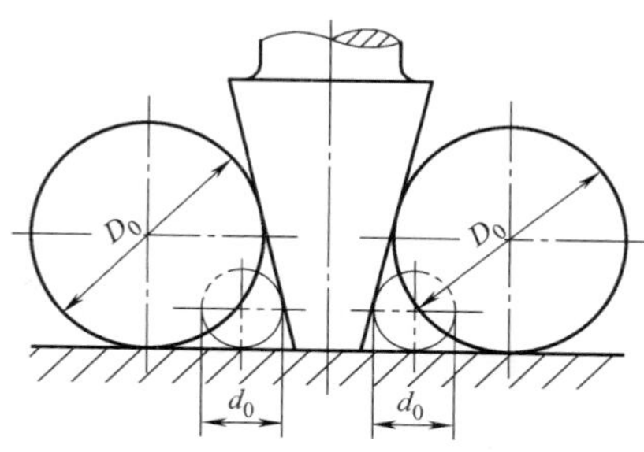

图 7-17　习题 7-5 图

第八章 平键、花键联接的公差与检测

键联接和花键联接广泛应用于轴和轴上传动件（如齿轮、带轮、联轴器、手轮等）之间的联接，用以传递转矩，需要时也可用于轴上传动件的导向。键联接和花键联接属于可拆卸联接，常用于需要经常拆卸和便于装配之处。

键（单键）分为平键、半圆键、切向键和楔键等几种，其中平键的应用最广泛。花键分为矩形花键、渐开线花键和三角形花键等几种，其中以矩形花键的应用最为广泛。

本章仅讨论平键联接和矩形花键联接的公差与检测。

第一节　平键联接的公差与检测（GB/T 1096—2003）

平键分为普通型平键、薄型平键和导向型平键三种，前两种常用于固定联接，后一种适用于轴上零件需沿轴向移动的场合，主要起导向作用。

一、平键联接的极限与配合

1. 平键联接的几何参数

如图 8-1 所示，平键联接由键、轴槽和轮毂槽三部分组成。其中，h 表示键的高度，t_1 表示轴槽深度，t_2 表示轮毂槽的深度；b 为平键的配合尺寸，应规定较严

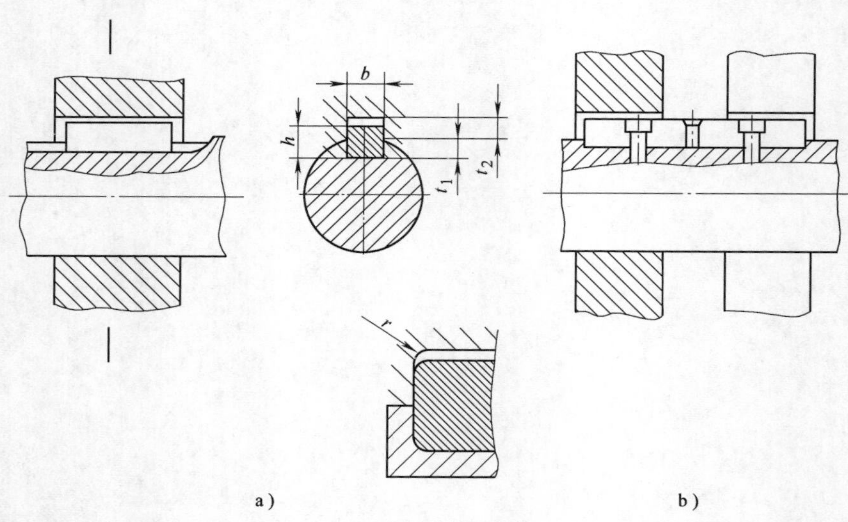

图 8-1　平键联接的几何参数

a）普通型平键联接　b）导向型平键联接

格的公差；除 b 外，其他尺寸皆为非配合尺寸，规定了较大的公差。**普通型平键、薄型平键与导向型平键的尺寸已标准化，可参看** GB/T 1096—2003、GB/T 1567—2003 与 GB/T 1097—2003。

2. 尺寸公差带

平键联接中的键为标准件，相当于“轴”，键因要与轴槽（孔）和轮毂槽（孔）同时配合，且配合要求往往又不相同，故键与轴槽及轮毂槽的配合均采用基轴制，且规定键的公差带为 h8。按照 GB/T 1095—2003 的规定，根据键与轴槽及轮毂槽不同的联接（正常联接、紧密联接、松联接）而规定了不同的公差带。轴槽的公差带规定为 N9、P9、H9，而轮毂槽的公差带则规定为 JS9、P9、D10（表 8-1）。按照平键公差带与轴槽及轮毂槽公差带的结合，可以构成三种配合，以满足不同用途的需要。

表 8-1 平键、键槽（轴槽与轮毂槽）宽度、深度的尺寸与极限偏差

（单位：mm）

键尺寸 $b\times h$	键槽											
	宽度 b						深度				半径 r	
	公称尺寸	极限偏差					轴 t_1		毂 t_2			
		正常联接		紧密联接	松联接		基本尺寸	极限偏差	基本尺寸	极限偏差		
		轴(N9)	毂(JS9)	轴和毂(P9)	轴(H9)	毂(D10)					min	max
2×2	2.0	-0.004 -0.029	±0.0125	-0.006 -0.031	+0.025 0	+0.060 +0.020	1.2	+0.1 0	1.0	+0.1 0	0.08	0.16
3×3	3.0						1.8		1.4			
4×4	4.0	0 -0.030	±0.015	-0.012 -0.042	+0.030 0	+0.078 +0.030	2.5		1.8			
5×5	5.0						3.0		2.3		0.16	0.25
6×6	6.0						3.5		2.8			
8×7	8.0	0 -0.036	±0.018	-0.015 -0.051	+0.036 0	+0.098 +0.040	4.0	+0.2 0	3.3	+0.2 0		
10×8	10						5.0		3.3		0.25	0.40
12×8	12	0 -0.043	±0.0215	-0.018 -0.061	+0.043 0	+0.120 +0.050	5.0		3.3			
14×9	14						5.5		3.8			
16×10	16						6.0		4.3			
18×11	18						7.0		4.4			
20×12	20	0 -0.052	±0.026	-0.022 -0.074	+0.052 0	+0.149 +0.065	7.5		4.9		0.40	0.60
22×14	22						9.0		5.4			
25×14	25						9.0		5.4			
28×16	28						10		6.4			
32×18	32	0 -0.062	±0.031	-0.026 -0.088	+0.062 0	+0.180 +0.080	11		7.4			
36×20	36						12	+0.3 0	8.4	+0.3 0	0.70	0.10
40×22	40						13		9.4			
45×25	45						15		10.4			
50×28	50						17		11.4			

（续）

键尺寸 $b\times h$	键槽											
	宽度 b						深度				半径 r	
	公称尺寸	极限偏差					轴 t_1		毂 t_2			
		正常联接		紧密联接	松联接		基本尺寸	极限偏差	基本尺寸	极限偏差		
		轴(N9)	毂(JS9)	轴和毂(P9)	轴(H9)	毂(D10)					min	max
56×32	56	0 -0.074	±0.037	-0.032 -0.106	+0.074 0	+0.220 +0.100	20	+0.3 0	12.4	+0.3 0	1.2	1.6
63×32	63						20		12.4			
70×36	70						22		14.4			
80×40	80						25		15.4		2.0	2.5
90×45	90	0 -0.087	±0.0435	-0.037 -0.124	+0.087 0	+0.260 +0.120	28		17.4			
100×50	100						31		19.5			

图 8-2 所示为键、轴槽、轮毂槽的公差带；表 8-2 为平键联接的三组配合及其应用。

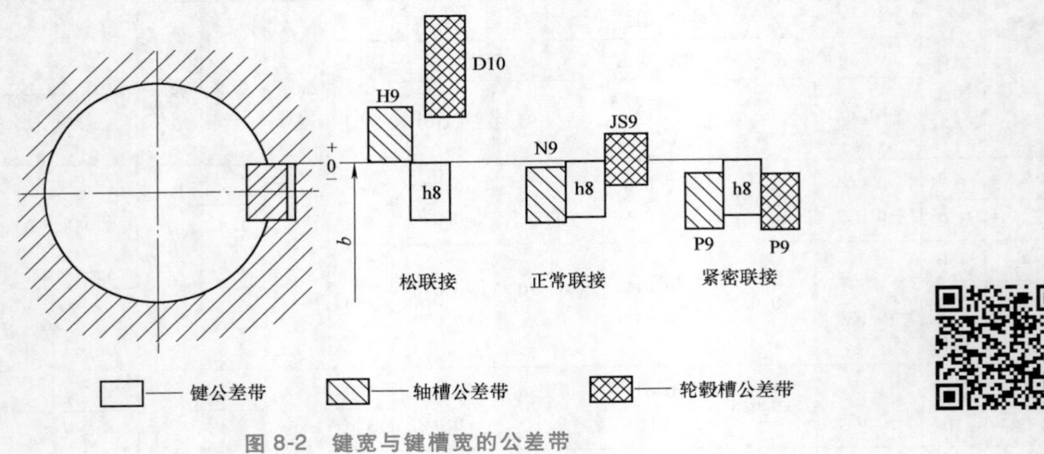

图 8-2　键宽与键槽宽的公差带

表 8-2　平键联接的三组配合及其应用

配合种类	尺寸 b 的公差带			应　用
	键	轴键槽	轮毂键槽	
松联接	h8	H9	D10	用于导向型平键，轮毂可在轴上移动
正常联接		N9	JS9	键在轴槽中和轮毂槽中均固定，用于载荷不大的场合
紧密联接		P9	P9	键在轴槽中和轮毂槽中均牢固地固定，用于载荷较大，有冲击和双向转矩的场合

3. 键槽的位置公差与表面粗糙度

为保证键宽与键槽宽之间有足够的接触面积，避免装配困难，应分别规定轴槽对轴的轴线和轮毂槽对孔的轴线的对称度公差。根据不同的使用要求，一般可按 GB/T 1184—1996 中对称度公差的 7~9 级选取。

轴槽和轮毂槽两侧面的表面粗糙度值推荐为 Ra1.6~3.2μm，底面的表面粗糙度值推荐

为 $Ra6.3\mu m$。

轴槽和轮毂槽的剖面尺寸、几何公差及表面粗糙度在图样上的标注如图 8-3 所示。考虑到测量方便，在工作图中，轴槽深 t_1 用（$d-t_1$）标注，其极限偏差与 t_1 相反；轮毂槽深 t_2 用（$d+t_2$）标注，其极限偏差与 t_2 相同。

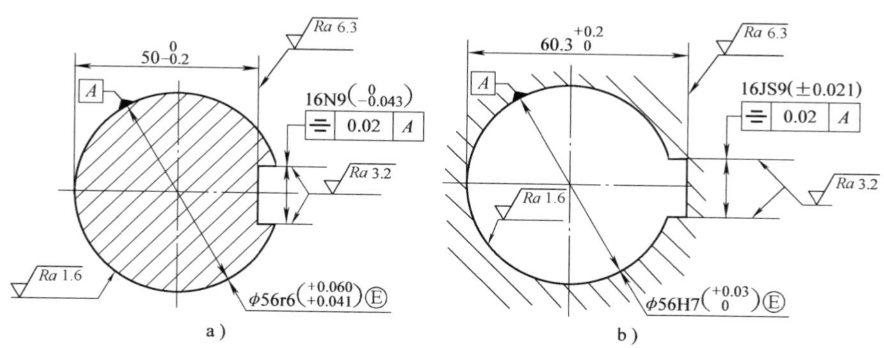

图 8-3　键槽尺寸和公差的标注

二、键槽的检测

（1）尺寸检测　在单件、小批生产中，键槽宽度和深度一般用游标卡尺、千分尺等通用量具来测量；在成批、大量生产中，则可用量块或极限量规（图 8-4）来检测。

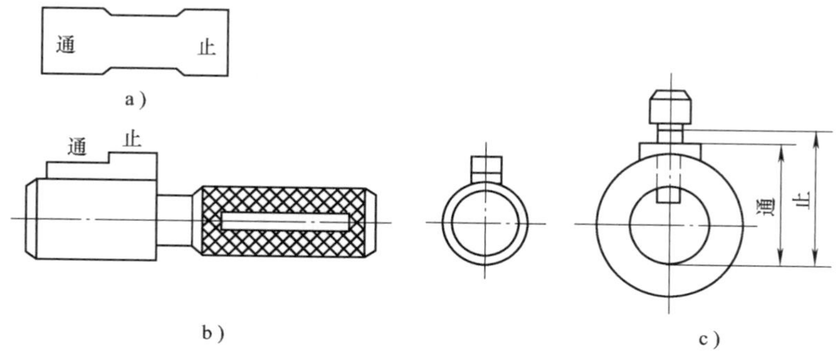

图 8-4　键槽尺寸检测用的极限量规

a）键槽宽极限尺寸量规　b）轮毂槽深极限尺寸量规　c）轴槽深极限尺寸量规

（2）对称度误差检测　当对称度公差遵循独立原则（图 8-3），且为单件、小批生产时用通用量仪测量，常用的方法如图 8-5 所示。工件 1 的被测键槽中心平面和基准轴线用定位块（或量块）2 和 V 形架 3 模拟体现。先转动 V 形架上的工件，以调整定位块的位置，使其沿径向与平板 4 平行；然后用指示表在键槽的一端截面（图 8-5 所示的 A—A 截面）内测量定位块表面 P 到平板的

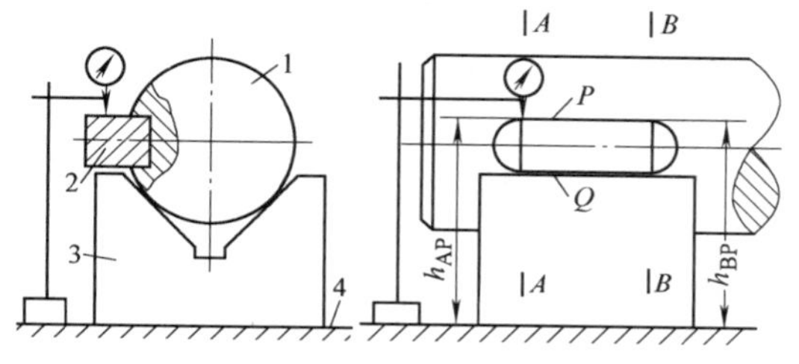

图 8-5　轴槽对称度误差的测量

1—工件　2—量块　3—V 形架　4—平板

距离 h_{AP}；将工件翻转 180°，重复上述步骤，测得定位块表面 Q 到平板的距离 h_{AQ}。P、Q 两面对应点的读数差为 $a=h_{AP}-h_{AQ}$，则该截面的对称度误差为

$$f_1 = \frac{a\dfrac{t_1}{2}}{\dfrac{d}{2}-\dfrac{t_1}{2}} = \frac{at_1}{d-t_1} \tag{8-1}$$

再沿键的长度方向测量，在长度方向上 A、B 两点的最大差值为

$$f_2 = |h_{AP} - h_{BP}| \tag{8-2}$$

取 f_1、f_2 中的最大值作为该键槽的对称度误差。

在成批、大量的生产或对称度公差采用相关原则时，应采用专用量规来检验。图 8-6 和图 8-7 所示分别是轮毂槽和轴槽对称度公差采用相关原则时用于检验对称度的量规。检验对称度的量规只有通规，只要能通过，就表示对称度合格。

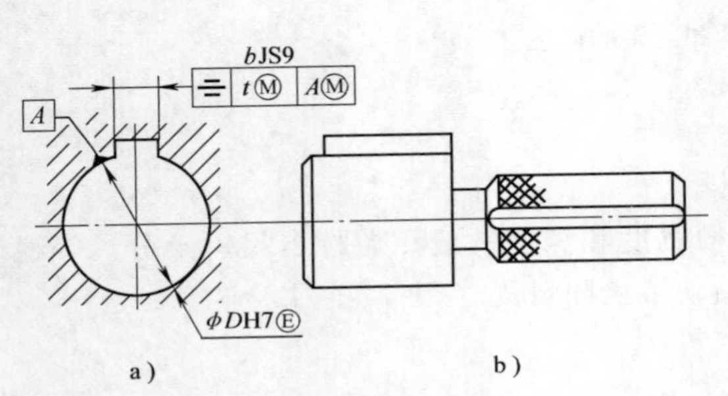

图 8-6 轮毂槽对称度测量用量规

a）零件图样的标注 b）量规示意图

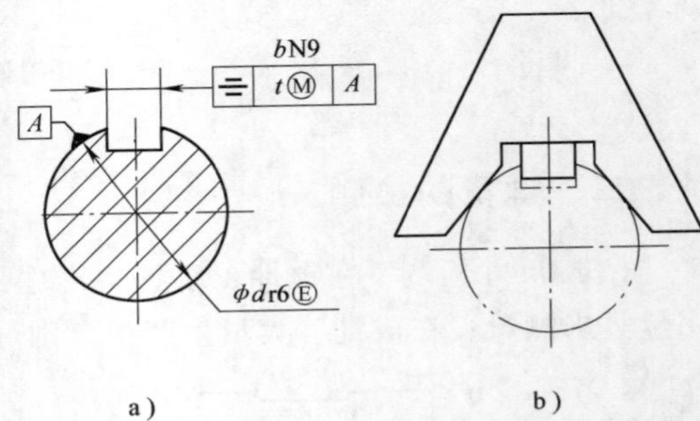

图 8-7 轴槽对称度测量用量规

a）零件图样的标注 b）量规示意图

第二节 矩形花键联接的公差与检测（GB/T 1144—2001）

花键联接由内花键（花键孔）和外花键（花键轴）两个零件组成。花键联接与单键联接相比，其主要优点是定心精度高，导向性好，承载能力强。

一、矩形花键的主要尺寸和定心方式

矩形花键的主要尺寸有三个，即大径 D、小径 d、键宽（键槽宽）B（图 8-8）。GB/T 1144—2001《矩形花键尺寸、公差和检验》规定，键数为偶数，有 6、8、10 三种。按承载能力，将矩形花键尺寸分为轻、中两个系列（表 8-3）。对同一小径，两个系列的键数相同，键宽（键槽宽）也相同，仅大径不同。

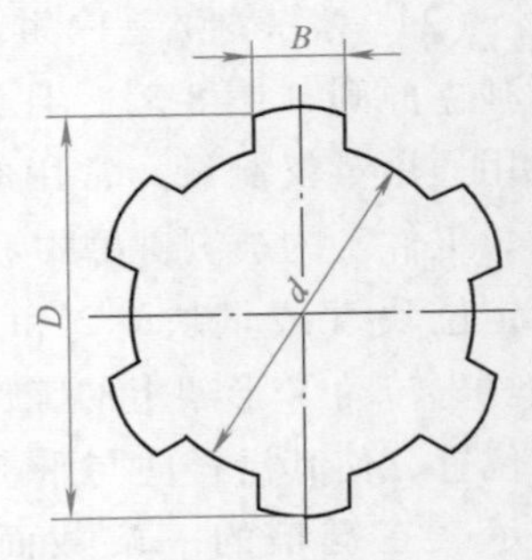

图 8-8 矩形花键的主要尺寸

矩形花键主要尺寸的公差与配合是根据花键联接的使用要求规定的。花键联接的使用要求包括：内、外花键的定心要求，键侧面与键槽侧面接触均匀的要求，装配后是否需要做轴向相对运动的要求，强度和耐磨性要求等。

表 8-3　矩形花键公称尺寸系列（GB/T 1144—2001）　　（单位：mm）

小径 d	轻系列				中系列			
	规格 $N\times d\times D\times B$	键数 N	D	B	规格 $N\times d\times D\times B$	键数 N	D	B
11					6×11×14×3	6	14	3
13					6×13×16×3.5	6	16	3.5
16					6×16×20×4	6	20	4
18					6×18×22×5	6	22	5
21					6×21×25×5	6	25	5
23	6×23×26×6	6	26	6	6×23×28×6	6	28	6
26	6×26×30×6	6	30	6	6×26×32×6	6	32	6
28	6×28×32×7	6	32	7	6×28×34×7	6	34	7
32	6×32×36×6	6	36	6	8×32×38×6	8	38	6
36	8×36×40×7	8	40	7	8×36×42×7	8	42	7
42	8×42×46×8	8	46	8	8×42×48×8	8	48	8
46	8×46×50×9	8	50	9	8×46×54×9	8	54	9
52	8×52×58×10	8	58	10	8×52×60×10	8	60	10
56	8×56×62×10	8	62	10	8×56×65×10	8	65	10
62	8×62×68×12	8	68	12	8×62×72×12	8	72	12
72	10×72×78×12	10	78	12	10×72×82×12	10	82	12
82	10×82×88×12	10	88	12	10×82×92×12	10	92	12
92	10×92×98×14	10	98	14	10×92×102×14	10	102	14
102	10×102×108×16	10	108	16	10×102×112×16	10	112	16
112	10×112×120×18	10	120	18	10×112×125×18	10	125	18

矩形花键联接的使用要求和互换性是由内、外花键的小径 d、大径 D、键宽或键槽宽 B 三个主要尺寸的配合精度保证的。但是，若要求三个尺寸同时配合得很精确是相当困难的。它们的配合性质不但受尺寸精度的影响，还会受到几何误差的影响。为了保证花键联接的配合精度，又要避免制造困难，花键三个结合面中只能选取一个为主来保证内、外花键的配合精度，而其余两个结合面则作为次要配合面。用于保证配合精度的结合面称为定心表面，三个结合面都可作为定心表面。因此，花键联接有三种定心方式：大径 D 定心、小径 d 定心、键宽或键槽宽 B 定心（图 8-9）。

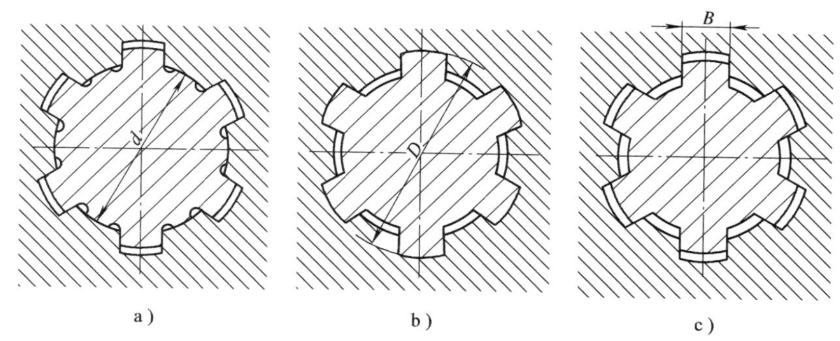

图 8-9　矩形花键联接定心方式示意图

a）小径定心　b）大径定心　c）键宽或键槽宽定心

GB/T 1144—2001 规定采用小径 d 定心，即对小径 d 选用公差等级较高的小间隙配合。大径 D 为非定心尺寸，公差等级较低，而且要有足够大的间隙，以保证它们不接触。键和键槽侧面虽然也是非定心结合面，但因它们要传递转矩和起导向作用，所以它们的配合应具有足够的精度。

当前，内、外花键表面一般都要求淬硬（40HRC 以上），以提高其强度、硬度和耐磨性。采用小径定心，对热处理后的变形，外花键小径可采用成形磨削来修正，内花键小径可用内圆磨来修正，而且用内圆磨还可以使小径达到更高的尺寸精度、形状精度和更高的表面粗糙度要求。而内花键的大径和键侧则难于进行磨削。因此，采用小径定心可使花键联接获得更高的定心精度，定心的稳定性较好，使用寿命长。

二、矩形花键的极限偏差与配合及其在图样上的标注

1. 尺寸的极限偏差与配合及其选择

内、外花键定心小径、非定心大径和键宽（键槽宽）的尺寸公差带分为一般用和精密传动用两类（表 8-4）。这些公差带与 GB/T 1800.1—2020 规定的尺寸公差带是一致的。为减少专用刀具、量具的数目（如拉刀、量规），花键联接采用基孔制配合。但是，对一般用的内花键键槽宽规定了两种公差带。加工后不再热处理的，公差带规定为 H9；加工后再进行热处理的，其键槽宽的变形不易修正，为补偿热处理变形，公差带规定为 H11，这种公差带用于热处理后不再校正的硬花键。

花键尺寸公差带选用的一般原则是：定心精度要求高或传递转矩大时，应选用精密传动用的尺寸公差带；反之，可选用一般用的尺寸公差带。

表 8-4　矩形花键的尺寸公差带（GB/T 1144—2001）

<table>
<tr><th colspan="4">内 花 键</th><th colspan="3">外 花 键</th><th rowspan="3">装配形式</th></tr>
<tr><th rowspan="2">d</th><th rowspan="2">D</th><th colspan="2">B</th><th rowspan="2">d</th><th rowspan="2">D</th><th rowspan="2">B</th></tr>
<tr><th>拉削后不热处理</th><th>拉削后热处理</th></tr>
<tr><td colspan="8">一　般　用</td></tr>
<tr><td rowspan="3">H7</td><td rowspan="3">H10</td><td rowspan="3">H9</td><td rowspan="3">H11</td><td>f7</td><td rowspan="3">a11</td><td>d10</td><td>滑　动</td></tr>
<tr><td>g7</td><td>f9</td><td>紧滑动</td></tr>
<tr><td>h7</td><td>h10</td><td>固　定</td></tr>
<tr><td colspan="8">精 密 传 动 用</td></tr>
<tr><td rowspan="3">H5</td><td rowspan="6">H10</td><td rowspan="6" colspan="2">H7、H9</td><td>f5</td><td rowspan="6">a11</td><td>d8</td><td>滑　动</td></tr>
<tr><td>g5</td><td>f7</td><td>紧滑动</td></tr>
<tr><td>h5</td><td>h8</td><td>固　定</td></tr>
<tr><td rowspan="3">H6</td><td>f6</td><td>d8</td><td>滑　动</td></tr>
<tr><td>g6</td><td>f7</td><td>紧滑动</td></tr>
<tr><td>h6</td><td>h8</td><td>固　定</td></tr>
</table>

注：1. 精密传动用的内花键，当需要控制键侧配合间隙时，键槽宽 B 可选用 H7，一般情况下可选用 H9。

2. 小径 d 的公差为 H6 或 H7 的内花键，允许与提高一级的外花键配合。

内、外花键的配合（装配形式）分为滑动、紧滑动和固定三种。其中，滑动联接的间

隙较大；紧滑动联接的间隙次之；固定联接的间隙最小。

内、外花键在工作中只传递转矩而无相对轴向移动时，一般选用配合间隙最小的固定联接。除传递转矩外，内、外花键之间还有相对轴向移动时，应选用滑动或紧滑动联接。移动频繁，移动距离长，则应选用配合间隙较大的滑动联接，以保证运动灵活及配合面间有足够的润滑油层。为保证定心精度要求，或为使工作表面载荷分布均匀及为减小反向所产生的空程和冲击，对定心精度要求高，或传递的转矩大或运转中需经常反转等的联接，则应选用配合间隙较小的紧滑动联接。表 8-5 为几种配合应用的推荐，可供设计时参考。

表 8-5 矩形花键配合应用的推荐

应用	固定联接		滑动联接	
	配合	特征及应用	配合	特征及应用
精密传动用	H5/h5	紧固程度较高，可传递大转矩	H5/g5	可滑动程度较低，定心精度高，传递转矩大
	H6/h6	传递中等转矩	H6/f6	可滑动程度中等，定心精度较高，传递中等转矩
一般用	H7/h7	紧固程度较低，传递转矩较小，可经常拆卸	H7/f7	移动频率高，移动长度大，定心精度要求不高

2. 几何公差及表面粗糙度

内、外花键定心小径 d 表面的形状公差和尺寸公差的关系遵循包容原则。

内、外花键加工时，不可避免地会产生几何误差。影响花键联接的互换性除尺寸误差外，主要是花键齿（或键槽）在圆周上位置分布不均匀和相对于轴线位置不正确。如图 8-10 所示，假设内、外花键各部分的实际尺寸合格，内花键定心表面和键槽侧面的形状及位置都正确，而外花键定心表面各部分不同轴，各键不等分或不对称。这相当于外花键的作用尺寸增大了，因而造成了它与内花键干涉，甚至无法装配。同理，内花键的几何误差相当于内花键的作用尺寸减小，也同样会造成它与外花键干涉或无法装配的现象。为避免装配困难，并使键侧和键槽侧受力均匀，除用包容要求控制定心表面的形状误差外，还应控制花键的分度误差，必要时应进一步控制各键齿或键槽侧面对定心表面轴线的平行度。

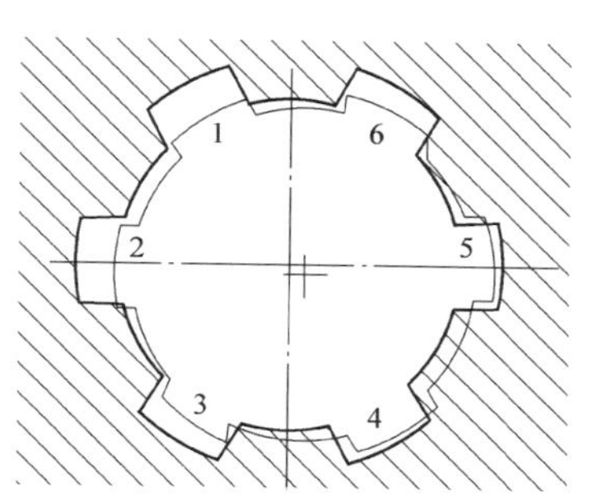

图 8-10 花键几何误差对花键联接的影响

1—键位置正确

2、3、4、5、6—键位置不正确

对花键的分度误差，一般应规定位置度公差，并采用相关要求。位置度的公差值见表 8-6。花键位置度在图样上的标注如图 8-11 所示。

表 8-6 矩形花键位置度公差 t_1 和对称度公差 t_2（GB/T 1144—2001）（单位：mm）

键槽宽或键宽 B			3	3.5~6	7~10	12~18
位置度公差 t_1	键槽宽		0.010	0.015	0.020	0.025
	键宽	滑动、固定	0.010	0.015	0.020	0.025
		紧滑动	0.006	0.010	0.013	0.016

（续）

键槽宽或键宽 B		3	3.5~6	7~10	12~18
对称度公差 t_2	一般用	0.010	0.012	0.015	0.018
	精密传动用	0.006	0.008	0.009	0.011

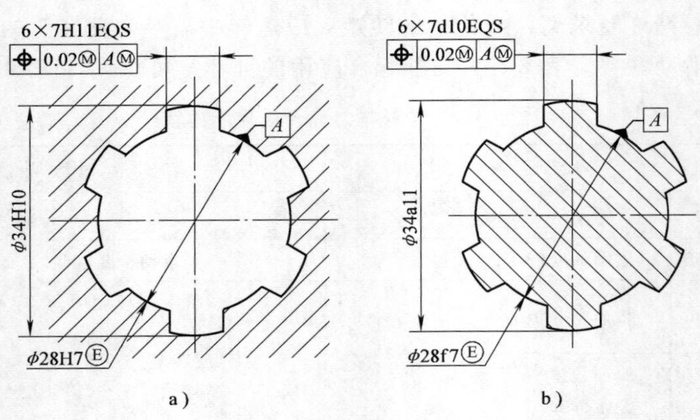

图 8-11　花键位置度公差标注

a）内花键位置度公差标注　b）外花键位置度公差标注

对于单件、小批生产，也可规定键（键槽）两侧面的中心平面对定心表面轴线的对称度公差和花键等分度公差。花键对称度公差值见表 8-6。花键各键（键槽）沿 360°圆周均匀分布为它们的理想位置，允许它们偏离理想位置的最大值为花键的等分度公差，其数值等于花键对称度公差值。花键对称度和等分度在图样上的标注如图 8-12 所示。

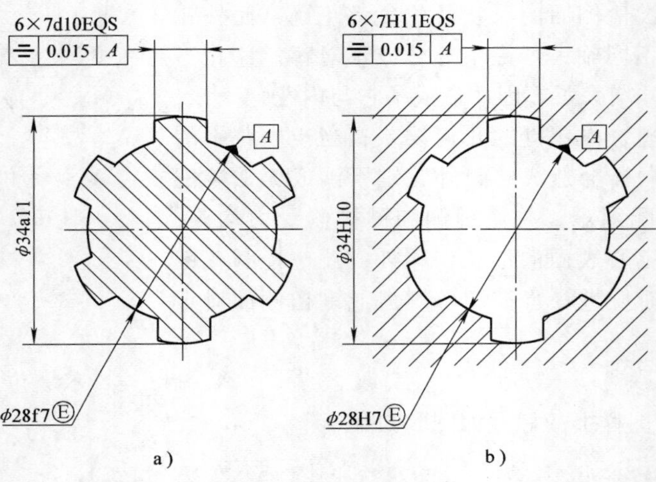

图 8-12　花键对称度公差标注

a）外花键　b）内花键

对于较长的花键，还应规定花键各键（键槽）侧面对定心表面轴线的平行度公差，平行度的公差值可根据产品的性能自行规定。

内、外花键的大径分别按 H10 和 a11 加工，它们的配合间隙很大，因而对小径表面轴线的同轴度要求不高。

矩形花键的表面粗糙度值一般为：对于内花键，取小径表面不大于 *Ra*0.8μm，键槽侧面不大于 *Ra*3.2μm，大径表面不大于 *Ra*6.3μm；对于外花键，取小径和键侧表面不大于 *Ra*0.8μm，大径表面不大于 *Ra*3.2μm。

3. 矩形花键的标注

矩形花键的标记代号应按花键规格（表 8-3）所规定的次序标注。例如，花键键数 *N* 为 6，小径 *d* 为 23H7/f7，大径 *D* 为 26H10/a11，键宽（键槽宽）*B* 为 6H11/d10，则标注方法如下。

对于花键副（即在装配图上），标注配合代号：

$$6\times23\frac{\mathrm{H7}}{\mathrm{f7}}\times26\frac{\mathrm{H10}}{\mathrm{a11}}\times6\frac{\mathrm{H11}}{\mathrm{d10}}\qquad \mathrm{GB/T\ 1144—2001}$$

对于内、外花键（即在零件图上），标注尺寸公差带代号：

内花键　6×23H7×26H10×6H11　GB/T 1144—2001

外花键　6×23f7×26a11×6d10　GB/T 1144—2001

三、矩形花键的极限尺寸计算

例 8-1　计算 $6\times23\frac{\mathrm{H7}}{\mathrm{f7}}\times26\frac{\mathrm{H10}}{\mathrm{a11}}\times6\frac{\mathrm{H11}}{\mathrm{d10}}$　GB/T 1144—2001 花键联接的极限尺寸。

解： 由表 1-1、表 1-6、表 1-7 可查得内、外花键的小径、大径和键宽（键槽宽）的标准公差和基本偏差，并可计算出它们的极限偏差和极限尺寸，详见表 8-7。

表 8-7　例 8-1 中的极限偏差和极限尺寸　（单位：mm）

名称		公称尺寸	公差带	极限偏差		极限尺寸	
				上极限偏差	下极限偏差	上	下
内花键	小径	ϕ23	H7	+0.021	0	23.021	23
	大径	ϕ26	H10	+0.084	0	26.084	26
	键宽	6	H11	+0.075	0	6.075	6
外花键	小径	ϕ23	f7	−0.020	−0.041	22.980	22.959
	大径	ϕ26	a11	−0.300	−0.430	25.700	25.570
	键宽	6	d10	−0.030	−0.078	5.970	5.922

四、花键的检测

花键的检测分为单项检测和综合检测两种。

1. 单项检测

单项检测就是对花键的单项参数小径、大径、键宽（键槽宽）等尺寸和位置误差分别测量或检验。

当花键小径定心表面采用包容要求，各键（键槽）的对称度公差及花键各部位均遵循独立原则时（图 8-12），一般应采用单项检测。

采用单项检测时，小径定心表面应采用光滑极限量规检验。大径、键宽的尺寸在单件、小批生产时使用普通计量器具测量，在成批大量的生产中，可用专用极限量规来检验。图 8-13 所示为检验花键各要素极限尺寸用的量规、塞规和卡规。

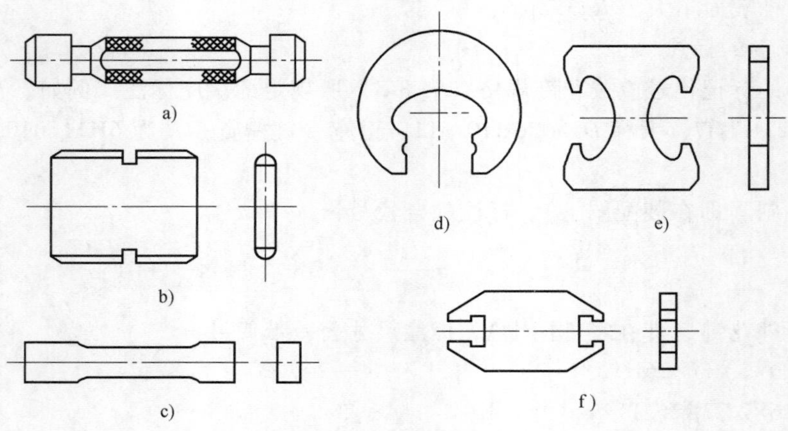

图 8-13　花键检测用的极限量规、塞规和卡规

a）内花键小径检测用的光滑极限量规　b）内花键大径检测用的板式塞规　c）内花键键槽宽检测用的塞规　d）外花键大径检测用的卡规　e）外花键小径检测用的卡规　f）外花键键宽检测用的卡规

花键的位置误差是很少进行单项测量的，一般只有在分析花键工艺误差（如花键刀具、花键量规的误差）或者进行首件检测时才进行测量。若需单项测量位置误差时，也都是使用普通的计量器具进行测量，如可用光学分度头或万能工具显微镜来测量。

2. 综合检测

综合检测就是对花键的尺寸、几何误差按控制最大实体实效边界要求，用综合量规进行检验。

当花键小径定心表面采用包容要求，各键（键槽）位置度公差与键宽（键槽宽）的尺寸公差关系采用最大实体要求，且该位置度公差与小径定心表面（基准）尺寸公差的关系也采用最大实体要求时（图 8-11），应采用综合检测。

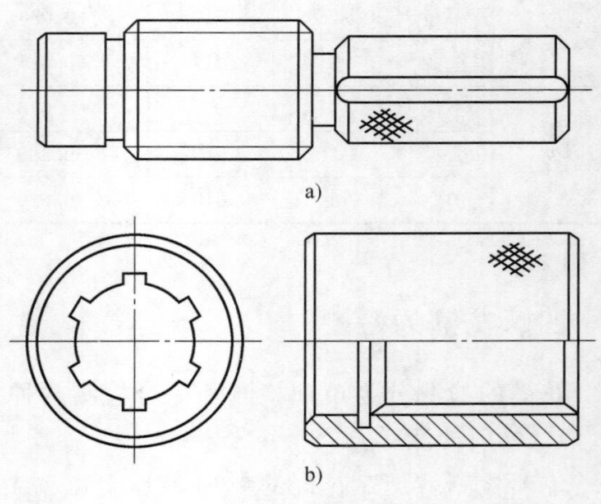

图 8-14　花键综合量规

a）花键塞规　b）花键环规

花键的综合量规（内花键为综合塞规，外花键为综合环规）均为全形通规（图 8-14），其作用是检验内、外花键的实际尺寸和几何误差的综合结果，即同时检验花键的小径、大径、键宽（键槽宽）表面的实际尺寸和几何误差以及各键（键槽）的位置误差，大径对小径的同轴度误差等综

合结果，对小径、大径和键宽（键槽宽）的实际尺寸是否超越各自的最小实体尺寸，则采用相应的单项止端量规（或其他计量器具）来检测。

综合检测内、外花键时，若综合量规通过，单项止端量规不通过，则花键合格。当综合量规不通过，花键为不合格。

习　题

8-1　平键联接中，键宽与键槽宽的配合采用的是什么基准制？为什么？

8-2　平键联接的配合种类有哪些？它们分别应用于什么场合？

8-3　什么叫矩形花键的定心方式？有哪几种定心方式？国标为什么规定只采用小径定心？

8-4　矩形花键联接的配合种类有哪些？各适用于什么场合？

8-5　影响花键联接配合性质的因素有哪些？

8-6　某减速器中的轴和齿轮间采用普通平键联接，已知轴和齿轮孔的配合尺寸是 ϕ40mm。试确定键槽（轴槽和轮毂槽）的剖面尺寸及其公差带、相应的几何公差和各个表面的粗糙度参数值，并把它们标注在剖面图中。

8-7　某矩形花键联接的标记代号为：6×26H7/g7×30H10/a11×6H11/f 9，试确定内、外花键主要尺寸的极限偏差及极限尺寸。

第九章 普通螺纹联接的公差与检测

第一节 概 述

螺纹是机器上常见零件的结构要素，对机器的质量有着重要影响。对于螺纹，除要在材料上保证其强度外，对其几何精度也应提出相应要求。为此，国家颁布了有关标准，以保证螺纹联接的质量。

螺纹常用于紧固联接、密封、传递力和运动等。不同用途的螺纹，其几何精度要求也不一样。螺纹若按牙型划分，有三角形螺纹、梯形螺纹、锯齿形螺纹。本章主要介绍米制普通螺纹的公差标准与检测。

一、普通螺纹联结的基本要求

普通螺纹常用于机械设备、仪器仪表中，用于联接和紧固零部件，为使其实现规定的功能要求并便于使用，须满足以下要求：

（1）可旋入性 同规格的内、外螺纹零件在装配时不经挑选就能在给定的轴向长度内全部旋合。

（2）联接可靠性 螺纹用于联接和紧固时，应具有足够的联接强度和紧固性，以确保机器或装置的使用性能。

二、普通螺纹牙型的形成和有关术语

1. 普通螺纹牙型的形成

国家标准 GB/T 192—2003 与 GB/T 14791—2013/ISO 5408：2009 中对普通螺纹的牙型做了明确规定：在图 9-1 中，将原始三角形（见图中细双点画线等边三角形 a）削去一部分后获得一个牙型（见图中实线部分 c），这个通过螺纹轴剖面的牙型称为基本牙型，内、外螺纹的大径、中径、小径等参数的基本尺寸都定义在这个牙型上。

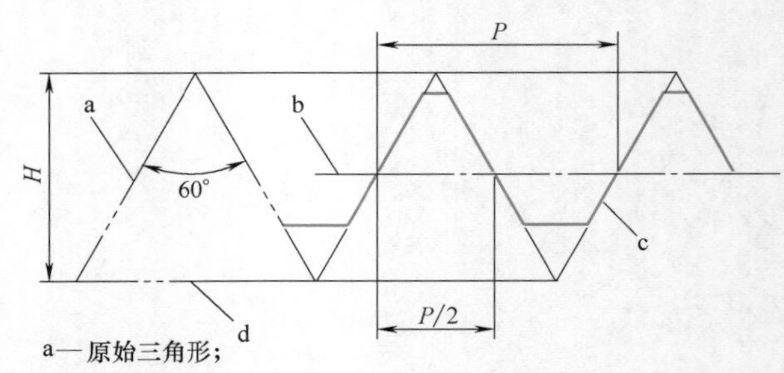

图 9-1 原始三角形和基本牙型

2. 普通螺纹有关的术语

表 9-1 列出了普通螺纹有关

几何参数术语的名称、定义和代号。

表 9-1　螺纹术语（GB/T 14791—2013/ISO 5408：2009）

术语分类	名称	图号	定义	代号
与螺纹牙型相关术语	原始三角形高度	图 9-1	由原始三角形底边到与此底边相对的原始三角形顶点间的径向距离	H
	削平高度	图 9-2	在螺纹牙型上从牙顶或牙底到它所在的原始三角形的最邻近顶点间的径向距离，如图 9-2 中的 a 与 b	
	基本牙型	图 9-1	在螺纹轴线平面内，由理论尺寸、角度和削平高度所形成的内、外螺纹共有的理论牙型。它是确定螺纹设计牙型的基础	
	设计牙型	图 9-3a 图 9-3b	在基本牙型基础上，具有圆弧或平直形状牙顶和牙底的螺纹牙型，是内、外螺纹极限偏差的起始点。图 9-3a 所示为单个外螺纹，图 9-3b 所示为相配的内、外螺纹	
	最大实体牙型		具有最大实体极限的螺纹牙型	
	最小实体牙型		具有最小实体极限的螺纹牙型	
与螺纹直径相关术语	公称直径	图 9-4	代表螺纹尺寸的直径，对于外螺纹，使用直径的小写字母代号（d）；对于内螺纹（如管螺纹），使用直径的大字字母代号（D）	D、d
	大径	图 9-4	与外螺纹牙顶或内螺纹牙底相切的假想圆柱或圆锥的直径	D、d
	小径	图 9-3b	与外螺纹牙底或内螺纹牙顶相切的假想圆柱或圆锥的直径，当外螺纹设计牙型上的小径尺寸不同于其基本牙型上的小径时，设计牙型上的小径使用代号 d_3	D_1、d_1、d_3
	顶径	图 9-3b 图 9-4	与螺纹牙顶相切的假想圆柱或圆锥的直径，它是外螺纹的大径或内螺纹的小径	d、D_1
	底径	图 9-3b 图 9-4	与螺纹牙底相切的假想圆柱或圆锥的直径，它是外螺纹的小径或内螺纹的大径，当内螺纹设计牙型上的大径尺寸不同于其基本牙型上的大径时，设计牙型上的大径使用代号 D_4；当外螺纹设计牙型上的小径尺寸不同于其基本牙型上的小径时，设计牙型上的小径使用代号 d_3	D、d_1、d_3、D_4
	中径圆柱	图 9-5	一个假想圆柱，该圆柱母线通过圆柱螺纹上牙厚与牙槽宽相等的地方	
	中径	图 9-5	中径圆柱或中径圆锥的直径	D_2、d_2
	单一中径	图 9-5	一个假想圆柱或圆锥的直径，该圆柱或圆锥的母线通过实际螺纹上牙槽宽度等于半个基本螺距的地方。对理想螺纹，其中径等于单一中径	D_{2s}、d_{2s}
	作用中径	图 9-6	在规定的旋合长度内，恰好包容（没有过盈或间隙）实际螺纹牙侧的一个假想理想螺纹的中径。该理想螺纹具有基本牙型，并且包容时与实际螺纹在牙顶和牙底处不发生干涉	
	中径轴线 螺纹轴线	图 9-4	中径圆柱或中径圆锥的轴线 注：如果没有误解风险，大多数场合允许用“螺纹轴线”替代“中径轴线”，但不允许用“大径轴线”或“小径轴线”替代“中径轴线”	

（续）

术语分类	名称	图号	定　义	代号
与螺纹螺距和导程相关术语	螺距	图 9-7	相邻两牙体上的对应牙侧与中径线相交两点间的轴向距离	P
	牙槽螺距	图 9-7	相邻两牙槽的对称线在中径线上对应两点间的轴向距离，通常采用最佳量针或量球进行测量	P_2
	累积螺距		相邻两个或两个以上螺距的两个牙体间的各个螺距之和	P_Σ
	累积螺距偏差	图 9-8	在规定的螺纹长度内，任意两牙体间的实际累积螺距值与其基本累积螺距值之差中绝对值最大的那个偏差 注：在一些场合，此规定的螺纹长度可能是螺纹旋合长度	ΔP_Σ
	导程	图 9-9	最邻近的两同名牙侧与中径线相交两点间的轴向距离 注：导程是一个点沿着在中径圆柱或中径圆锥上的螺旋线旋转一周所对应的轴向位移	米制螺纹 P_h
	牙槽导程	图 9-9	处于同一牙槽内的两最邻近牙槽的对称线在中径线上对应两点间的轴向距离，通常采用最佳量针或量球进行测量 注：牙槽导程仅适用于对称螺纹，其牙槽对称线垂直于螺纹轴线	P_{h2}
	螺旋线导程角，升角		在中径圆柱或中径圆锥上螺旋线的切线与垂直于螺纹轴线平面间的夹角 注：对米制螺纹，其计算公式为 $\tan\varphi = \dfrac{P_h}{\pi d_2}$	米制螺纹 φ
	牙厚		一个牙体的相邻牙侧与中径线相交两点间的轴向距离	
与螺纹配合相关术语	牙侧接触高度	图 9-3a 图 9-10	在两个同轴配合螺纹的牙型上，其牙侧重合部分的径向高度	H_1
	螺纹接触高度	图 9-10 图 9-3a	在两个同轴配合螺纹的牙型上，外螺纹牙顶至内螺纹牙顶间的径向距离，即内、外螺纹的牙型重叠径向高度	H_0
	螺纹旋合长度	图 9-6 图 9-11	两个配合螺纹的有效相互接触的轴向长度	l_E
	螺纹装配长度	图 9-11	两个配合螺纹旋合的轴向长度 注：螺纹装配长度允许包括引导螺纹的倒角和螺纹收尾	l_A

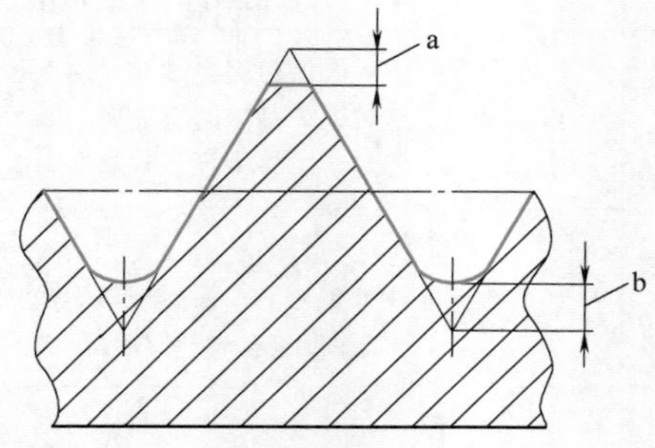

a—牙顶削平高度；
b—牙底削平高度。

图 9-2　削平高度

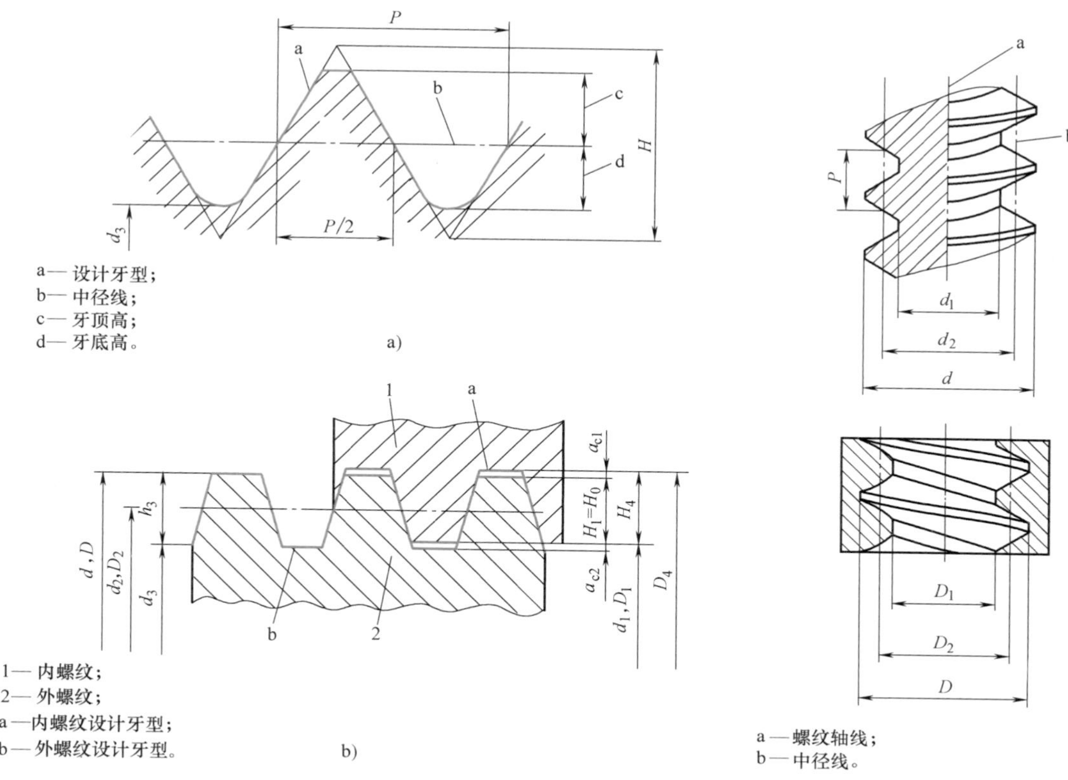

图 9-3 设计牙型

图 9-4 直径

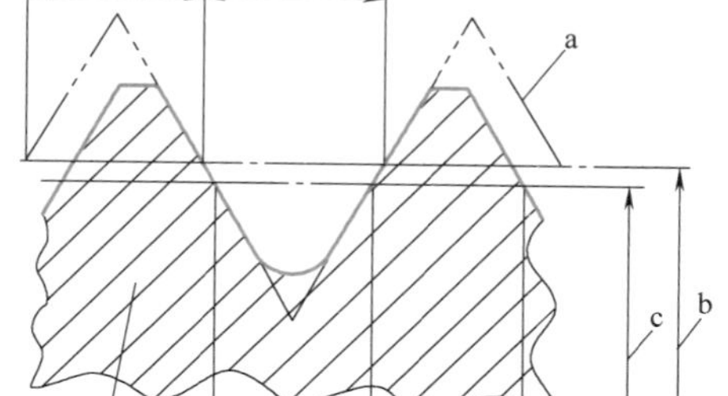

1— 带有螺距偏差的实际螺纹；
a— 理想螺纹；
b— 单一中径；
c— 中径。

图 9-5 单一中径

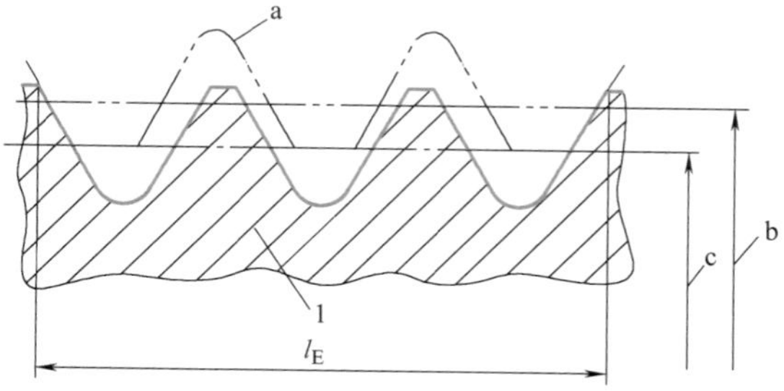

1 — 实际螺纹；
l_E — 螺纹旋合长度；
a — 理想内螺纹；
b —作用中径；
c — 中径。

图 9-6 作用中径

在国家标准中，普通螺纹的公称直径和螺距是规定螺纹公差的基本参数，表 9-2 列出了国家标准所规定的普通螺纹的直径与螺距系列。

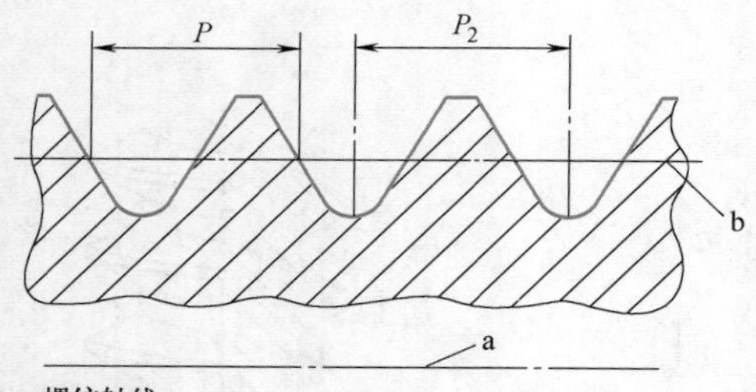

a—螺纹轴线；
b—中径线。

图 9-7　螺距和牙槽螺距

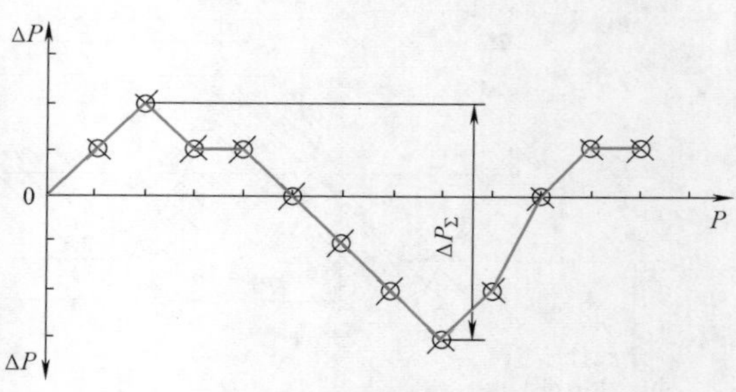

图 9-8　累积螺距偏差

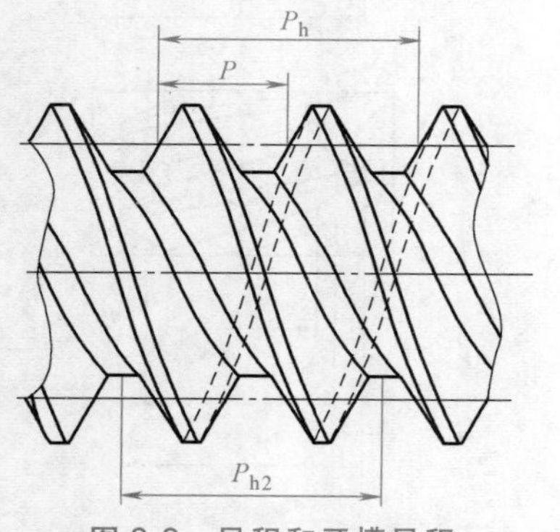

图 9-9　导程和牙槽导程

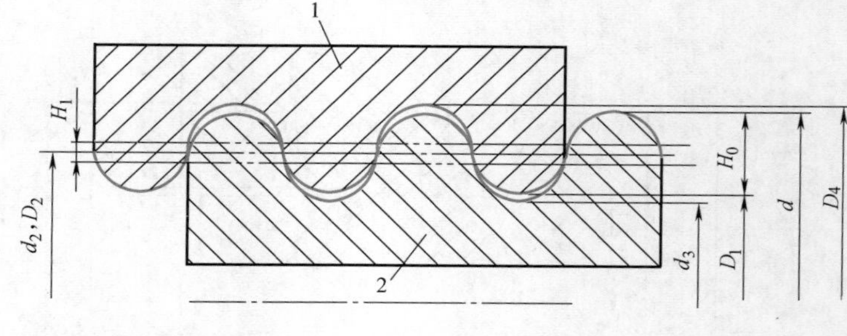

1—内螺纹；
2—外螺纹。

图 9-10　螺纹接触高度和牙侧接触高度

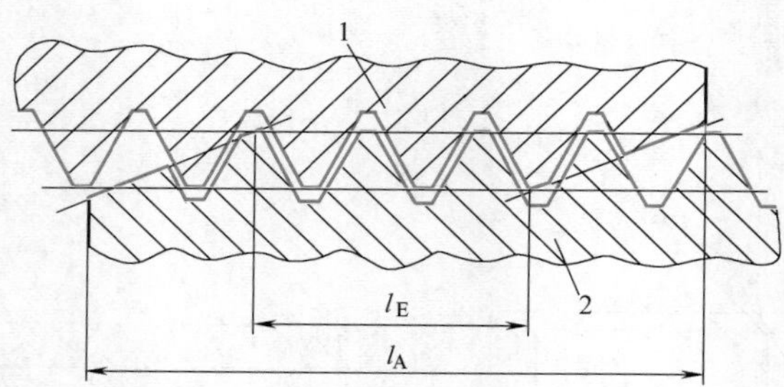

1—内螺纹；
2—外螺纹。

图 9-11　螺纹旋合长度和螺纹装配长度

表 9-2　普通螺纹的公称直径和螺距（GB/T 193—2003）　（单位：mm）

公称直径 D、d			螺　距　P										
第1系列	第2系列	第3系列	粗　牙	细　牙									
				3	2	1.5	1.25	1	0.75	0.5	0.35	0.25	0.2
10			1.5				1.25	1	0.75				
		11	1.5			1.5		1	0.75				
12			1.75				1.25	1					
	14		2			1.5	1.25①	1					
		15				1.5		1					
16			2			1.5		1					

（续）

公称直径 D、d			螺距 P										
第 1 系列	第 2 系列	第 3 系列	粗 牙	细 牙									
				3	2	1.5	1.25	1	0.75	0.5	0.35	0.25	0.2
		17				1.5		1					
	18		2.5		2	1.5		1					
20			2.5		2	1.5		1					
	22		2.5		2	1.5		1					
24			3		2	1.5		1					
		25			2	1.5		1					
		26				1.5							
	27		3		2	1.5		1					
		28			2	1.5		1					
30			3.5	(3)	2	1.5		1					
		32			2	1.5							
	33		3.5	(3)	2	1.5							
		35				1.5							
36			4	3	2	1.5							
		38				1.5							
	39		4	3	2	1.5							

注：括号内螺距尽可能不用。

① 仅用于发动机火花塞。

实际工作中，如需要求某螺纹（已知公称直径即大径和螺距）中径、小径尺寸，可根据基本牙型按下列公式计算

$$D_2(d_2)=D(d)-2\times\frac{3}{8}H=D(d)-0.6495P$$

$$D_1(d_1)=D(d)-2\times\frac{5}{8}H=D(d)-1.0825P$$

如有资料，则不必计算，可直接查螺纹表格。

三、普通螺纹主要几何参数误差对螺纹互换性的影响

1. 螺纹直径误差对互换性的影响

螺纹在加工过程中，不可避免地会有加工误差，对螺纹联接的互换性造成影响。就螺纹中径而言，若外螺纹的中径比内螺纹的中径大，内、外螺纹将因干涉而无法旋合，从而影响螺纹的可旋合性；若外螺纹的中径与内螺纹的中径相比太小，又会使螺纹结合过松，同时影响接触高度，降低螺纹联接的可靠性。

螺纹的大径、小径对螺纹联接互换性的影响与螺纹中径的情况有所区别，为了使实际的螺纹联接避免在大、小径处发生干涉而影响螺纹的可旋合性，在选择螺纹公差时，要保证在大径、小径的结合处具有一定量的间隙。

为了保证螺纹的互换性，普通螺纹公差标准中对中径规定了公差，对大径、小径也规定

了公差或极限尺寸。

2. 螺距误差对互换性的影响

普通螺纹的螺距误差可分为两种，一种是单个螺距误差，另一种是螺距累积误差。影响螺纹可旋合性的主要是螺距累积误差，故本章只讨论螺距累积误差的影响。

如图 9-12 所示，假设内螺纹无螺距误差和半角误差，并假设外螺纹无半角误差但存在螺距累积误差，因此内、外螺纹旋合时，牙侧面会干涉，且随着旋进牙数的增加，牙侧的干涉量会增大，最后无法再旋合进去，从而影响螺纹的可旋合性。由图 9-12 可知，为了让一个实际有螺距累积误差的外螺纹仍能在所要求的旋合长度内全部与内螺纹旋合，需要将外螺纹的中径减小一个量 f_P，该量称为螺距累积误差的中径当量。由图 9-12 所示关系可知，螺距累积误差的中径当量 f_P（μm）的值为

$$f_P=\sqrt{3}\,|\Delta P_\Sigma| \approx 1.732\,|\Delta P_\Sigma| \quad (9\text{-}1)$$

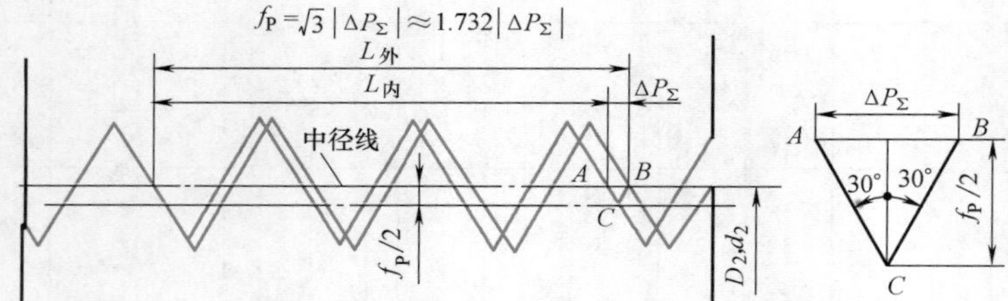

图 9-12　螺距累积误差对可旋合性的影响

同理，当内螺纹存在螺距累积误差时，为保证可旋合性，应将内螺纹的中径增大一个量 f_P。

3. 螺纹牙型半角误差对互换性的影响

螺纹牙型半角误差等于实际牙型半角与其理论牙型半角之差。螺纹牙型半角误差分两种。一种是螺纹的左、右牙型半角不相等，即 $\Delta\alpha/2_{(左)} \neq \Delta\alpha/2_{(右)}$，如图 9-13 所示。车削螺纹时，若车刀未装正，便会造成这种结果。另一种是螺纹的左、右牙型半角相等，但不等于 30°，这是由于螺纹加工刀具的角度不等于 60°所致。不论哪种牙型半角误差，都对螺纹的互换性有影响。

图 9-14 所示为牙型半角误差对螺纹旋合性的影响。在具体分析中，假设内螺纹具有理想的牙型，且外螺纹无螺距误差，而外螺纹的牙型左半角误差 $\Delta\alpha/2_{(左)}<0$，右半角误差 $\Delta\alpha/2_{(右)}>0$。由图 9-14 可见，由于外螺纹存在牙型半角误差，当它与具有理想牙型的内螺纹旋合时，将分别在牙的上半部 $3H/8$ 处和下半部 $2H/8$ 处发生干涉（用阴影示出），从而影响内、外螺纹的可旋合性。为了让一个有牙型半角误差的外螺纹仍能旋入内螺纹中，须将外螺纹的中径减小一个量，该量称为半角误差的中径当量 $f_{\alpha/2}$。这样，阴影所示的干涉区就会消失，从而保证了螺纹的可旋合性。由图 9-14 中的几何关系，可以推导出在

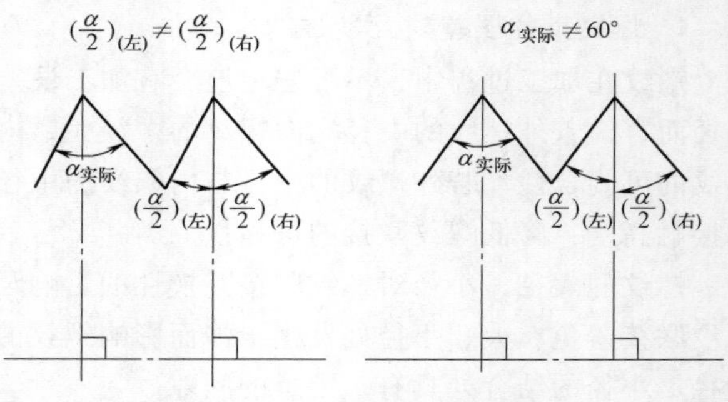

图 9-13　螺纹的牙型半角误差

一定的牙型半角误差情况下，外螺纹牙型半角误差的中径当量 $f_{\alpha/2}$（μm）为（推导过程略）

$$f_{\frac{\alpha}{2}} = 0.073P\left(K_1\left|\frac{\Delta\alpha}{2}_{(左)}\right| + K_2\left|\frac{\Delta\alpha}{2}_{(右)}\right|\right) \tag{9-2}$$

式中　P——螺距（mm）；

$\Delta\alpha/2_{(左)}$——牙型左半角误差（′）；

$\Delta\alpha/2_{(右)}$——牙型右半角误差（′）；

K_1、K_2——选取系数。

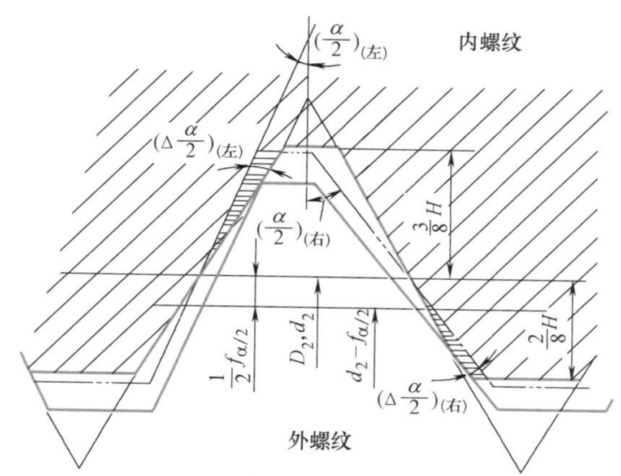

图 9-14　牙型半角误差对螺纹可旋合性的影响

式（9-2）是一个通式，是以外螺纹存在牙型半角误差时推导整理出来的。当假设外螺纹具有理想牙型，而内螺纹存在牙型半角误差时，就需要将内螺纹的中径加大一个 $f_{\alpha/2}$，所以式（9-2）对内螺纹同样适用。关于式中 K_1、K_2 两个系数的取值，规定如下：

不论是外螺纹还是内螺纹存在牙型半角误差，当牙型左半角误差（或牙型右半角误差）导致干涉区在牙型的上半部（$3H/8$ 处）时，K_1（或 K_2）取 3；当牙型左半角误差（或牙型右半角误差）导致干涉区在牙型的下半部（$2H/8$ 处）时，K_1（或 K_2）取 2。为清楚起见，将 K_1、K_2 的取值列于表 9-3 中，供选用。

表 9-3　K_1、K_2 的取值

内螺纹				外螺纹			
$\Delta\frac{\alpha}{2}_{(左)}>0$	$\Delta\frac{\alpha}{2}_{(左)}<0$	$\Delta\frac{\alpha}{2}_{(右)}>0$	$\Delta\frac{\alpha}{2}_{(右)}<0$	$\Delta\frac{\alpha}{2}_{(左)}>0$	$\Delta\frac{\alpha}{2}_{(左)}<0$	$\Delta\frac{\alpha}{2}_{(右)}>0$	$\Delta\frac{\alpha}{2}_{(右)}<0$
K_1		K_2		K_1		K_2	
3	2	3	2	2	3	2	3

四、保证普通螺纹互换性的条件

1. 普通螺纹作用中径的概念

当普通螺纹没有螺距误差和牙型半角误差时，内、外螺纹旋合时起作用的中径便是螺纹的实际中径。但当螺纹存在误差时，如外螺纹有牙型半角误差，为了保证其可旋合性，须将外螺纹的中径减小一个当量 $f_{\alpha/2}$，否则，外螺纹将旋不进具有理想牙型的内螺纹，即相当于

外螺纹在旋合中真正起作用的中径比实际中径增大了一个 $f_{\alpha/2}$ 值。同理，当该外螺纹同时又存在螺距累积误差时，该外螺纹真正起作用的中径又比原来增大了一个 f_P 值，即对于外螺纹而言，螺纹联接中起作用的中径（作用中径）为

$$d_{2作用} = d_{2单一} + (f_{\frac{\alpha}{2}} + f_P) \tag{9-3}$$

对于内螺纹而言，当存在牙型半角误差和螺距累积误差时，相当于内螺纹在旋合中起作用的中径值减小了，即内螺纹的作用中径为

$$D_{2作用} = D_{2单一} - (f_{\frac{\alpha}{2}} + f_P) \tag{9-4}$$

因此，螺纹在旋合时起作用的中径（作用中径）是由实际中径（单一中径）、螺距累积误差、牙型半角误差三者综合作用而形成的。

2. 保证普通螺纹互换性的条件

对于内、外螺纹来讲，作用中径不超过一定的界限，螺纹的可旋合性就能保证。而螺纹的实际中径不超过一定的值，螺纹的联接强度就有保证。因此，要保证螺纹的互换性，就要保证内、外螺纹的作用中径和单一中径不超过各自一定的界限值。在概念上，作用中径与作用尺寸等同，而单一中径与实际尺寸等同。因此，按照极限尺寸判断原则，保证螺纹互换性的条件为：螺纹的作用中径不能超过螺纹的最大实体牙型中径，任何位置上的单一中径不能超过螺纹的最小实体牙型中径。所谓最大（最小）实体牙型，指的是在螺纹中径的公差范围内，螺纹含材料量最多（最少）且与基本牙型一致的螺纹牙型，即内、外螺纹互换性合格的条件为

对于外螺纹：$d_{2作用} \leqslant d_{2max}$ 且 $d_{2单一} \geqslant d_{2min}$。

对于内螺纹：$D_{2作用} \geqslant D_{2min}$ 且 $D_{2单一} \leqslant D_{2max}$。

第二节 普通螺纹的公差与配合

要保证螺纹的互换性，必须对螺纹的几何精度提出要求。对普通螺纹，GB/T 197—2018《普通螺纹 公差》规定了供选用的螺纹公差带及具有最小保证间隙（包括最小间隙为零）的螺纹配合、旋合长度及精度等级。

对螺纹的牙型半角误差及螺距累积误差应加以控制，因为两者对螺纹的互换性有影响。但国家标准中没有对普通螺纹的牙型半角误差和螺距累积误差分别制定极限误差或公差，而是用中径公差综合控制，即中径对于牙型半角的中径当量 $f_{\frac{\alpha}{2}}(F_{\frac{\alpha}{2}})$、中径对于螺距累积误差的中径当量 $f_P(F_P)$ 及中径实际误差三者均应在中径公差范围内。

一、普通螺纹的公差带

普通螺纹的公差带是由基本偏差决定其位置，公差等级决定其大小的。普通螺纹的公差带是沿着螺纹的基本牙型分布的，如图 9-15 所示。图中 ES（es）、EI（ei）分别为内（外）螺纹的上、下极限偏差，T_D（T_d）为内（外）螺纹的中径公差。由图可知，除对内、外螺纹的中径规定了公差外，对外螺纹的顶径（大径）和内螺纹的顶径（小径）规定了公差，对外螺纹的小径规定了上极限尺寸，对内螺纹的大径规定了下极限尺寸，这样由于有保证间隙，可以避免螺纹旋合时在大径、小径处发生干涉，以保证螺纹的互换性。同时，外螺纹的小径处由刀具保证圆弧过渡，以提高螺纹受力时的抗疲劳强度。

普通螺纹的公差制由公差等级和公差带位置构成。公差等级用数字表示，如 4、6 和 8。公差带位置用字母表示，例如 H、G、h 和 g。公差带标记是此数字与字母的组合，如 6H 和 6g。

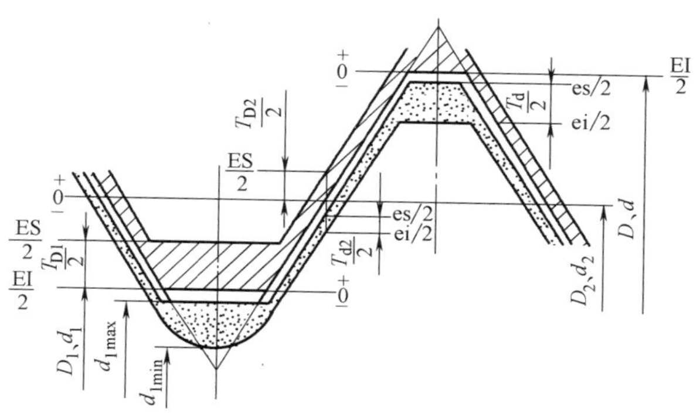

图 9-15 普通螺纹的公差带

1. 公差带的位置和基本偏差

国家标准 GB/T 197—2018 中，分别对内、外螺纹规定了基本偏差，用以确定内、外螺纹公差带相对于基本牙型的位置。

对外螺纹规定了八种基本偏差，代号分别为 a、b、c、d、e、f、g 和 h。由这八种基本偏差所决定的公差带均在基本牙型中径尺寸零线之下，如图 9-16、图 9-17 所示。

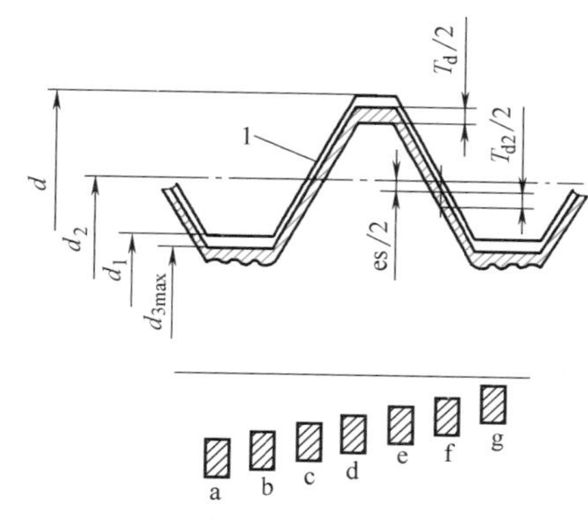

图 9-16 公差带位置为 a、b、c、d、e、f 和 g 的外螺纹

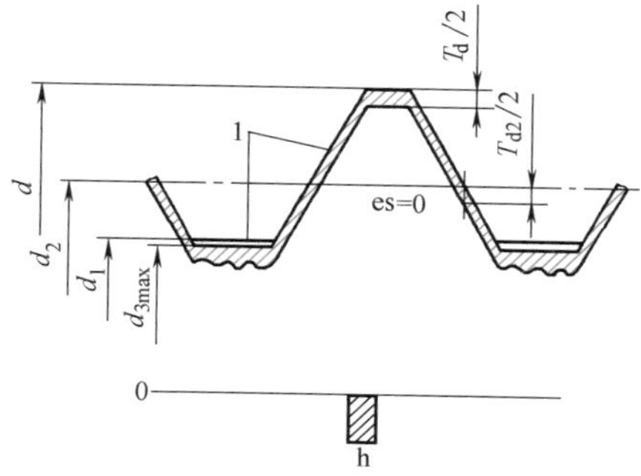

图 9-17 公差带位置为 h 的外螺纹

对内螺纹规定了两种基本偏差，代号分别为 H、G。由这两种基本偏差所决定的内螺纹的公差带均在基本牙型之上，如图 9-18 和图 9-19 所示。

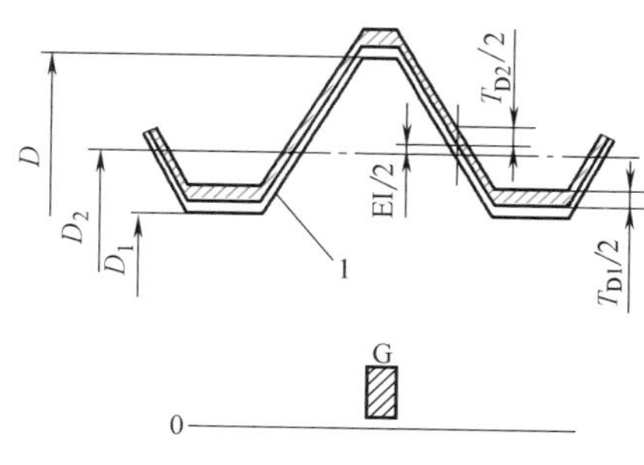

图 9-18 公差带位置为 G 的内螺纹

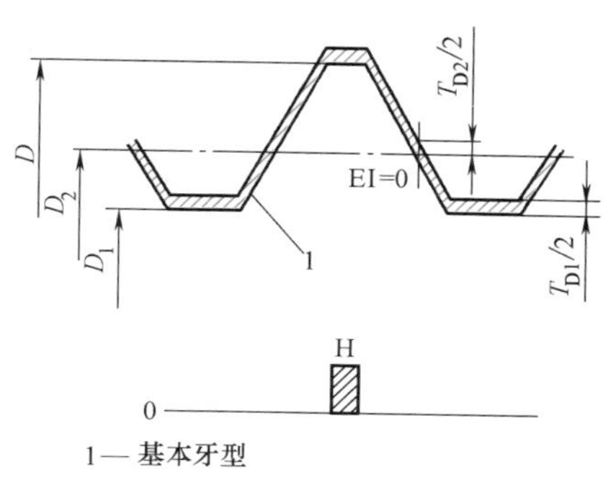

图 9-19 公差带位置为 H 的内螺纹

内、外螺纹基本偏差的含义和代号取自 GB/T 1800.1~2—2020《产品几何技术规范（GPS） 线性尺寸公差ISO代号体系》中相对应的孔和轴，但内、外螺纹的基本偏差值由经验公式计算而来，并经过一定的处理。除H、h两个所对应的基本偏差值为0，和孔、轴相同外，其余基本偏差代号所对应的基本偏差值和孔、轴均不同，而是与其基本螺距有关。

现行国标规定中新增的a、b、c、d基本偏差，主要考虑为螺纹联接增加一些间隙更大的配合，以满足螺纹表面需要镀涂或高温条件下需要热膨胀补偿的要求。内、外螺纹的基本偏差值见表9-4（受篇幅限制，表中未列出国标新增加的a、b、c、d的基本偏差）。

表9-4 内、外螺纹的基本偏差（GB/T 197—2018） （单位：μm）

基本偏差 \ 螺纹	内螺纹		外螺纹			
	G	H	e	f	g	h
螺距 P/mm	EI		es			
0.75	+22	0	-56	-38	-22	0
0.8	+24		-60	-38	-24	
1	+26		-60	-40	-26	
1.25	+28		-63	-42	-28	
1.5	+32		-67	-45	-32	
1.75	+34		-71	-48	-34	
2	+38		-71	-52	-38	
2.5	+42		-80	-58	-42	
3	+48		-85	-63	-48	

2. 公差带的大小和公差等级

国家标准规定了内、外螺纹的公差等级，它的含义和孔、轴公差等级相似，但有自己的系列和数值，见表9-5。普通螺纹公差带的大小由公差值决定。公差值除与公差等级有关外，还与基本螺距有关。考虑到内、外螺纹加工的工艺等价性，在公差等级和螺距的基本值均一样的情况下，内螺纹的公差值比外螺纹的公差值大32%。螺纹的公差值是由经验公式计算而来的。一般情况下，螺纹的6级公差为常用公差等级。

表9-5 螺纹的公差等级

螺纹直径	公差等级	螺纹直径	公差等级
内螺纹小径 D_1	4、5、6、7、8	外螺纹中径 d_2	3、4、5、6、7、8、9
内螺纹中径 D_2	4、5、6、7、8	外螺纹大径 d	4、6、8

常用的普通螺纹的中径和顶径公差见表9-6和表9-7。

表9-6 常用的普通螺纹中径公差（GB/T 197—2018） （单位：μm）

公称大径/mm		螺距	内螺纹中径公差 T_{D2}				外螺纹中径公差 T_{d2}			
			公差等级							
>	≤	P/mm	5	6	7	8	5	6	7	8
5.6	11.2	0.75	106	132	170	—	80	100	125	—
		1	118	150	190	236	90	112	140	180
		1.25	125	160	200	250	95	118	150	190
		1.5	140	180	224	280	106	132	170	212

（续）

公称大径/mm		螺距	内螺纹中径公差 T_{D2}				外螺纹中径公差 T_{d2}			
			公差等级							
>	≤	P/mm	5	6	7	8	5	6	7	8
11.2	22.4	1	125	160	200	250	95	118	150	190
		1.25	140	180	224	280	106	132	170	212
		1.5	150	190	236	300	112	140	180	224
		1.75	160	200	250	315	118	150	190	236
		2	170	212	265	335	125	160	200	250
		2.5	180	224	280	355	132	170	212	265
22.4	45	1	132	170	212	—	100	125	160	200
		1.5	160	200	250	315	118	150	190	236
		2	180	224	280	355	132	170	212	265
		3	212	265	335	425	160	200	250	315

表 9-7 常用的普通螺纹顶径公差 T_{D1}、T_d（GB/T 197—2018） （单位：μm）

公差项目	内螺纹顶径（小径）公差 T_{D1}				外螺纹顶径（大径）公差 T_d		
公差等级 / 螺距 P/mm	5	6	7	8	4	6	8
0.75	150	190	236	—	90	140	—
0.8	160	200	250	315	95	150	236
1	190	236	300	375	112	180	280
1.25	212	265	335	425	132	212	335
1.5	236	300	375	475	150	236	375
1.75	265	335	425	530	170	265	425
2	300	375	475	600	180	280	450
2.5	355	450	560	710	212	335	530
3	400	500	630	800	236	375	600

二、螺纹旋合长度、螺纹公差带和配合选用

1. 螺纹旋合长度

螺纹的旋合长度分短旋合长度（以 S 表示）、中等旋合长度（以 N 表示）和长旋合长度（以 L 表示）三种。一般使用的旋合长度是螺纹公称直径的 0.5~1.5 倍，故将此范围内的旋合长度作为中等旋合长度，小于（或大于）这个范围的便是短（或长）旋合长度。之所以区分，是因为和选用螺纹公差带有关，如图 9-20 所示。

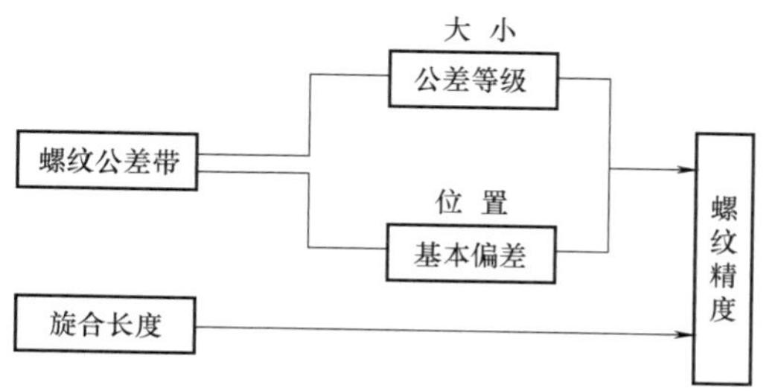

图 9-20 螺纹公差带及旋合长度与螺纹精度的关系

2. 螺纹公差带的选用

螺纹的基本偏差和公差等级可以组成许多公差带，给使用和选择提供了条件，但实际上并不能用这么多的公差带。一是因为定值量具和刃具规格必然增多，造成经济和管理上

的困难；二是有些公差带在实际使用中效果不太好。因此，须对公差带进行筛选。国家标准对内、外螺纹公差带的筛选结果见表 9-8 和表 9-9。选用公差带时可参考表中的注解。除非特殊需要，一般不要选用表 9-8 和表 9-9 规定以外的公差带。

螺纹公差带的写法是公差等级在前，基本偏差代号在后，这与光滑圆柱体公差带的写法不同，须注意。对于外螺纹，基本偏差代号是小写字母，内螺纹则采用大写字母。表 9-9 中有些螺纹的公差带是由两个公差带代号组成的，其中前面一个公差带代号为中径公差带，后面一个为顶径公差带（对外螺纹是大径公差带，对内螺纹是小径公差带）。当顶径与中径公差带相同时，合写为一个公差带代号。

表 9-8　内螺纹推荐公差带

公差精度	公差带位置 G			公差带位置 H		
	S	N	L	S	N	L
精密	—	—	—	4H	5H	6H
中等	(5G)	**6G**	(7G)	**5H**	**6H**	**7H**
粗糙	—	(7G)	(8G)	—	7H	8H

表 9-9　外螺纹推荐公差带

公差精度	公差带位置 e			公差带位置 f			公差带位置 g			公差带位置 h		
	S	N	L	S	N	L	S	N	L	S	N	L
精密	—	—	—	—	—	—	—	(4g)	(5g4g)	(3h4h)	**4h**	(5h4h)
中等	—	**6e**	(7e6e)		**6f**	—	(5g6g)	**6g**	(7g5g)	(5h6h)	6h	(7h6h)
粗糙	—	(8e)	(9e8e)	—	—	—		8g	(9g8g)	—	—	—

3. 精度等级和旋合长度

从表 9-8、表 9-9 中可以看出，对同一精度等级而旋合长度不同的螺纹，中径公差等级相差一级，如中等精度等级的旋合长度为 S、N、L 的中径公差等级为 5、6、7 级。这是因为同一精度等级代表了加工难易程度的加工误差（即实际中径误差、牙型半角误差和单个螺距误差）的水平相同，但同一精度等级的螺纹用于短旋合和长旋合而产生的螺距累积误差 ΔP_{Σ} 是不相同的，后者要大些，这是因为 ΔP_{Σ} 值随螺距的增加而增大，这就必然影响中径当量 f_{P} 也要随旋合长度的增加而增加。为了保证螺纹的互换性，控制中径误差，在规定中径公差时，显然也要符合螺距累积误差随旋合长度的增加而逐渐增大的规律。这就是在表 9-8 与表 9-9 中，对同一级精度螺纹的中径公差根据不同的旋合长度采取公差等级相差一级的原因。

表 9-8、表 9-9 中螺纹精度规定了三个等级，即精密级、中等级和粗糙级，它代表了螺纹不同的加工难易程度，同一级则意味着有相同的加工难易程度。

螺纹精度选择的一般原则是：精密级用于配合性质要求稳定及保证定位精度的场合。中等级广泛用于一般的联接螺纹，如用在一般的机械、仪器和构件中。粗糙级用于不重要的螺纹及制造困难的螺纹（如在较深不通孔中加工螺纹），也用于使用环境较恶劣的螺纹（如建筑用螺纹）。通常使用的螺纹是中等旋合长度的 6 级公差的螺纹。

4. 配合的选用

表 9-8、表 9-9 所列的内、外螺纹公差带可以组成许多供选用的配合，但从保证螺纹的使用性能和保证一定的牙型接触高度考虑，选用的配合最好是 H/g，H/h，G/h。例如为了便于装拆，提高效率，可选用 H/g 或 G/h 的配合，原因是 G/h 或 H/g 配合所形成的最小极限间隙可用来对内、外螺纹的旋合起引导作用，表面需要涂镀的内（外）螺纹，完工后的实际牙型也不得超过按 H（h）所确定的最大实体牙型。单件小批生产的螺纹，宜选用 H/h 配合。

三、螺纹在图样上的标记

完整螺纹标记应由螺纹特征代号、尺寸代号、公差带代号及其他有必要做进一步说明的个别信息所组成。

（一）单线螺纹标记

1. 特征代号与尺寸及螺距代号的标注

普通螺纹的特征代号为“公称直径×螺距”，单位为毫米（mm）。

标注示例 1：M8×1

解释：公称直径为 8mm，螺距为 1mm 的单线细牙螺纹。注意：对于粗牙螺纹，可以省略标注其螺距项。

标注示例 2：M8

解释：公称直径为 8mm，螺距为 1.25mm 的单线粗牙螺纹。根据编者在使用中的体会，判断粗细牙的规定是，在每一公称直径与其所对应的螺距尺寸中，螺距最大者称为粗牙，其余皆称为细牙。但当公称直径值大于 68mm 之后，对应的最大螺距就不再增加，全部属于细牙。

2. 公差带代号的标注

公差带代号包含中径公差带代号和顶径公差带代号。规定中径公差带代号在前，顶径公差带代号在后。

各直径的公差带代号由表示公差等级的数值和表示公差带位置的字母（内螺纹用大写字母，外螺纹用小写字母）组成。

如果中径公差带代号与顶径（内螺纹小径或外螺纹大径）公差带代号相同，只标注一个公差带代号。

螺纹尺寸代号与公差带间用“-”号分开。

标注示例 3：M10×1-5g6g

解释：中径公差带为 5g、顶径公差带为 6g 的外螺纹。

标注示例 4：M10-6g

解释：中径公差带与顶径公差带为 6g 的粗牙外螺纹。

标注示例 5：M10×1-5H6H

解释：中径公差带为 5H、顶径公差带为 6H 的内螺纹。

标注示例 6：M10-6H

解释：中径公差带与顶径公差带均为 6H 的粗牙内螺纹。

3. 螺纹配合的标注

表示螺纹配合时，内螺纹公差带代号在前，外螺纹公差带代号在后，中间用斜线“/”分开。

标注示例7：M6-6H/6g

解释：公差带为6H的内螺纹与公差带为6g的外螺纹组成配合。

标注示例8：M20×2-6H/5g6g

解释：公差带为6H的内螺纹与公差带为5g6g的外螺纹组成配合。

4. 省略标注

在下列情况下，中等公差精度螺纹的公差带代号可以省略：

（1）内螺纹

1）5H，公称尺寸小于或等于1.4mm。

2）6H，公称尺寸大于或等于1.6mm。

注：对于螺距为0.2mm的螺纹，其公差等级为4级。

（2）外螺纹

1）6h，公称尺寸小于或等于1.4mm。

2）6g，公称尺寸大于或等于1.6mm。

标注示例9：M10

解释：中径公差带与顶径公差带为6g、中等公差精度的粗牙外螺纹；或中径公差带与顶径公差带为6H、中等公差精度的粗牙内螺纹。

5. 旋合长度的标注

标记内有必要说明的其他信息包括螺纹的旋合长度组别和旋向。

对于旋合长度为短组和长组的螺纹，宜在公差带代号后分别标注“S”和“L”代号。公差带与旋合长度组别代号间用“-”号分开。对旋合长度为中等组的螺纹，不标注其旋合长度组代号（N）。

标注示例10：

M20×2-5H-S

解释：短旋合长度组的内螺纹。

M6-7H/7g6g-L

解释：长旋合长度组的内、外螺纹。

M6

解释：中等旋合长度组的螺纹。

（二）多线螺纹标记

多线螺纹的尺寸代号为“公称直径×Ph导程P螺距”，公称直径，导程和螺距数值单位为毫米（mm）。

标注示例11：M16×Ph3P1.5-6H

解释：公称直径为16mm、导程为3mm、螺距为1.5mm、中径和顶径公差带为6H的双线内螺纹。如果没有误解风险，可以省略导程代号Ph。即

M16×3P1.5-6H

为更加清晰地标记多线螺纹，可以在螺距后增加括号，用英语说明螺纹的线数。双线为 two starts；三线为 three starts；四线为 four starts。即

M16×Ph3P1.5(two starts)-6H

(三) 左旋螺纹标记

对左旋螺纹，应在螺纹标记的最后标注代号“LH”，与前面用“-”号分开。

右旋螺纹不标注旋向代号。

标注示例 12：M8×1-LH

M6×0.75-5h6h-S-LH

M14×Ph6P2-7H-L-LH

M1×Ph6P2(three starts)-7H-L-LH

(四) 涂镀螺纹标记

1) 螺纹公差标注包括涂镀前螺纹公差带代号和涂镀后螺纹最大实体公差带位置代号。

2) 涂镀后螺纹最大实体公差带位置标注由涂镀后英文缩写“AFT”和公差带代号组成，两者间用“-”分开，如“AFT-G”和“AFT-g”。

标注示例 13：M10-6f；AFT-g

解释：外螺纹镀前公差带为 6f：镀后最大实体公差带位置为 g。可添加英文缩写“BEF”代替“镀前”。

3) 可标出被省略的涂镀后螺纹最大实体公差带位置代号（H 或 h）。

4) 可在涂镀后内螺纹和外螺纹最大实体公差带位置代号后分别添加“min”和“max”。

标注示例 14：M10-6g；AFT-h

或 M10BEF；AFT-h max

解释：外螺纹镀前公差带为 6g；镀后最大实体公差带位置为 h。

标注示例 15：M10-6H BEF；AFT-H

或 M10 BEF；AFT-H min

解释：内螺纹镀前公差带为 6H；镀后最大实体公差带位置为 H。

四、螺纹的表面粗糙度要求

螺纹牙型表面粗糙度主要根据中径公差等级来确定。螺纹牙侧表面粗糙度参数的推荐值见表 9-10。

表 9-10　螺纹牙侧表面粗糙度参数的推荐值　（单位：μm）

零件	螺纹中径公差等级		
	4,5	6,7	7~9
	不大于		
螺栓、螺钉、螺母	*Ra*1.6	*Ra*3.2	*Ra*3.2~6.3
轴及套上的螺纹	*Ra*0.8~1.6	*Ra*1.6	*Ra*3.2

五、例题

例 9-1 一螺纹配合为 M20×2-6H/5g6g，试查表求出内、外螺纹的中径、小径和大径的极限偏差，并计算内、外螺纹的中径、小径和大径的极限尺寸。

解：本题用列表法将各计算值列出。

1）确定内、外螺纹中径、小径和大径的公称尺寸。已知公称直径为螺纹大径的公称尺寸，即 $D=d=20\text{mm}$。

从普通螺纹各参数的关系知

$$D_1=d_1=d-1.0825P \quad D_2=d_2=d-0.6495P$$

实际工作中，可直接查有关表格。

2）确定内、外螺纹的极限偏差。内、外螺纹的极限偏差可以根据螺纹的公称直径、螺距和内、外螺纹的公差带代号，由表 9-4、表 9-5、表 9-6 中查算出，具体见表 9-11。

3）计算内、外螺纹的极限尺寸。由内、外螺纹的各公称尺寸及各极限偏差算出的极限尺寸，见表 9-11。

表 9-11 极限尺寸 （单位：mm）

名称		内螺纹		外螺纹	
公称尺寸	大径	$D=d=20$			
	中径	$D_2=d_2=18.701$			
	小径	$D_1=d_1=17.835$			
极限偏差		ES	EI	es	ei
由表 9-4 表 9-6 表 9-7	大径	—	0	-0.038	-0.318
	中径	0.212	0	-0.038	-0.163
	小径	0.375	0	-0.038	按牙底形状
极限尺寸		上极限尺寸	下极限尺寸	上极限尺寸	下极限尺寸
大径		—	20	19.262	19.682
中径		18.913	18.701	18.663	18.538
小径		18.210	17.835	<17.797	牙底轮廓不超出 $H/8$ 削平线

例 9-2 M20-6g 的外螺纹，实测 $d_{2单一}=18.230\text{mm}$，牙型半角误差为：$\Delta\alpha/2_{(左)}=+30'$，$\Delta\alpha/2_{(右)}=-45'$，螺距累积误差 $\Delta P_\Sigma=+50\mu\text{m}$。试求该螺纹的作用中径，并判别其合格性。

解：

1）求螺纹中径的公称尺寸及极限尺寸。查表 9-2，知 $d=20\text{mm}$ 时，粗牙螺距 $P=2.5\text{mm}$，代入计算式 $d_2=d-0.6495P$，得

$$d_2 = 18.376\text{mm}(\text{或查表})$$

查表 9-4 和表 9-6 得螺纹中径的上极限偏差 $es = -42\mu m$，下极限偏差 $ei = es - T_{d2} = -212\mu m$，则中径的极限尺寸为

$$d_{2max} = 18.334\text{mm} \quad d_{2min} = 18.164\text{mm}$$

2）求中径当量 f_P 及 $f_{\alpha/2}$。由式（9-1）得 $f_P = 1.732 | \Delta P_\Sigma | = 86.6\mu m$

由表 9-3 可知，$\Delta\alpha/2_{(左)}>0$ 时，$K_1 = 2$，$\Delta\alpha/2_{(右)}<0$ 时，$K_2 = 3$，代入式（9-2）得

$$\begin{aligned} f_{\alpha/2} &= 0.073P(K_1|\Delta\alpha/2_{(左)}|+K_2|\Delta\alpha/2_{(右)}|) \\ &= 0.073\times2.5\times(2\times|30'|+3\times|-45'|)\ \mu m \\ &\approx 35.6\mu m \end{aligned}$$

3）求作用中径。$d_{2作用}$由式（9-3）得

$$d_{2作用} = d_{2单一} + (f_P + f_{\alpha/2}) = 18.352\text{mm}$$

4）判断螺纹合格性。由极限尺寸判断原则知，对于外螺纹，螺纹互换性合格的条件为

$$d_{2作用} \leqslant d_{2max} \text{且} \ d_{2单一} \geqslant d_{2min}$$

但该螺纹的 $d_{2作用} > d_{2max}$，即该螺纹的作用中径超出了最大实体尺寸，故该螺纹不合格。该螺纹的 $d_{2单一}$、$d_{2作用}$ 与公差带的关系如图 9-21 所示。

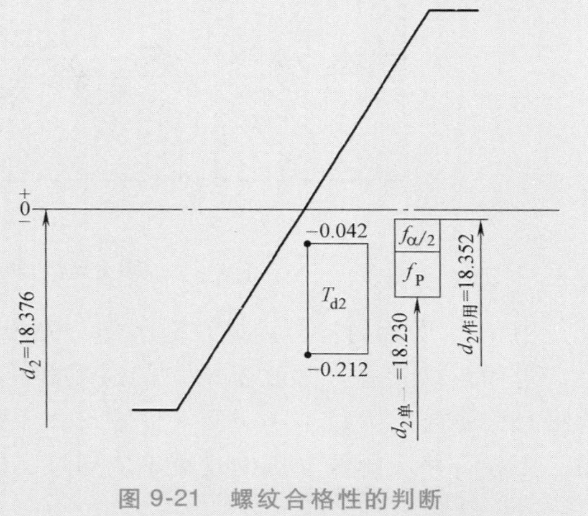

图 9-21　螺纹合格性的判断

第三节　螺纹的检测

一、综合检验

对螺纹进行综合检验时使用的是螺纹量规和光滑极限量规，它们都由通规（通端）和止规（止端）组成。光滑极限量规用于检验内、外螺纹顶径尺寸的合格性；螺纹量规的通规用于检验内、外螺纹的作用中径及底径的合格性，螺纹量规的止规用于检验内、外螺纹单一中径的合格性。

螺纹量规是按极限尺寸判断原则而设计的，螺纹通规体现的是最大实体牙型边界，具有完整的牙型，并且其长度应等于被检螺纹的旋合长度，以正确地检验作用中径。若被检螺纹的作用中径未超过螺纹的最大实体牙型中径，且被检螺纹的底径也合格，那么螺纹通规就会在旋合长度内与被检螺纹顺利旋合。

螺纹量规的止规用于检验被检螺纹的单一中径。为了避免牙型半角误差及螺距累积误差对检验的影响，止规的牙型常做成截短型牙型，以使止端只在单一中径处与被检螺纹的牙侧接触，并且止端的牙扣只做出几牙。

图 9-22 所示为检验外螺纹的示例。先用卡规检验外螺纹顶径的合格性，再用螺纹量规（检验外螺纹的称为螺纹环规）的通端和止端检验。若外螺纹的作用中径合格，且底径（外

螺纹小径）没有大于其上极限尺寸，通端应能在旋合长度内与被检螺纹旋合；若被检螺纹的单一中径合格，螺纹环规的止端不应通过被检螺纹，但允许旋进量多 2~3 牙。

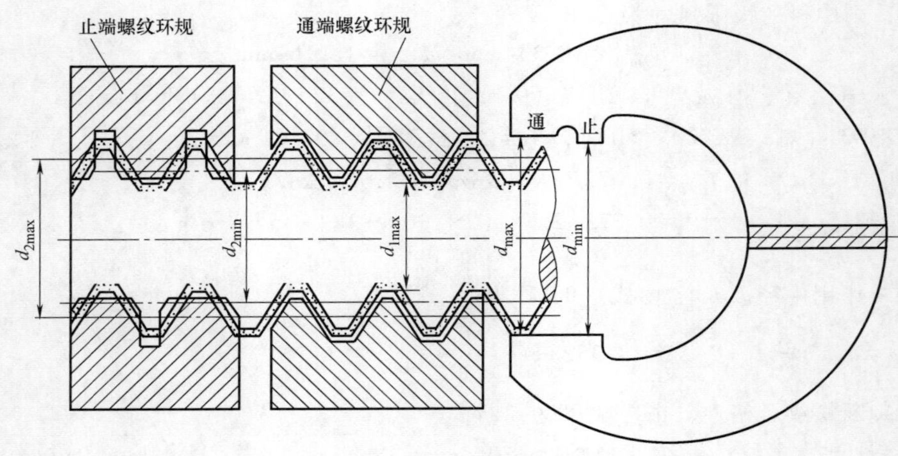

图 9-22　外螺纹的综合检验

图 9-23 所示为检验内螺纹的示例。先用光滑极限量规（塞规）检验内螺纹顶径的合格性，再用螺纹量规（螺纹塞规）的通端和止端检验内螺纹的作用中径和底径。若作用中径合格且内螺纹的大径不小于其下极限尺寸，通规应在旋合长度内与内螺纹旋合；若内螺纹的单一中径合格，螺纹塞规的止端不应通过，但允许旋进最多 2~3 牙。

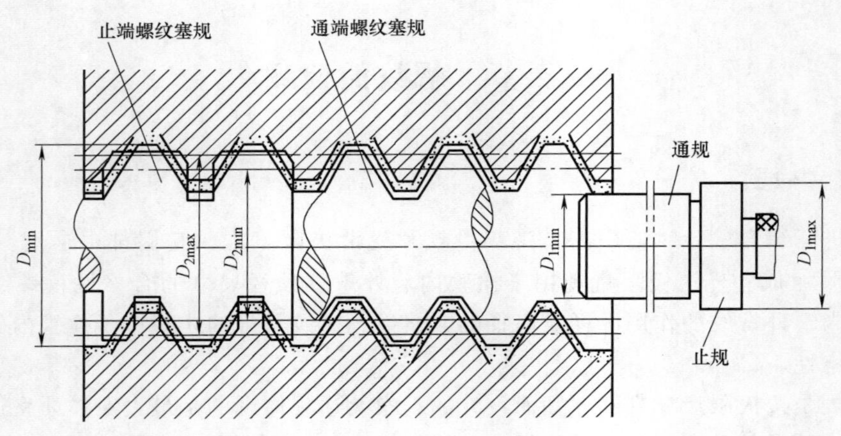

图 9-23　内螺纹的综合检验

二、单项测量

用量针测量螺纹中径的方法分为单针法和三针法。单针法常用于大直径螺纹的中径测量，如图 9-24 所示。这里主要介绍三针法测量。

量针测量具有精度高、方法简单的特点。三针法测量螺纹中径如图 9-25a 所示。它是根据被测螺纹的螺距，选择合适的量针直径，按图示位置放在被测螺纹的牙槽内，夹在两测头之间。合适直径的量针，是量针与牙槽接触点的轴间距离正好在基本螺距一半处，即三针法测量的是螺纹的单一中径。从仪器上读得 M 值后，再根据螺纹的螺距 P、牙型半角 $\alpha/2$ 及量针的直径 d_0 按下式（推导过程略）算出所测出的单一中径 d_{2s}

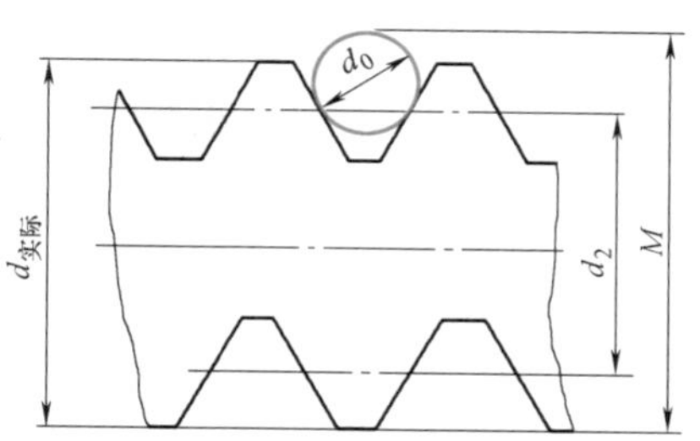

图 9-24　单针法测量螺纹中径

$$d_{2s}=M-d_0\left(1+\frac{1}{\sin\frac{\alpha}{2}}\right)+\frac{P}{2}\cot\frac{\alpha}{2}$$

对于米制普通三角形螺纹，其牙型半角 $\alpha/2=30°$，代入上式得

$$d_{2s}=M-3d_0+\frac{\sqrt{3}}{2}P$$

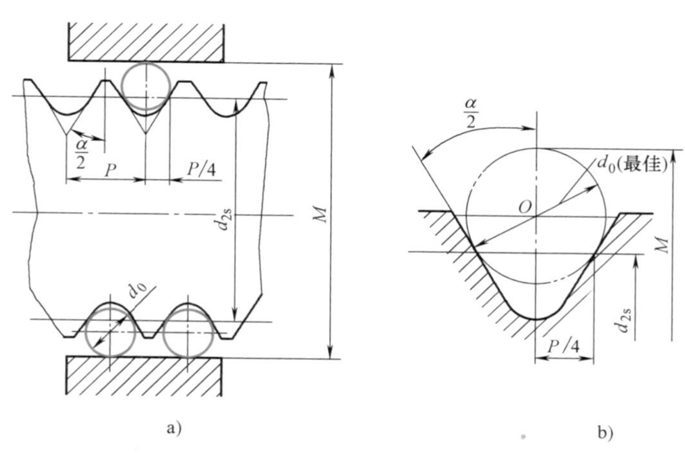

图 9-25　用三针法测量螺纹中径及最佳量针直径

a）用三针法测量螺纹中径　b）最佳量针直径

当螺纹存在牙型半角误差时，量针与牙槽接触位置的轴向距离便不在 $P/2$ 处，这就造成了测量误差。为了减小牙型半角误差对测量的影响，应选取最佳量针直径 d_0（最佳），由图 9-25b 可知

$$d_{0(最佳)}=\frac{1}{\sqrt{3}}P$$

所以最后的计算公式可简化为

$$d_{2s}=M-\frac{3}{2}d_{0(最佳)}$$

习　题

9-1　以外螺纹为例，试比较其中径 d_2、单一中径 $d_{2单一}$、作用中径 $d_{2作用}$ 的异同点，三者在什么情况下是相等的？

9-2 查表求出 M16-6H/6g 内、外螺纹的中径、大径和小径的极限偏差，计算内、外螺纹的中径、大径和小径的极限尺寸，绘出内、外螺纹的公差带图。

9-3 有一外螺纹 M27×2-6h，测量得其单一中径 $d_{2单一}=25.5\text{mm}$，螺纹累积误差 $\Delta P_{\Sigma}=+35\mu\text{m}$，牙型半角误差 $\Delta\alpha/2_{(左)}=-30'$，$\Delta\alpha/2_{(右)}=+65'$，试求其作用中径 $d_{2作用}$。问此螺纹是否合格？为什么？

9-4 加工 M18×2-6g 外螺纹，已知加工方法所产生的螺距累积误差 $\Delta P_{\Sigma}=+25\mu\text{m}$，牙型半角误差 $\Delta\alpha/2_{(左)}=+30'$，$\Delta\alpha/2_{(右)}=-40'$。问此加工方法允许中径的实际尺寸变动范围是多少？

第十章 渐开线直齿圆柱齿轮的公差与检测

第一节 概　　述

齿轮广泛用于机械或机器中传递运动和动力，齿轮传动的质量将影响机器或仪器的工作性能、承载能力、使用寿命和工作精度，为此要规定相应的公差，对齿轮的质量进行控制。

一、齿轮传动的要求

（1）传递运动的准确性

（2）传递运动的平稳性

（3）载荷分布的均匀性

（4）传动侧隙的合理性

二、不同工况的齿轮对传动的要求

实际上，对齿轮的使用要求并不都是一样，根据齿轮传动的不同工作情况，各自的要求也是不同的。常见的不同要求的齿轮有以下四种：

（1）一般动力齿轮　如机床、减速器、汽车等的齿轮，通常对传动平稳性和载荷分布均匀性有所要求。

（2）动力齿轮　这类齿轮的模数和齿宽大，能传递大的动力且转速较低，如矿山机械、轧钢机上的齿轮，主要对载荷分布的均匀性与传动侧隙有严格要求。

（3）高速齿轮　这类齿轮转速高，易发热，如汽轮机的齿轮，为了减少噪声、振动冲击和避免卡死，对传动的平稳性和侧隙有严格的要求。

（4）读数、分度齿轮　这类齿轮由于精度高、转速低，如百分表、千分表中以及分度头中的齿轮，要求传递运动准确，一般情况下要求侧隙保持为零。

由于齿轮传动装置是由齿轮副、轴、轴承和机架等零件组成的，因此影响齿轮传动质量的因素很多，但齿轮与齿轮副是其中的主要零件。本章将重点介绍如何控制单个齿轮与齿轮副的质量问题。

第二节 单个齿轮同侧齿面的各项偏差的检测与分类

一、各项偏差与检测

一般情况下，齿轮工作时，都是同侧齿面进行工作，而另一非工作齿面保持一定侧隙。

单个齿轮同侧齿面制造后产生的主要偏差主要有以下几种。

1. 单个齿距偏差 f_{pt} 与齿距累积总偏差 F_p

（1）单个齿距偏差 f_{pt}　在端平面上接近齿高中部的一个与齿轮轴线同心的圆上，实际齿距与理论齿距的代数差称为单个齿距偏差，如图 10-1 所示。使用齿距仪测量 f_{pt} 如图 10-2 所示。f_{pt} 若在规定的允许极限偏差值内则符合要求。

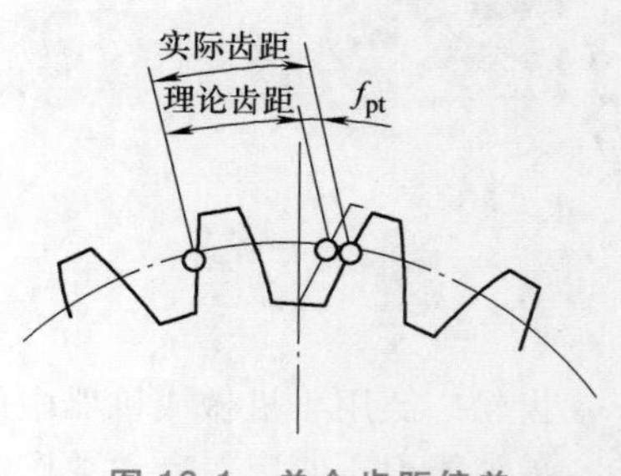

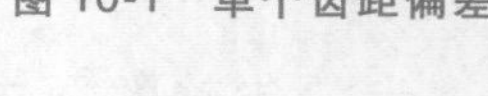
图 10-1　单个齿距偏差

（2）齿距累积总偏差 F_p　齿距累积总偏差是齿轮同侧齿面任意弧段（$k=1$ 至 $k=z$）内的最大齿距累积偏差，如图 10-3 所示。图 10-3a 所示为单个齿距产生偏差的情况，图 10-3b 所示为全部齿距累积偏差的曲线，其总幅值 F_p 表示了以齿轮一转为周期的总转角偏差。此项目测量方法与单个齿距偏差 f_{pt} 的测量相同，仍用齿距仪进行测量。

齿距累积总偏差 F_p 应小于规定的允许值。单个齿距偏差 f_{pt} 与齿距累积总偏差 F_p 的关系如图 10-4 所示。其中，F_{pk} 为相邻三个齿距产生的累积总偏差。

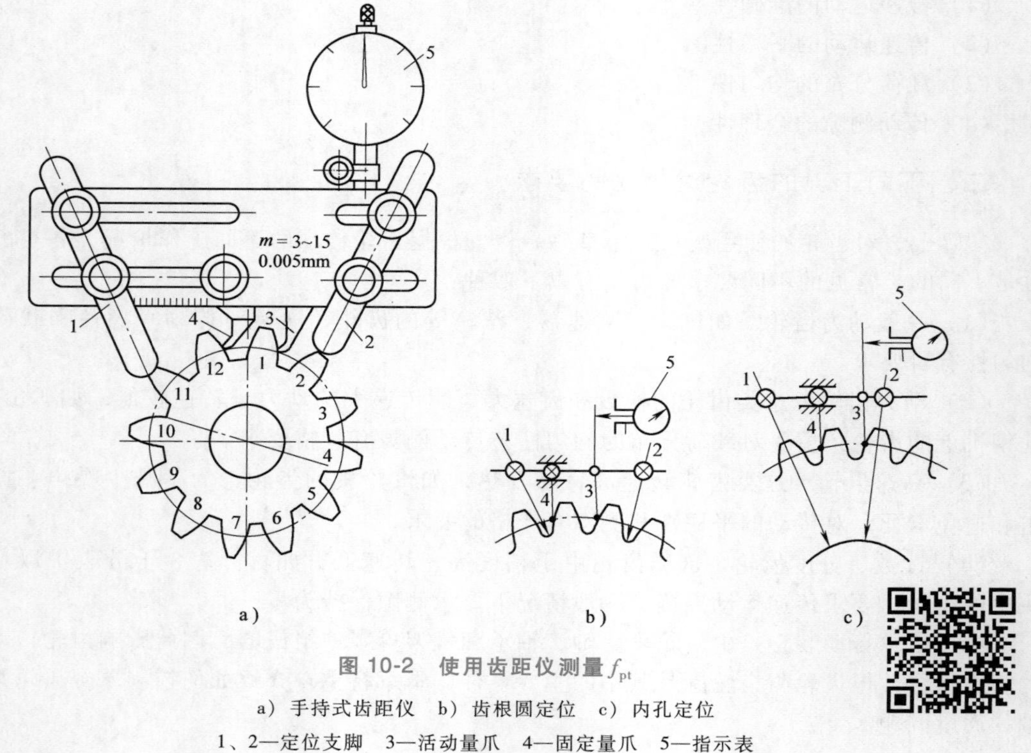

图 10-2　使用齿距仪测量 f_{pt}

a）手持式齿距仪　b）齿根圆定位　c）内孔定位

1、2—定位支脚　3—活动量爪　4—固定量爪　5—指示表

2. 径向综合总偏差 F_i'' 与一齿径向综合偏差 f_i''

（1）径向综合总偏差 F_i''　径向综合总偏差是指在径向（双面）综合检验时，被测齿轮的左右齿面同时与测量齿轮接触，并转过一整圈时出现的中心距最大值和最小值之差。如图 10-5a 所示，径向综合总偏差 F_i'' 采用齿轮双面啮合仪测量。被测齿轮 5 安装在固定溜板 6 的心轴上，测量齿轮 3 安装在滑动溜板 4 的心轴上，借助弹簧 2 的作用使两齿轮做无侧隙双面

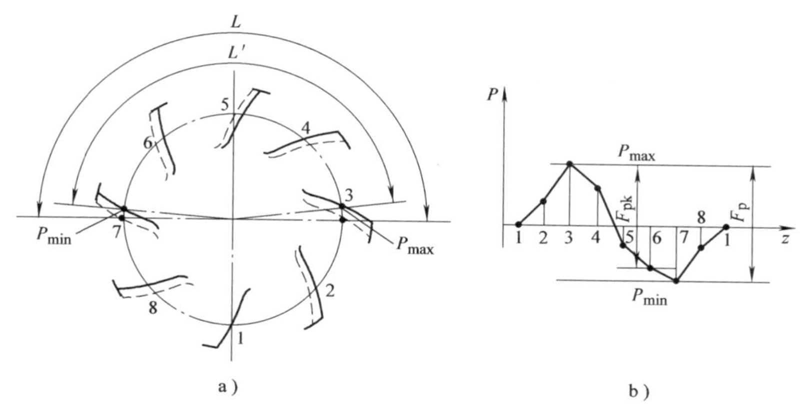

图 10-3　齿距偏差的产生与全部齿距累积偏差曲线

a）单个齿距的偏差　b）全部齿距累积偏差曲线

啮合。在被测齿轮一转内，双啮中心距 a 连续变动使滑动溜板产生位移，通过指示表 1 测出最大中心距与最小中心距的数值，即为径向综合总偏差 F_i''。图 10-5b 所示为用自动记录装置记录的径向综合总的偏差曲线，其最大幅值即为 F_i''。径向综合总偏差应在所规定的允许值内。

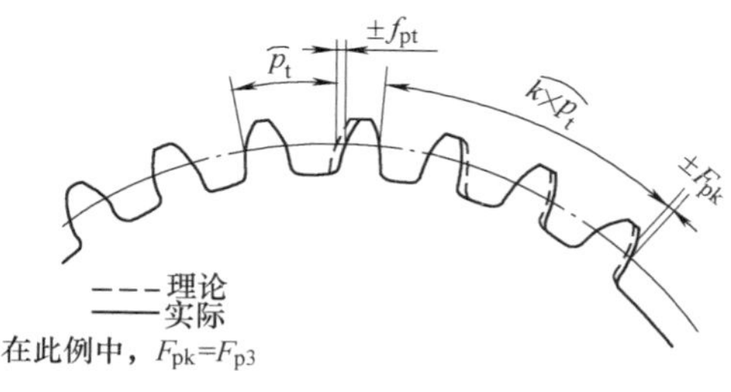

图 10-4　f_{pt} 与 F_p 的关系

（2）一齿径向综合偏差 f_i''　测量方法与上相同，它是当被测齿轮啮合一整圈时，对应一个齿距（360°/z）的径向综合偏差值。被测齿轮所有轮齿的 f_i'' 的最大值不应超过规定的允许值。

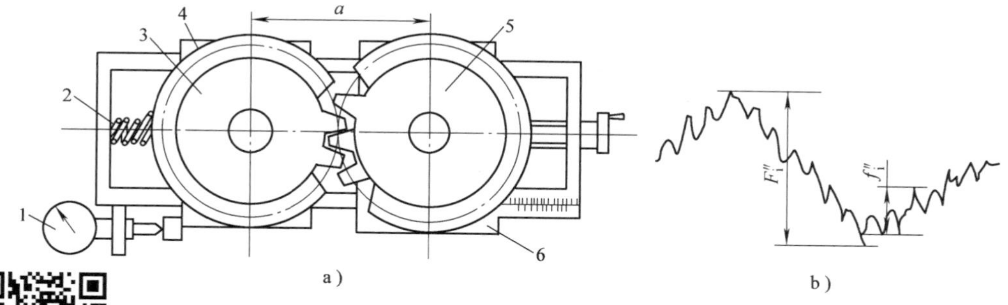

图 10-5　双面啮合综合测量

a）双面啮合仪测量原理　b）径向综合总偏差曲线

1—指示表　2—弹簧　3—测量齿轮　4—滑动溜板　5—被测齿轮　6—固定溜板

3. 切向综合总偏差 F_i' 与一齿切向综合偏差 f_i'

（1）切向综合总偏差 F_i'　切向综合总偏差是指被测齿轮与测量齿轮单面啮合检验时，被测齿轮一转内，齿轮分度圆上实际圆周位移与理论圆周位移的最大差值，以分度圆弧长计值。切向综合总偏差应不大于切向综合总偏差 F_i' 的允许值。F_i' 是用单面啮合综合检查仪（单啮仪）测量的。图 10-6a 所示为双圆盘摩擦式单啮仪测量原理。被测齿轮 1 与作为测量基准的理想精确的测量齿轮 2 在公称中心距下形成单面啮合齿轮副的传动，直径分别等于齿轮 1 和齿轮 2 分度圆直径的精密摩擦盘 3 和 4 做纯滚动，形成标准传动。若被测齿轮 1 没有误差，则其转轴 5 与精密摩擦盘 4 同步回转，传感器 6 无信号输出。若被测齿轮 1 有误差，则转轴5与圆盘不同步，两者产生的相对转角偏差由传感器 6 经放大器传至记录仪，便可画出一条光滑的、连续的齿轮转角偏差曲线（图 10-6b）。该曲线称为切向综合总偏差曲线，F_i'是这条偏差曲线的最大幅值。

（2）一齿切向综合偏差f_i'　一齿切向综合偏差是指在一个齿距内的切向综合偏差，如图 10-6b 所示的f_i'，即实际转角与工称转角之差的最大幅度值，以分度圆弧长计值，f_i'应小于规定的允许值。

4. 径向跳动 F_r

齿轮加工后，轮齿的实际分布圆周（或分度圆）与理想的分布圆周（或分度圆）的中心不重合，产生了径向偏移，从而引起了径向偏差，如图 10-7 所示。径向偏差又导致了齿圈径向跳动的产生。

齿圈径向跳动是指将测头（球、圆柱、砧或棱柱体）相继置于每个齿槽内时，测头到齿轮基准轴线的最大和最小径向距离之差，其测量原理如图 10-8 所示。齿圈径向跳动误差应小于规定的允许值。

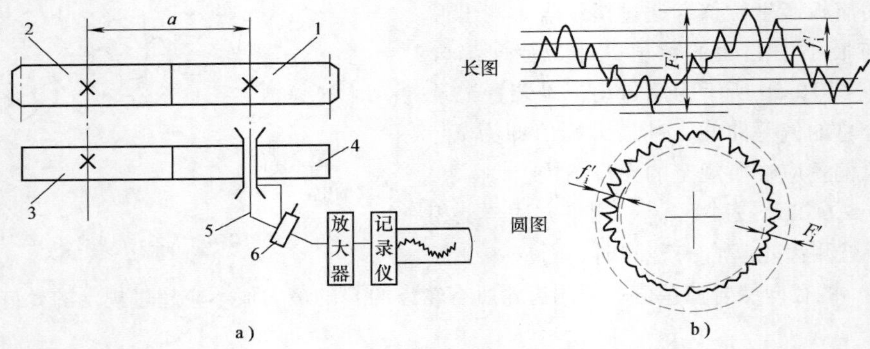

图 10-6　单面啮合综合测量

a）双圆盘摩擦式单啮仪测量原理　b）切向综合总偏差曲线

1—被测齿轮　2—测量齿轮　3、4—精密摩擦盘　5—转轴　6—传感器

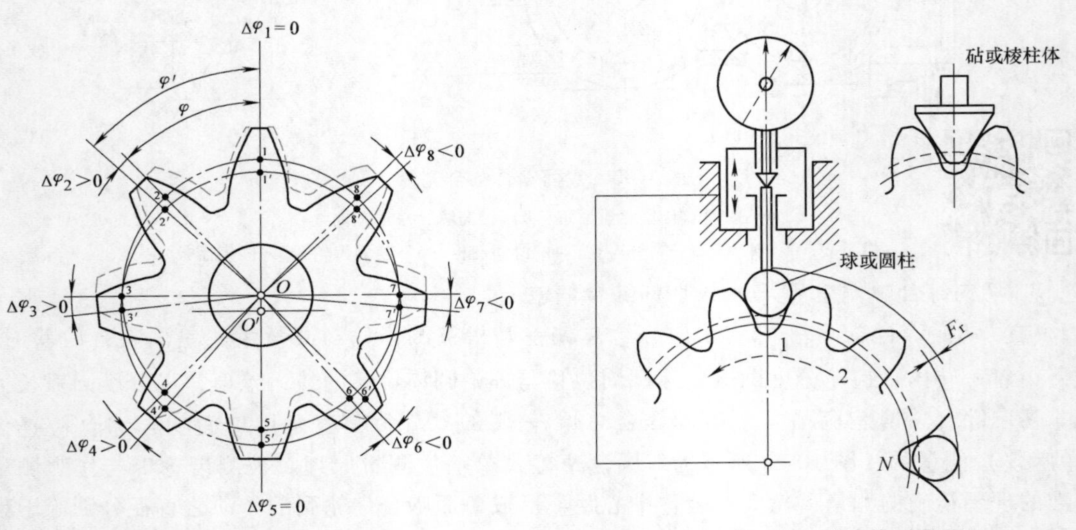

图 10-7　齿轮的径向偏差　　　图 10-8　径向跳动的测量原理

齿圈径向跳动可在齿圈径向跳动检查仪上测量，如图 10-9 所示。检查时，测量头在近似齿高中部与左右齿面接触。其中，偏心量是径向跳动的一部分（见 GB/Z 18620.2—2008）。

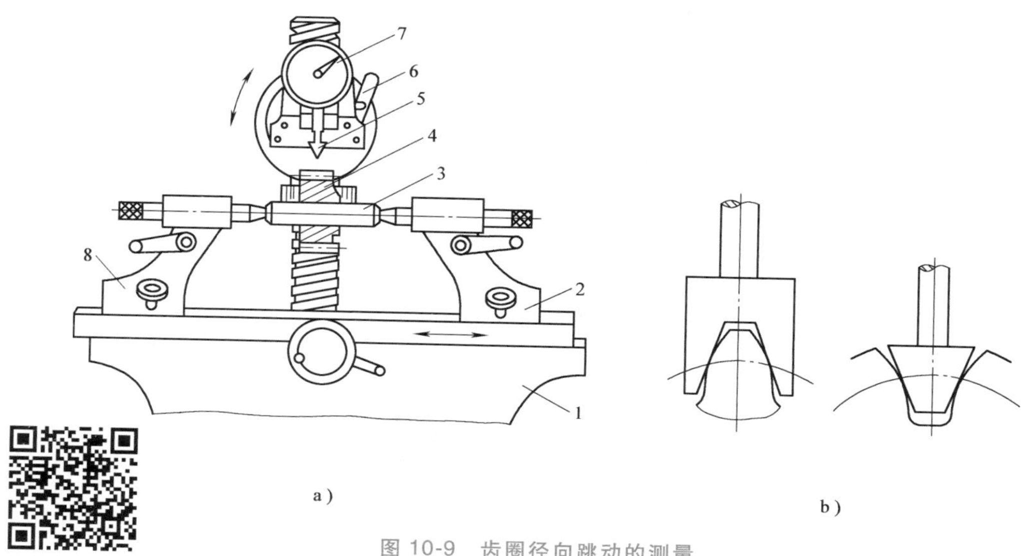

图 10-9　齿圈径向跳动的测量

a）齿圈径向跳动检查仪　b）测量头形式

1—底座　2、8—顶尖座　3—心轴　4—被测齿轮　5—测量头　6—指示表提升手柄　7—指示表

5. 齿廓偏差

（1）齿廓总偏差 F_α　齿廓总偏差是指在计值范围内，包容实际齿廓迹线的两条设计齿廓迹线间的距离，如图 10-10、图 10-11 所示。F_α 应小于规定的允许值。F_α 可在专用的渐开线检查仪上或通用的万能工具显微镜上测量。

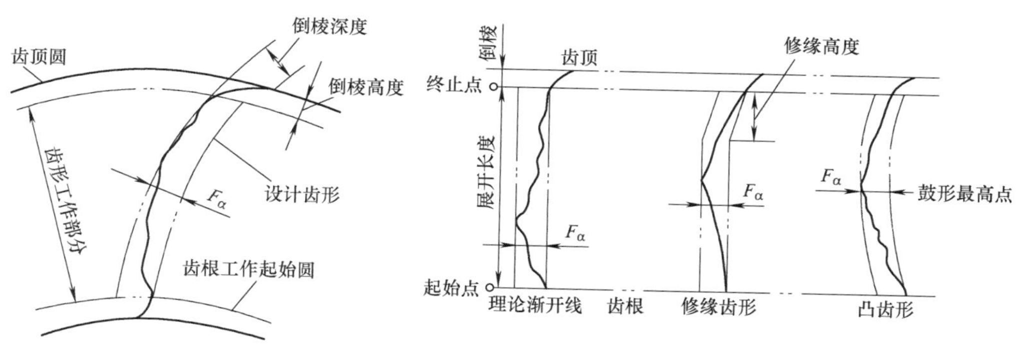

图 10-10　齿廓总偏差

（2）齿廓形状偏差 $f_{f\alpha}$　它是在计值范围内，包容实际齿廓迹线的两条与平均齿廓迹线完全相同的曲线间的距离，且两条曲线与平均齿廓迹线的距离为常数，如图 10-11 所示。

（3）齿廓倾斜偏差 $f_{H\alpha}$　它是在计值范围内，两端与平均齿廓迹线相交的两条设计齿廓迹线间的距离，如图 10-11 所示。

由图 10-10 可知，齿廓总偏差 F_α 包括齿廓形状偏差与齿廓倾斜偏差。限于篇幅，本章只讨论渐开线齿形，不讨论其他齿形。

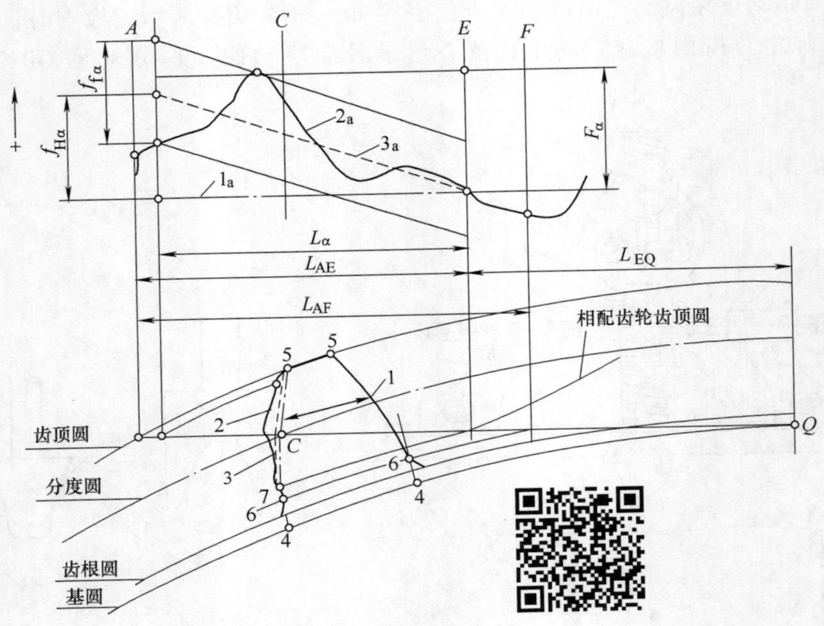

图 10-11　齿廓偏差的组成及齿廓示意图

1—设计齿廓　2—实际齿廓　3—平均齿廓　1_a—设计齿廓迹线　2_a—实际齿廓迹线　3_a—平均齿廓迹线　4—渐开线起点　5—齿顶点　5-6—可用齿廓　5-7—有效齿廓　CQ—C 点基圆切线长度　Q—滚动的起点（端面基圆切线的切点）　A—轮齿齿顶或倒角起点　C—设计齿廓在分度圆上的一点　E—有效齿廓起始点　F—可用齿廓起始点　L_{AF}—可用长度　L_{AE}—有效长度　L_α—齿廓计值范围　L_{EQ}—到有效齿廓的起点的基圆切线长度　F_α—齿廓总偏差　$f_{f\alpha}$—齿廓形状偏差　$f_{H\alpha}$—齿廓倾斜偏差

6. 螺旋线偏差

（1）螺旋线总偏差 F_β　螺旋线总偏差 F_β 是在计值范围 L_β 内，包容实际螺旋线迹线的两条设计螺旋线迹线间的距离，如图 10-12、图 10-13a 所示。

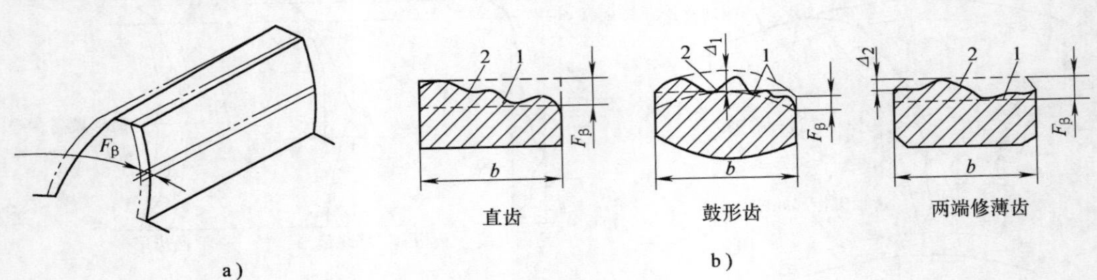

图 10-12　螺旋线总偏差

1—设计齿廓　2—实际齿廓

（2）螺旋线形状偏差 $f_{f\beta}$　它是在计值范围内，包容实际螺旋线迹线的，与平均螺旋线迹线完全相同的两条曲线间的距离，且两条曲线与平均螺旋线迹线的距离为常数，如图 10-13b所示。

（3）螺旋线倾斜偏差 $f_{H\beta}$　它是在计值范围内的两端与平均螺旋线迹线相交的两条设计螺旋线迹线间的距离，如图 10-13c 所示。

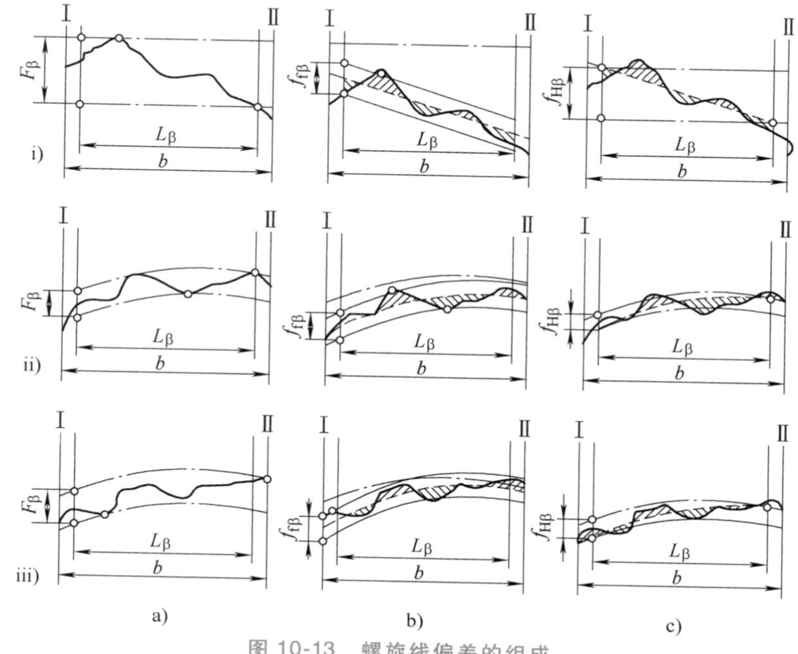

图 10-13 螺旋线偏差的组成

a）螺旋线总偏差 b）螺旋线形状偏差 c）螺旋线倾斜偏差

—·—·—设计螺旋线 ～～～—实际螺旋线 -------—平均螺旋线

i）设计螺旋线：未修形的螺旋线 实际螺旋线：在减薄区偏向体内

ii）设计螺旋线：修形的螺旋线（举例） 实际螺旋线：在减薄区偏向体内

iii）设计螺旋线：修形的螺旋线（举例） 实际螺旋线：在减薄区偏向体外

二、单个齿轮同侧齿面各项偏差的分类

1. 影响齿轮传递运动准确性的主要偏差

要求齿轮在一转内，产生的最大转角误差限制在一定范围内。最大转角误差又称为长周期误差。影响齿轮传递运动准确性的主要偏差有 F_p、F''_i、F'_i、F_r。

2. 影响齿轮传递运动平稳性的主要偏差

要求齿轮在任一瞬时传动比的变化不要过大，否则会引起冲击、噪声和振动，严重时会损坏齿轮。为此，齿轮一齿转角内的最大误差需要限制在一定的范围内，这种误差又称为短周期误差。影响齿轮传递运动平稳性的主要偏差有 f_{pt}、f''_i、f'_i、F_α（含 $f_{f\alpha}$ 与 $f_{H\alpha}$）。

3. 影响齿轮载荷分布均匀性的主要偏差

若齿面上的载荷分布不均匀，将会导致齿面接触不好而产生应力集中，引起磨损、点蚀或轮齿折断，严重影响齿轮的使用寿命。影响齿轮载荷分布均匀性的主要偏差有 F_β、$f_{f\beta}$、$f_{H\beta}$。

4. 影响齿轮传动侧隙合理性的主要偏差与检测

单个齿轮不存在侧隙，在装配好的一对齿轮副中，侧隙是指相啮合的齿轮非工作齿面的间隙，它主要由两个齿轮的中心距与啮合齿轮的实效齿厚所决定。由于机架中心距一般不能调整，故侧隙的大小可通过制造时减薄单个齿轮的齿厚进行控制。因此，只要合理地规定齿轮齿厚的公差就可达到控制侧隙的目的。

（1）公称弦齿厚与弦齿高　对直齿（外）圆柱齿轮，按定义，齿厚是分度圆弧齿厚，但为了方便，一般用测量分度圆弦齿厚代替。分度圆公称弦齿高 $\bar{h}_c$ 和弦齿厚 $\bar{s}_c$ 可分别按以下公式计算

$$\bar{h}_c = m\{1 + (z/2)[1 - \cos(90°/z)]\} = 0.7476m(\bar{h}_{cn} = 0.7476m_n) \tag{10-1}$$

$$\bar{s}_c = zm\sin(90°/z) = 1.3870m(\bar{s}_{cn} = 1.3870m_n) \tag{10-2}$$

式中　m——齿轮的模数；

z——齿轮的齿数。

当 $\alpha=20°$时，$\bar{h}_c$ 与 $\bar{s}_c$ 可查表 10-1。

表 10-1　直齿轮（外）固定弦齿高和弦齿厚值　（单位：mm）

$m(m_n)$	$\bar{s}_c(\bar{s}_{cn})$	$\bar{h}_c(\bar{h}_{cn})$	$m(m_n)$	$\bar{s}_c(\bar{s}_{cn})$	$\bar{h}_c(\bar{h}_{cn})$	$m(m_n)$	$\bar{s}_c(\bar{s}_{cn})$	$\bar{h}_c(\bar{h}_{cn})$	$m(m_n)$	$\bar{s}_c(\bar{s}_{cn})$	$\bar{h}_c(\bar{h}_{cn})$
1	1.387	0.748	3.5	4.855	2.617	12	16.645	8.971	30	41.612	22.427
1.25	1.734	0.934	4	5.548	2.990	14	19.419	10.466	33	45.773	24.670
1.5	2.081	1.121	5	6.935	3.738	16	22.193	11.961	36	49.934	26.913
1.75	2.427	1.308	6	8.322	4.485	18	24.967	13.456	40	55.482	29.903
2	2.774	1.495	7	9.709	5.233	20	27.741	14.952	45	62.417	33.641
2.25	3.121	1.682	8	11.096	5.981	22	30.515	16.447	50	69.353	37.379
2.5	3.468	1.869	9	12.483	6.728	25	34.676	18.690			
3	4.161	2.243	10	13.871	7.476	28	38.837	20.932			

注：$\bar{s}_c=1.3870m$ 或 $\bar{s}_{cn}=1.3870m_n$；$\bar{h}_c=0.7476m$ 或 $\bar{h}_{cn}=0.7476m_n$。

（2）齿厚偏差及其检测　测量齿厚常用的是齿厚游标卡尺（图 10-14）。测量时，以齿顶圆为基准，调整纵向游标尺来确定分度圆弦齿高 $\bar{h}_c$，再用横向游标尺测出齿厚的实际值。将实际值减去公称值，即为分度圆齿厚偏差。每隔 90°在齿圈上测量一个齿厚，取最大的齿厚偏差值作为该齿轮的齿厚偏差 f_{sn}。

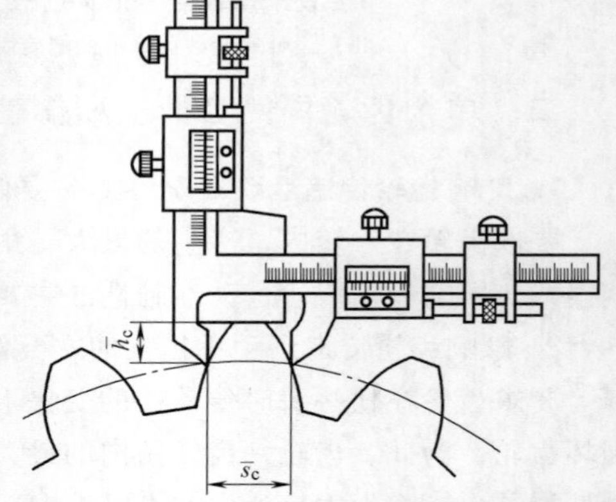

图 10-14　齿厚游标卡尺测量齿厚

测出的齿厚偏差 f_{sn} 的合格条件为

$$E_{sni} \leqslant f_{sn} \leqslant E_{sns}$$

式中　E_{sns}——齿厚上偏差（图 10-15）；

E_{sni}——齿厚下偏差（图 10-15）；

f_{sn}——齿厚偏差。

齿厚公差（图 10-15）

$$T_{sn} = E_{sns} - E_{sni}$$

由于齿厚的上、下偏差必须根据齿轮装配后的侧隙要求来确定，故在标准中没有查表值，齿厚上、下偏差的计算确定详见本章第三节。

（3）齿厚与公法线长度的关系　公称齿厚与公法线长度的公称值存在以下关系

$$W_k = (k-1)p_{bn} + s_{bn}$$

式中　k——跨齿数；

p_{bn}——基节；

s_{bn}——齿厚。

由上式可知，齿轮齿厚减薄时，公法线长度亦相应减小；反之亦然。由于测量 E_{sn} 时以齿顶圆为基准，齿顶圆直径误差和径向圆跳动会对测量结果有较大影响，而且齿厚游标卡尺

的精度又不高，只宜用于低精度或模数较大的齿轮测量。

因此，可用测量公法线长度代替测量齿厚，用公法线平均长度产生的偏差来评定传动侧隙的合理性。公法线平均长度的极限偏差 E_{bns} 和 E_{bni} 是对公法线平均长度偏差 E_{bn} 的限制。E_{bn} 的合格条件为

$$E_{bni} \leqslant E_{bn} \leqslant E_{bns}$$

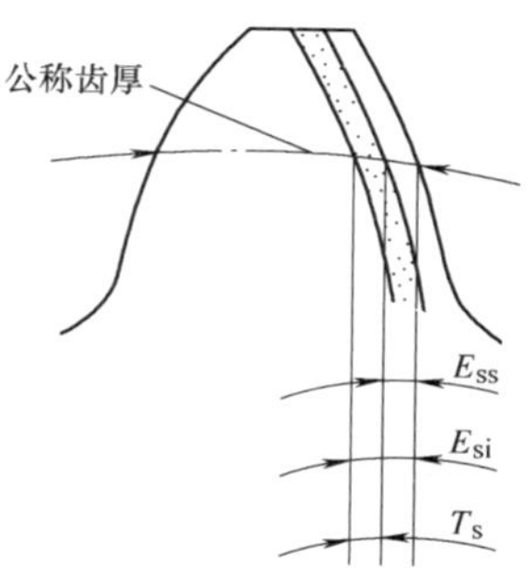

图 10-15　齿厚偏差

标准中没有给出公法线平均长度极限偏差的数值，但可以通过下面的公式将计算出的齿厚极限偏差换算为公法线平均长度的极限偏差值

$$E_{bns} = E_{sns}\cos\alpha - 0.72F_r\sin\alpha \tag{10-3}$$

$$E_{bni} = E_{sni}\cos\alpha + 0.72F_r\sin\alpha \tag{10-4}$$

标准齿轮公法线长度的计算公式见表 10-2。

表 10-2　标准齿轮公法线长度的计算公式

项目		直齿轮（内啮合、外啮合）
标准齿轮	公法线跨齿数（内齿轮为跨齿槽数）k	$k=\frac{\alpha}{180^\circ}z+0.5$　（k 值四舍五入取整数）
	公法线长度 W_k	$W_k=m[1.476(2k-1)+0.014z]$（当 $\alpha=20^\circ$ 时）

测量公法线长度可用公法线千分尺（图 10-16a），其分度值为 0.01mm，用于一般精度齿轮公法线长度测量。图 10-16b 所示为使用公法线指示卡规测量齿轮的公法线，这种量具用于精度较高的齿轮的公法线长度测量。

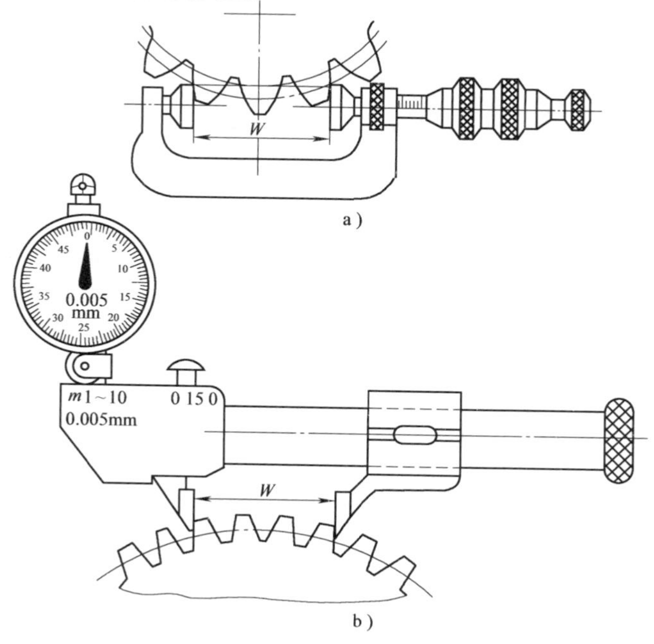

图 10-16　公法线长度测量

a）用公法线千分尺测量齿轮的公法线　b）用公法线指示卡规测量齿轮的公法线

由于测量齿轮公法线长度时并不以齿顶圆为基准，因此测量结果不受齿顶圆直径偏差和径向圆跳动的影响，测量的精度高。但为排除切向偏差对测量公法线长度的影响，应在齿轮一周内至少测量均布的六段公法线长度，并取其平均值计算公法线平均长度偏差 E_{kn}。

第三节　影响齿轮副传动质量的偏差分析

除了单个齿轮的加工偏差主要影响传动质量外，组成齿轮副的各支承构件的加工与安装质量同样影响着齿轮的传动质量。

一、齿轮的接触斑点（GB/Z 18620.4—2008）

检测被测齿轮与测量齿轮轻载下在其机架内所产生的接触斑点，可对轮齿间载荷分布进行评估。被测齿轮与测量齿轮的接触斑点还可用于装配后的齿轮螺旋线和齿轮精度的评估。GB/Z 18620.4—2008 给出了齿轮装配后进行空载检测时预计的齿轮精度等级和接触斑点分布（表 10-3）及它们之间关系（图 10-17）。必须指出：此表不适用于齿廓和螺旋线经过修形的齿轮齿面。表中列出了各级精度齿轮沿齿宽方向接触斑点分布和沿齿高方向接触斑点分布的百分比（分别相对于被测齿轮的实际齿宽宽度和齿高高度），同一行中，b_{c1} 与 h_{c1} 是针对高精度，而 b_{c2} 与 h_{c2} 则是针对低精度。

表 10-3　直齿轮装配后的接触斑点（GB/Z 18620.4—2008）

精度等级	b_{c1}（%）占齿宽的百分比	h_{c1}（%）占有效齿面高度的百分比	b_{c2}（%）占齿宽的百分比	h_{c2}（%）占有效齿面高度的百分比
4 级及更高	50	70	40	50
5 级、6 级	45	50	35	30
7 级、8 级	35	50	35	30
9~12 级	25	50	25	30

图 10-17 所示与实际接触斑点不一定完全一致，因为在啮合机架上所获得的检查结果只是相似的。因此，不能认为对齿轮接触斑点的检查可替代齿轮精度等级的检查。

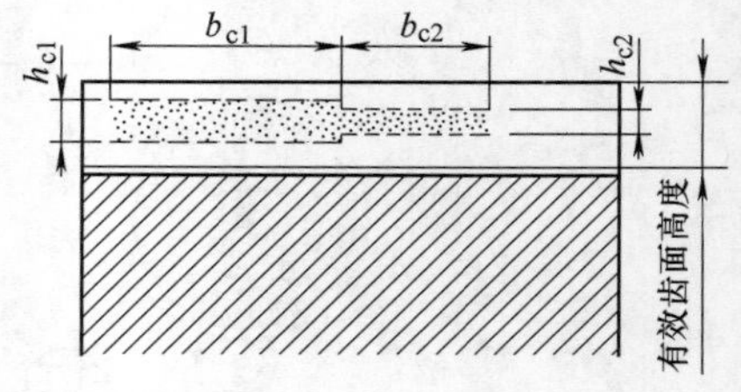

图 10-17　接触斑点分布的示意图

一般对齿轮的接触斑点的检查应在机器装配后或出厂前进行。必须注意，接触斑点检查时所施加的制动力矩应以不使啮合的齿面脱离，而又不使任何零件（包括被检齿轮）产生可以察觉到的弹性变形为限，检查时，一般情况下不采用涂料。

二、齿轮副中心距偏差 f_a（GB/T 10095—1988）

齿轮副中心距偏差 f_a 是指在齿轮副的齿宽中间平面内，实际中心距与公称中心距之差（图 10-18a）。中心距偏差 f_a 的大小直接影响装配后侧隙的大小，故对轴线不可调节的齿轮副，必须对其加以控制。

中心距偏差 f_a 必须小于或等于中心距偏差的允许值。由于 GB/Z 18620.3—2008 没有提供中心距的允许偏差数值，建议读者在设计中可参考成熟产品的经验设计资料或参照选用 GB/T 10095—1988 齿轮副中心距极限偏差的数值，详见表 10-4。

表 10-4　中心距极限偏差 $\pm f_a$（GB/T 10095—1988）

第Ⅱ公差组精度等级	5~6	7~8	9~10
f_a	$\frac{1}{2}$ IT7	$\frac{1}{2}$ IT8	$\frac{1}{2}$ IT9

注：IT 的数值按中心距大小查表 1-1。

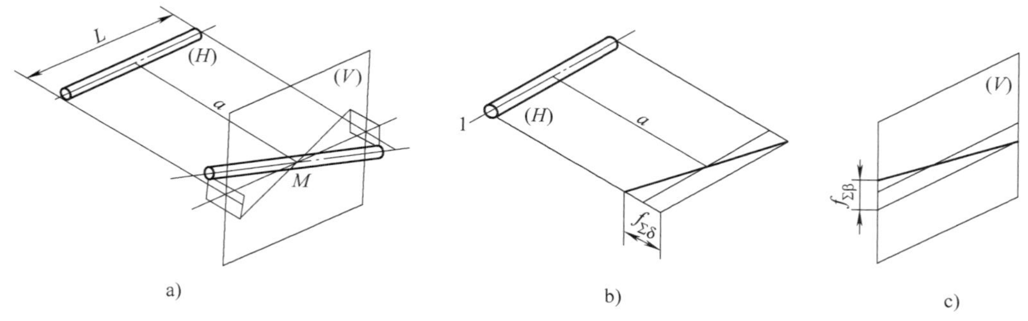

图 10-18　齿轮副的安装偏差

a）中心距偏差　b）δ 方向轴线平行度偏差　c）β 方向轴线平行度偏差

三、齿轮副的轴线平行度偏差 $f_{\Sigma\delta}$、$f_{\Sigma\beta}$

δ 方向的轴线平行度偏差 $f_{\Sigma\delta}$ 是指一对齿轮的轴线在其基准平面 H 上投影的平行度偏差，如图 10-18b 所示。

β 方向的轴线平行度偏差 $f_{\Sigma\beta}$ 是指一对齿轮的轴线在垂于基准平面 H，并且在平行于基准轴线的平面 V 上的投影的平行度偏差，如图 10-18c 所示。

基准轴线可以是齿轮两条轴线中的任一条，基准平面是指包含基准轴线，并通过由另一条与齿宽中间平面相交的点（中点）所形成的平面。

齿轮副轴线平行度偏差 $f_{\Sigma\delta}$、$f_{\Sigma\beta}$ 主要影响装配后齿轮副相啮合齿面接触的均匀性，即影响齿轮副载荷分布的均匀性；并且它对齿轮副间隙也有影响。每项平行度偏差是以与有关轴轴承间距离 L（“轴承中间距” L）相关联的值来表示的，如图 10-18 所示。

轴线平面内的轴线偏差影响螺旋线的啮合偏差，它的影响是工作压力角的正弦函数，而垂直平面上的轴线偏差的影响则是工作压力角的余弦函数。可见一定量的垂直平面上偏差导致的啮合偏差将比同样大小的平面内偏差导致的啮合偏差要大 2~3 倍。因此，对这两种偏差要素要规定不同的最大推荐值。

轴线偏差的推荐最大值：

垂直平面上偏差 $f_{\Sigma\beta}$ 的推荐最大值为

$$f_{\Sigma\beta} = 0.5\left(\frac{L}{b}\right)F_\beta \tag{10-5}$$

轴线平面内的偏差 $f_{\Sigma\delta}$ 的推荐最大值为

$$f_{\Sigma\delta} = 2f_{\Sigma\beta} \tag{10-6}$$

四、齿轮副的侧隙及其评定

齿轮副侧隙分为圆周侧隙与法向侧隙。

圆周侧隙 j_{wt}（圆周最大侧隙 j_{wtmax}、圆周最小侧隙 j_{wtmin}）是当固定两相啮合齿轮中的一个时，另一个齿轮所能转过的节圆弧长的最大值，如图 10-19a 所示。

法向侧隙 j_{bn}（法向最大侧隙 j_{bnmax}、法向最小侧隙 j_{bnmin}）是当两个齿轮的工作齿面互相接触时，其非工作齿面之间的最短距离，如图 10-19b 所示。

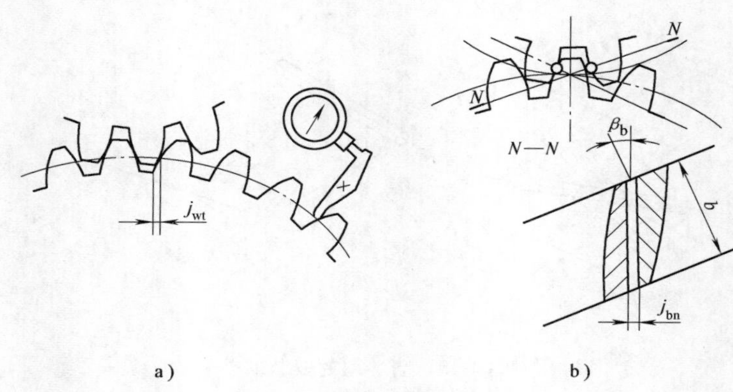

图 10-19　齿轮副的侧隙

a）圆周侧隙　b）法向侧隙

圆周侧隙 j_{wt} 和法向侧隙 j_{bn} 之间的关系为

$$j_{bn} = j_{wt}\cos\beta_b\cos\alpha_{wt} \tag{10-7}$$

式中　β_b——基圆螺旋角；

α_{wt}——端面齿形角。

侧隙的大小主要取决于齿轮副的安装中心距和单个齿轮影响到侧隙大小的加工偏差，因此 j_{wt}（或 j_{bn}）是直接体现能否满足设计侧隙要求的综合性指标。

齿厚和侧隙与齿轮精度没有直接的关系，齿轮副的侧隙与轴中心距及相配齿轮的齿厚有关。一般而言，最大侧隙并不使传递动力的性能和平稳性下降，齿厚偏差并不是确定齿轮精度等级的因素。因此，对于齿厚偏差和工作侧隙均允许采用较大的数值，以便降低制造成本。但齿厚与侧隙却有直接的关系，而齿厚允许的极限偏差值在 GB/Z 18620. 2—2008 中没有提供数值表，读者可根据成熟产品的经验设计资料或参照选用 GB/T 10095. 1～2—2008 标准的有关资料。下面着重介绍齿厚极限偏差的计算方法。

按下式先求出大、小两齿轮的齿厚上偏差之和

$$E_{sns1} + E_{sns2} = -2f_a\tan\alpha_n - \frac{j_{bnmin} + J_n}{\cos\alpha_n} \tag{10-8}$$

式中　E_{sns1}、E_{sns2}——小、大齿轮的齿厚上偏差；

f_a——中心距偏差；

J_n——齿轮和齿轮副的加工和安装偏差对侧隙减小的补偿量；

j_{bnmin}——法向最小侧隙；

α_n——法向压力角。

而
$$J_n = \sqrt{f_{pb1}^2 + f_{pb2}^2 + 2(F_\beta \cos\alpha_n)^2 + (f_{\Sigma\delta}\sin\alpha_n)^2 + (f_{\Sigma\beta}\cos\alpha_n)^2}$$

式中 f_{pb1}、f_{pb2}——小、大齿轮的基节偏差 $f_{pb}=f_{pt}\cos\alpha$；

F_β——大、小两齿轮的螺旋线总偏差；

$f_{\Sigma\beta}$、$f_{\Sigma\delta}$—— 齿轮副轴线平行度偏差。

将利用式（10-8）求出的小、大齿轮的齿厚上偏差之和再采用等值分配和不等值分配两种方法分配给小齿轮和大齿轮。采用不等值分配方法时应注意，无论如何分配，应力求使小齿轮的减薄量小一些，大齿轮的减薄量大一些，以期使小齿轮的强度与大齿轮的强度匹配。

齿厚公差 T_{sn} 基本上与齿轮的精度无关。齿厚公差的计算公式为

$$T_{sn} = 2\tan\alpha_n\sqrt{F_r^2 + b_r^2} \tag{10-9}$$

式中 F_r——径向跳动公差；

b_r——切齿径向进刀公差，其值选用见表 10-5。

表 10-5 切齿径向进刀公差

齿轮精度等级	4	5	6	7	8	9
b_r	1.26IT7	IT8	1.26IT8	IT9	1.26IT9	IT10

计算出 E_{sns} 与 T_{sn} 后便可确定 E_{sni}，即 $E_{sni}=E_{sns}-T_{sn}$。

对于齿轮传动，需要适当的侧隙以保证装配好的齿轮副能够正常运转，保证非工作齿面不相互接触。在已定的齿轮啮合中，侧隙在运行中由于受速度、温度、负载等因素的变动而变化，在不同轮齿位置上侧隙也不同。因此，侧隙为非固定值。

最小侧隙 j_{bnmin} 是当一个齿轮的齿以最大允许实效齿厚与另一个也具有最大允许实效齿厚的相配齿在最紧的允许中心距相啮合时，静态条件下存在的最小允许侧隙。

表 10-6 列出了对工业传动装置推荐的最小侧隙，这些传动装置是用黑色金属齿轮和黑色金属的箱体制造的，工作时节圆线速度小于 15m/s，其箱体、轴和轴承都采用常用的商业制造公差。

表 10-6 中、大模数齿轮最小侧隙 j_{bnmin} 的推荐数据（GB/Z 18620.2—2008）

（单位：mm）

m_n	最小中心距 a_i					
	50	100	200	400	800	1600
1.5	0.09	0.11	—	—	—	—
2	0.10	0.12	0.15	—	—	—
3	0.12	0.14	0.17	0.24	—	—
5	—	0.18	0.21	0.28	—	—
8	—	0.24	0.27	0.34	0.47	—
12	—	—	0.35	0.42	0.55	—
18	—	—	—	0.54	0.67	0.94

表 10-6 中的数值，也可用下式进行计算

$$j_{bnmin}=\frac{2}{3}(0.06+0.0005|a_i|+0.03m_n) \tag{10-10}$$

j_{bn}可用塞尺测量，也可用压铅丝法测量。j_{wt}可用指示表测量。测量j_{bn}和测量j_{bn}是等效的。

第四节　圆柱齿轮精度标准及其应用

渐开线圆柱齿轮精度标准共包括了六个标准文件 GB/T 10095.1～2—2008 与 GB/Z 18620.1～4—2008。其中，前两个是基本和主要的，后四个是对前者的说明和扩展。本章在叙述渐开线圆柱齿轮精度时，采取了二者结合的方式。

一、齿轮精度等级及公差值

1. 精度等级的划分

GB/T 10095.1—2008 将单个齿轮精度规定为 13 级，用阿拉伯数字 0、1～12 表示，0 级为最高精度等级，12 级为最低精度等级。

0、1、2 级精度很高，目前制造较困难，应用很少，标准列出了公差数值，但属于待用的精度等级。一般情况下，3、4、5 级属于高精度等级，6、7、8 级属于中精度等级，10、11、12 级则为低精度等级。

2. 齿轮偏差项目及公差数值

GB/T 10095.1～2—2008 对齿轮规定了以下的齿轮偏差项目和允许值：

1）单个齿距偏差$\pm f_{pt}$见表 10-7。

2）齿距累积总偏差 F_p 见表 10-8。

3）齿廓总偏差 F_α 见表 10-9。

4）螺旋线总偏差 F_β 见表 10-10。

5）对于一齿切向综合偏差f_i'，先查表 10-11 找出f_i'/K的比值，再乘以系数K求得。当总重合度 $\varepsilon_\gamma<4$ 时，$K=0.2\left(\frac{\varepsilon_\gamma+4}{\varepsilon_\gamma}\right)$；当 $\varepsilon_\gamma\geqslant4$ 时，$K=0.4$。

6）对于切向综合总偏差 F_i'，有公式 $F_i'=F_p+f_i'$。其中，齿距累积总偏差的允许值 F_p 在标准中未提供数值表，可按表 10-17 所列的公式计算确定公差值。

7）齿廓形状偏差$f_{f\alpha}$及齿廓倾斜偏差$\pm f_{H\alpha}$的参考值分别见表 10-12 与表 10-13。

8）径向综合总偏差 F_i''的参考值见表 10-14。

9）一齿径向综合偏差f_i''的参考值见表 10-15。

10）径向跳动公差 F_r 的参考值见表 10-16。

必须强调说明：

① 当供需双方对评定齿轮几何精度的允许值有疑义时，应按表 10-17 提供的计算公式和计算方法确定允许值。

② 由于 F_i'、f_i'、$f_{f\alpha}$、$f_{H\alpha}$、$f_{f\beta}$、$f_{H\beta}$在标准中规定均不是必检项目。

表 10-7　单个齿距偏差 $\pm f_{pt}$（GB/T 10095.1—2008）　（单位：μm）

分度圆直径 d/mm	模数 m/mm	精度等级												
		0	1	2	3	4	5	6	7	8	9	10	11	12
$5\leqslant d\leqslant 20$	$0.5\leqslant m\leqslant 2$	0.8	1.2	1.7	2.3	3.3	4.7	6.5	9.5	13.0	19.0	26.0	37.0	53.0
	$2<m\leqslant 3.5$	0.9	1.3	1.8	2.6	3.7	5.0	7.5	10.0	15.0	21.0	29.0	41.0	59.0
$20<d\leqslant 50$	$0.5\leqslant m\leqslant 2$	0.9	1.2	1.8	2.5	3.5	5.0	7.0	10.0	14.0	20.0	28.0	40.0	56.0
	$2<m\leqslant 3.5$	1.0	1.4	1.9	2.7	3.9	5.5	7.5	11.0	15.0	22.0	31.0	44.0	62.0
	$3.5<m\leqslant 6$	1.1	1.5	2.1	3.0	4.3	6.0	8.5	12.0	17.0	24.0	34.0	48.0	68.0
	$6<m\leqslant 10$	1.2	1.7	2.5	3.5	4.9	7.0	10.0	14.0	20.0	28.0	40.0	56.0	79.0
$50<d\leqslant 125$	$0.5\leqslant m\leqslant 2$	0.9	1.3	1.9	2.7	3.8	5.5	7.5	11.0	15.0	21.0	30.0	43.0	61.0
	$2<m\leqslant 3.5$	1.0	1.5	2.1	2.9	4.1	6.0	8.5	12.0	17.0	23.0	33.0	47.0	66.0
	$3.5<m\leqslant 6$	1.1	1.6	2.3	3.2	4.6	6.5	9.0	13.0	18.0	26.0	36.0	52.0	73.0
	$6<m\leqslant 10$	1.3	1.8	2.6	3.7	5.0	7.5	10.0	15.0	21.0	30.0	42.0	59.0	84.0
	$10<m\leqslant 16$	1.6	2.2	3.1	4.4	6.5	9.0	13.0	18.0	25.0	35.0	50.0	71.0	100.0
	$16<m\leqslant 25$	2.0	2.8	3.9	5.5	8.0	11.0	16.0	22.0	31.0	44.0	63.0	89.0	125.0
$125<d\leqslant 280$	$0.5\leqslant m\leqslant 2$	1.1	1.5	2.1	3.0	4.2	6.0	8.5	12.0	17.0	24.0	34.0	48.0	67.0
	$2<m\leqslant 3.5$	1.1	1.6	2.3	3.2	4.6	6.5	9.0	13.0	18.0	26.0	36.0	51.0	73.0
	$3.5<m\leqslant 6$	1.2	1.8	2.5	3.5	5.0	7.0	10.0	14.0	20.0	28.0	40.0	56.0	79.0
	$6<m\leqslant 10$	1.4	2.0	2.8	4.0	5.5	8.0	11.0	16.0	23.0	32.0	45.0	64.0	90.0
	$10<m\leqslant 16$	1.7	2.4	3.3	4.7	6.5	9.5	13.0	19.0	27.0	38.0	53.0	75.0	107.0
	$16<m\leqslant 25$	2.1	2.9	4.1	6.0	8.0	12.0	16.0	23.0	33.0	47.0	66.0	93.0	132.0
	$25<m\leqslant 40$	2.7	3.8	5.5	7.5	11.0	15.0	21.0	30.0	43.0	61.0	86.0	121.0	171.0

表 10-8　齿距累积总偏差 F_p（GB/T 10095.1—2008）　（单位：μm）

分度圆直径 d/mm	模数 m/mm	精度等级												
		0	1	2	3	4	5	6	7	8	9	10	11	12
$5\leqslant d\leqslant 20$	$0.5\leqslant m\leqslant 2$	2.0	2.8	4.0	5.5	8.0	11.0	16.0	23.0	32.0	45.0	64.0	90.0	127.0
	$2<m\leqslant 3.5$	2.1	2.9	4.2	6.0	8.5	12.0	17.0	23.0	33.0	47.0	66.0	94.0	133.0
$20<d\leqslant 50$	$0.5\leqslant m\leqslant 2$	2.5	3.6	5.0	7.0	10.0	14.0	20.0	29.0	41.0	57.0	81.0	115.0	162.0
	$2<m\leqslant 3.5$	2.6	3.7	5.0	7.5	10.0	15.0	21.0	30.0	42.0	59.0	84.0	119.0	168.0
	$3.5<m\leqslant 6$	2.7	3.9	5.5	7.5	11.0	15.0	22.0	31.0	44.0	62.0	87.0	123.0	174.0
	$6<m\leqslant 10$	2.9	4.1	6.0	8.0	12.0	16.0	23.0	33.0	46.0	65.0	93.0	131.0	185.0
$50<d\leqslant 125$	$0.5\leqslant m\leqslant 2$	3.3	4.6	6.5	9.0	13.0	18.0	26.0	37.0	52.0	74.0	104.0	147.0	208.0
	$2<m\leqslant 3.5$	3.3	4.7	6.5	9.5	13.0	19.0	27.0	38.0	53.0	76.0	107.0	151.0	214.0
	$3.5<m\leqslant 6$	3.4	4.9	7.0	9.5	14.0	19.0	28.0	39.0	55.0	78.0	110.0	156.0	220.0
	$6<m\leqslant 10$	3.6	5.0	7.0	10.0	14.0	20.0	29.0	41.0	58.0	82.0	116.0	164.0	231.0
	$10<m\leqslant 16$	3.9	5.5	7.5	11.0	15.0	22.0	31.0	44.0	62.0	88.0	124.0	175.0	248.0
	$16<m\leqslant 25$	4.3	6.0	8.5	12.0	17.0	24.0	34.0	48.0	68.0	96.0	136.0	193.0	273.0
$125<d\leqslant 280$	$0.5\leqslant m\leqslant 2$	4.3	6.0	8.5	12.0	17.0	24.0	35.0	49.0	69.0	98.0	138.0	195.0	276.0
	$2<m\leqslant 3.5$	4.4	6.0	9.0	12.0	18.0	25.0	35.0	50.0	70.0	100.0	141.0	199.0	282.0
	$3.5<m\leqslant 6$	4.5	6.5	9.0	13.0	18.0	25.0	36.0	51.0	72.0	102.0	144.0	204.0	288.0
	$6<m\leqslant 10$	4.7	6.5	9.5	13.0	19.0	26.0	37.0	53.0	75.0	106.0	149.0	211.0	299.0
	$10<m\leqslant 16$	4.9	7.0	10.0	14.0	20.0	28.0	39.0	56.0	79.0	112.0	158.0	223.0	316.0
	$16<m\leqslant 25$	5.5	7.5	11.0	15.0	21.0	30.0	43.0	60.0	85.0	120.0	170.0	241.0	341.0
	$25<m_n\leqslant 40$	6.0	8.5	12.0	17.0	24.0	34.0	47.0	67.0	95.0	134.0	190.0	269.0	380.0

表 10-9　齿廓总偏差 F_{α}（GB/T 10095.1—2008）　　（单位：μm）

分度圆直径 d/mm	模数 m/mm	精度等级												
		0	1	2	3	4	5	6	7	8	9	10	11	12
$5\leqslant d\leqslant 20$	$0.5\leqslant m\leqslant 2$	0.8	1.1	1.6	2.3	3.2	4.6	6.5	9.0	13.0	18.0	26.0	37.0	52.0
	$2<m\leqslant 3.5$	1.2	1.7	2.3	3.3	4.7	6.5	9.5	13.0	19.0	26.0	37.0	53.0	75.0
$20<d\leqslant 50$	$0.5\leqslant m\leqslant 2$	0.9	1.3	1.8	2.6	3.6	5.0	7.5	10.0	15.0	21.0	29.0	41.0	58.0
	$2<m\leqslant 3.5$	1.3	1.8	2.5	3.6	5.0	7.0	10.0	14.0	20.0	29.0	40.0	57.0	81.0
	$3.5<m\leqslant 6$	1.6	2.2	3.1	4.4	6.0	9.0	12.0	18.0	25.0	35.0	50.0	70.0	99.0
	$6<m\leqslant 10$	1.9	2.7	3.8	5.5	7.5	11.0	15.0	22.0	31.0	43.0	61.0	87.0	123.0
$50<d\leqslant 125$	$0.5\leqslant m\leqslant 2$	1.0	1.5	2.1	2.9	4.1	6.0	8.5	12.0	17.0	23.0	33.0	47.0	66.0
	$2<m\leqslant 3.5$	1.4	2.0	2.8	3.9	5.5	8.0	11.0	16.0	22.0	31.0	44.0	63.0	89.0
	$3.5<m\leqslant 6$	1.7	2.4	3.4	4.8	6.5	9.5	13.0	19.0	27.0	38.0	54.0	76.0	108.0
	$6<m\leqslant 10$	2.0	2.9	4.1	6.0	8.0	12.0	16.0	23.0	33.0	46.0	65.0	92.0	131.0
	$10<m\leqslant 16$	2.5	3.5	5.0	7.0	10.0	14.0	20.0	28.0	40.0	56.0	79.0	112.0	159.0
	$16<m\leqslant 25$	3.0	4.2	6.0	8.5	12.0	17.0	24.0	34.0	48.0	68.0	96.0	136.0	192.0
$125<d\leqslant 280$	$0.5\leqslant m\leqslant 2$	1.2	1.7	2.4	3.5	4.9	7.0	10.0	14.0	20.0	28.0	39.0	55.0	78.0
	$2<m\leqslant 3.5$	1.6	2.2	3.2	4.5	6.5	9.0	13.0	18.0	25.0	36.0	50.0	71.0	101.0
	$3.5<m\leqslant 6$	1.9	2.6	3.7	5.5	7.5	11.0	15.0	21.0	30.0	42.0	60.0	84.0	119.0
	$6<m\leqslant 10$	2.2	3.2	4.5	6.5	9.0	13.0	18.0	25.0	36.0	50.0	71.0	101.0	143.0
	$10<m\leqslant 16$	2.7	3.8	5.5	7.5	11.0	15.0	21.0	30.0	43.0	60.0	85.0	121.0	171.0
	$16<m\leqslant 25$	3.2	4.5	6.5	9.0	13.0	18.0	25.0	36.0	51.0	72.0	102.0	144.0	204.0
	$25<m\leqslant 40$	3.8	5.5	7.5	11.0	15.0	22.0	31.0	43.0	61.0	87.0	123.0	174.0	246.0

表 10-10　螺旋线总偏差 F_{β}（GB/T 10095.1—2008）　　（单位：μm）

分度圆直径 d/mm	齿宽 b/mm	精度等级												
		0	1	2	3	4	5	6	7	8	9	10	11	12
$5\leqslant d\leqslant 20$	$4\leqslant b\leqslant 10$	1.1	1.5	2.2	3.1	4.3	6.0	8.5	12.0	17.0	24.0	35.0	49.0	69.0
	$10\leqslant b\leqslant 20$	1.2	1.7	2.4	3.4	4.9	7.0	9.5	14.0	19.0	28.0	39.0	55.0	78.0
	$20\leqslant b\leqslant 40$	1.4	2.0	2.8	3.9	5.5	8.0	11.0	16.0	22.0	31.0	45.0	63.0	89.0
	$40\leqslant b\leqslant 80$	1.6	2.3	3.3	4.6	6.5	9.5	13.0	19.0	26.0	37.0	52.0	74.0	105.0
$20<d\leqslant 50$	$4\leqslant b\leqslant 10$	1.1	1.6	2.2	3.2	4.5	6.5	9.0	13.0	18.0	25.0	36.0	51.0	72.0
	$10<b\leqslant 20$	1.3	1.8	2.5	3.6	5.0	7.0	10.0	14.0	20.0	29.0	40.0	57.0	81.0
	$20<b\leqslant 40$	1.4	2.0	2.9	4.1	5.5	8.0	11.0	16.0	23.0	32.0	46.0	65.0	92.0
	$40<b\leqslant 80$	1.7	2.4	3.4	4.8	6.5	9.5	13.0	19.0	27.0	38.0	54.0	76.0	107.0
	$80<b\leqslant 160$	2.0	2.9	4.1	5.5	8.0	11.0	16.0	23.0	32.0	46.0	65.0	92.0	130.0
$50<d\leqslant 125$	$4\leqslant b\leqslant 10$	1.2	1.7	2.4	3.3	4.7	6.5	9.5	13.0	19.0	27.0	38.0	53.0	76.0
	$10<b\leqslant 20$	1.3	1.9	2.6	3.7	5.5	7.5	11.0	15.0	21.0	30.0	42.0	60.0	84.0
	$20<b\leqslant 40$	1.5	2.1	3.0	4.2	6.0	8.5	12.0	17.0	24.0	34.0	48.0	68.0	95.0
	$40<b\leqslant 80$	1.7	2.5	3.5	4.9	7.0	10.0	14.0	20.0	28.0	39.0	56.0	79.0	111.0
	$80<b\leqslant 160$	2.1	2.9	4.2	6.0	8.5	12.0	17.0	24.0	33.0	47.0	67.0	94.0	133.0
	$160<b\leqslant 250$	2.5	3.5	4.9	7.0	10.0	14.0	20.0	28.0	40.0	56.0	79.0	112.0	158.0
	$250<b\leqslant 400$	2.9	4.1	6.0	8.0	12.0	16.0	23.0	33.0	46.0	65.0	92.0	130.0	184.0
$125<d\leqslant 280$	$4\leqslant b\leqslant 10$	1.3	1.8	2.5	3.6	5.0	7.0	10.0	14.0	20.0	29.0	40.0	57.0	81.0
	$10<b\leqslant 20$	1.4	2.0	2.8	4.0	5.5	8.0	11.0	16.0	22.0	32.0	45.0	63.0	90.0
	$20<b\leqslant 40$	1.6	2.2	3.2	4.5	6.5	9.0	13.0	18.0	25.0	36.0	50.0	71.0	101.0
	$40<b\leqslant 80$	1.8	2.6	3.6	5.0	7.5	10.0	15.0	21.0	29.0	41.0	58.0	82.0	117.0
	$80<b\leqslant 160$	2.2	3.1	4.3	6.0	8.5	12.0	17.0	25.0	35.0	49.0	69.0	98.0	139.0
	$160<b\leqslant 250$	2.6	3.6	5.0	7.0	10.0	14.0	20.0	29.0	41.0	58.0	82.0	116.0	164.0
	$250<b\leqslant 400$	3.0	4.2	6.0	8.5	12.0	17.0	24.0	34.0	47.0	67.0	95.0	134.0	190.0
	$400<b\leqslant 650$	3.5	4.9	7.0	10.0	14.0	20.0	28.0	40.0	56.0	79.0	112.0	158.0	224.0

表 10-11 f_i'/K 的比值（GB/T 10095.1—2008） （单位：μm）

分度圆直径 d/mm	模数 m/mm	精度等级												
		0	1	2	3	4	5	6	7	8	9	10	11	12
$5\leq d\leq 20$	$0.5\leq m\leq 2$	2.4	3.4	4.8	7.0	9.5	14.0	19.0	27.0	38.0	54.0	77.0	109.0	154.0
	$2<m\leq 3.5$	2.8	4.0	5.5	8.0	11.0	16.0	23.0	32.0	45.0	64.0	91.0	129.0	182.0
$20<d\leq 50$	$0.5\leq m\leq 2$	2.5	3.6	5.0	7.0	10.0	14.0	20.0	29.0	41.0	58.0	82.0	115.0	163.0
	$2<m\leq 3.5$	3.0	4.2	6.0	8.5	12.0	17.0	24.0	34.0	48.0	68.0	96.0	135.0	191.0
	$3.5<m\leq 6$	3.4	4.8	7.0	9.5	14.0	19.0	27.0	38.0	54.0	77.0	108.0	153.0	217.0
	$6<m\leq 10$	3.9	5.5	8.0	11.0	16.0	22.0	31.0	44.0	63.0	89.0	125.0	177.0	251.0
$50<d\leq 125$	$0.5\leq m\leq 2$	2.7	3.9	5.5	8.0	11.0	16.0	22.0	31.0	44.0	62.0	88.0	124.0	176.0
	$2<m\leq 3.5$	3.2	4.5	6.5	9.0	13.0	18.0	25.0	36.0	51.0	72.0	102.0	144.0	204.0
	$3.5<m\leq 6$	3.6	5.0	7.0	10.0	14.0	20.0	29.0	40.0	57.0	81.0	115.0	162.0	229.0
	$6<m\leq 10$	4.1	6.0	8.0	12.0	16.0	23.0	33.0	47.0	66.0	93.0	132.0	186.0	263.0
	$10<m\leq 16$	4.8	7.0	9.5	14.0	19.0	27.0	38.0	54.0	77.0	109.0	154.0	218.0	308.0
	$16<m\leq 25$	5.5	8.0	11.0	16.0	23.0	32.0	46.0	65.0	91.0	129.0	183.0	259.0	366.0
$125<d\leq 280$	$0.5\leq m\leq 2$	3.0	4.3	6.0	8.5	12.0	17.0	24.0	34.0	49.0	69.0	97.0	137.0	194.0
	$2<m\leq 3.5$	3.5	4.9	7.0	10.0	14.0	20.0	28.0	39.0	56.0	79.0	111.0	157.0	222.0
	$3.5<m\leq 6$	3.9	5.5	7.5	11.0	15.0	22.0	31.0	44.0	62.0	88.0	124.0	175.0	247.0
	$6<m\leq 10$	4.4	6.0	9.0	12.0	18.0	25.0	35.0	50.0	70.0	100.0	141.0	199.0	281.0
	$10<m\leq 16$	5.0	7.0	10.0	14.0	20.0	29.0	41.0	58.0	82.0	115.0	163.0	231.0	326.0
	$16<m\leq 25$	6.0	8.5	12.0	17.0	24.0	34.0	48.0	68.0	96.0	136.0	192.0	272.0	384.0
	$25<m\leq 40$	7.5	10.0	15.0	21.0	29.0	41.0	58.0	82.0	116.0	165.0	233.0	329.0	465.0

表 10-12 齿廓形状偏差 $f_{f\alpha}$（GB/T 10095.1—2008） （单位：μm）

分度圆直径 d/mm	模数 m/mm	精度等级												
		0	1	2	3	4	5	6	7	8	9	10	11	12
$5\leq d\leq 20$	$0.5\leq m\leq 2$	0.6	0.9	1.3	1.8	2.5	3.5	5.0	7.0	10.0	14.0	20.0	28.0	40.0
	$2<m\leq 3.5$	0.9	1.3	1.8	2.6	3.6	5.0	7.0	10.0	14.0	20.0	29.0	41.0	58.0
$20<d\leq 50$	$0.5\leq m\leq 2$	0.7	1.0	1.4	2.0	2.8	4.0	5.5	8.0	11.0	16.0	22.0	32.0	45.0
	$2<m\leq 3.5$	1.0	1.4	2.0	2.8	3.9	5.5	8.0	11.0	16.0	22.0	31.0	44.0	62.0
	$3.5<m\leq 6$	1.2	1.7	2.4	3.4	4.8	7.0	9.5	14.0	19.0	27.0	39.0	54.0	77.0
	$6<m\leq 10$	1.5	2.1	3.0	4.2	6.0	8.5	12.0	17.0	24.0	34.0	48.0	67.0	95.0
$50<d\leq 125$	$0.5\leq m\leq 2$	0.8	1.1	1.6	2.3	3.2	4.5	6.5	9.0	13.0	18.0	26.0	36.0	51.0
	$2<m\leq 3.5$	1.1	1.5	2.1	3.0	4.3	6.0	8.5	12.0	17.0	24.0	34.0	49.0	69.0
	$3.5<m\leq 6$	1.3	1.8	2.6	3.7	5.0	7.5	10.0	15.0	21.0	29.0	42.0	59.0	83.0
	$6<m\leq 10$	1.6	2.2	3.2	4.5	6.5	9.0	13.0	18.0	25.0	36.0	51.0	72.0	101.0
	$10<m\leq 16$	1.9	2.7	3.9	5.5	7.5	11.0	15.0	22.0	31.0	44.0	62.0	87.0	123.0
	$16<m\leq 25$	2.3	3.3	4.7	6.5	9.5	13.0	19.0	26.0	37.0	53.0	75.0	106.0	149.0
$125<d\leq 280$	$0.5\leq m\leq 2$	0.9	1.3	1.9	2.7	3.8	5.5	7.5	11.0	15.0	21.0	30.0	43.0	60.0
	$2<m\leq 3.5$	1.2	1.7	2.4	3.4	4.9	7.0	9.5	14.0	19.0	28.0	39.0	55.0	78.0
	$3.5<m\leq 6$	1.4	2.0	2.9	4.1	6.0	8.0	12.0	16.0	23.0	33.0	46.0	65.0	93.0
	$6<m\leq 10$	1.7	2.4	3.5	4.9	7.0	10.0	14.0	20.0	28.0	39.0	55.0	78.0	111.0
	$10<m\leq 16$	2.1	2.9	4.0	6.0	8.5	12.0	17.0	23.0	33.0	47.0	66.0	94.0	133.0
	$16<m\leq 25$	2.5	3.5	5.0	7.0	10.0	14.0	20.0	28.0	40.0	56.0	79.0	112.0	158.0
	$25<m\leq 40$	3.0	4.2	6.0	8.5	12.0	17.0	24.0	34.0	48.0	68.0	96.0	135.0	191.0

表 10-13　齿廓倾斜偏差 $\pm f_{H\alpha}$（GB/T 10095.1—2008）　　（单位：μm）

分度圆直径 d/mm	模数 m/mm	精度等级												
		0	1	2	3	4	5	6	7	8	9	10	11	12
5≤d≤20	0.5≤m≤2	0.5	0.7	1.0	1.5	2.1	2.9	4.2	6.0	8.5	12.0	17.0	24.0	33.0
	2<m≤3.5	0.7	1.0	1.5	2.1	3.0	4.2	6.0	8.5	12.0	17.0	24.0	34.0	47.0
20<d≤50	0.5≤m≤2	0.6	0.8	1.2	1.6	2.3	3.3	4.6	6.5	9.5	13.0	19.0	26.0	37.0
	2<m≤3.5	0.8	1.1	1.6	2.3	3.2	4.5	6.5	9.0	13.0	18.0	26.0	36.0	51.0
	3.5<m≤6	1.0	1.4	2.0	2.8	3.9	5.5	8.0	11.0	16.0	22.0	32.0	45.0	63.0
	6<m≤10	1.2	1.7	2.4	3.4	4.8	7.0	9.5	14.0	19.0	27.0	39.0	55.0	78.0
50<d≤125	0.5≤m≤2	0.7	0.9	1.3	1.9	2.6	3.7	5.5	7.5	11.0	15.0	21.0	30.0	42.0
	2<m≤3.5	0.9	1.2	1.8	2.5	3.5	5.0	7.0	10.0	14.0	20.0	28.0	40.0	57.0
	3.5<m≤6	1.1	1.5	2.1	3.0	4.3	6.0	8.5	12.0	17.0	24.0	34.0	48.0	68.0
	6<m≤10	1.3	1.8	2.6	3.7	5.0	7.5	10.0	15.0	21.0	29.0	41.0	58.0	83.0
	10<m≤16	1.6	2.2	3.1	4.4	6.5	9.0	13.0	18.0	25.0	35.0	50.0	71.0	100.0
	16<m≤25	1.9	2.7	3.8	5.5	7.5	11.0	15.0	21.0	30.0	43.0	60.0	86.0	121.0
125<d≤280	0.5≤m≤2	0.8	1.1	1.6	2.2	3.1	4.4	6.0	9.0	12.0	18.0	25.0	35.0	50.0
	2<m≤3.5	1.0	1.4	2.0	2.8	4.0	5.5	8.0	11.0	16.0	23.0	32.0	45.0	64.0
	3.5<m≤6	1.2	1.7	2.4	3.3	4.7	6.5	9.5	13.0	19.0	27.0	38.0	54.0	76.0
	6<m≤10	1.4	2.0	2.8	4.0	5.5	8.0	11.0	16.0	23.0	32.0	45.0	64.0	90.0
	10<m≤16	1.7	2.4	3.4	4.8	6.5	9.5	13.0	19.0	27.0	38.0	54.0	76.0	108.0
	16<m≤25	2.0	2.8	4.0	5.5	8.0	11.0	16.0	23.0	32.0	45.0	64.0	91.0	129.0
	25<m≤40	2.4	3.4	4.8	7.0	9.5	14.0	19.0	27.0	39.0	55.0	77.0	109.0	155.0

表 10-14　径向综合总偏差 F_i''（GB/T 10095.2—2008）　　（单位：μm）

分度圆直径 d/mm	模数 m/mm	精度等级								
		4	5	6	7	8	9	10	11	12
5≤d≤20	0.2≤m≤0.5	7.5	11	15	21	30	42	60	85	120
	0.5<m≤0.8	8.0	12	16	23	33	46	66	93	131
	0.8<m≤1.0	9.0	12	18	25	35	50	70	100	141
	1.0<m≤1.5	10	14	19	27	38	54	76	108	153
	1.5<m≤2.5	11	16	22	32	45	63	89	126	179
	2.5<m≤4.0	14	20	28	39	56	79	112	158	223
20<d≤50	0.2≤m≤0.5	9.0	13	19	26	37	52	74	105	148
	0.5<m≤0.8	10	14	20	28	40	56	80	113	160
	0.8<m≤1.0	11	15	21	30	42	60	85	120	169
	1.0<m≤1.5	11	16	23	32	45	64	91	128	181
	1.5<m≤2.5	13	18	26	37	52	73	103	146	207
	2.5<m≤4.0	16	22	31	44	63	89	126	178	251
	4.0<m≤6.0	20	28	39	56	79	111	157	222	314
	6.0<m≤10	26	37	52	74	104	147	209	295	417
50<d≤125	0.2≤m≤0.5	12	16	23	33	46	66	93	131	185
	0.5<m≤0.8	12	17	25	35	49	70	98	139	197
	0.8<m≤1.0	13	18	26	36	52	73	103	146	206
	1.0<m≤1.5	14	19	27	39	55	77	109	154	218
	1.5<m≤2.5	15	22	31	43	61	86	122	173	244
	2.5<m≤4.0	18	25	36	51	72	102	144	204	288
	4.0<m≤6.0	22	31	44	62	88	124	176	248	351
	6.0<m≤10	28	40	57	80	114	161	227	321	454
125<d≤280	0.2≤m≤0.5	15	21	30	42	60	85	120	170	240
	0.5<m≤0.8	16	22	31	44	63	89	126	178	252
	0.8<m≤1.0	16	23	33	46	65	92	131	185	261
	1.0<m≤1.5	17	24	34	48	68	97	137	193	273
	1.5<m≤2.5	19	26	37	53	75	106	149	211	299
	2.5<m≤4.0	21	30	43	61	86	121	172	243	343
	4.0<m≤6.0	25	36	51	72	102	144	203	287	406
	6.0<m≤10	32	45	64	90	127	180	255	360	509

表 10-15　一齿径向综合偏差 f_i''（GB/T 10095.2—2008）　（单位：μm）

分度圆直径 d/mm	模数 m/mm	精度等级								
		4	5	6	7	8	9	10	11	12
5≤d≤20	0.2≤m≤0.5	1.0	2.0	2.5	3.5	5.0	7.0	10	14	20
	0.5<m≤0.8	2.0	2.5	4.0	5.5	7.5	11	15	22	31
	0.8<m≤1.0	2.5	3.5	5.0	7.0	10	14	20	28	39
	1.0<m≤1.5	3.0	4.5	6.5	9.0	13	18	25	36	50
	1.5<m≤2.5	4.5	6.5	9.5	13	19	26	37	53	74
	2.5<m≤4.0	7.0	10	14	20	29	41	58	82	115
20<d≤50	0.2≤m≤0.5	1.5	2.0	2.5	3.5	5.0	7.0	10	14	20
	0.5<m≤0.8	2.0	2.5	4.0	5.5	7.5	11	15	22	31
	0.8<m≤1.0	2.5	3.5	5.0	7.0	10	14	20	28	40
	1.0<m≤1.5	3.0	4.5	6.5	9.0	13	18	25	36	51
	1.5<m≤2.5	4.5	6.5	9.5	13	19	26	37	53	75
	2.5<m≤4.0	7.0	10	14	20	29	41	58	82	116
	4.0<m≤6.0	11	15	22	31	43	61	87	123	174
	6.0<m≤10	17	24	34	48	67	95	135	190	269
50<d≤125	0.2≤m≤0.5	1.5	2.0	2.5	3.5	5.0	7.5	10	15	21
	0.5<m≤0.8	2.0	3.0	4.0	5.5	8.0	11	16	22	31
	0.8<m≤1.0	2.5	3.5	5.0	7.0	10	14	20	28	40
	1.0<m≤1.5	3.0	4.5	6.5	9.0	13	18	26	36	51
	1.5<m≤2.5	4.5	6.5	9.5	13	19	26	37	53	75
	2.5<m≤4.0	7.0	10	14	20	29	41	58	82	116
	4.0<m≤6.0	11	15	22	31	44	62	87	123	174
	6.0<m≤10	17	24	34	48	67	95	135	191	269
125<d≤280	0.2≤m≤0.5	1.5	2.0	2.5	3.5	5.5	7.5	11	15	21
	0.5<m≤0.8	2.0	3.0	4.0	5.5	8.0	11	16	22	32
	0.8<m≤1.0	2.5	3.5	5.0	7.0	10	14	20	29	41
	1.0<m≤1.5	3.0	4.5	6.5	9.0	13	18	26	36	52
	1.5<m≤2.5	4.5	6.5	9.5	13	19	27	38	53	75
	2.5<m≤4.0	7.5	10	15	21	29	41	58	82	116
	4.0<m≤6.0	11	15	22	31	44	62	87	124	175
	6.0<m≤10	17	24	34	48	67	95	135	191	270

表 10-16　径向跳动公差 F_r（GB/T 10095.2—2008）　（单位：μm）

分度圆直径 d/mm	模数 m/mm	精度等级												
		0	1	2	3	4	5	6	7	8	9	10	11	12
5≤d≤20	0.5≤m≤2.0	1.5	2.5	3.0	4.5	6.5	9.0	13	18	25	36	51	72	102
	2.0<m≤3.5	1.5	2.5	3.5	4.5	6.5	9.5	13	19	27	38	53	75	106
20<d≤50	0.5≤m≤2.0	2.0	3.0	4.0	5.5	8.0	11	16	23	32	46	65	92	130
	2.0<m≤3.5	2.0	3.0	4.0	6.0	8.5	12	17	24	34	47	67	95	134
	3.5<m≤6.0	2.0	3.0	4.5	6.0	8.5	12	17	25	35	49	70	99	139
	6.0<m≤10	2.5	3.5	4.5	6.5	9.5	13	19	26	37	52	74	105	148

（续）

分度圆直径 d/mm	模数 m/mm	精度等级												
		0	1	2	3	4	5	6	7	8	9	10	11	12
$50<d\leqslant125$	$0.5\leqslant m\leqslant2.0$	2.5	3.5	5.0	7.5	10	15	21	29	42	59	83	118	167
	$2.0<m\leqslant3.5$	2.5	4.0	5.5	7.5	11	15	21	30	43	61	86	121	171
	$3.5<m\leqslant6.0$	3.0	4.0	5.5	8.0	11	16	22	31	44	62	88	125	176
	$6.0<m\leqslant10$	3.0	4.0	6.0	8.0	12	16	23	33	46	65	92	131	185
	$10<m\leqslant16$	3.0	4.5	6.0	9.0	12	18	25	35	50	70	99	140	198
	$16<m\leqslant25$	3.5	5.0	7.0	9.5	14	19	27	39	55	77	109	154	218
$125<d\leqslant280$	$0.5\leqslant m\leqslant2.0$	3.5	5.0	7.0	10	14	20	28	39	55	78	110	156	221
	$2.0<m\leqslant3.5$	3.5	5.0	7.0	10	14	20	28	40	56	80	113	159	225
	$3.5<m\leqslant6.0$	3.5	5.0	7.0	10	14	20	29	41	58	82	115	163	231
	$6.0<m\leqslant10$	3.5	5.5	7.5	11	15	21	30	42	60	85	120	169	239
	$10<m\leqslant16$	4.0	5.5	8.0	11	16	22	32	45	63	89	126	179	252
	$16<m\leqslant25$	4.5	6.0	8.5	12	17	24	34	48	68	96	136	193	272
	$25<m\leqslant40$	4.5	6.5	9.5	13	19	27	36	54	76	107	152	215	304

3. 齿轮各级精度偏差允许值的计算

渐开线圆柱齿轮精度标准中各级精度的公差允许值或极限偏差值都是以5级精度作为基准推算出来的。将5级精度计算的各项目的允许值或极限偏差值再乘以级间公比或除以级间公比即可得到相邻等级的齿轮各项目允许值或极限偏差值，级间公比为$\sqrt{2}$。表10-17列出了5级精度齿轮各项目的允许值或极限偏差值的计算公式。

表10-17　5级精度齿轮各项目的允许值或极限偏差值的计算公式

项目名称代号	计算公式
单个齿距偏差 f_{pt}	$f_{pt}=0.3(m+0.4\sqrt{d})+4$
齿距累积偏差 F_{pk}	$F_{pk}=f_{pt}+1.6\sqrt{(k-1)m}$
齿距累积总偏差 F_p	$F_p=0.3m+1.25\sqrt{d}+7$
齿廓总偏差 F_α	$F_\alpha=3.2\sqrt{m}+0.22\sqrt{d}+0.7$
螺旋线总偏差 F_β	$F_\beta=0.1\sqrt{d}+0.63\sqrt{b}+4.2$
齿廓形状偏差 $f_{f\alpha}$	$f_{f\alpha}=2.5\sqrt{m}+0.17\sqrt{d}+0.5$
齿廓倾斜偏差 $f_{H\alpha}$	$f_{H\alpha}=2\sqrt{m}+0.14\sqrt{d}+0.5$
螺旋线形状偏差 $f_{f\beta}$	$f_{f\beta}=0.07\sqrt{d}+0.45\sqrt{b}+3$
螺旋线倾斜偏差 $f_{H\beta}$	$\pm f_{H\beta}=0.07\sqrt{d}+0.45\sqrt{b}+3$
一齿切向综合偏差 f_i'	$f_i'=K(4.3+f_{pt}+F_\alpha)=K(9+0.3m+3.2\sqrt{m}+0.34\sqrt{d})$ 式中，当总重合度 $\varepsilon_\gamma<4$ 时，$K=0.2\left(\frac{\varepsilon_\gamma+4}{\varepsilon_\gamma}\right)$ 当 $\varepsilon_\gamma\geqslant4$ 时，$K=0.4$

（续）

项目名称代号	计算公式
切向综合总偏差 F_i'	$F_i' = F_p + f_i'$
径向综合总偏差 F_i''	$F_i'' = 3.2m + 1.01\sqrt{d} + 6.4$
一齿径向综合偏差 f_i''	$f_i'' = 2.96m + 0.01\sqrt{d} + 0.8$
径向跳动 F_r	$F_r = 0.8F_p = 0.24m + 1.0\sqrt{d} + 5.6$

注：1. 本表计算式中的参数范围(单位为 mm)：

分度圆直径 d 为 5/20/50/125/280/560/1000/1600/2500…

模数 m 为 0.5/2/3.5/6/10/16/25/40/70；

齿宽 b 为 4/10/20/40/80/160/250/400/650/1000；

对于 F_i'' 和 f_i''，分度圆直径 d 为 5/20/50/125/280/560/1000。

2. 参数 d 、m 、b 应取该分段界限值的几何平均值代入公式，而不是用实际数值。例如，实际模数为 7mm，分段值为 6mm 和 10mm，用 $m=\sqrt{6\times10}\text{mm}=7.746\text{mm}$ 代入公式计算。

二、齿轮精度等级的选择与应用

1. 精度等级选用规定说明

1）在给定的文件中，如果齿轮精度等级规定为 GB/T 10095.1—2008 的某一等级，而无其他要求或说明，则 f_{pt}、F_{pk}、F_p、F_α、F_β 的允许值均按该精度等级选用。

2）如果有协议说明，也可对工作齿面和非工作齿面规定不同的精度等级，也可对不同偏差项目规定不同的精度等级。另外，也可对工作齿面规定所要求的精度等级。

3）径向综合偏差精度等级，不一定与齿距、齿廓、螺旋线等项目的偏差选用相同的等级。

2. 齿轮精度等级选择方法

齿轮精度等级的选择，不但应满足传动装置的使用要求，同时也应考虑工艺性和经济性的要求。根据齿轮传动的用途、工作条件、传递功率、圆周速度、振动、噪声及工作寿命等多种因素，合理确定齿轮的精度等级，对提高产品质量是很重要的环节。生产中一般采用以下两种方法，而以后者为常用方法。

（1）计算法　主要要点为：

1）根据已知传动链末端元件的传动精度要求，按误差传递及分布规律，确定齿轮的精度等级。

2）根据传动所允许的振动及噪声要求，按振动理论及动力计算确定齿轮的精度等级。

3）根据齿轮承载能力与使用寿命计算确定齿轮的精度等级。

（2）经验法　它是目前生产中较常用的方法，其要点是参照类似的被生产实践证明使用良好、运转正常的齿轮传动的精度要求的资料，分析对比后确定齿轮的精度等级。

不同精度等级的齿轮在各类机械传动中的应用范围见表 10-18。

4~9 级精度齿轮的切齿方法、轮齿表面粗糙度值、工作条件及应用范围见表 10-19。

不同机械齿轮传动的精度等级和圆周速度见表 10-20。

表 10-18　不同精度等级的齿轮在各类机械传动中的应用

<table>
<tr><th>精度等级</th><th>应用范围</th><th>精度等级</th><th>应用范围</th><th>精度等级</th><th>应用范围</th><th>精度等级</th><th>应用范围</th></tr>
<tr><td>2~5</td><td>测量齿轮</td><td>6~7</td><td>电气机车</td><td>6~9</td><td>拖拉机</td><td>6~10</td><td>起重机械</td></tr>
<tr><td>3~6</td><td>透平减速器</td><td>5~8</td><td>轻型汽车</td><td>6~8</td><td>通用减速器</td><td>8~10</td><td>农业机械</td></tr>
<tr><td>3~8</td><td>金属切削机床</td><td>6~9</td><td>载货汽车</td><td>5~10</td><td>轧钢机</td><td rowspan="2">5~8</td><td rowspan="2">汽车底盘</td></tr>
<tr><td>6~7</td><td>内燃机车</td><td>4~7</td><td>航空发动机</td><td>8~10</td><td>矿用绞车</td></tr>
</table>

表 10-19　4~9 级精度齿轮的切齿方法、轮齿表面粗糙度值、工作条件及应用范围

<table>
<tr><th colspan="2" rowspan="2">分级
要素</th><th colspan="12">精度等级</th></tr>
<tr><th colspan="2">4</th><th colspan="2">5</th><th colspan="2">6</th><th colspan="2">7</th><th colspan="2">8</th><th colspan="2">9</th></tr>
<tr><td colspan="2">切齿方法</td><td colspan="2">在周期误差很小的精密机床上用展成法加工</td><td colspan="2">在周期误差小的精密机床上用展成法加工</td><td colspan="2">在精密机床上用展成法加工</td><td colspan="2">在较精密机床上用展成法加工</td><td colspan="2">在滚齿机、插齿机等机床上用展成法加工</td><td colspan="2">在机床上用展成法或分度法精细加工</td></tr>
<tr><td colspan="2">齿面最后加工工艺</td><td colspan="4">精密磨齿；对软或中硬齿面的大齿轮，精密滚齿后研齿或剃齿</td><td colspan="2">磨齿、精密滚齿或剃齿</td><td colspan="2">高精度滚齿、插齿和剃齿，对渗碳淬火齿轮必须作最后加工（磨齿、精刮齿、有修正能力的珩齿等）</td><td colspan="2">滚齿、插齿，必要时剃齿、刮齿或珩齿</td><td colspan="2">一般滚齿、插齿工艺</td></tr>
<tr><td rowspan="2">轮齿表面粗糙度值</td><td>齿面</td><td>硬化</td><td>调质</td><td>硬化</td><td>调质</td><td>硬化</td><td>调质</td><td>硬化</td><td>调质</td><td>硬化</td><td>调质</td><td>硬化</td><td>调质</td></tr>
<tr><td>$Ra/\mu m$</td><td>≤0.4</td><td colspan="2">≤0.8</td><td>≤1.6</td><td>≤0.8</td><td colspan="2">≤1.6</td><td colspan="2">≤3.2</td><td>≤6.3</td><td>≤3.2</td><td>≤6.3</td></tr>
<tr><td rowspan="2">工作条件及应用范围</td><td>机床</td><td colspan="2">高精度和精密的分度链末端齿轮
圆周速度 $v \geqslant 30m/s$ 的直齿轮
圆周速度 $v \geqslant 50m/s$ 的斜齿轮</td><td colspan="2">一般精度的分度链末端齿轮
高精度和精密的分度链的中间齿轮
圆周速度 $v \geqslant 15 \sim 30m/s$ 的直齿轮
圆周速度 $v \geqslant 30 \sim 50m/s$ 的斜齿轮</td><td colspan="2">Ⅴ级精度机床主传动的重要齿轮
一般精度的分度链的中间齿轮
Ⅲ级和Ⅲ级以上精度等级机床的进给齿轮
液压泵齿轮
圆周速度 $v \geqslant 10 \sim 15m/s$ 的直齿轮
圆周速度 $v \geqslant 15 \sim 30m/s$ 的斜齿轮</td><td colspan="2">Ⅳ级和Ⅳ级以上精度等级机床的进给齿轮
圆周速度 $v \geqslant 6 \sim 10m/s$ 的直齿轮
圆周速度 $v \geqslant 8 \sim 15m/s$ 的斜齿轮</td><td colspan="2">一般精度的机床齿轮
圆周速度 $v \leqslant 6m/s$ 的直齿轮
圆周速度 $v \leqslant 8m/s$ 的斜齿轮</td><td colspan="2">没有传动精度要求的手动齿轮</td></tr>
<tr><td>航空、船舶和车辆</td><td colspan="2">需要很高的平稳性、低噪声的船用和航空齿轮
圆周速度 $v \geqslant 35m/s$ 的直齿轮
圆周速度 $v \geqslant 70m/s$ 的斜齿轮</td><td colspan="2">需要高的平稳性、低噪声的船用和航空齿轮
圆周速度 $v \geqslant 20m/s$ 的直齿轮
圆周速度 $v \geqslant 35m/s$ 的斜齿轮</td><td colspan="2">用于高速传动有平稳性低噪声要求的机车、航空、船舶和轿车的齿轮
圆周速度至20m/s的直齿轮
圆周速度至35m/s的斜齿轮</td><td colspan="2">用于有平稳性和噪声低要求的航空、船舶和轿车的齿轮
圆周速度至15m/s的直齿轮
圆周速度至25m/s的斜齿轮</td><td colspan="2">用于中等速度较平稳传动的载重汽车和拖拉机的齿轮
圆周速度至10m/s的直齿轮
圆周速度至15m/s的斜齿轮</td><td colspan="2">用于较低速和噪声要求不高的载重汽车第一档与侧档拖拉机和联合收割机齿轮
圆周速度至4m/s的直齿轮
圆周速度至6m/s的斜齿轮</td></tr>
</table>

（续）

要素＼分级		精度等级					
		4	5	6	7	8	9
工作条件及应用范围	动力传动	用于很高速度的透平传动齿轮 圆周速度 $v \geq 70\text{m/s}$ 的斜齿轮	用于高速的透平传动齿轮，重型机械进给机构和高速重载齿轮 圆周速度 $v \geq 30\text{m/s}$ 的斜齿轮	用于高速传动的齿轮，工业机器有高可靠性要求的齿轮，重型机械的功率传动齿轮，作业率很高的起重运输机械齿轮 圆周速度 $v \leq 30\text{m/s}$ 的斜齿轮	用于高速和适度功率或大功率和适度速度条件下的齿轮、冶金、矿山、石油、林业、轻工、工程机械和小型工业齿轮箱（普通减速器）有可靠性要求的齿轮 圆周速度 $v \leq 25\text{m/s}$ 的斜齿轮 圆周速度 $v \leq 15\text{m/s}$ 的直齿轮	用于中等速度较平稳传动的齿轮，冶金、矿山、石油、林业、轻工、工程机械、起重运输机械和小型工业齿轮箱（普通减速器）的齿轮 圆周速度 $v \leq 15\text{m/s}$ 的斜齿轮 圆周速度 $v \leq 10\text{m/s}$ 的直齿轮	用于一般性工作和噪声要求不高的齿轮，受载低于计算载荷的传动齿轮，速度大于 1m/s 的开式齿轮传动和转盘的齿轮 圆周速度 $v \leq 4\text{m/s}$ 的直齿轮 圆周速度 $v \leq 6\text{m/s}$ 的斜齿轮
	其他	检验 7 级精度齿轮的测量齿轮	检验 8~9 级精度齿轮的测量齿轮、印刷机印刷辊子用的齿轮	读数装置中特别精密传动的齿轮	读数装置的传动及具有非直齿的速度传动齿轮、印刷机传动齿轮	普通印刷机传动齿轮	
单级传动效率		不低于 0.99（包括轴承不低于 0.985）			不低于 0.98（包括轴承不低于 0.975）	不低于 0.97（包括轴承不低于 0.965）	不低于 0.96（包括轴承不低于 0.95）

表 10-20　不同机械齿轮传动的精度等级和圆周速度

设备名称	齿轮特征	精度等级						
		4	5	6	7	8	9	10
		传动的圆周速度/（m/s）						
森林机械	任何齿轮	—	—	≤15	≤10	≤6	≤2	手动
通用减速器	斜齿轮	—	—	—	—	≤12	—	—
回转机构	直齿轮 斜齿轮	— —	— —	≤15 ≤25	≤10 ≤20	≤5 ≤9	≤2 ≤4	— —
冶金机械	直齿轮 斜齿轮	— —	— —	10~15 15~30	6~10 10~15	2~6 4~10	0.5~2 1~4	— —
地质勘探机械	直齿轮 斜齿轮	— —	— —	— —	6~10 10~15	2~6 4~10	0.5~2 1~4	— —
煤炭机械	直齿轮 斜齿轮	— —	— —	— —	6~10 10~15	2~6 4~10	≤2 ≤4	低速

（续）

设备名称	齿轮特征	精度等级						
		4	5	6	7	8	9	10
		传动的圆周速度/（m/s）						
发动机	任何齿轮	≥40 —	≥60 >40	15~60 <40	到15 —	— —	— —	— —
履带式机器	模数<2.5 模数6~10	— —	16~28 13~18	11~16 9~13	7~11 4~9	2~7 ≤4	2 —	— —
拖拉机	任何齿轮	—	—	未淬火	淬火	—	—	—
造船机械	直齿轮 斜齿轮	— —	— —	— —	≤9 ≤13	≤5 ≤8	≤2.5 ≤4	0.5 —

三、齿轮检验项目

根据 GB/T 10095.1~2—2008 评定齿轮质量，建议的齿轮检验组为：

1）单个齿距偏差 f_{pt}、齿距累积总偏差 F_p、齿廓总偏差 F_α、螺旋线总偏差 F_β、径向跳动 F_r 共五项。

2）f_{pt}、F_p、F_α、F_β、F_r、齿距累积偏差 F_{pk} 共六项。

3）径向综合总偏差 F_i''、一齿径向综合偏差 f_i'' 共两项。

4）单个齿距偏差 f_{pt}、径向跳动 F_r（10~12 级）。

5）切向综合总偏差 F_i'，一齿切向综合偏差 f_i'（协议有要求时）。

四、齿轮坯与齿面粗糙度

1. 齿轮坯

（1）基准轴线与工作轴线　基准轴线是制造（或检测）时用于对单个零件确定齿轮几何形状的轴线；而工作轴线是齿轮在工作时绕其旋转的轴线，它是由工作安装面的中心确定的。工作轴线只有在考虑整个齿轮组件时才有意义。

（2）确定基准轴线的方法

1）用齿轮轴的两个“短的”圆柱或圆锥形基准面上设定的两个圆的圆心来确定轴线上的两个点，如图 10-20 所示。

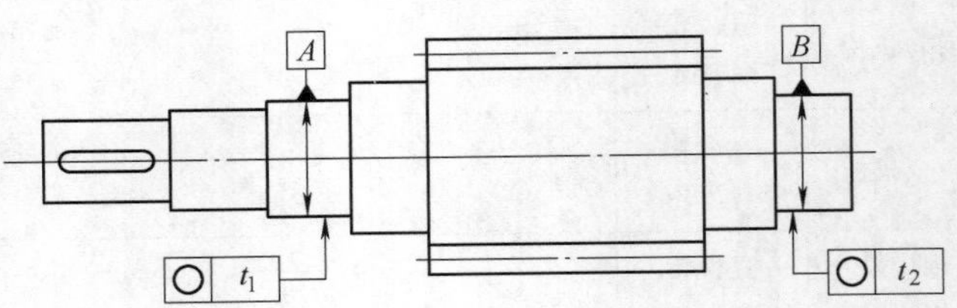

图 10-20　用两个“短的”基准面确定基准轴线

2）用一个“长的”基准面确定基准轴线，如图 10-21 所示。

3）用一个“短的”圆柱面和一个“大的”端面确定基准轴线，如图 10-22 所示。

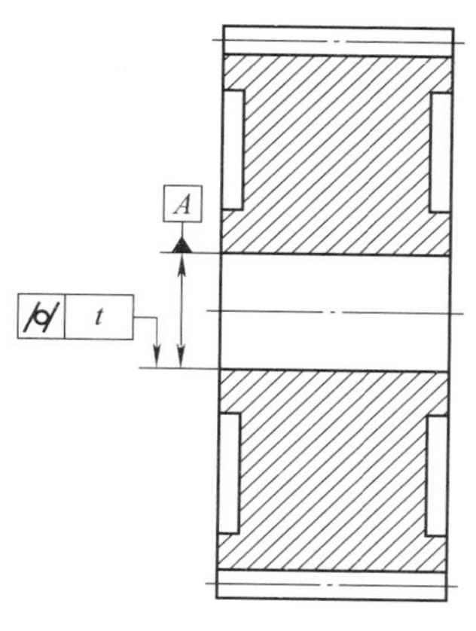

图 10-21 用一个“长的”基准面确定基准轴线

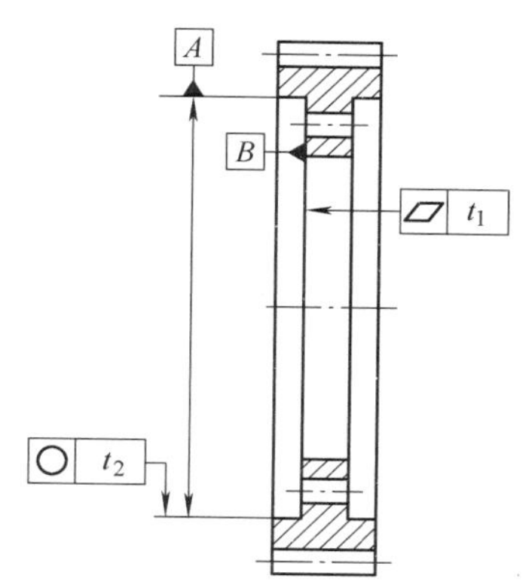

图 10-22 用一个“短的”圆柱面和一个“大的”端面确定基准轴线

（3）中心孔的应用 在制造或检测轴齿轮（小齿轮和轴制成一体）时，将该零件安置于两端的顶尖上，两端的中心孔就确定了它的基准轴线，齿轮公差及（轴承）安装面的公差均须相对于此轴线来规定，如图 10-23 所示。同时，必须将安装面相对于中心孔的跳动公差规定很小的公差数值。

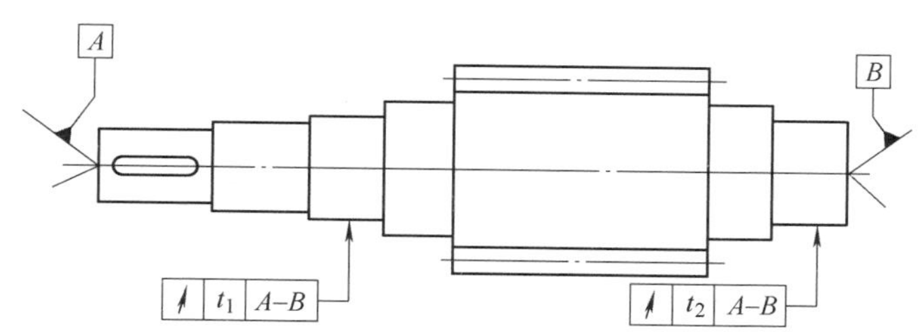

图 10-23 用中心孔确定基准轴线

（4）基准面的形状公差 基准面的形状公差不应大于表 10-21 中所规定的数值。

表 10-21 基准面与安装面的形状公差

确定轴线的基准面	公差项目		
	圆度	圆柱度	平面度
两个“短的”圆柱或圆锥形基准面	$0.04(L/b)F_\beta$ 或 $0.1F_p$，取二者中之小值	—	—
一个“长的”圆柱或圆锥形基准面	—	$0.04(L/b)F_\beta$ 或 $0.1F_p$，取二者中之小值	—
一个“短的”圆柱面和一个“大的”端面	$0.06F_p$	—	$0.06(D_d/b)F_\beta$

注：1. 齿轮坯的公差应减至能经济地制造的最小值。
2. L—较大的轴承跨距；D_d—基准面直径；b—齿宽；F_β—螺旋线总偏差；F_p—齿距累积总偏差。

（5）工作和制造安装面的形状公差 其值也应不大于按表 10-21 计算所得的数值。

（6）工作安装面的跳动公差 当基准轴线与工作轴线不重合时，则应当控制工作安装面相对于基准轴线的跳动公差，其控制要求必须在齿轮零件图上标注，其跳动公差不应大于按表 10-22 计算的数值。

表 10-22　安装面的跳动公差

确定轴线的基准面	跳动量（总的指示幅度）	
	径向	轴向
仅指圆柱或圆锥形基准面	$0.15(L/b)F_{\beta}$ 或 $0.3F_{p}$，取二者中之大值	—
一个圆柱基准面和一个端面基准面	$0.3F_{p}$	$0.2(L/b)F_{\beta}$

注：1. 齿轮坯的公差应减至能经济地制造的最小值。
　　2. 表中有关参数含义参见表 10-21 中注 2。

(7) 齿坯精度要求

由于 GB/Z 18620.3—2008 中对齿轮坯的孔、轴的尺寸和形状公差，齿顶圆直径公差等没有列出具体数值，为读者方便使用，特列出了齿坯公差（表 10-23），仅供参考。

2. 齿面粗糙度

齿面粗糙度规定的参数值应优先选择表 10-24 中的参数 Ra 作为评定参数，GB/T 10095.1—2008 规定的齿轮精度等级与表 10-24 中粗糙度等级之间没有直接的关系。4~9 级齿轮的轮齿表面粗糙度推荐值见表 10-25。表面粗糙度的标注如图 10-24 所示。

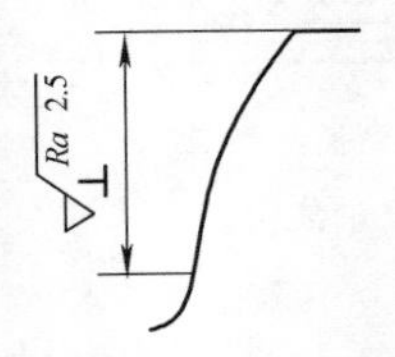

除开齿根过渡区的齿面

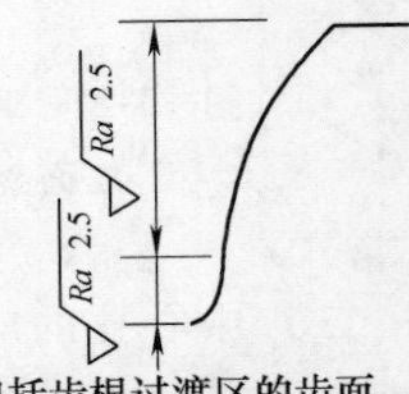

包括齿根过渡区的齿面

图 10-24　轮齿表面粗糙度的标注

表 10-23　齿坯公差（GB/T 10095—1988）

齿轮精度等级①	5	6	7	8	9	10
孔的尺寸公差与形状公差	IT5	IT6	IT7		IT8	
轴的尺寸公差与形状公差	IT5		IT6		IT7	
齿顶圆直径②	IT7	IT8			IT9	
分度圆直径/mm	基准面径向③和轴向圆跳动/μm					
≤125	11		18		28	
>125~400	14		22		36	
>400~800	20		32		50	

① 当三个公差组的精度等级不同时，按最高的精度等级确定公差值。
② 当顶圆不做测量齿厚的基准时，尺寸公差按 IT11 给定，但不大于 $0.1m_{n}$。
③ 当以顶圆做基准时，基准面径向圆跳动就是指顶圆的径向圆跳动。

表 10-24　算术平均偏差的推荐极限值（GB/Z 18620.4—2008）　（单位：μm）

等级	Ra		
	模数/mm		
	$m<6$	$6\leqslant m\leqslant25$	$m>25$
1		0.04	
2		0.08	
3		0.16	
4		0.32	
5	0.5	0.63	0.80
6	0.8	1.00	1.25
7	1.25	1.6	2.0
8	2.0	2.5	3.2
9	3.2	4.0	5.0
10	5.0	6.3	8.0
11	10.0	12.5	16
12	20	25	32

表 10-25 4~9 级齿轮的轮齿表面粗糙度推荐值

齿轮精度等级	4		5		6	
齿面	硬	软	硬	软	硬	软
轮齿齿面粗糙度值 $Ra \leq /\mu m$	0.4	0.8		1.6	0.8	1.6
齿轮精度等级	7		8		9	
齿面	硬	软	硬	软	硬	软
轮齿表面粗糙度值 $Ra \leq /\mu m$	1.6	3.2		6.3	3.2	6.3

五、齿轮零件工作图样

齿轮零件工作图样是体现设计要求和质量要求以及加工制造、检验、安装与生产质量管理的重要技术文件之一。

1. 齿轮图样上应标注的尺寸数据要求

（1）齿坯主要尺寸 分度圆直径、齿顶圆直径及其公差、齿宽、孔（或轴）的尺寸及其公差、定位面及其要求、齿轮表面粗糙度要求等。

（2）齿部要求

1）基本数据：法向模数、齿数、齿形角、齿顶高系数、螺旋角、旋向、径向变位系数、齿厚公称值及其极限偏差（或公法线平均长度偏差及允许偏差）、精度等级、齿轮副中心距及其允许值、配对齿轮图号及其齿数。

2）检验项目代号及其允许值：应按国标推荐的检验组的检验项目标注。

2. 齿轮零件工作图样上的齿轮精度等级的标注

GB/T 10095.1~2—2008 对齿轮精度等级的标注没有具体的示例和说明，根据现行国标的内容，国标制订工作组关于齿轮精度等级的标注提出了以下建议：

1）如果齿轮检验项目的精度等级相同（如均为 6 级），则标注为：

6 GB/T 10095.1—2008 或 6 GB/T 10095.2—2008

2）如果齿轮检验项目的精度等级不同，如齿廓总偏差 F_α 为 6 级，齿距累积总偏差 F_p 为 7 级，螺旋线总偏差 F_β 为 7 级，标注为：

6（F_α）、7（F_p、F_β） GB/T 10095.1—2008

六、应用举例

例 10-1 已知一标准渐开线直齿圆柱齿轮的模数 $m=3$mm，齿形角 $\alpha=20°$，齿数 $z=30$，齿轮的精度等级标注为：7 GB/T 10095.1~2—2008。若检验结果为：$F_p=0.038$mm，$F_r=0.025$mm。问该齿轮能否满足传动运动准确性的精度要求？

解：

该齿轮的分度圆直径 $d_1=mz=3\times30\text{mm}=90\text{mm}$

查表 10-8 $F_p=0.038$mm

查表 10-16 $F_r=0.03$mm

由于 F_r实测值（0.025mm）小于允许值（0.03mm），

F_p 实测值（0.038mm）未超过允许值（0.038mm），

故该齿轮能满足传动运动准确性的精度要求。

例 10-2 某厂生产的直齿圆柱齿轮减速器，其传递的功率为5kW，小齿轮轴转速 $n=700\text{r/min}$，齿轮模数 $m=3\text{mm}$，齿形角 $\alpha=20°$，小齿轮齿数 $z_1=20$，齿宽 $b=60\text{mm}$，大齿轮齿数 $z_2=79$，该减速器为小批生产。试确定小齿轮的精度等级、检验组及各项目与齿厚偏差的允许值。

解：由题目所给条件知

小齿轮分度圆直径 $d_1=mz_1=3\times20\text{mm}=60\text{mm}$

大齿轮分度圆直径 $d_2=mz_2=3\times79\text{mm}=237\text{mm}$

中心距 $a=m\ (z_1+z_2)/2=148.5\text{mm}$

1. 确定齿轮精度等级

1）该产品为一般传递动力的齿轮，查表 10-18，通用减速器齿轮的精度等级为 6~8 级。

2）根据切齿法及工作条件，查表 10-19，精度等级推荐为 8~9 级。

3）根据齿轮分度圆的圆周速度 $v=\pi d_1 n=3.14\times60\times10^{-3}\times700\text{m/min}=2.2\text{m/s}$。

查表 10-20，通用减速器齿轮的精度等级推荐为 8 级。

综合上述情况，因无其他要求和说明，可选齿轮的精度等级为 8 级。在图样上标注为：8 GB/T 10095.1~2—2008

2. 确定齿轮检验项目组

选择国标推荐的齿轮第一组各项目：单个齿距偏差 f_{pt}、齿距累积总偏差 F_p、齿廓总偏差 F_α、螺旋线总偏差 F_β 及径向跳动 F_r 共五项。

查取各检验项目的允许值：

查表 10-7 $f_{pt1}=\pm0.017\text{mm}$，$f_{pt2}=\pm0.018\text{mm}$；

查表 10-8 $F_{p1}=0.053\text{mm}$，$F_{p2}=0.07\text{mm}$；

查表 10-9 $F_{\alpha1}=0.022\text{mm}$，$F_{\alpha2}=0.025\text{mm}$；

查表 10-10 $F_{\beta1}=0.028\text{mm}$，$F_{\beta2}=0.029\text{mm}$；

查表 10-16 $F_{r1}=0.043\text{mm}$，$F_{r2}=0.056\text{mm}$。

3. 确定最小侧隙及齿厚极限偏差

1）确定最小极限侧隙。

根据经验法，根据表 10-6 推荐查出 $j_{bnmin}\approx0.16\text{mm}$。

采用计算法，根据式（10-10），将各值代入

$$j_{bnmin}=\frac{2}{3}\times(0.06+0.0005\times148.5+0.03\times3)\text{mm}\approx0.15\text{mm}$$

取 $j_{bnmin}=0.17\text{mm}$。

2）计算齿厚上偏差。

$E_{sns1}+E_{sns2}=-2f_a\tan\alpha_n-\dfrac{j_{bnmin}+J_n}{\cos\alpha_n}$，查表 10-4 得

$$f_a=\frac{1}{2}\text{IT8}=0.5\times0.063\text{mm}=0.0315\text{mm}(\text{中心距 } a=148.5\text{mm})$$

因为 $f_{pb1}=f_{pt1}\cos20°=0.016\text{mm}$

$$f_{\Sigma\beta}=0.5\left(\frac{L}{b}\right)F_{\beta}=0.02\text{mm}$$

$$f_{pb2}=f_{pt2}\cos20°=0.017\text{mm}$$

$$f_{\Sigma\delta}=2f_{\Sigma\beta}=0.04\text{mm}$$

$L=86\text{mm}$（图 10-25），$b=60\text{mm}$，$F_{\beta}=0.028\text{mm}$，$\alpha=20°$

则

$$\begin{aligned}J_n&=\sqrt{f_{pb1}^2+f_{pb2}^2+2(F_{\beta}\cos\alpha_n)^2+(f_{\Sigma\delta}\sin\alpha_n)^2+(f_{\Sigma\beta}\cos\alpha_n)^2}\\&=\sqrt{0.016^2+0.017^2+0.0014+0.00019+0.00035}\text{mm}\\&=\sqrt{0.000256+0.000289+0.0014+0.00019+0.00035}\text{mm}\\&=0.0498\text{mm}\approx0.05\text{mm}\end{aligned}$$

$$\begin{aligned}E_{sns1}+E_{sns2}&=\left(-2\times0.0315\times\tan20°-\frac{0.17+0.05}{\cos20°}\right)\text{mm}\\&=(-0.0229-0.234)\text{mm}\approx-0.26\text{mm}\end{aligned}$$

考虑到小齿轮强度较差，故小齿轮与大齿轮减薄量采用不等值分配，小齿轮齿厚上偏差为 $E_{sns1}=-0.09\text{mm}$，大齿轮齿厚上偏差取为 $E_{sns2}=-0.17\text{mm}$。

3）计算齿厚公差。

$$T_{sn}=2\tan\alpha_n\sqrt{F_r^2+b_r^2}$$

因为 $F_r=0.043\text{mm}$，查表 10-5 有

$$b_r=1.26\text{IT9}$$

$$\text{IT9}=0.074\text{mm}$$

所以

$$b_r=1.26\times0.074\text{mm}=0.093\text{mm}$$

$$T_{sn}=2\times0.364\times\sqrt{(0.043)^2+(0.093)^2}\text{mm}=0.075\text{mm}$$

则齿厚下偏差 $E_{sni}=E_{sns}-T_{sn}=-0.09\text{mm}-0.075\text{mm}=-0.165\text{mm}$

4. 确定齿厚公称尺寸

分度圆公称弦齿厚查表 10-1，$\bar{s}_c=4.161\text{mm}$

分度圆公称弦齿高查表 10-1，$\bar{h}_c=2.243\text{mm}$

5. 确定公法线长度及计算公法线长度极限偏差

1）确定公法线长度。

查表 10-2，$W_k=m[1.476(2k-1)+0.014z]$（其中 $k=3$，$m=3\text{mm}$，$z=20$）

故　$W_k=3\times[1.476\times(2\times3-1)+0.014\times20]\text{mm}=23\text{mm}$

2）计算公法线长度极限偏差。

$$\begin{aligned}E_{bns}&=E_{sns}\cos\alpha-0.72F_r\sin\alpha=-0.09\text{mm}\times\cos20°-0.72\times0.043\text{mm}\times\sin20°\\&=-0.09\times0.94\text{mm}-0.72\times0.043\times0.34\text{mm}\\&=-0.0846\text{mm}-0.0105264\text{mm}\approx-0.095\text{mm}\end{aligned}$$

$$\begin{aligned}E_{bni}&=E_{sni}\cos\alpha+0.72F_r\sin\alpha=-0.165\times0.94\text{mm}+0.72\times0.043\times0.34\text{mm}\\&=-0.1551\text{mm}+0.0105\text{mm}\approx-0.145\text{mm}\end{aligned}$$

所以

$$W_{k\,E_{bni}}^{\;E_{bns}}=23_{-0.145}^{-0.095}\text{mm}$$

各检验项目的标注如图 10-25 所示。

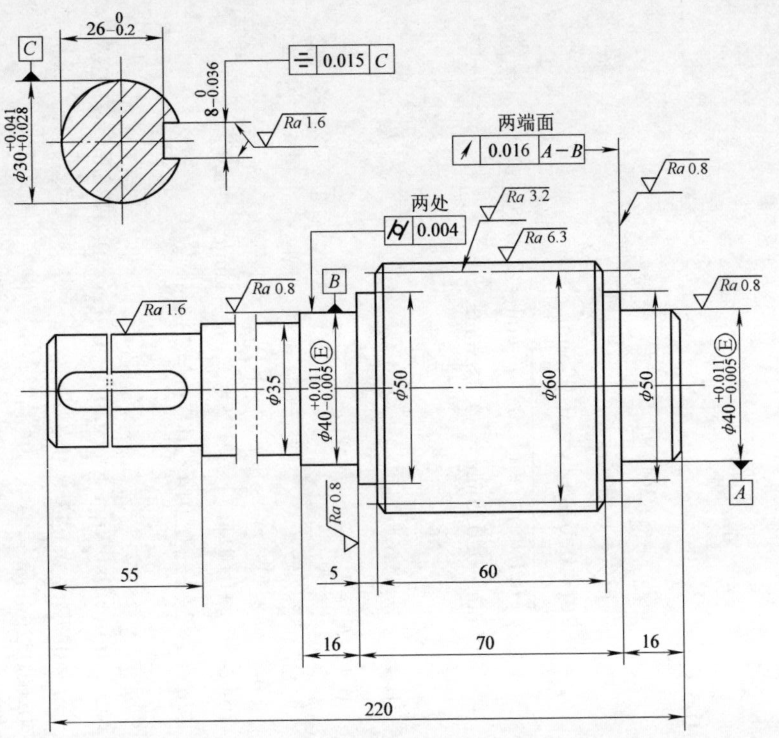

法向模数	m_n	3
齿数	z	20
齿形角	α	20°
螺旋角	β	0
螺旋线方向		
变位系数	x	0
精度等级	8GB/T 10095.1~2—2008	
中心距及其偏差	$\alpha \pm f_a$	148.5±0.0315
配对齿轮	图号	
	齿数	79
单个齿距偏差	$\pm f_{pt}$	±0.017
齿距累积总偏差	F_p	0.053
齿廓总偏差	F_α	0.022
螺旋线总偏差	F_β	0.028
公法线平均长度	W_k	23
跨齿数	k	3
公法线上偏差	E_{bns}	−0.095
公法线下偏差	E_{bni}	−0.145

技术要求

未注倒角 C1。

标题栏

图 10-25　齿轮工作图

习 题

10-1 齿轮传动的使用要求有哪些？影响这些使用要求的主要偏差有哪些？它们之间有何区别与联系？

10-2 齿圈径向跳动 F_r 与径向综合总偏差 F_i'' 有何不同？

10-3 切向综合总偏差 F_i' 与径向综合总偏差 F_i'' 同属综合偏差，它们之间有何不同？

10-4 为什么单独检测齿圈径向跳动 F_r 或齿距累积总偏差 F_p 不能充分保证齿轮传递运动的准确性？

10-5 齿轮副的侧隙是如何形成的？影响齿轮副侧隙大小的因素有哪些？

10-6 检验公法线平均长度偏差有何作用？

10-7 选择齿轮精度等级时应考虑哪些因素？

10-8 齿轮精度标准中，合理选择检验组各项目时应考虑哪些问题？

10-9 齿轮坯公差主要有哪些项目？

10-10 已知标准渐开线直齿圆柱齿轮副的模数 $m=3\text{mm}$，齿形角 $\alpha=20°$，齿宽 $b=30\text{mm}$，小齿轮齿数 $z_1=30\text{mm}$，齿轮坯孔径 $d_1=25\text{mm}$，大齿轮齿数 $z_2=90$，齿轮坯孔径 $d_2=50\text{mm}$。大、小齿轮的精度等级为 7 GB/T 10095.1～2—2008。试查表确定表 10-26 中所列各检验项目的允许值。

表 10-26 习题 10-10 表 （单位：mm）

项目			代号	小齿轮	大齿轮
齿坯	孔径公差				
	齿顶圆公差				
	径向和轴向跳动公差				
齿轮	齿距累积总偏差		F_p		
	齿廓总偏差		F_α		
	单一齿距偏差		$\pm f_{pt}$		
	螺旋线总偏差		F_β		
	齿厚	上偏差	E_{sns}		
		下偏差	E_{sni}		
齿轮副	中心距极限偏差		$\pm f_a$		
	轴线平行度偏差	δ 方向	$f_{\Sigma\delta}$		
		β 方向	$f_{\Sigma\beta}$		
	接触斑点	沿齿高方向			
		沿齿宽方向			

10-11 上题的齿轮副，若测得 $F_{i1}'=0.035\text{mm}$，$F_{i2}'=0.06\text{mm}$，$f_{i1}'=0.007\text{mm}$，$f_{i2}'=0.010\text{mm}$，沿齿高方向的接触斑点百分比为 60%，齿宽方向为 75%，试判断其合格性。

10-12 某减速器中一标准渐开线直齿圆柱齿轮，已知其模数 $m=3\text{mm}$，齿形角 $\alpha=20°$，齿数 $z=32$，齿宽 $b=60\text{mm}$，传动功率为 5kW，转速为 960r/min。若该齿轮在中小工厂小批生产，试确定：

1）齿轮的精度等级。

2）评定齿轮精度的各个检验项目及其允许值。

参 考 文 献

[1] 甘永立. 几何量公差与检测 [M]. 10 版. 上海：上海科学技术出版社，2013.
[2] 忻良昌. 公差配合与测量技术 [M]. 北京：机械工业出版社，2009.
[3] 人力资源和社会保障部教材办公室. 极限配合与技术测量基础 [M]. 4 版. 北京：中国劳动社会保障出版社，2012.
[4] 李岩，花国梁，精密测量技术 [M]. 2 版. 北京：中国计量出版社，2001.
[5] 方昆凡. 公差与配合实用手册 [M]. 2 版. 北京：机械工业出版社，2012.
[6] 廖念剑，古莹菴，莫雨松，等. 互换性与技术测量 [M]. 5 版. 北京：中国计量出版社，2007.
[7] 全国产品尺寸和几何技术规范标准化技术委员会. 产品几何技术规范（GPS）线性尺寸公差 ISO 代号体系：GB/T 1800. 1~2—2020 [S]. 北京：中国标准出版社，2020.
[8] 全国产品尺寸和几何技术规范标准化技术委员会. 产品几何技术规范（GPS） 公差原则：GB/T 4249—2009 [S]. 北京：中国标准出版社，2009.
[9] 全国产品尺寸和几何技术规范标准化技术委员会. 产品几何技术规范（GPS） 光滑工件尺寸的检验：GB/T 3177—2009 [S]. 北京：中国标准出版社，2009.
[10] 全国齿轮标准化技术委员会. 圆柱齿轮 精度制：GB/T 10095. 1~2—2008 [S]. 北京：中国标准出版社，2008.
[11] 全国齿轮标准化技术委员会. 圆柱齿轮 检验实施规范：GB/Z 18620. 1~4—2008 [S]. 北京：中国标准出版社，2008.
[12] 梁国明. 新旧六项基础互换性标准问答 [M]. 北京：中国标准出版社，2007.
[13] 薛岩，刘永田，等. 公差配合新标准解读及应用示例 [M]. 北京：化学工业出版社，2014.
[14] 庞学慧，武文革，成云平. 互换性与测量技术基础 [M]. 北京：国防工业出版社，2007.
[15] 徐茂功. 公差配合与技术测量 [M]. 4 版. 北京：机械工业出版社，2013.
[16] 胡瑢华，甘泽新. 公差配合与测量 [M]. 北京：清华大学出版社，2005.
[17] 马海荣 . 几何量精度设计与检测 [M]. 北京：机械工业出版社，2004.